개정증보판

기계 중심의 열역학

엄 기 찬 저

북스힐

머 리 말

기계계열의 전공학과에서 열역학은 열에너지의 기본성질과 그 응용을 위한 기초 학문이다. 즉 열에너지를 기계적 에너지로의 변환, 열에너지의 유효이용 측면에서 질량 보존의 원리 및 에너지 보존원리를 응용하는 근간이 되고 있다. 본서는 개념적 원리를 알기 쉽게 서술하여 누구나 쉽게 이해할 수 있도록 노력하였으며, 특히 한 학기에 마쳐야 하는 교육과정에 적합하게 엮었다.

제1장에서는 SI단위계를 설명하고 물리량의 정의와, 일과 에너지의 관계 등 열역학을 공부하기 위한 기초개념을 다루었으며, 2장에서는 질량보존 및 에너지 보존의 원리를 밀폐계와 개방계에 각각 적용하는 방법을 서술하였다. 3장에서는 계의 상태 변화에 따라 에너지 보존의 원리를 적용하여 일과의 관계를 다루었으며, 4장에서는 에너지의 변환과 일로의 변환에 따르는 에너지의 비보존성과 비가역성을 나타내는 엔트로피의 정의와 그 적용에서 나타나는 엑서지의 개념을 설명하였다. 5장에서는 증기의 응용분야인 증기동력 플랜트의 사이클 해석, 냉동기 및 열펌프의 사이클 해석, 6장에서는 가스의 응용분야인 가스 열기관 사이클 해석을 기술하였으며, 7장에서는 공기조화의 기초가 되는 습공기의 성질과 공기조화 과정의 기초를 다루었다.

본서는 기 출판된 열유체역학(엄기찬 저, 북스힐)의 내용 중 주로 열역학에 관계되는 분야를 발췌·재편성하고 그 외에 7장의 습공기의 성질을 추가하였음을 밝혀둔다.

이 교재는 대학 또는 전문대학의 기계계열 학과의 기초과목으로 엮었으며, 여러 문헌을 참고하였다. 그 저자들께 감사드리는 바이다. 앞으로 독자들의 충고와 조언을 들어 오류나 미비한 부분을 수정·보완해 나갈 생각이다.

끝으로 이 책의 출판을 위해 노력해 주신 북스힐의 조승식 사장님과 임종우 차장님, 그리고 관계자 여러분께 감사드린다.

2011년 8월 저자 씀

증보판을 내면서

원래 초판으로 출판된 본서 “기계중심의 열역학” 은 대학의 교과과정에서 강의시간의 배정이 적은 경우에 맞도록 저술하였다. 8장에 추가한 “연소” 부분의 내용은 그 분야를 응용하는 내연기관이나 외연기관에서 일부 선행하여 학습한 후 본론으로 강의할 수 있다고 생각하여 초판에서 제외시켰던 것이다.

그러나 그 응용과목도 본론의 강의시간 점유율이 많다면 연소부분의 선행학습시간이 부족한 실정일 것이다. 따라서 기초과목인 열역학에서 연소부분을 학습하는 것이 필요하다고 생각되어 증보판으로 “8장 연소” 의 장을 기술하였다.

이 내용이 내연 및 외연기관의 학습에 도움이 되길 바라는 바이다.

2013년 8월 저자 씀

차 례

4장 열역학 제2법칙과 엔트로피

5장 증기사이클과 냉동사이클

6장 가스 사이클

7장 습공기의 성질

8장 연 소

Chapter 01

단위계 및 물성치

1.1 단위계와 단위

국제단위계(S.I, The international System of Units)는 1960년 국제도량형 총회에서 채택된 미터계의 표준 단위계이다. 종래에는 미터계의 단위계로서 MKS단위계, CGS단위계, 공학단위계 등 여러 가지 단위계가 이용되어 왔지만 현재는 세계적으로 SI단위계로 바뀌고 있다. 그러나 단위계는 오랜 관습에 관계가 있으므로 현재에도 아직 공학단위계를 사용하는 나라들과 산업분야도 있으며, SI로 완전히 바뀌지 않은 실정이다.

1.1.1 SI단위

SI는 기본단위(7개), 보조단위(2개), 조립단위(19개)로 이루어지는 SI단위와 이들 단위에 10n(n은 정수)배로 나타내기 위한 SI접두어(12개)로 구성된다.

SI 기본단위와 SI 보조단위를 표 1.1과 표 1.2에 각각 나타내었다. 이들 이외에 차원을 갖는 량은 기본단위와 보조단위를 물리법칙에 따라 조합시켜 유도된 조립단위(표 1.3)에 의해 계량한다.

표 1.1 SI 기본단위

량	단위	기호
길이	meter	m
질량	kilogram	kg
시간	second	s
전류	ampere	A
열역학 온도	Kelvin	K
물질의 량	mole	mol
광도(光度)	candela	cd

표 1.2 SI 보조단위

량	단위	기호
평면각	radian	rad
입체각	steradian	sr

표 1.3 SI 조립단위

량	명칭	기호	정의	량	명칭	기호	정의
주파수	Hertz	Hz	s^{-1}	콘덕턴스 (導電率)	Siemens	S	A/V
힘	Newton	N	kg · m/s^2	자속(磁束)	Weber	Wb	V · s
압력, 응력	Pascal	Pa	N/m^2	자속밀도	Tesla	T	Wb/m^2
에너지, 일, 열량	Joule	J	N · m	인덕턴스 (自己유도계수)	Henry	H	Wb/A
동력, 방사속 (放射束)	Watt	W	J/s	섭씨온도	Celcius degree	°C	
전기량, 전하 (電荷)	Coulomb	C	A · s	광도	Lumen	lm	cd · sr
전압, 전위	Volt	V	W/A	조도	Lux	lx	lm/m^2
정전용량 (靜電容量)	Farad	F	C/V	방사능		Bq	s^{-1}
전기저항	Ohm	Ω	V/A				

1.1.2 SI 이외의 단위계와 단위

SI단위계는 길이(L), 질량(M), 시간(T)을 기본으로 하는 절대 단위계의 하나이지만, 한편으로 길이(L), 힘(F), 시간(T)을 기본량으로 조립하는 단위계가 있으며, 이것을 공학 단위계라 한다. 이 단위계에서는 단위 질량의 물체에 작용하는 중력을 힘의 단위로 하기 때문에 중력 단위계라고도 한다. 대표적으로 우리나라에서 사용해 온 미터공학 단위계, 미국에서 현재도 사용되고 있는 USCS(the United States Customary System)등이 있다. 미터공학 단위계에서는 길이는 미터(m), 힘에는 중력 (kg_f), 시간에는 초(s)를 사용한다.
따라서 **SI단위**를 구성하는 차원(M, L, T)과 **공학단위**를 구성하는 차원(F, L, T)의 차이는 질량(M)과 힘(중량, F)이다. 열 분야에서 사용되는 또 하나의 차원은 온도(θ)이다.

질량 m과 힘 F의 차원 상호간의 관계는 **Newton의 운동 제2법칙**으로부터 정립시킬 수 있다.

$$F = ma \tag{1.1}$$

여기서 가속도 a는 기본차원으로서 L/T^2으로 표시되며, 따라서 힘(지구 중력권 내에서는 중량과 동일)과 질량과의 관계가 식 (1.1)과 같이 정립되며, 지구권에서의 중량은 가속도 a가 중력 가속도 g(≒9.807m/s^2)로 된다. 차원의 관계로 표시하면 다음과 같다.

$$F = MLT^{-2} \text{ 또는 } M = FL^{-1}T^2 \tag{1.2}$$

SI단위계에서 힘의 단위는 Newton (N)이며, 그것은 질량 1kg의 물체를 $1\mathrm{m/s^2}$으로 가속시키는 데 필요한 힘으로 정의된다.

$$1N = 1\mathrm{kg} \cdot \mathrm{m/s^2}, \qquad 1\mathrm{dyn} = 1g \cdot \mathrm{cm/s^2} = 10^{-5}\mathrm{N} \tag{1.3}$$

공학 단위계에서 힘의 단위는 kg_f이며, $1\mathrm{kg}_f$는 질량 1kg의 물체가 지구 중력권에서는 중력가속도 g($9.807\mathrm{m/s^2}$)의 가속을 받고 있으므로

$$1\mathrm{kg}_f = 1\mathrm{kg} \cdot 9.807\mathrm{m/s^2} = 9.807\mathrm{kg} \cdot \mathrm{m/s^2} = 9.807\mathrm{N} \fallingdotseq 9.8\mathrm{N} \tag{1.4}$$

의 관계가 성립된다.

1.2 기본 물리량

1.2.1 밀도

계를 구성하는 물질의 특성을 물리량(property)이라 한다. 우리에게 익숙한 물리량은 압력 p, 온도 T, 체적 V, 질량 m 등이다. 그 외에도 점성, 체적탄성계수, 열전도도, 전기저항, 속도, 위치 등이 있으며, 모든 물리량들은 독립적이 아니다. 어떤 물리량은 다른 물리량의 항으로 정의되며, 예를 들면 **밀도**(density) ρ는 단위체적 당 질량으로 정의된다.

$$\rho = \frac{m}{V} \ [\mathrm{kg/m^3}] \tag{1.5}$$

한 물질의 밀도는 일반적으로 온도, 압력에 따라 그 값이 달라진다. 대부분의 기체는 밀도가 압력에 비례하며 온도에는 반비례한다. 한편, 액체 및 고체의 경우는 비압축성 물질로서 압력에 따른 밀도의 변화를 무시할 수 있을 정도이지만 온도에 대해서는 압력의 영향보다 훨씬 크게 영향을 받는다. 그러나 그 영향은 대부분의 경우에 무시될 수 있다.

임의 물질의 밀도를 4℃의 물의 밀도($\rho_w = 1000\mathrm{kg/m^3}$)에 대한 비로써 나타내는 경우, 그것을 **비중**(specific gravity ρ_s)이라 하며, 한 물질의 비중은 무차원량이다.

$$\rho_s = \frac{\rho}{\rho_w} \tag{1.6}$$

열역학에서 자주 사용되는 물리량은 **비체적**(specific volume, v)으로서, 단위 질량(m)이 차지하는 체적(V)으로 정의되며 밀도의 역수이다.

$$v = \frac{V}{m} = \frac{1}{\rho} \ [\mathrm{m^3/kg}] \tag{1.7}$$

물리량은 **시강성**(示强性) **물리량**(intensive property) 또는 **시량성**(示量性) **물리량**(extensive property)중 하나로 분류할 수 있으며, 시강성 물리량은 계의 크기와 무관하다. 그 예로서 온도 T, 압력 p, 밀도 ρ 등이다. 시량성 물리량은 계의 크기에 따라 달라지는 성질을 가지며, 예로서 질량 m, 체적 V, 전 에너지 E 등이다. 이것을 분류하는 방법은 그림 1.1에 계를 똑같은 크기로 나누어 표시하였다.

시강성 물리량은 원래의 계와 동일한 값을 갖지만 시량성 물리량은 1/2의 값을 갖게 된다.

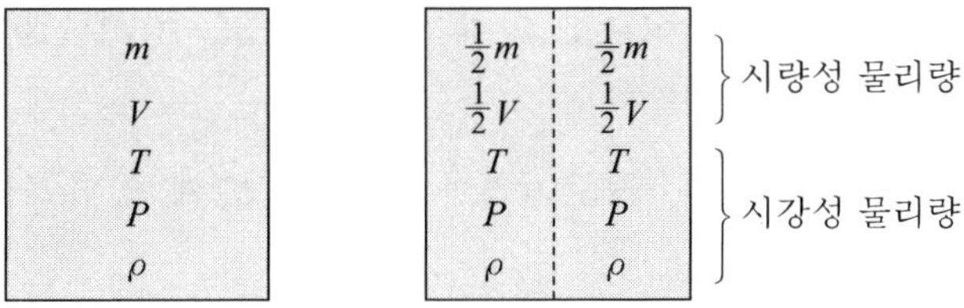

그림 1.1 시강성 물리량과 시량성 물리량

밀도의 정의 중 질량을 중량(힘)으로 나타내고자 하는 경우, 밀도에 중력가속도를 곱하게 되면 **비중량**(specific weight) γ 라 하며, 단위 체적 당 중량(힘)으로 정의한다.

$$\gamma = \rho g \ [\mathrm{N/m^2}] \tag{1.8}$$

물의 밀도는 부록 1, 여러 액체의 밀도는 부록 2, 공기 및 기체의 밀도는 각각 부록 4 및 부록 5에 수록되어 있다.

예제 1.1 질량 150kg의 기름이 있다. 이 기름의 체적이 $200l$일 때 기름의 밀도 ρ, 비체적 v, 비중량 γ, 비중 ρ_s를 각각 구하라.

해 밀도 $\rho = \dfrac{m}{V} = \dfrac{150}{200 \times 10^{-3}} = 750\mathrm{kg/m^3}$

비체적 $v = \dfrac{1}{\rho} = \dfrac{1}{750} = 1.333 \times 10^{-3}\mathrm{m^3/kg}$

비중량 $\gamma = \rho g = 750 \times 9.8 = 7350\mathrm{N/m^3}$

비중 $\rho_s = \dfrac{\rho}{\rho_w} = \dfrac{750}{1000} = 0.75$

1.2.2 압력

압력(pressure) p 는 유체의 단위 면적당 수직 방향의 힘(force)으로 정의된다.

$$p = \frac{F}{A} \ [\mathrm{N/m^2}] \tag{1.9}$$

따라서 그 단위는 [N/m²]이며, 이것을 Pascal [Pa]이라 한다. 즉

$$1 \ \mathrm{Pa} = 1 \ \mathrm{N/m^2}$$

Pascal단위의 값은 너무 작은 값이므로 일반적으로 $kPa(=10^3Pa)$이나 $MPa(=10^6Pa)$의 단위가 흔히 사용되고 있다.

다른 종류의 압력 단위로는 bar, 표준대기압 [atm.]과 함께 공학 단위계에서 사용되고 있는 kg_f/cm^2가 있으며, 이들은 다음의 값을 갖는다.

$$1bar = 10^5Pa = 0.1MPa = 100kPa$$

$$1atm = 101325Pa = 101.325kPa = 1.01325bar = 760mmHg$$

$$1kg_f/cm^2 = 9.807N/cm^2 = 9.807 \times 10^4N/m^2 = 9.807 \times 10^4Pa$$
$$= 0.9807bar = 0.96788atm.$$

$$1mAq = 0.1kg_f/cm^2 = 9.807 \times 10^3Pa$$

주어진 위치에서 압력을 절대진공(즉, 절대압력 0)을 기준으로 나타내는 경우, **절대압력**(absolute pressure)이라 한다. 그러나 대부분의 압력측정 장치는 대기압이 0이 되도록 눈금이 만들어져 있다. 그 차를 **게이지 압력**(gage pressure)이라 한다. 대기압보다 낮은 압력은 **진공압력**(vacuum pressure)이라 하며, 절대압력과 대기압의 차를 지시하는 진공 게이지에 의해 측정된다. 절대압력 p_{abs}, 게이지 압력 p_{gage}, 진공압력 p_{vac}사이에는 다음과 같은 관계가 있다.

$$p_{gage} = p_{abs} - p_{atm} \quad (p_{atm}\text{보다 높은 압력의 경우}) \tag{1.10}$$

$$p_{vac} = p_{atm} - p_{abs} \quad (p_{atm}\text{보다 낮은 압력의 경우}) \tag{1.11}$$

이것을 도식적으로 나타내면 그림 1.2와 같다.

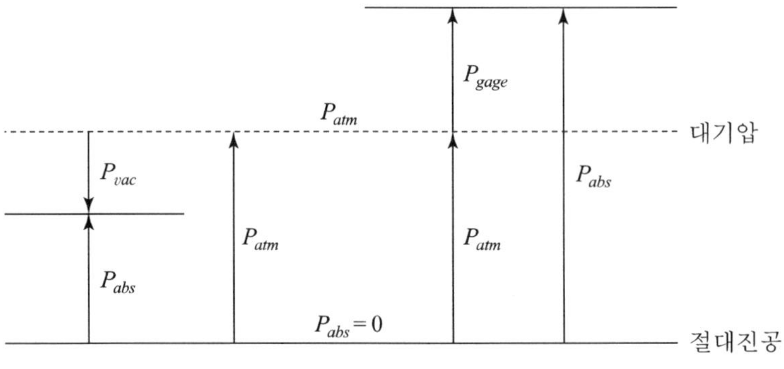

그림 1.2 절대압력, 게이지 압력, 진공압력

대기압을 기준으로 할 때 그 압력보다 큰 경우에는 정(+)의 값으로 표시하지만, 일반적으로 대기압보다 낮은 진공압력의 경우는 부(-)의 값으로 표시한다. 열역학의 관계식과 물성치 표(table)에서는 대부분 절대압력이 사용되며, 간단히 하기 위해 절대압력을 p_a, 게이지 압력을 p_g로 표시하는 경우도 많다.

예제 1.2 용기 속에 들어있는 가스의 압력을 측정한 결과 6.48atg였다. 이때의 절대압력을 구하라. 단, 대기압은 750mmHg이다.

해 대기압 p_{atm} =101325×(750/760) = 99.992×10^3 Pa = 99.992kPa

게이지압력 p_{gage}=6.48×10^{4}kg$_f$/m^2 = 6.48×10^4×9.8Pa = 635.04kPa

절대압력 $p_{abs} = p_{atm} + p_{gage}$= 99.992 + 635.04 = 735.032kPa

예제 1.3 용기 내 가스압력이 700mmHg의 진공압력을 나타낼 때 가스의 절대압력을 구하라. 단, 대기압은 760mmHg이다.

해 대기압 p_{atm} = 101.3kPa,

진공압력 p_{vac}= −101.325×(700/760) = −93.33kPa

절대압력 $p_{abs} = p_{atm} + p_{vac}$ = 101.3−93.33 = 7.97kPa

1.2.3 온도

냉온의 차이가 있는 두개의 물체를 접촉시켜 외계와 격리해 놓으면 언제나 따뜻한 쪽은 차가워지고, 차가운 쪽은 따뜻해지며, 언젠가는 그 이상 변화가 일어나지 않게 된다. 이때, 이 두 물체는 열평형에 달했다고 하며, 이와 같은 상태에 도달한 후에는 역학적 평형을 깨지지 않게(예를 들면, 압력이나 체적을 변화시키지 않음) 한 후 두개의 물체를 분리하여도 각각의 물체는 열평형상태에 있다. 이때, 이 두개의 물체는 **열평형**에 있다고 한다.

지금, 물체 A와 B가 접촉하여 열평형에 있으며, A와 C가 접촉하여 열평형에 있다면, B와 C를 접촉시켜도 결국 열평형에 있다. 이 사실을 **열역학 제0법칙**(zeroth law of thermo- dynamics)이라 한다. 따라서 서로 열평형에 있는 물체에 대해서 같은 값을 갖도록 한 량으로서 **온도**(temperature)를 생각하면 객관적인 척도가 될 수 있다.

결국, A, B가 같은 온도이고, A, C가 같은 온도라면, B, C는 같은 온도이다. 따라서 두개의 물체 B, C가 같은 온도임을 확인하기 위하여 B, C를 직접 접촉시키지 않아도 간접적으로 A라는 물체를 별도로 B, C에 접촉시켜 조사할 수 있다. 이 A의 역할을 하는 것이 **온도계**(thermometer)이다. 이렇게 하여 정해진 온도는 후술하는 이론온도(theoretical temperature)와 구별하여 실험온도(empirical temperature)라 한다.

온도계로서는 어느 것을 선택해도 되지만, 용이하게 재현할 수 있는 것을 선택하는 것이 편리하다. 단, 어떤 온도계도 눈금의 표시가 같지 않으면 의미가 없다.

오늘날 사용되고 있는 알코올 온도계나 수은온도계를 처음으로 만든 것은, 독일의 Fahrenheit이었다. 정점(定点)으로서는, 당시 언어진 최저온, 즉 식염을 혼합시킨 눈(雪)의 온도와 인간의 체온을 이용하여, 각각 0 및 96의 수치에 대응하도록 결정하였다. 또, 수은 대신에 알코올을 사용하여 눈금의 상부의 정점으로서 비등하고 있는 물의 온도를 취하였다. 이 눈금 법에 의하면 비등점의 온도는 212라는 수치가 된다. Fahrenheit에 의한 온도눈금을 **화씨온도**라 하며, [°F]의 기호를 사용한다.

그 후, 스웨덴의 Celsius는 1742년에, 물의 비등점과 빙점을 정점으로 하여, 그 사이를 100등분한 섭씨눈금을 만들었다. 즉, 얼음의 융해점(melting point)을 100도 눈금의 0으로 하고, 물의 비등점을 100으로 하여 표시한 것이 **섭씨온도**[℃]이다. 특히 Celsius의 우수한 점은, 물과 얼음은 완전히 순수하며, 대기압은 1기압이어야 한다는 기압을 지정한 점이다.

온도의 표준척도를 정하는 하나의 방법은, 하나의 온도계를 표준온도계로서 사용하고, 그 표시온도를 일반적으로 이용한다. 물질의 종류에 무관계한 온도눈금은, 후술하는 바와 같은 열역학 제2법칙을 사용하면, 가장 합리적으로 정의할 수 있다. 이것을 **열역학적 온도눈금**(thermodynamical temperature scale)이라 하며, 최저온도를 0°, 물의 **3중점**(3重点, triple point)(물질의 종류에 따라 어떤 특정한 온도와 압력 하에서, 그 고상, 액상, 기상의 3자가 공존한다. 예를 들면, 물은 0.0075℃, 4.58mmHg하에서 얼음과 수증기가 함께 평형에 있을 수 있다. 3자가 공존할 수 있는 점을 3중점이라 한다)을 273.16°로 정하고 있다. 이것으로 표시한 온도를 **Kelvin의 절대온도**(absolute temperature) 또는 **열역학적 절대온도**라 하며, [K]의 기호를 사용한다.

실험에 의하면, 1기압에서의 얼음의 융점은 273.15K, 물의 비등점은 373.15K이다. 그리고 절대온도 T[K]로 표시하는 온도는

$$T = t + 273.15 \ \ [\mathrm{K}] \tag{1.12}$$

로 주어지며, 여기서 t는 섭씨온도[℃]이다. 섭씨온도에서는 얼음의 빙점이 0°, 물의 비등점이 100°가 된다. 이것으로 표시한 온도는 [°C]로 표시하여 열역학적 섭씨온도라 한다.

따라서 [K] 또는 [°C]의 눈금에 의한 온도의 차는 같으며, 그 단위를 度(degree)라 한다.

실제로는 열역학 제2법칙에 의한 온도를 표시하는 온도계는 존재하지 않지만, 일정량의 희박기체, 예를 들면 He(헬륨)이나 N_2(질소)를 일정한 체적의 용기 속에 밀폐시켜, 그 압력에 비례하는 값으로 표시하도록 한 온도눈금, 즉 정적기체온도계(定積氣體溫度計, constant-volume gas thermometer)의 눈금은 열역학적 온도눈금과 상당히 잘 일치한다.

스코틀랜드의 Rankine온도[R]와 독일의 Fahrenheit온도[°F]는 유럽과 미국에서 공업적 측정에 보통 사용되는데, 이들의 관계는 Kelvin온도와 섭씨온도의 눈금간의 관계와 유사하다. 이들의 눈금은 물의 비등점(수증기점)과 빙점간의 차를 100°대신 180°로 한다. 따라서

$$1\text{R} = \frac{5}{9}\text{K} \tag{1.13}$$

의 관계가 있다. 그리고 빙점의 열역학 온도는 다음과 같다.

$$T_i = \frac{9}{5}\frac{\text{R}}{\text{K}} \times 273.15 = 491.67\text{R}$$

화씨온도 t_f [°F]는

$$t_f = T_R - 459.67 \ [°\text{F}] \tag{1.14}$$

로 정의된다. 여기서 T_R은 Rankine온도이며 물론 열역학 온도이다.

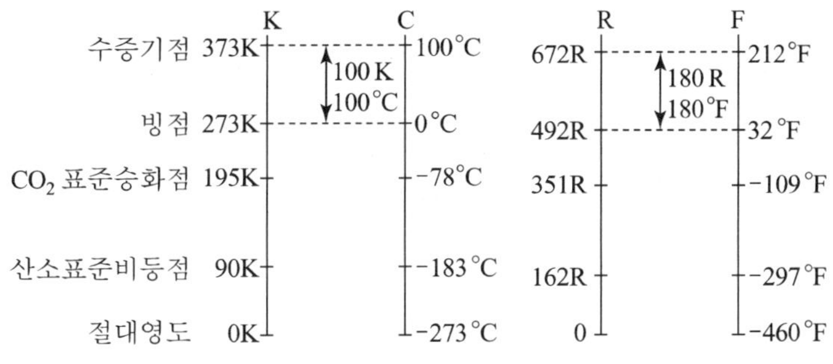

그림 1.3 Kelvin, 섭씨, Rankine, 화씨온도의 비교

그림 1.3은 Kelvin온도 K, 섭씨(Celsius)온도 C, Rankine온도 R, 화씨(Fahrenheit)온도 F를 비교하여 표시하였다.

또한 섭씨온도(t)와 화씨온도(t_f)와의 관계는 다음과 같다.

$$t = \frac{5}{9}(t_f - 32)\ [℃] \tag{1.15}$$

예제 1.4 섭씨온도 t=20℃는 화씨온도 t_f[°F]와 절대온도 T[K]로 환산하면 각각 얼마인가?

해 $t_f = \frac{9}{5}t + 32 = \frac{9}{5} \times 20 + 32 = 68°F$

$T = t + 273.15 = 20 + 273.15 = 293.15K$

1.2.4 내부에너지

물질을 구성하는 입자의 미시적 에너지를 내부에너지라 하며 여러 가지 형태가 있다. 즉, 가스 분자의 병진 운동에너지나 회전 운동에너지, 고체 분자의 진동에너지 등이 있다. 고체의 경우는 분자의 진동에너지와 자유분자의 운동에너지가 공존하고 있다. 이들 내부에너지가 증대하면 온도가 상승하므로 이와 같은 분자의 미시적 운동에너지를 **현열**(sensible heat)이라 한다.

액체가 증발할 때는 속박상태의 분자가 자유롭게 운동하기 위한 에너지가 필요하다. 온도가 동일하여도 액체와 기체는 내부에너지가 다르다. 이와 같이 등온·등압 하에서 고체, 액체, 기체 등의 상(phase)변화에 동반되는 내부에너지의 변화량, 즉 **잠열**(latent heat)이 존재한다.

현열과 잠열은 열에 관계되는 내부에너지이므로 열에너지(thermal energy)라 부르는 경우가 많다.

내부에너지(internal energy) U의 단위는 에너지의 단위인 Joule[J]이 사용되고, 단위 질량당 내부에너지를 비내부에너지(比內部에너지, specific internal energy) u라 하여 다음과 같이 표시된다. 엔탈피와 엔트로피의 물리량에 대해서는 뒤에서 설명하기로 한다.

$$u = \frac{U}{m}\ [kJ/kg]\ 또는\ U = mu\ [kJ] \tag{1.16}$$

1.2.5 비열, 비열비

고온 물체와 저온 물체를 접촉시키면 고온 물체로부터 저온 물체로 에너지가 이동한다. 이 경우 이동하는 에너지를 열(heat)이라 하며, 그 량을 열량(quantity of heat)이라 한다.

질량 m [kg]의 물체에 열량 δQ [kJ]를 가했을 때 물체의 온도가 dt [℃]만큼 상승했다고 하면 dt 는 δQ에 비례하고 m에 역 비례하여 현열의 기본 식으로 나타내면 다음과 같다.

$$\delta Q = mcdt = Cdt \ \text{[kJ]} \tag{1.17}$$

여기서 비례상수 c는 물질의 종류에 관계되는 물성치(상수)이며, 이것을 **비열**(specific heat)이라 한다. 이 비열 c 는 단위 질량의 물질을 온도 1℃ 상승시키는 데 필요한 열량으로 정의하며, 단위는 [kJ/kgK]이다. 또 $C = mc$ [kJ/K]는 질량 m[kg]의 물질을 1℃ 상승시키는 데 필요한 열량으로서 **열용량**(heat capacity)이라 한다.

비열은 물질의 온도 또는 압력뿐 아니라 가열할 때의 조건에 따라서 다르다. 체적이 일정한 상태에서의 비열은 **정적비열**(specific heat at constant volume) c_v, 압력이 일정한 상태에서의 비열은 **정압비열**(specific heat at constant pressure) c_p로 표기하며, 일반적으로 기체의 경우는 정압비열이 정적비열보다 크며, 그 비를 **비열비**(ratio of specific heats) k 라 한다.

$$k = \frac{c_p}{c_v} \tag{1.18}$$

그러나 고체나 액체에서는 온도상승에 의한 체적변화가 작아서 정압비열과 정적비열의 차는 무시할 정도로 작으므로 단순히 모두 비열 c로 표기하기도 한다.

열량은 에너지의 일종인 열에너지이므로 에너지의 단위 [J]을 사용하며, 종래의 [cal] 단위와의 상호관계는 다음과 같다.

$$1\text{J} = \frac{1}{4.1868} \text{ cal 또는 1cal=4.1868J}$$

비열이 일정한 경우, 질량 m[kg]의 물질은 온도 t_1[℃]으로부터 t_2[℃]로 가열하는데 필요한 열량은 식 (1.17)을 적분하여 다음과 같이 구할 수 있다.

$$Q_{12} = \int_1^2 mcdt = mc(t_2 - t_1) \tag{1.19}$$

그러나 비열이 온도의 함수인 경우, 즉 $c = c(t)$인 경우는 실제로 적분을 하여 다음과 같이 구한다.

$$Q_{12} = m\int_1^2 c(t)dt = mc_m(t_2 - t_1) \tag{1.20}$$

여기서 c_m은 온도 $t_1 \sim t_2$사이의 **평균비열**(mean specific heat)로서 다음 식으로 표시할 수 있다.

$$c_m = \frac{1}{t_2 - t_1}\int_1^2 c(t)dt \qquad [\text{kJ/kg℃ or kJ/kgK}] \qquad (1.21)$$

식 (1.19) ~ 식 (1.21)을 이용할 때 정적상태 또는 정압상태인 경우에는 c를 각각 c_v 혹은 c_p로 대치시켜 구할 수 있다.

기체의 경우, c_p, c_v에 대한 값 및 비열비 k의 값은 부록 6 및 부록 18에, 액체 및 고체의 비열 c(c_p로 표시)의 값은 부록 3에 수록되어 있다.

예제 1.5 20l의 물을 15℃로부터 45℃까지 올리는데 필요한 열량은 몇 kJ인가? 또 kcal로 환산하면 얼마인가?

해 $Q_{12} = mc_m(t_2 - t_1) = 20 \times 4.1868 \times (45 - 15) = 2512.08\text{kJ}$

(물의 평균비열은 1kcal/kg℃ = 4.1868kJ/kgK임)

$Q_{12} = 2512.08/4.1868 = 600\text{kcal}$

예제 1.6 단열용기 내에 물(질량 30kg, 온도 15℃)과 철편(질량 5kg, 온도 400℃)을 동시에 넣어 평형상태에 도달하게 되면 온도는 몇 도가 되는가? 단, 물의 비열은 4.1868kJ/kg℃, 철편의 비열은 0.473kJ/kg℃이다.

해 물이 얻은 열량 $m_1c_1(t_m - t_1)$과 철편이 준 열량 $m_2c_2(t_2 - t_m)$이 같다는 조건으로부터 t_m을 구하면 다음과 같이 정리된다.

$$t_m = \frac{m_1c_1t_1 + m_2c_2t_2}{m_1c_1 + m_2c_2} = \frac{30 \times 4.1868 \times 15 + 5 \times 0.473 \times 400}{30 \times 4.1868 + 5 \times 0.473} = 22.115℃$$

1.3 이상기체의 기본성질

1.3.1 이상기체의 상태식

분자의 관점으로부터 기체의 거동을 살펴보면, 각 분자들이 불규칙하게 지속적으로 운동하고 있으므로 그 질량을 m, 속도를 V로 표시하면 $mV^2/2$의 운동에너지를 갖는다. 온도가 변화하면 분자들의 평균 운동에너지도 변화하여 온도상승에 따라 분자들의 속도가 빨라진다.

고정 용기 속에 정해진 분자수만큼의 기체가 들어 있을 때 용기 벽면의 압력은 분자의 충돌에 기인한다. 만일 온도가 상승하면 분자들이 더 빠른 속도로 움직이며, 따라서 벽면에 충돌하는 힘도 커지므로, 결국 압력을 상승시키게 된다. 용기 내에 분자수가 감소하면 동일온도라 하더라도 용기의 단위 면적당 충돌하는 분자의 수가 감소하므로 압력이 감소하게 된다.

만일 체적변화가 가능한 용기라고 가정할 때 기체의 온도와 분자수는 변화하지 않은 상태에서 체적이 원래 체적의 1/2로 줄어든다고 하면 분자들은 동일한 속도(평균)로 운동하지만 용기의 벽면에 더 자주 충돌하므로 압력이 상승한다.

이와 같이 한 물질의 압력, 온도, 체적의 상호관계를 정립시키는 관계식을 상태방정식이라 한다. 상태방정식은 몇 가지가 있지만 이상기체(분자간 거리가 멀고, 분자의 크기 및 분자 사이의 인력을 무시할 수 있는 기체로서 Boyle-Charles의 방정식을 만족하는 기체)의 상태식은 기상(氣相)의 물질에 대한 가장 간단하고 잘 알려진 상태식이다. 이 식은 적정 영역 내에서 $p-V-T$ (압력-체적-온도)의 거동을 예측하게 한다.

기체와 증기는 흔히 동의어로 사용하지만 물질의 증기상태가 임계온도 이상에 있을 때 보통 기체라 하며, 증기는 거의 응축상태에 가까운 기체를 의미한다.

1662년 Boyle은 등온 하에서 기체의 압력이 체적에 반비례함을 관찰하였고, 1802년 Charles와 Gay-Lussac는 정압 하에서 기체의 체적이 온도에 비례함을 실험적으로 밝혔다. 이들을 식으로 표현하면 다음과 같다.

$$p = R\left(\frac{T}{v}\right) \text{ 또는 } pv = RT \tag{1.22}$$

여기서 비례상수 R을 **기체상수**(gas constant)라 한다. 식 (1.22)를 **이상기체의 상태식**(ideal gas equation of state)이라 하며, 이 식을 만족하는 기체를 **이상기체**(ideal gas)라 한다. 이 식에서 p는 절대압력 [kPa], T는 절대온도 [K], v는 비체적 [m^3/kg]이다.
기체상수 R은 부록 6에서 보듯이 각 기체마다 다르며, 다음 식으로부터 결정된다.

$$R = \frac{R_U}{M} \text{ [kJ/kgK]} \tag{1.23}$$

여기서 R_U는 **일반기체상수**(universal gas constant)이며, M은 분자량(Molecular weight)이다. 상수 R_U는 모든 물질에 대하여 동일하며, 그 값은 다음과 같다.

$$R_U = 8.314\ [\mathrm{kJ/kmol \cdot K}] \tag{1.24}$$

분자량 M은 1kmol의 질량[kg]으로 정의되며, 예로서 질소의 분자량을 28이라 할 때 질소 1kmol의 질량은 28kg($M = 28$kg/kmol) 임을 의미한다.

물질의 질량 m은 분자량 M과 몰수 N과의 곱이다.

$$m = MN \tag{1.25}$$

여러 가지 물질에 대한 R과 M의 값은 부록 6에 주어져 있다.

이상기체의 상태식은 다음과 같이 여러 가지 형태로 표현할 수 있다.

$$V = mv \ \rightarrow \ pV = mRT \tag{1.26}$$

$$mR = (MN)R = NR_U \ \rightarrow \ pV = NR_U T \tag{1.27}$$

$$V = N\bar{v} \ \rightarrow \ p\bar{v} = R_U T \tag{1.28}$$

여기서 $\bar{v}$ 는 몰 비체적으로서 단위는 몰당 체적 [$\mathrm{m^3/kmol}$]이다.

식 (1.26)으로부터 질량이 일정한 경우, 상태 1로부터 상태 2로 변화했을 때 두 상태의 물성치는 다음과 같이 표시할 수 있다.

$$\frac{p_1 V_1}{T_1} = \frac{p_2 V_2}{T_2} \tag{1.29}$$

실험적으로 관찰하면 이상기체의 상태식은 저밀도인 실제 기체의 $p-v-T$ 거동과 거의 근사하다. 따라서 저압, 고온에서는 기체의 밀도가 감소하여 그 기체가 이상기체와 같이 거동한다.

실제적으로 공기, 질소, 산소, 수소, 헬륨, 아르곤, 네온 그리고 더 무거운 기체인 이산화탄소 등의 많은 기체들은 1%미만의 오차 내에서 이상기체의 상태식을 만족하므로 이상기체로 취급할 수 있다. 그러나 증기동력 플랜트의 작동유체인 수증기와 냉동기의 냉매증기 등은 이상기체로 취급할 수 없으며, 이 물질들에 대해서는 후술하는 물성치표를 이용해야 한다.

예제 1.7 압력 100kPa, 온도 25℃의 상태인 공기가 4m×5m×6m인 공간 내에 들어 있을 때 그 공기의 질량을 구하라.

해 $m=\dfrac{pV}{RT}=\dfrac{100\times(4\times5\times6)}{0.287\times298.15}=140.24\text{kg}$

예제 1.8 그림(예제 1.8)과 같이 피스톤-실린더 내에 산소가 들어 있다. 실린더는 직경 4cm, 높이 8cm이며 피스톤(중량추)은 중량 15kg이고 산소의 질량은 0.09g이다. 그 산소의 온도를 계산하라. 대기압은 101kPa이다.

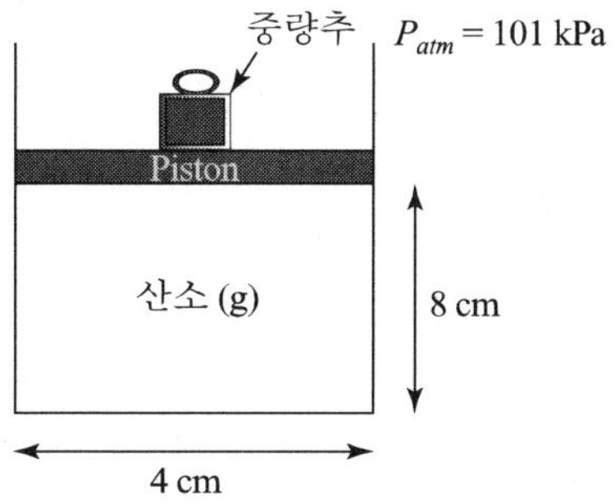

그림 (예제 1.8)

해 $F=F_{atm}+m_pg$, (m_p : 피스톤(중량추)의 질량)

$$p=p_{atm}+\frac{m_pg}{A}=p_{atm}+\frac{m_pg}{\pi D^2/4}=101\times10^3+\frac{15\times9.8}{\pi(0.04)^2/4}=2.1798\times10^5\text{Pa}$$

$$\therefore pV=mRT=m\frac{R_u}{M}T$$

$$\therefore T=\frac{MpV}{mR_u}=\frac{32\times2.1798\times10^5\times\pi(0.04)^2/4\times0.08}{(0.09\times10^{-3})\times8.314\times10^3}=937.16\text{K}=664.01℃$$

1.3.2 이상기체의 상태변화와 $p-v-T$ 관계

(1) 등온과정(isothermal process)

온도가 일정한 변화이며, 이상기체를 가열하면서 팽창시키는 경우, 식 (1.22)에서 최초와 최종상태를 각각 첨자 1, 2로 표시하면

$$pv=RT=p_1v_1=p_2v_2=const \tag{1.30}$$

(2) 정압과정(constant pressure process)

정압 연소과정 등에서 볼 수 있는 압력이 일정한 과정이다. 식 (1.22)로부터

$$\frac{T}{v}=\frac{T_1}{v_1}=\frac{T_2}{v_2}=const \tag{1.31}$$

(3) 정적과정(constant volume process)

일정한 체적을 갖는 용기내의 기체를 가열하거나 연소과정 등에서 볼 수 있다. 식 (1.22)로부터

$$\frac{T}{p}=\frac{T_1}{p_1}=\frac{T_2}{p_2}=const \tag{1.32}$$

(4) 가역 단열과정(reversible adiabatic process, isothermal process)

기체와 주위 사이에 열 교환이 없고, 또 마찰 등에 의한 내부 열 발생이 없는 경우의 변화이다. p, v, T사이의 관계는 다음과 같다(후술).

$$pv^k = p_1{v_1}^k = p_2{v_2}^k = const \tag{1.33}$$

$$Tv^{k-1} = T_1{v_1}^{k-1} = T_2{v_2}^{k-1} = const \tag{1.34}$$

$$Tp^{(1-k)/k} = T_1p_1^{(1-k)/k} = T_2p_2^{(1-k)/k} = const \tag{1.35}$$

여기서 k는 비열비(식 1.18참조)이다.

(5) 폴리트로프 과정(polytropic process)

열기관이나 압축기 등에서 실제로 발생하는 기체의 상태변화는 반드시 위에서 기술한 과정으로 나타나는 것은 아니다. 이와 같은 경우, 가역 단열과정을 일반적이라 하고 변화의 과정에서 열의 출입이 있지만 식 (1.33)과 유사한 다음의 식에 따른다고 하여

$$pv^n = p_1{v_1}^n = p_2{v_2}^n = const \tag{1.36}$$

의 형태로 나타낼 수 있는 과정을 생각할 수 있다. 이것을 폴리트로프 과정이라 하며, 지수 n을 **폴리트로프 지수**(polytropic exponent)라 한다.

가역 단열변화와 마찬가지로 T, v 관계 및 T, p 의 관계는

$$Tv^{n-1} = T_1 v_1^{\ n-1} = T_2 v_2^{\ n-1} = const \tag{1.37}$$

$$Tp^{(1-n)/n} = T_1 p_1^{(1-n)/n} = T_2 p_2^{(1-n)/n} = const \tag{1.38}$$

로 표시할 수 있다. n이 특수한 값으로 표시되는 폴리트로프 과정은 전술한 상태변화를 나타낸다. 즉

$n = 0$: 정압변화

$n = 1$: 등온변화

$n = k$: 단열변화

$n = \infty$: 정적변화

이며, 그림 1.4의 $p-v$선도에서 보듯이 각 과정을 폴리트로프 과정의 특별한 경우로서 각 상태변화를 나타내게 된다.

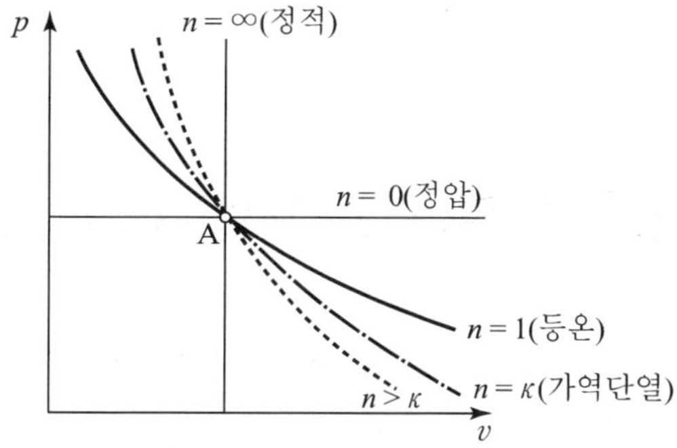

그림 1.4 상태변화곡선의 비교

예제 1.9 그림(예제 1.9)와 같이 공기가 상태1로부터 정적과정에 의해 상태2로 변화한 후 등온과정에 의해 상태3으로 변화한다. 그 후 정압과정에 의해 상태1로 되돌아가는 과정에서 상태1 및 상태2의 압력이 각각 1atm, 2.3atm이고, 상태1의 온도는 120℃라면, 상태2의 온도 T_2와 상태3의 비체적은 각각 얼마인가?

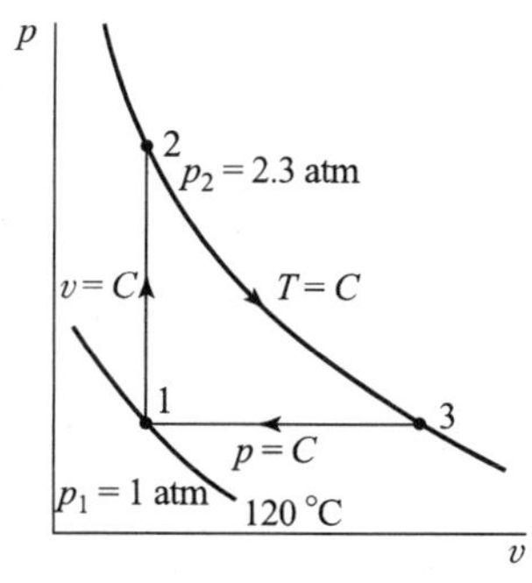

그림 (예제 1.9)

해 1 → 2과정 : $T_2 / T_1 = p_2 / p_1$

$\therefore\ T_2 = (p_2/p_1)\,T_1 = (2.3/1) \times (120 + 273.15) = 904.25\text{K} = 631.1℃$

$p_3 v_3 = RT_3$로부터 $v_3 = \dfrac{RT_3}{p_3} = \dfrac{RT_2}{p_1} = \dfrac{0.2872 \times 904.25}{101.325} = 2.563\text{m}^3/\text{kg}$

예제 1.10 1kg의 공기가 압력 1.5MPa, 체적 1.2m^3, 온도 100℃의 상태로부터 체적이 2m^{3}까지 변화하였다. 그 변화과정이 (1)등온, (2)단열과정에 의해 변화하였다면 최종압력은 각각 얼마인가?

해 (1) $p_2 = p_1 \times (v_1/v_2) = 1.5 \times (1.2/2) = 0.9\text{MPa}$

(2) $p_2 = p_1 \times (v_1/v_2)^k = 1.5 \times (1.2/2)^{1.4} = 0.7337\text{MPa}$

1.4 일(W), 에너지(E), 동력($\dot{W}$)

일(work)은 그림 1.5에 표시한 바와 같이 어떤 물체의 작용점에 외력 F[N]가 작용하여 힘이 작용하는 방향으로 그 작용점이 x[m]의 변위를 일으켰을 때 행한 **일량** W[J]으로서 다음과 같다.

$$W = F \cdot x \ \text{[J]} \tag{1.39}$$

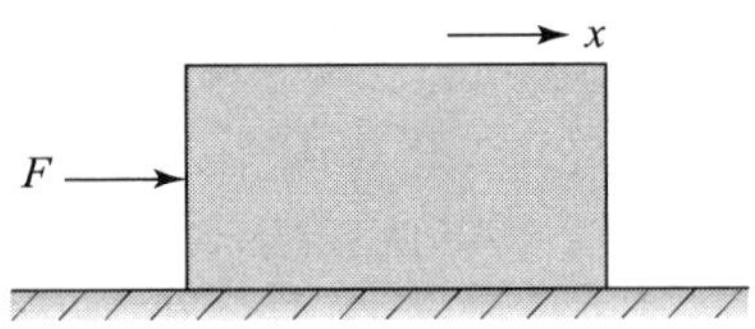

그림 1.5 일의 개념

일량의 단위는 Joule[J]로서 1N의 힘을 가하여 1m의 변위를 일으켰을 때 1J의 일을 하였다고 하며, 다음과 같은 단위의 관계가 성립한다.

$$1\text{J} = 1\text{N} \cdot \text{m} = 10^5\text{dyn} \cdot 100\text{cm} = 10^7\text{erg} = 0.102\text{kg}_f \cdot \text{m} \tag{1.40}$$

만일 어떤 물체에 힘을 가하여 그 위치가 수직방향의 변위를 일으켰다고 하면 그 물체는 중력가속을 받게 될 것이고, 힘에 의해 행해진 일은 그 물체에 에너지 전달을 한 것으로 생각할 수 있다. 역학에서 취급하는 **에너지**(energy)는 기계적 에너지, 즉 압력 에너지, 운동 에너지, 위치 에너지, 그리고 열에너지가 있으며, 위에서 언급한 수직방향의 변위를 일으키게 한 일은 상향변위 또는 하향변위에 따라 중력의 위치 에너지 또는 운동 에너지로 전환되는 경우이다. 또한 물체가 변위를 일으킬 때 주위의 물체와의 마찰에 의해 열이 발생하게 되면 열에너지로 전환하는 경우이며, 실린더 내의 피스톤에 힘을 가하는 경우는 그 일이 압력 에너지로 전환되는 경우로서 결국 일과 에너지는 열에너지를 포함하며 에너지의 일종이다. 따라서 SI단위에서는 일, 에너지, 열량이 모두 동일한 단위로 사용되며, 종래부터 사용되어 온 열량 단위 calorie와 Joule과의 관계는 다음과 같다.

$$1\text{J} = \frac{1}{4.1868}\text{cal}, \qquad 1\text{cal} = 4.1868\text{J} \tag{1.41}$$

또 단위시간에 행한 일량을 **동력**(power)이라 하며, $\dot{W}$ [W]로 표시한다.

$$\dot{W} = F \cdot V \qquad [\text{N} \cdot \text{m/s} = \text{J/s} = W] \tag{1.42}$$

동력의 단위는 Watt[W]이며, 1W는 초당 1Joule의 일을 나타낸다. 여기서 V는 속도로서 단위 시간당 힘이 가해진 방향으로의 변위량을 의미한다. 공학단위에 의한 동력 단위는 마력(horse power) Ps를 사용하며 Watt[W]와의 상호관계는 다음과 같다.

$$1\text{kW} = 102\text{kg}_f \cdot \text{m/s} = 1\text{kJ/s}$$

$$1\text{Ps} = 75\text{kg}_f \cdot \text{m/s}$$

$$1\text{kW} = 1.36\text{Ps}$$

또한 1kW 또는 1Ps의 동력으로 1시간 동안 행한 일(에너지)을 종래 열량단위인 kcal와 연관시키면 다음과 같다.

$$1\text{kWh} = 3600\text{kJ} = 860\text{kcal}$$

$$1\text{Psh} = 632.3\text{kcal}$$

예제 1.11 1.5톤의 철재를 15m만큼 들어 올릴 때 몇 kJ의 일이 필요한가? 또 이 일을 1분 동안에 한다면 몇 kW의 동력이 필요한가?

해 일량 $\text{W} = 1.5 \times 10^3 \times 9.8 \times 15 = 220500\text{J} = 220.5\text{kJ}$

동력 $\dot{W} = \frac{220500}{60}\text{J/s} = 3675\text{W} = 3.675\text{kW}$

Chapter 01 연습문제

질량과 힘

문 1.1 어떤 물체의 질량이 10kg이며, 중량은 95N이다.

(1) 국소 중력가속도를 구하라.

(2) $g = 9.81m/s^2$인 장소에서 그 물체의 질량과 중량을 각각 구하라.

답 (1) $9.5m/s^2$, (2) 질량 : 10kg, 중량 : 98.1N

문 1.2 중력가속도는 1000m상승함에 따라 $0.003m/s^2$ 감소한다. 해면에서 $go=9.81m/s^2$일때 고도 10000m에서 60kg의 물체의 무게는 얼마인가. 또 무게가 해면상에서의 1/10 이 되려면 고도는 어느 높이이어야 하는가.

답 586.8N, 2943km

문 1.3 $20^{o}C$의 물 10kg이 들어있는 수조에 교반기로 1시간 동안 교반시켰다. 이때 소요 동력은 100W 이며, 물로부터 외부로 열손실이 없다면 수온은 몇 ^{o}C가 되는가. 단, 물의 비열은 4.1868kJ/kgK이다.

답 $28.6^{o}C$

밀도, 비체적, 비중량

문 1.4 체적 $100l$의 압력용기에 0.5kg의 기체가 들어있다. 이 기체의 비체적과 밀도를 각각 구하라.

답 $v = 0.2m^3/kg$, $\rho = 5kg/m^3$

문 1.5 비열 c가 $c = \alpha + \beta t$ (α, β는 상수)로 표시될 때 온도 $t_1 \sim t_2$범위의 평균비열은 $c_m = \alpha + \beta\frac{t_1 + t_2}{2}$ 이 됨을 유도하라.

답 생략

문 1.6 어떤 용기내의 압력이 $-500mmH_2O$의 부압이었다. 이때의 절대압력은 몇 kPa인가? 단, 대기압은 760mmHg이다.

답 96.425kPa

문 1.7 탱크 내 절대압력이 0.4bar, 주위의 대기압이 98kPa일 때 Bourdon압력계에서 읽은 압력은 얼마인가?

답 −58kPa

이상기체의 성질과 상태변화

문 1.8 15kg의 강철제 가스용기에 300l의 액체가솔린이 들어있다. 가솔린의 밀도는 800kg/m^{3}이다. 이 용기를 4m/s^{2}로 가속하려면 얼마의 힘이 필요한가.

답 1020N

문 1.9 그림(문 1.9)와 같이 피스톤-실린더 장치에 25℃의 공기가 들어있다. 피스톤의 중량은 20N, 피스톤의 단면적은 0.15m^2, 실린더의 초기체적은 3.8m^{3}이었다. 여기에 열을 가하여 체적이 7m^{3}로 되었다. 대기압이 101.3kPa일 때 다음을 각각 구하라.

(1) 공기의 최종온도, (2) 이 공기가 피스톤과 대기에 대하여 한 일량

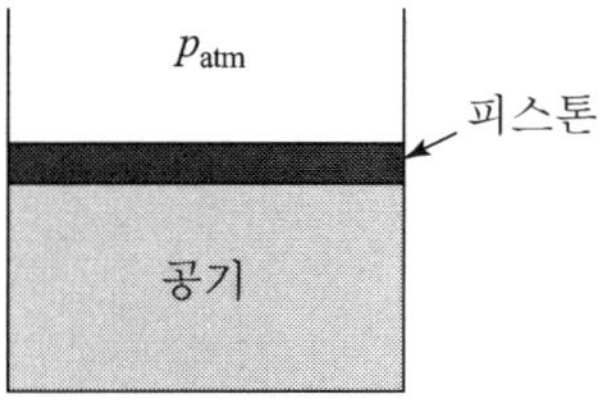

그림 (문 1.9)

답 (1) 276.07℃, (2) 324.58kJ

문 1.10 $p_1 = 1\text{bar}$, $T_1 = 15$℃인 공기 5m^{3}를 $p_2 = 6\text{bar}$, n=1.3의 폴리트로프 압축을 할 때 최종체적과 온도를 각각 구하라. 공기의 정적비열은 0.7171kJ/kgK이다.

답 1.26m^3, 162.55℃

온도, 열량

문 1.11 30°C의 물 50l 속에 −10°C의 어름 3kg을 넣어 완전히 용해시켰다. 외부와 완전히 단열되어 있을 때 물의 온도는 몇 °C가 되는가? 단, 물의 비열은 4.1868 kJ/kg°C, 어름의 비열은 2.1kJ/kg°C, 융해잠열은 332kJ/kg이다.

답 23.53°C

문 1.12 단열용기 중에 20°C의 공기를 400°C까지 상승시키기 위해서 0.5kW의 히터를 용기 속에 넣어 가열하였다. 몇 분 동안 가동하면 되는가? 단, 공기의 열용량은 0.85813kJ/K(열용량은 질량×비열임)이다.

답 10.87min

문 1.13 압력 250kPa, 온도 25℃의 공기가 채워져 있는 자동차의 타이어에 공기를 보충하여 압력을 300kPa로 높이는 경우, 온도가 30℃로 되었다. 이때 보충된 공기의 질량을 구하라. 단, 타이어의 체적은 0.15m^{3}로 일정하다.

(답) 0.07892kg

동력

문 1.14 매분 회전수 n=800rpm의 내연기관에 수동력계를 직결하여 브레이크를 걸어, 그 torque T를 측정했더니 T=10000 N · m이었다. 만일 동력계를 흐르는 수량이 10m^3/h, 그 입구온도는 15°C로 하고, 일량이 전부 열로 변하여 물에 주어진다고 하면 물의 출구온도는 몇 °C인가? 단, 물의 비열은 4.1868 kJ/kg°C이다.

(답) 87.03°C

Chapter 02

계의 질량보존과 에너지 보존

2.1 계와 제어체적의 정의

계(system)**는 열 유체의 해석을 위하여 선택된 물질의 질량부분으로 정의된다.** 그 계는 그림 2.1과 같이 **경계**(boundary)에 의해 **주위**(surrounding)와 분리되며, 따라서 계는 물질의 질량으로 고정된다. 그러므로 모든 물질은 계 내 혹은 주위 내에 있다. 역학적으로 계의 경계는 어떤 에너지 전달이 포함되도록 선택한다.

역학적으로 계에 대한 해석의 주목적은 자유물체(free body)에 작용하는 힘과 그 힘에 의한 운동을 분석하는 것이다. 특히 계에 대한 열역학적 해석의 목적은 에너지 전달과 그에 따른 계의 상태변화를 고찰하는 것이다.

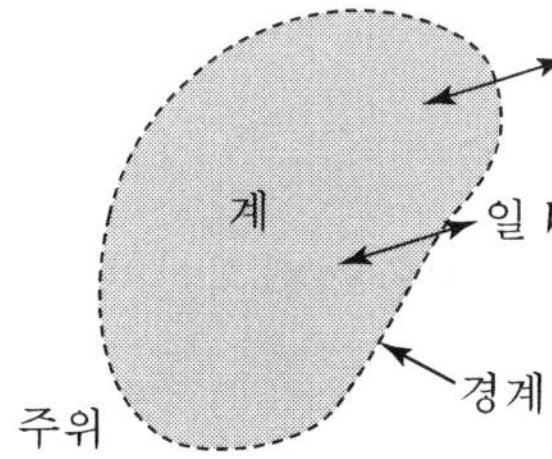

그림 2.1 계

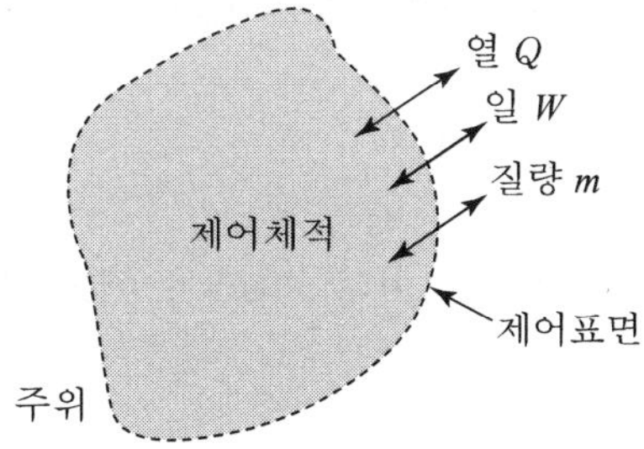

그림 2.2 제어체적

계의 경계를 통해 전달될 수 있는 것은 에너지뿐이며 물질은 경계를 통해 전달될 수 없다. 그러나 경계가 고정될 수도 있지만 에너지의 전달로 인하여 경계의 공간적 이동이 일어날 수도 있다. 계의 경계를 가로질러 전달되는 에너지는 그림 2.1에서 보는 바와 같이 두 형태의 에너지, 즉 열(heat)과 일(work)이다.

흔히 유체유동이 일어나는 장치를 해석하기 위해서는 고정된 질량의 계에 대한 개념을 적용하는데 어려움이 따른다. 유체유동이 일어나는 장치에 대하여 해석을 하기 위해서는 물질의 질량유동이 허용되는 어떤 영역의 공간에서 역학적 해석을 수행하는 것이 유리하다. 그림 2.2에 나타낸 바와 같이 이 영역을 **제어체적**(control volume)이라 한다.

제어체적은 **제어표면**(control surfacc)에 의해 주위와 분리된다. 그 제어표면은 계의 경계와 유사하지만 그 제어표면을 통해서는 에너지(열, 일)뿐 아니라 어떤 질량의 물질이 이동할 수 있는, 즉 질량전달이 될 수 있다는 것이다. 제어체적은 공간적 이동이 일어날 수 있으며 시간에 따라 체적변화가 일어날 수 있다.

따라서 계는 에너지만이 계의 경계를 가로질러 전달될 수 있으며, 물질의 질량이 고정되어 경계를 통해 질량전달이 일어날 수 없으므로 **밀폐계**(closed system)라 한다. 반면, 제어체적의 제어표면은 에너지 전달과 아울러 질량의 전달이 가능하므로 **개방계**(open system)라 한다.

2.2 계(밀폐계)의 질량 및 에너지 보존

2.2.1 밀폐계의 질량보존

한 계에 대한 질량보존의 원리란 그 계의 질량 m[kg]이 항상 일정하다는 것을 의미한다. 그러므로 시간(t)에 대한 질량(m)의 변화율은 0이다.

$$\frac{dm}{dt} = 0 \tag{2.1}$$

이것은 스칼라량의 식이며, 따라서 어느 좌표방향에 대해서도 독립적이다.

2.2.2 밀폐계의 에너지 보존(밀폐계의 열역학 제1법칙)

계에 대한 에너지 보존의 원리는, 그 계의 경계를 통한 모든 에너지 전달의 대수적 합(scalar량)은 그 계의 에너지 변화량과 같아야 함을 의미한다. 열역학의 체계적 아이디어는 에너지 보존의 원리로서, 열역학 제1법칙으로 불리는 원리이다. 이 절에서는 밀폐계에 대한 제1법칙을 소개한다.

전술한 바와 같이 계(밀폐계)는 고정된 질량의 물질로서 계 내외로 물질의 출입이 없으며 열량과 일만이 전달될 수 있다. 따라서 밀폐계의 열역학 제1법칙은 다음과 같이 나타낼 수 있다.

$$\Delta E = Q_{12} - W_{12} \text{ 또는 } Q_{12} = \Delta E + W_{12} \qquad (2.2)$$

여기서 ΔE는 그 계에 저장되는 모든 형태의 에너지 변화량이며, Q_{12}는 열의 형태로 그 계에 가해지는 정미에너지($Q = Q_{in} - Q_{out}$), W_{12}는 일의 형태로 그 계로부터 방출되는 정미에너지($W = W_{out} - W_{in}$)이다. 식 (2.2)는 유한시간에 걸쳐 진행되는 과정에 적용되며, 따라서 각 항은 그 유한 시간동안 행해지는 정미량들이다.

열량 Q_{12}와 일량 W_{12}는 흐름방향에 따라 정(+) 또는 부(-)의 값이 될 수 있으며, 저장되는 에너지 변화량 $\Delta E(= E_2 - E_1)$는 그 과정의 최종상태와 초기상태의 에너지 차이다.

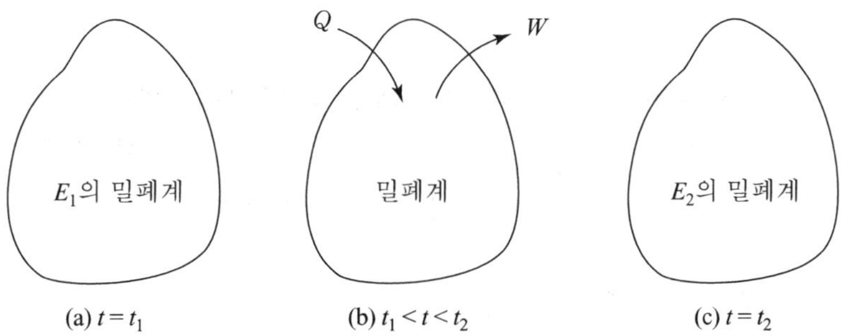

그림 2.3 밀폐계에 대한 제1법칙

밀폐계에 대한 제1법칙을 설명하는 개념도를 그림 2.3에 나타내었다. 경계를 나타내는 선 내에 포함된 물질의 질량이 계이다. 열량 Q와 일량 W는 계의 경계를 통해 전달되는 에너지의 형태를 나타내고, E는 계의 경계 내에 저장되는 에너지의 형태이다. 제1법칙은 이들 여러 가지 형태의 에너지 사이의 평형을 의미한다. 즉

계의 에너지 변화 = 계로 들어가는 에너지 - 계를 나가는 에너지

계에 저장되는 에너지 E는 세 가지로 구성되며, 그것은 운동에너지, 위치에너지 및 내부에너지이다.

운동에너지(kinetic energy) KE는 그 계의 속도에 관계되며 다음과 같이 표시된다.

$$KE = \frac{1}{2} m V^2 \tag{2.3}$$

여기서 m은 계 내 물질의 전 질량, V는 관성계에 상대적인 계의 속도이다. 한 과정동안 운동에너지의 변화량은

$$\Delta KE = \frac{1}{2} m {V_2}^2 - \frac{1}{2} m {V_1}^2 \tag{2.4}$$

위치에너지(potential energy) PE는 중력장에서 계의 높이에 관계되며 다음 식으로 표시된다.

$$PE = mgz \tag{2.5}$$

여기서 g는 중력가속도(=9.807m/s^2), z는 기준면에서의 수직높이이다. 한 과정동안의 위치에너지 변화량은

$$\Delta PE = mgz_2 - mgz_1 \tag{2.6}$$

내부에너지 U는 분자 혹은 원자의 레벨에서 계에 저장된 에너지이다. 단상(single phase)의 물질(고체, 액체, 기체)은 내부에너지가 온도에 의존하며, 고체와 액체의 경우는 분자들 간의 인력으로 저장된다. 한 과정동안 내부에너지의 변화량은

$$\Delta U = U_2 - U_1 \ \text{[kJ]} \tag{2.7}$$

따라서 $\Delta E = \Delta KE + \Delta PE + \Delta U$이므로 식 (2.2)는 다음과 같이 나타낼 수 있다.

$$\Delta KE + \Delta PE + \Delta U = Q_{12} - W_{12} \tag{2.8}$$

식 (2.8)을 설명하는 몇 가지 예를 들어보자.

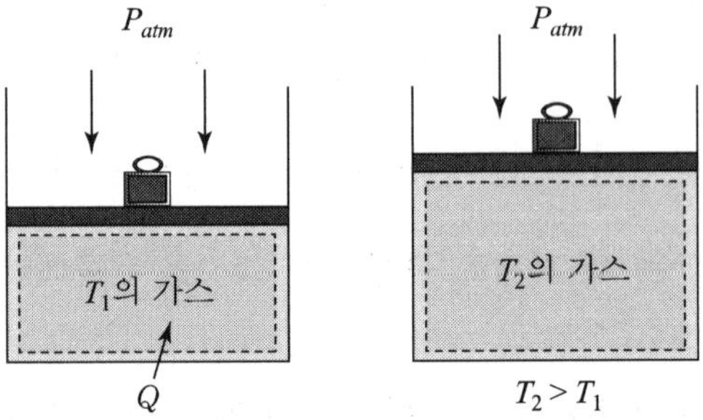

(a) 과정의 초기상태 (b) 과정의 최종상태

그림 2.4 실린더 내의 가스(밀폐계)

그림 2.4에 나타낸 실린더내의 가스를 생각하자. 그 가스는 밀폐계이며 피스톤 위에는 중량추가 있고 피스톤은 상승 또는 하강할 수 있다. 경계는 점선으로 표시하였다. (a)도와 같이 과정의 초기에 가스는 온도 T_1이며, 열량 Q가 가해져 (b)도와 같이 실린더내의 가스는 팽창하고 온도는 T_2로 상승한다.

이 과정에서 운동에너지 및 위치에너지의 변화는 없으므로 제1법칙식인 식 (2.8)은 다음과 같이 된다.

$$\Delta U = Q_{12} - W_{12} \tag{2.9}$$

계의 온도가 상승하면 가스가 팽창하여 피스톤이 상승하므로 중량 추를 들어올려 대기압에 대항하여 일을 하게 된다. 그 일은 경계, 즉 피스톤의 표면과 가스의 경계에서 이루어지는데, 그것은 가해진 열의 일부가 일로 변환되어 그 계를 떠나고 그 나머지는 내부에너지로서 가스의 체적 전체에 걸쳐 계에 저장된다.

일반적으로 계에 대한 열량 Q와 일량 W의 부호에 대해서는 다음과 같이 취급되고 있다. 즉 계에 가한 열은 정(+), 계로부터 제거되는 열은 부(−)의 부호를 붙여 표기하며, 계에 행한 일은 부(−), 계에 의해 외부로 행해진 일은 정(+)의 부호를 붙여서 사용한다. 따라서 그림 2.3의 경우 Q_{12} 및 W_{12}는 그 자체가 정(+)의 부호를 가지므로 식 (2.9)와 같이 표시되었다.

그림 2.5에는 회전날개가 포함되어 계에 일을 하고, 주위로 Q_{out}의 열손실이 있는 경우로서 경계는 실린더의 내측 면과 회전날개를 둘러싸는 면(점선)이 되며, 계는 실린더내의 모든 가스이다. 따라서 식 (2.9)의 Q_{12}는 계에 가한 정미 열로서

$$Q_{12} = \sum_n Q_i = Q_{in} + (-Q_{out})$$

W_{12}는 계에 의해 행해진 정미일로서 다음과 같이 계산된다.

$$W_{12} = \sum_n W_i = W_{out} + (-W_{in})$$

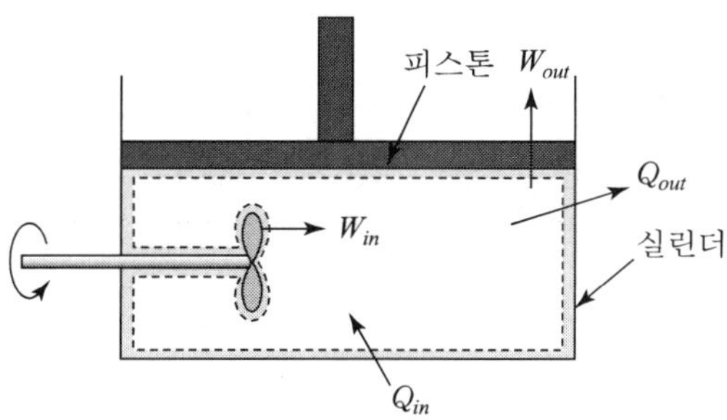

그림 2.5 피스톤-실린더 내의 가스(회전날개 포함)

예제 2.1 그림(예제 2.1)과 같이 피스톤-실린더 장치에 기체가 들어있다. 그 기체는 피스톤에 의해 압축되는 700J의 일을 받으며 동시에 회전날개로부터 165J의 일을 받는다. 또 그 기체의 내부에너지가 195J이 감소되었다면 이 과정에서 외부와 얼마만큼의 열량이 전달되었는가? 그 기체는 가열되었는가? 또는 냉각되었는가?

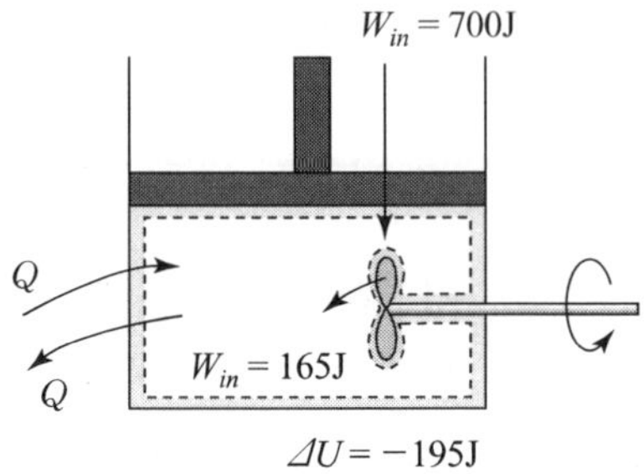

그림 (예제 2.1)

해 $\triangle U = U_2 - U_1 = -195J$, $W_{12} = -(700+165) = -865J$

$\therefore Q_{12} = \triangle U + W_{12} = -195 - 865 = -1060J$ (냉각)

예제 2.2 2000kg의 자동차가 시속 100km의 속도로 달리고 있을 때 브레이크를 걸어 정지할 때 몇 kJ의 열이 발생하는가?

해 $\triangle KE = \frac{1}{2}mV^2 = \frac{1}{2} \times 2000 \times (100 \times 10^3/3600)^2 = 7.716 \times 10^5 J = 771.6kJ$

예제 2.3 1기압, 100℃하에서 물 $1.8 \times 10^{-5} m^3$을 모두 증발시키는데 40.7kJ의 열이 필요하며, 이때 수증기의 체적은 $0.0297 m^3$가 된다. 이 물이 전부 수증기로 변할 때 내부에너지의 증가량을 구하라. 단, 100℃에서의 물의 밀도는 $1 g/cm^3$이다.

해 물이 증발하여 체적팽창이 되며 대기압에 체적 팽창량을 곱하면 외부에 한 일량이 되므로

$W_{12} = 101.3 \times (0.0297 - 1.8 \times 10^{-5}) = 3.01kJ$

$\therefore \triangle U = Q_{12} - W_{12} = 40.7 - 3.01 = 37.69kJ$

2.3 제어체적(개방계)의 질량 및 에너지 보존의 원리

2.3.1 개방계의 질량보존

(1) 정상 유동계의 질량보존

정상유동(steady flow)이란 유동의 과정 중 어느 위치에서 유체의 모든 물성치 및 유속 등이 시간에 따라 변화하지 않는 유동이다.

따라서 그림 2.6에 표시하듯이 제어체적(첨자 CV로 표시)내의 체적 V, 질량 m, 그리고 제어체적의 전 에너지량 E가 일정하게 유지된다. 결과적으로 정상 유동계에 대한 경계일은 0이며 정상유동 과정 중에 입구 또는 출구에서의 유체 물성치는 일정하게 유지된다.

이러한 정상유동 조건은 터빈, 펌프, 압축기, 노즐, 보일러, 응축기, 증기동력 플랜트의 열교환기등과 같은 연속적인 작동을 하는 장치에 가장 근접하며 정상 유동계의 장치로 분류된다.

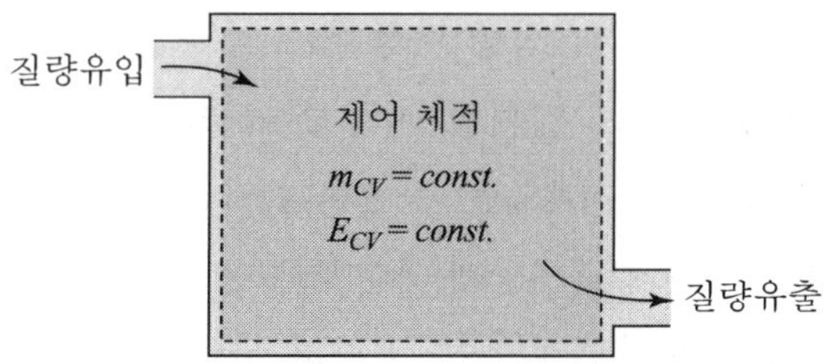

그림 2.6 정상 유동계

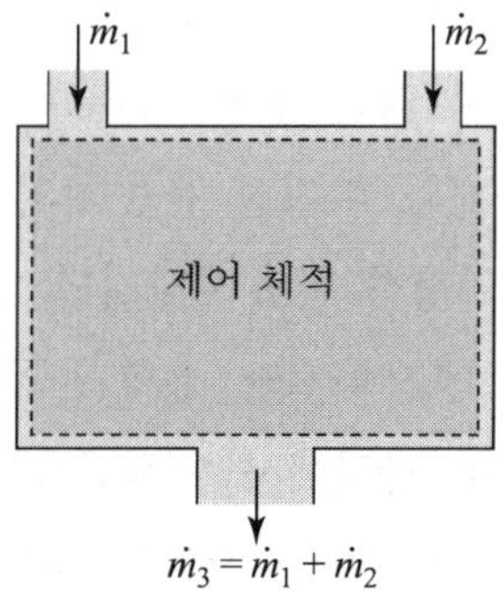

그림 2.7 정상 유동계의 질량 보존

정상유동 과정이 수행되는 제어체적(개방계)에 대한 질량보존의 원리는 다음과 같이 나타낼 수 있다.

$$m_{in} - m_{out} = \Delta m_{sys} = 0 \tag{2.10}$$

여기서 $\Delta m_{sys} = m_{final} - m_{initial}$로서 나타낼 수도 있으며, 그 과정동안 제어체적(개방계)내 물질의 질량변화이다. 그런데 **정상유동 과정동안 제어체적내의 물질의 전 질량은 시간에 따라 변화하지 않으므로($m_{CV} = const$) $\Delta m_{sys} = 0$이다. 즉 질량보존의 원리는 정상 유동계로 유입하는 물질의 전 질량은 그 계로부터 유출하는 물질의 전 질량과 같음을 의미한다.** 또한 시간의 개념을 도입하여 단위시간당 유입질량과 유출질량은 같아야 하므로 다음 식이 성립한다.

$$\dot{m}_{in} = \dot{m}_{out} \tag{2.11}$$

여러 개의 입구와 출구를 갖는 정상 유동계(그림 2.7참조)에 대한 질량보존은 다음과 같이 표시할 수 있다.

$$\sum \dot{m}_i = \sum \dot{m}_e \ \text{[kg/s]} \tag{2.12}$$

여기서 첨자 i 는 입구, e는 출구를 표시한다.

(2) 비정상 유동계의 질량보존

정상유동 과정 중에는 제어체적 내에 아무 변화가 일어나지 않지만 실제의 과정들은 시간에 따라 제어체적내의 변화를 동반한다. 이러한 과정의 유동을 **비정상 유동**(unsteady flow)이라 한다. 비정상 유동 과정을 해석할 때는 경계를 통한 에너지전달의 상호 작용뿐 아니라 제어체적내의 물질의 질량과 에너지량의 변화를 계산해야 한다. 따라서 어떤 시간 Δt 동안에 걸쳐 일어나는 여러 가지 변화, 특히 질량의 유출입이 한 과정동안 일정하게 유지되지 않는 점을 고려해야 한다.

정상 유동계와 비정상 유동계의 또 다른 차이점은, 정상 유동계는 과정 중 공간의 크기, 모양이 일정하게 유지되지만, 그림 2.8에서 보는 것처럼 비정상 유동계는 그렇지 않다. 즉 계는 정지되지만 경계가 움직이며, 따라서 **경계일**을 동반한다.

비정상 유동 과정에서는 정상유동과 달리 제어체적(개방계)내의 질량은 시간에 따라 변화하며, 그 변화량은 과정동안 제어체적으로 들어가고 나가는 질량의 차이다. 즉 비정상

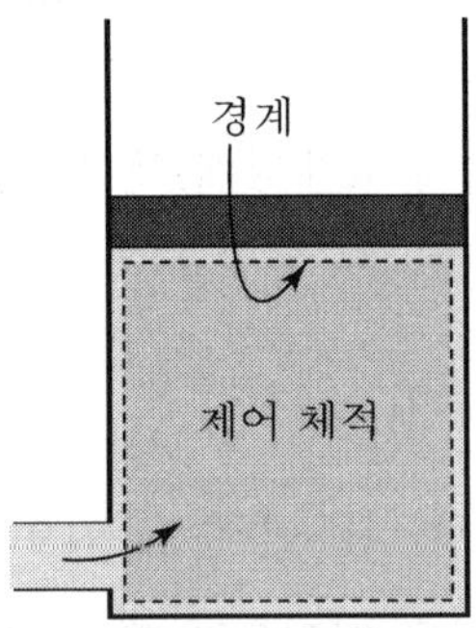

그림 2.8 비정상 유동계

유동계의 질량보존의 원리는 다음과 같이 표시된다.

$$m_{in} - m_{out} = \Delta m_{sys} \neq 0 \tag{2.13}$$

여기서 $\Delta m_{sys} = m_{final} - m_{initial}$이다. 좀 더 구체적으로 표시하면

$$\sum m_i - \sum m_e = (m_2 - m_1)_{sys} \tag{2.14}$$

여기서 첨자 i 는 입구, e는 출구, 1은 초기상태, 2는 최종상태이며, 합산기호는 모든 입구 및 출구를 고려하여 이용한다.

2.3.2 개방계의 에너지 보존

(1) 정상 유동계의 에너지 평형

정상유동의 과정이 수행되는 제어체적(개방계)의 전 에너지 함유량은 일정하게 유지된다. ($E_{CV} = const$). **따라서 그 제어체적의 에너지 변화는 일어나지 않는다**($\Delta E_{CV} = 0$). 그러므로 단위시간에 제어체적으로 유입하는 전 에너지량은 제어체적으로부터 방출하는 전 에너지량과 같아야 한다. 따라서 정상유동 과정에 대한 일반적인 에너지 평형의 식은

$$\dot{E}_{in} - \dot{E}_{out} = \Delta \dot{E}_{sys} = 0 \quad \text{(steady flow)} \tag{2.15}$$

또는

$$\dot{E}_{in} = \dot{E}_{out} \tag{2.16}$$

식 (2.15)에서 좌변은 열, 일, 질량의 유출입에 의한 정미 에너지 전달율을 나타내며, 우변은 내부에너지, 운동에너지, 위치에너지 등의 변화율을 나타낸다.

제어체적의 경계를 통해 물질전달이 일어나게 되면 그에 따른 에너지 전달이 생기며, 그 에너지는 단위 질량당 에너지를

$$e = u + \frac{V^2}{2} + gz \quad \text{[kJ/kg]} \tag{2.17}$$

로 표시할 때 단위 질량이 갖는 내부에너지 u, 운동에너지 $V^2/2$, 위치에너지 gz를 포함한다.

그 외에 물질(질량)전달에 의한 제어체적의 표면에 작용하는 응력, 압력, 점성전단력에 기인하는 에너지가 포함되어야 한다. 그러나 전단응력은 제어표면에 접선방향의 힘에 의

한 에너지이므로 제어체적의 에너지 산출에 포함되지 않으며, 압력에 의한 에너지는 제어체적으로 유체가 $[\dot{m}\frac{p}{\rho}]_i$의 압력에너지로 들어가고 $[\dot{m}\frac{p}{\rho}]_e$의 압력에너지로 방출할 때 그 유동을 위해 필요한 에너지를 의미하므로 에너지의 시간 변화율 $\dot{E}$는 다음과 같은 항들로 구성된다.

$$\dot{E}=\dot{Q}+\dot{W}+\sum\dot{m}(\frac{p}{\rho}+e)=\dot{Q}+\dot{W}+\sum\dot{m}(\frac{p}{\rho}+u+\frac{V^2}{2}+gz) \qquad (2.18)$$

식 (2.18)을 식 (2.16)에 적용하면 다음의 에너지 평형식이 얻어진다.

$$\dot{Q}_{in}+\dot{W}_{in}+\sum\dot{m}_i(\frac{p_i}{\rho_i}+u_i+\frac{{V_i}^2}{2}+gz_i)$$
$$=\dot{Q}_{out}+\dot{W}_{out}+\sum\dot{m}_e(\frac{p_e}{\rho_e}+u_e+\frac{{V_e}^2}{2}+gz_e) \qquad (2.19)$$

여기서 첨자 "in"은 제어체적으로의 유입, "out"은 제어체적으로부터의 유출을 의미하며, i는 제어체적의 입구, e는 출구를 뜻한다.

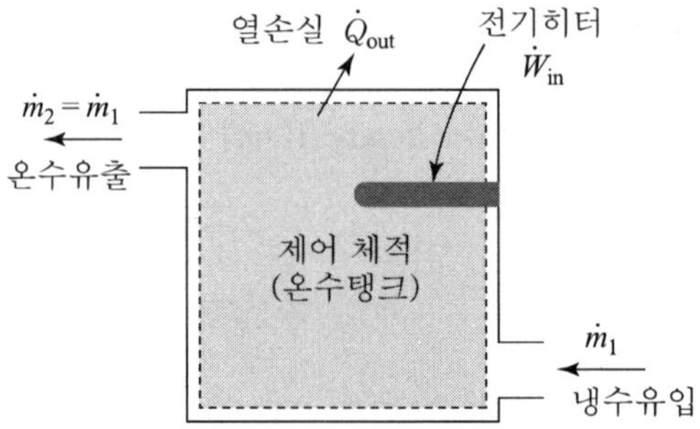

그림 2.9 정상 유동계 내의 전기 온수 가열기

예로서, 그림 2.9에 나타내듯이 정상적으로 작동하는 전기 온수 가열기를 생각하자. 질량유량 $\dot{m}$의 냉수가 연속적으로 온수가열기로 유입하고 동일한 질량의 온수가 연속적으로 유출한다. 전기가열기는 $\dot{W}_{in}$의 전기적 일(가열)을 물에 공급하고 제어체적(온수 가열기)은 주위로 $\dot{Q}_{out}$ 의 열손실이 생기고 있다. 이 경우 에너지 보존의 원리에 의하여 물이 이 제어체적(온수가열기)을 통과하여 흐름에 따라 전 에너지가 증가하며, 그것은 물에 공급된 전기에너지에서 열손실을 뺀 량과 같을 것이다.

이 에너지 평형식은 열과 일의 크기 및 방향을 알면 이용하기 쉽지만 그 상호작용을 알지 못하는 경우에는 열이나 일의 상호작용을 위한 방향을 가정할 필요가 있다. 이러한 경우, 입력열량 $\dot{Q}(=\dot{Q}_{in}-\dot{Q}_{out})$가 계에 들어간다고 가정하고 일은 $\dot{W}(=\dot{W}_{out}-\dot{W}_{in})$의 비율로 계에 의해 생성된다고(출력일량) 가정한다. 그런 경우 정상 유동계에 대한 제1법칙 혹은 에너지 평형식은 다음과 같이 표시된다.

$$\dot{Q}-\dot{W}=\sum\dot{m}_e\left(\frac{p_e}{\rho_e}+u_e+\frac{V_e^{\,2}}{2}+gz_e\right)-\sum\dot{m}_i\left(\frac{p_i}{\rho_i}+u_i+\frac{V_i^{\,2}}{2}+gz_i\right) \quad (2.20)$$

즉 계로 유입된 열전달량으로부터 계에 의해 생성된 동력을 뺀 값은 유동유체의 에너지의 정미 변화량과 같다. 여기서 $\frac{p}{\rho}+u$ 는 3장 3.4절에서 후술하는 엔탈피 h로 표시할 수 있다.

예제 2.4 그림(예제 2.4)와 같은 공기압축기에서 101.3kPa, 280K의 공기를 600kPa, 400K로 압축가열하고 있다. 공기의 질량유량은 0.03kg/s이며 과정 중 열손실량은 18kJ/kg이다. 운동에너지 및 위치에너지를 무시할 때 압축기에 공급해야 할 동력을 구하라.

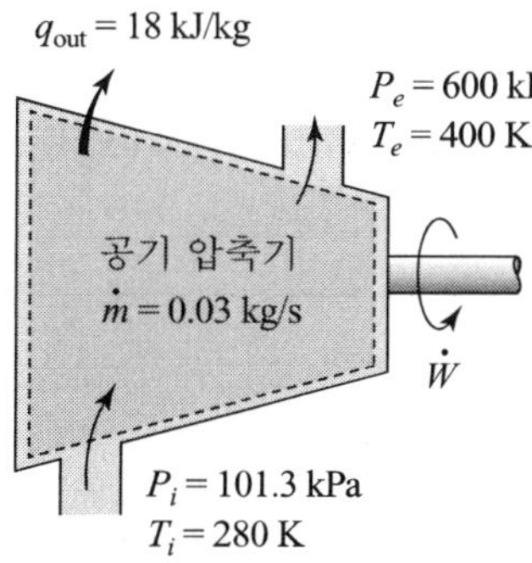

그림 (예제 2.4)

해 정상 유동계로서 $\dot{m}_i=\dot{m}_e=\dot{m}=0.03\text{kg/s}$

부록 7로부터 280K의 $h_i=280.13\text{kJ/kg}$, 400K의 $h_e=400.98\text{kJ/kg}$이므로

식 (2.20)으로부터 $\frac{p}{\rho}+u=h$로 표시하면 다음과 같다.

$$\dot{Q}-\dot{W}=\dot{m}\left[\left(h_e+\frac{V_e^{\,2}}{2}+gz_e\right)-\left(h_i+\frac{V_i^{\,2}}{2}+gz_i\right)\right]$$

속도에너지와 위치에너지를 무시하면

$$\therefore\ \dot{W}=\dot{Q}-\dot{m}(h_e-h_i)=\dot{m}q_{out}-\dot{m}(h_e-h_i)$$

$$=0.03\times(-18)-0.03(400.98-280.13)=-4.1655\text{kW}$$

∴ 공급해야 할 동력은 4.1655kW

예제 2.5 그림(예제 2.5)와 같은 증기터빈의 질량유량은 1.5kg/s이며, 터빈으로부터의 방열량은 8.5kW이다. 터빈입구(첨자 i) 및 출구(첨자 e)에서 각각 증기의 상태는 $h_i = 3137\text{kJ/kg}$, $V_i = 50\text{m/s}$, $z_i = 6\text{m}$, $h_e = 2675.5\text{kJ/kg}$, $V_e = 200\text{m/s}$, $z_e = 3\text{m}$ 일 때 터빈출력을 구하라.

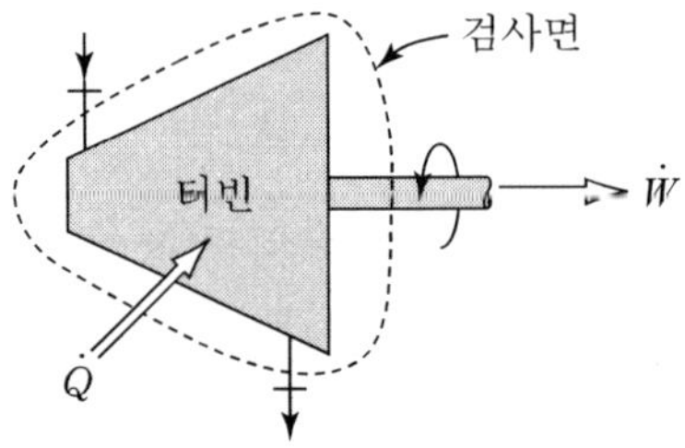

그림 (예제 2.5)

해 식 (2.20)으로부터

$$\dot{W} = \dot{Q} + \dot{m}\left[h_i - h_e + g(z_i - z_e) + \frac{V_i^2 - V_e^2}{2}\right]$$

$$= -8.5 + 1.5\left[3137 - 2675.5 + 9.8(6-3)\times 10^{-3} + \frac{1}{2}(50^2 - 200^2)\times 10^{-3}\right]$$

$$= 655.67\text{kW}$$

(2) 비정상 유동계의 에너지 평형

비정상 유동과정에서는 제어체적의 에너지량이 시간에 따라 변화한다. 그 변화량은 과정동안에 계의 경계를 통한 열, 일에 의한 에너지 전달, 물질의 유출입에 의한 에너지와 관련된다. 또 비정상 유동과정을 해석할 때 계에 들어오고 나가는 유동유체의 에너지 뿐 아니라 제어체적의 에너지 함유량을 계산해야 한다.

일반적인 질량평형(식 2.21 및 2.22) 및 에너지 평형(식 2.23)은 전술한 바와 같이 다음과 같이 표시할 수 있다.

$$m_{in} - m_{out} = \Delta m_{sys} \tag{2.21}$$

$$\sum m_i - \sum m_e = (m_2 - m_1)_{sys} \tag{2.22}$$

$$E_{in} - E_{out} = \Delta E_{sys} \tag{2.23}$$

여기서 첨자 i는 입구, e는 출구, 1은 최초상태, 2는 최종상태이다.

비정상 유동과정은 일반적으로 해석하기가 복잡하다. 왜냐하면 그 과정동안 제어체적의 입구와 출구의 물성치가 변화할 수 있기 때문이다. 그러나 대부분의 비정상 유동과정들은 합리적으로 **균일 유동 과정**(uniform flow process)으로 취급할 수 있다. 어느 입구나 출구에서의 유체유동이 균일하고 정상류이며, 따라서 입구나 출구의 단면적에 걸쳐 시간 또는 위치에 따라 유체 물성치가 변화하지 않는다고 생각하는 것이다. 만일 그들이 변화한다면 전 과정동안 평균하여 일정하다고 취급한다. 제어체적의 최초상태와 최종상태의 물성치들은 그 상태를 알면 결정된다.

비정상 유동계의 균일유동에 대한 에너지 평형은 다음 식으로 표시할 수 있다.

$$[Q_{in}+W_{in}+\sum m_i(\frac{p_i}{\rho_i}+u_i+\frac{{V_i}^2}{2}+gz_i)]$$
$$-[Q_{out}+W_{out}+\sum m_e(\frac{p_e}{\rho_e}+u_e+\frac{{V_e}^2}{2}+gz_e)]$$
$$=[m_2(u_2+\frac{{V_2}^2}{2}+gz_2)-m_1(u_1+\frac{{V_1}^2}{2}+gz_1)]_{sys} \tag{2.24}$$

여기서 첨자 “in”은 제어체적으로의 유입, “out”은 제어체적으로부터의 방출, “i”는 제어체적의 입구. “e”는 출구, “1”은 계의 최초상태, “2”는 최종상태이다.

한 과정 중 제어체적으로 아무 질량도 들어가거나 나오지 않는다면 $m_i=m_e=0$, $m_1=m_2=m$ 으로서 그림 2.10과 같은 밀폐계로 취급할 수 있으며, 에너지 평형식은 $Q_{net,\,in}-W_{net,\,out}=\Delta U$가 된다. 또한 비정상 유동계는 전기적 일, 축일, 경계일 등을 포함한다(그림 2.11참조).

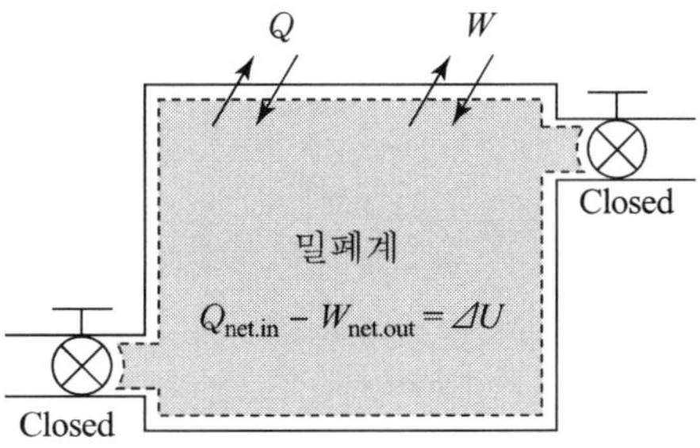

그림 2.10 밀폐계의 에너지평형

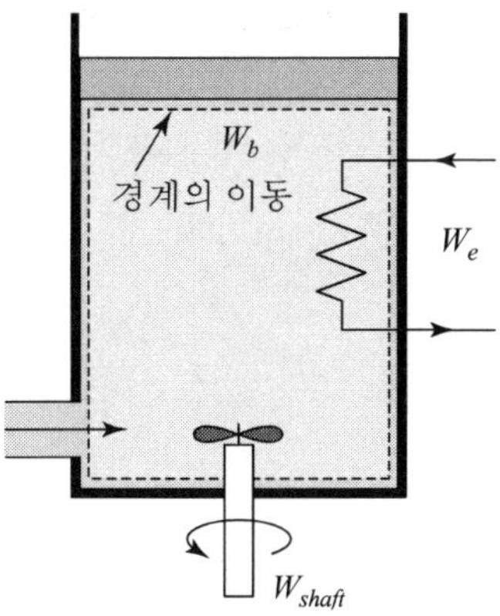

그림 2.11 비정상 유동계의 전기일, 축일, 경계일

예제 2.6 그림(예제 2.6)과 같이 1MPa, 300℃인 증기가 유동하는 공급파이프에 밸브로 연결된 강철제 단열용기가 진공상태에 있다. 밸브를 열면 증기가 용기내로 서서히 유입하여 압력 1MPa이 될 때까지 유입을 계속하며 그 시점에서 밸브를 잠근다. 이 용기 내 증기의 최종온도를 구하라.

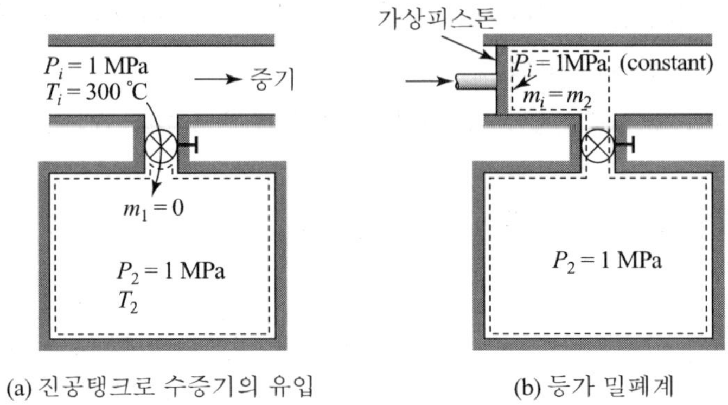

그림 (예제 2.6)

해 운동에너지 및 위치에너지는 무시한다.

질량보존으로부터 $m_i - m_e = \Delta m_{sys} \rightarrow m_i = m_2 - m_1 = m_2$ ($\because m_1 = 0$)

에너지 보존 : $E_i - E_e = \Delta E_{sys}$

따라서 식 (2.24)로부터 다음과 같이 간단한 식으로 된다.

$m_i h_i = m_2 u_2 \; \therefore \; h_i = u_2$ (여기서 h는 엔탈피로서 $h = u + \frac{p}{\rho} = u + pv$)

부록 10으로부터 $p_i = 1MPa,\; T_i = 300$℃의 $h_i = 3052.1$kJ/kg

$p_2 = 1MPa,\; u_2 = h_2 - p_2 v_2 = 3052.1$kJ/kg으로부터 $T_2 = 456.2$℃

(440℃의 u=3023.9kJ/kg, 460℃의 u=3057.2kJ/kg이므로)

Chapter 02 연 습 문 제

에너지 보존

문 2.1 밀도 10kg/m^{3}인 기체 3l를 팽창시켜 2kJ의 일을 하였다. 이때 기체의 내부에너지는 120kJ/kg 만큼 감소하였다. 변화 중에 열량의 변화량을 구하라.

답 −1.6kJ

문 2.2 하루에 300톤의 석탄을 소비하는 화력발전소가 있다. 발전효율(출력/총발열량)이 30%일 때, 이 발전소의 출력은 몇 kW인가? 단, 석탄의 발열량은 1800kJ/kg이다.

답 1875kW

문 2.3 0.5kg의 강구(鋼球)가 60m높이에서 낙하한다. 강구가 바닥에 충돌 후 그 강구의 온도상승은 몇℃가 되는가? 단, 강구의 비열은 0.235kJ/kg℃이다.

답 2.5℃

문 2.4 다음 4개의 과정으로 한 사이클이 이루어질 때 표 [문2.4]중 (a)~(e)의 값을 구하고, 또 사이클의 일량을 구하라.

표 문 2.4

과정	가한 열량(kJ)	한 일량(kJ)	내부에너지 변화량(kJ)
1 → 2	400	160	(a)
2 → 3	200	(b)	280
3 → 4	-150	(c)	(d)
4 → 1	20	80	(e)

답 (a)240kJ, (b)−80kJ, (c)310kJ, (d)−460kJ, (e)−60kJ, Wc=470kJ

문 2.5 어떤 열기관을 출력 100kW로 5시간 운전하였더니 300kg의 연료가 소비되었다. 이 연료의 발열량은 42MJ/kg일 때, 이 엔진으로부터 외부로 방출된 열량은 몇 kJ인가?

답 1.08×10^7kJ

문 2.6 출력 50kW, 열효율 28%로 운전하고 있는 엔진이 있다. 1시간당 연료소비량을 구하라. 단, 연료의 저발열량은 40.2MJ/kg이다.

답 15.99kg/h

문 2.7 100m의 깊이에 있는 우물속의 펌프로 매분 500l의 물을 퍼 올린다. 이 펌프의 소요 동력이 25kW일 때, 이 계에서 열로 방출되는 에너지(일)은 몇 kJ/h인가? 물의 밀도는 1000kg/m^{3}이다.

답 60600kJ/h

문 2.8 450cm^{3}의 체적을 갖는 강제 탱크 내에 공기가 20℃, 101.3kPa이었다. 회전날개를 저어서 온도가 300℃가 되고, 그 과정에서 0.5kJ의 열손실이 생겼다. 비열이 일정하다면 회전날개가 한 일 량은 얼마인가? (그림 문 2.8 참조)

답 −610.33J

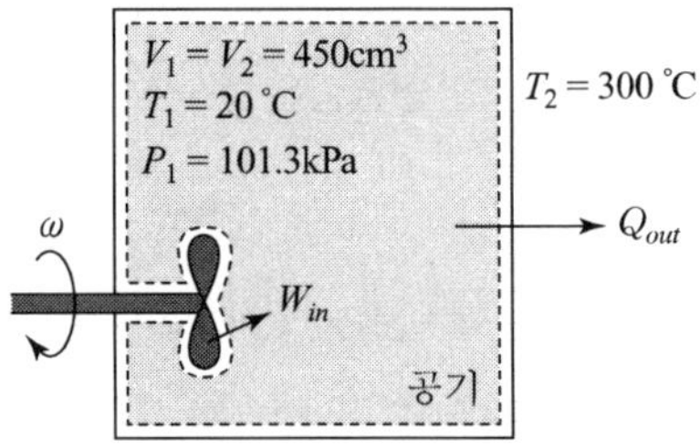

그림 (문 2.8)

문 2.9 수직으로 놓여있는 실린더의 상단에 누설되지 않는 질량 m_p의 피스톤이 있다. 처음 실린더 속에 압력 p_1의 기체가 피스톤 무게와 평형 되어있다. 피스톤 위에 질량 m_w의 추를 갑자기 올려놓았더니 피스톤은 몇 회 상하운동을 반복한 후 높이 z만큼 하방향에 정지하여 실린더내의 기체도 평형상태가 되었다. 실린더는 완전히 단열되어 있다고 하면 피스톤의 하강에 의한 기체의 내부에너지 증가량을 구하라. 또 평형 후 기체의 압력을 구하라.

답 $U_2 - U_1 = (m_p + m_w)gz$, $p_2 = p_1(m_p + m_w)/m_p$

문 2.10 그림(문 2.10)과 같이 다이빙 선수가 물 표면으로부터 4m위에 있는 다이빙 보드로부터 1kJ의 일을 받아 뛰어 내린다. 그 선수는 체중이 65kg일 때 수면에 도달 시 속도는 얼마인가? 단, 뛰어내리기 시작할 때 보드는 최초로부터 0.4m만큼 수직방향의 휨 상태이다.

답 10.07m/s

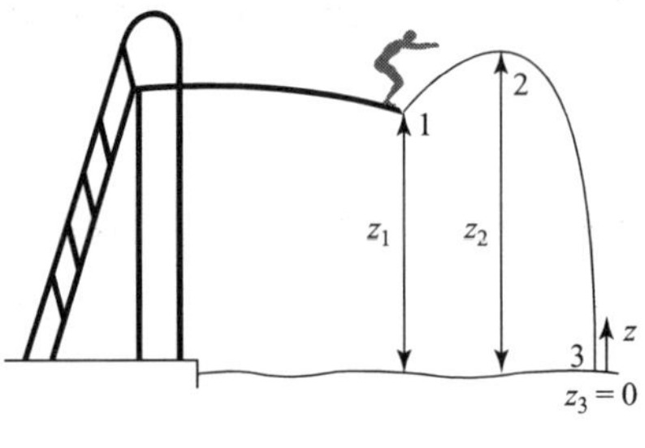

그림 (문 2.10)

Chapter 03

열역학 제1법칙과 에너지 보존

3.1 열역학 제1법칙의 개념

자연계에는 열, 일, 운동에너지, 위치에너지, 압력에너지, 전기에너지, 화학에너지 등 여러 가지 형태의 에너지가 있다. 이들 각종 에너지는 단지 그 형태가 다를 뿐이며, 본질적으로는 동일한 것이어서 한 형태로부터 다른 형태로 서로 전환이 가능하다. 어떠한 경우에도 자연계의 에너지는 창조되거나 소멸되지 않으므로 에너지의 총량은 변화하지 않고 일정하다. 이 사실을 **에너지 보존의 원리**(law of conservation of energy)라 하며 다음과 같이 표현할 수 있다.

"하나의 계가 보유하는 에너지의 총합은 외계와의 사이에 에너지 교환이 없는 한 일정하며, 외계와의 사이에 교환이 있다면 교환한 량만큼 증가 또는 감소한다."

이것을 **열역학 제1법칙**(the first law of thermodynamics)이라 하며, 결국 에너지 보존의 원리를 의미한다. 따라서 전 장에서 밀폐계 및 개방계에 대하여 소개한 에너지 보존의 원리에 대한 기본개념을 이용하여 역학적, 공학적 응용이 가능하다.

동력을 발생하는 기관에 있어서, 에너지 보존의 원리를 고려하면 기관이 동력을 발생할 때는 그와 동시에 반드시 다른 형태의 에너지를 소비하지 않으면 안 된다. 다시 말하면 **에너지의 소비 없이 연속적으로 동력을 발생할 수 있는 기관은 불가능하며, 만일 그와 같은 기관이 존재한다면 그것을 제1종 영구운동**(perpetual motion of the first kind)**을 할 수 있는 기관이라 하며, 이와 같은 기관은 에너지 보존의 원리를 부정하므로 존재할 수 없다.**

3.2 일

일은 열과 마찬가지로 계와 주위 사이에 에너지의 상호작용이다. 2장(2.1절)에서 서술한 바와 같이 에너지는 열이나 일의 형태로 계의 경계를 가로질러 이동할 수 있다. 따라서 열과 일은 방향성을 갖는 량이므로 열이나 일의 상호작용을 표현하려면 크기와 방향을 명확히 해야 한다. 일이나 열이 계와 주위 사이에서 상호작용을 하는 동안 계로 또는 계로부터 전달되는 량은 물성치가 아니라 **경로함수**이다.

물성치의 경우는 미소량을 표시할 때 전 미분기호 "d" 를 사용하고, 물성치는 점함수로서 상태만의 함수이므로 계가 그 상태에 도달하는 과정에는 관계없이 그 상태 만에 관계된다. 예를 들면 체적의 미소변화는 dV로 표시하며, 상태1과 2사이의 한 과정동안의 전 체적변화량은 다음과 같이 표시한다.

$$\int_1^2 dV = V_2 - V_1 = \Delta V \tag{3.1}$$

그러나 경로함수(일, 열량)는 미분치를 표시할 때 불완전 미분기호 "δ" 를 사용하여 δW 또는 δQ와 같이 표시하며, 과정 1~2동안 행한 일량을 적분하면 다음과 같이 표기한다.

$$\int_1^2 \delta W = W_{12} \tag{3.2}$$

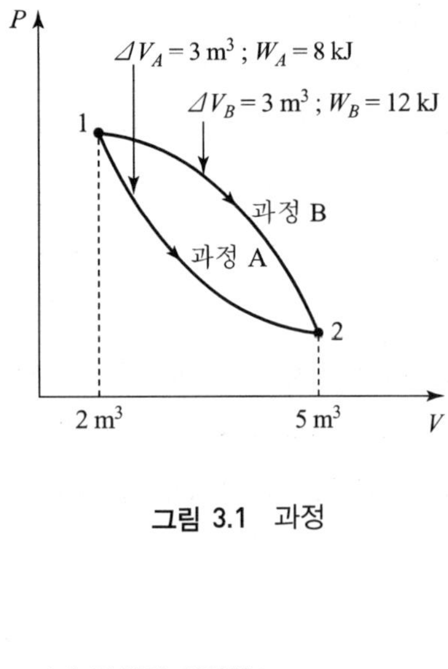

그림 3.1 과정

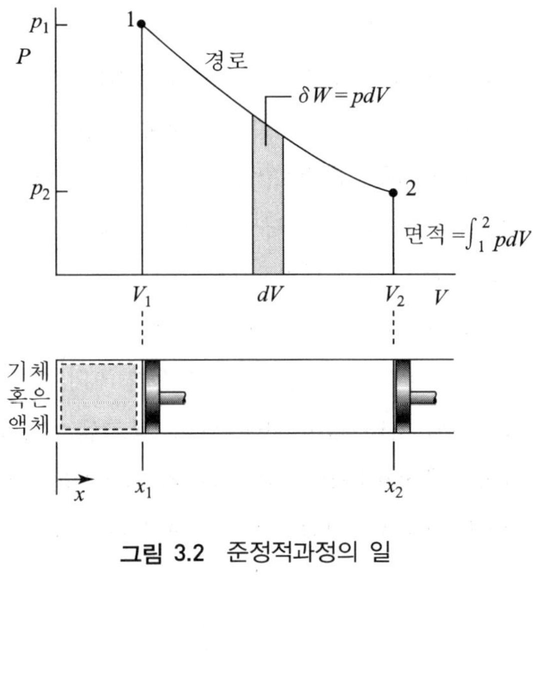

그림 3.2 준정적과정의 일

따라서 그림 3.1과 같이 상태1에서 상태2로 과정 A의 경로와 과정 B의 경로를 따라 변화할 때 체적변화량 ΔV는 과정과 관계없지만, 이루어지는 일량 W_{12}는 그 곡선 하부의 면적에 상당하는 일량(후술)이므로 과정 A와 과정 B의 경우에 각각 다른 값을 갖는다.

일을 기계적으로 이용할 때 계의 경계가 이동하거나 계 전체가 이동하는 경우가 있으며, 전자를 **경계일(절대일)**, 후자는 **유동일(공업일)**이라 한다. 이들의 일에 대하여 고찰한다.

3.2.1 경계일

우리가 흔히 접하는 기계적 일의 한 형태는 그림 3.2에 나타낸 피스톤-실린더장치의 팽창 또는 압축을 들 수 있으며, 이 과정 중 경계부분(피스톤의 헤드면)이 좌우로 이동한다.

따라서 팽창일과 압축일은 경계가 움직이는 일 또는 **경계일**(boundary work)(또는 **절대일**)이라 하며 밀폐계에서의 일이다. 이때 계가 한 평형상태로부터 다른 평형상태로 변화하는 것을 **과정**(process)(그림 3.2의 $1 \rightarrow 2$ 또는 $2 \rightarrow 1$의 경로)이라 한다. 그 평형상태는 열적 평형(thermal equilibrium), 역학적 평형(mechanical equilibrium), 화학적 평형(chemical equilibrium)이 동시에 이루어진 상태를 의미한다.

그림 3.2에서 만일 피스톤이 거리 dx만큼 이동하면 이 과정동안 행한 미소 경계일은 다음과 같이 표시할 수 있다.

$$\delta W_b = F \cdot dx = pAdx = pdV \tag{3.3}$$

여기서 F는 계가 피스톤을 미는 힘, A는 피스톤의 단면적, dV는 피스톤이 이동한 체적(계의 경계가 이동한 체적)을 나타내며, 미분형태의 경계일 δW_b는 절대압력 p와 체적의 미소변화량 dV의 곱과 같음을 보여준다. p는 절대압력이므로 항상 정(+)의 값이며, 체적 변화량 dV는 팽창과정의 경우는 정(+)의 값을 갖는 팽창일, 압축과정의 경우는 부(−)의 값을 갖는 압축일이 된다.

그림 3.2의 $1 \rightarrow 2$의 과정 중 행한 전 경계일(팽창일)은 식 (3.3)을 경로에 따라 적분하여 구한다.

$$W_{12} = \int_1^2 pdV \tag{3.4}$$

이 적분은 그 과정 중 p와 V사이의 함수관계 $(p = f(V))$를 알아야 한다. 이 적분치, 즉 $1 \rightarrow 2$과정의 일량 W_{12}는 $p-V$선도 상에 나타낸 $1 \rightarrow 2$곡선 하부의 면적에 상당한다.

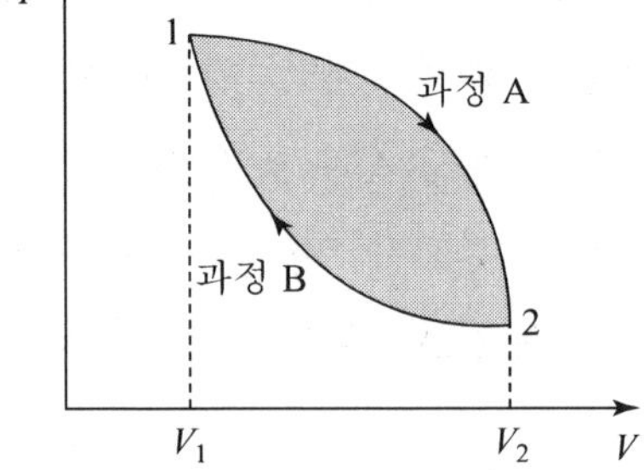

그림 3.3 사이클의 $p-V$선도

그림 3.3은 피스톤이 상태 1로부터 과정 A를 거쳐 상태 2로 팽창하여 과정 B를 거쳐 상태 1로 되돌아가는 사이클이다. 만일 과정 A를 거쳐 팽창했다가 동일한 경로(과정 A)를 거쳐 압축되어 최초상태로 되돌아간다면 계에 의해 행한 일이 계에 압축일로 소비되어 한 사이클의 정미일은 없게 된다.

그러나 이 사이클은 팽창과정(과정 A)과 압축과정(과정 B)의 경로가 다르며, 계에 의해 행한 일(면적 $1-A-2-V_2-V_1$)이 계에 한 일(면적 $1-B-2-V_2-V_1$)보다 크므로 폐곡선의 면적에 상당하는 정미일의 출력을 이루게 된다.

계를 구성하는 가스가 이상기체의 경우 대표적인 과정과 각 과정에 대한 경계일은 3.5 절에서 논하기로 한다.

예제 3.1

어떤 기체가 초압 $p_1 = 6000\text{KpA}$, 체적 $V_1 = 3\text{m}^3$의 상태로부터 압력 $p_2 = 500\text{kPa}$, 체적 $V_2 = 36\text{m}^3$의 상태로 가역적으로 팽창하였다. 도중의 과정이

(1) $p-V$선도 상에 직선적으로 변화할 때

(2) 쌍곡선 pV=일정에 따라 변화할 때 각각의 일량을 구하라.

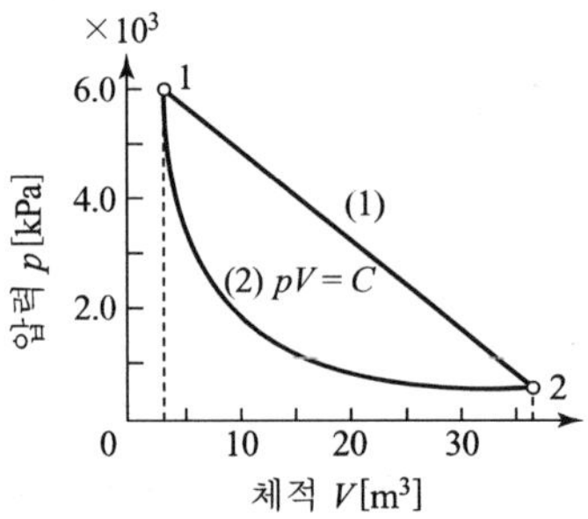

그림 (예제 3.1)

해 그림에서 면적을 계산한다.

(1) 사다리꼴의 면적으로 계산하면

$$W_{12} = \frac{1}{2} \times (6000 + 500) \times (36 - 3) = 1.0725 \times 10^5 \text{kJ}$$

(2) 적분으로 면적을 계산하면, 먼저

$pV = p_1 V_1 = p_2 V_2 = C =$ 일정 이므로

$$W_{12} = \int_1^2 p\,dV = \int_1^2 C\frac{dV}{V} = C\ln\frac{V_2}{V_1} = p_1 V_1 \ln\frac{V_2}{V_1}$$

$$= 6000 \times 3 \times \ln\frac{36}{3} = 4.473 \times 10^4 \text{kJ}$$

예제 3.2 초기상태가 압력 $p_1 = 8bar$, 체적 $V_1 = 0.8\text{m}^3$로 표시되는 기체가 정압하에서 압축(수축)되어, 그 체적이 $V_2 = V_1/2$으로 되며, 또 내부에너지가 감소하여 $\Delta U = U_2 - U_1 = -400\text{kJ}$로 되었다. 이 과정에서 기체가 외부에 한 일량 및 기체가 외부로부터 받은 열량을 구하라.

해 기체가 외부에 한 일량은 식 (3.4)로부터

$$W_{12} = \int_1^2 p\,dV = p_1 \int_1^2 dV = p_1(V_2 - V_1)$$

$$= 8 \times 10^5 \times (0.4 - 0.8) = -320000\text{J} = -320\text{kJ}$$

또, 기체가 외부로부터 받은 열량은 내부에너지 변화량과 외부에 한 일량의 합이므로

$$Q_{12} = U_2 - U_1 + W_{12} = -400 - 320 = -720\text{kJ}$$

3.2.2 유동일

밀폐계와는 달리 개방계의 제어체적은 경계를 통해 물질전달이 이루어지므로 제어체적내로 또는 제어체적의 밖으로 그 질량을 밀어 유동시키기 위한 일이 필요하며, 이 일을 **유동일**(flow work) 또는 **유동에너지**(flow energy)라 한다. 유동일은 제어체적을 통하여 연속적인 흐름이 유지되기 위해 필요하며 **공업일**이라고도 한다.

유동일에 대한 관계식을 얻기 위해 그림 3.4에 나타낸 바와 같이 체적 V의 유체가 유입, 유출하는 개방계를 생각하자.

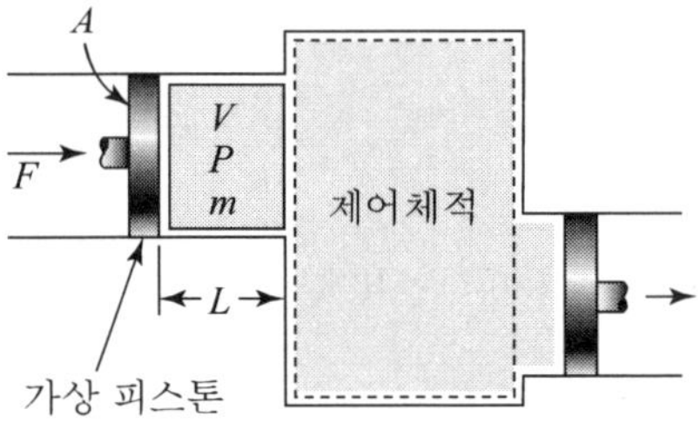

그림 3.4 유동일

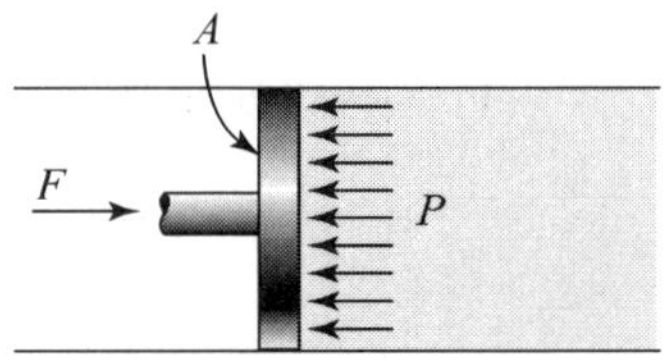

그림 3.5 피스톤에 작용하는 힘

상류에 있는 유체는 제어체적으로 유입하기 위해 가상적인 피스톤을 통해 길이 L 인 체적내의 유체요소에 힘을 가하게 된다. 그 유체요소는 물성치가 균일하게 유지될 수 있을 정도로 충분히 작게 선택될 수 있다.

만일 유체의 압력이 p이고 그 유체요소의 단면적을 A라 하면(그림 3.5참조) 가상적인 피스톤에 의해 그 유체요소에 작용하는 힘은 다음과 같다.

$$F = pA \tag{3.5}$$

전체의 유체요소를 제어체적 내로 밀어 유동시키기 위해 이 힘은 거리 L 만큼(그림 3.4 참조) 이동하도록 가해져야 한다. 이렇게 경계를 가로질러 그 유체요소를 미는 데 필요한 일, 즉 유동일은 다음과 같다.

$$W_{flow} = FL = pAL = pV \tag{3.6}$$

단위 질량당 유동일 w_{flow}는 위 식을 유체요소의 질량 m으로 나누어 구할 수 있다.

$$w_{flow} = pv = \frac{p}{\rho} \ \text{[kJ/kg]} \tag{3.7}$$

유동일은 그 유체를 제어체적 내로 밀어 넣거나 제어체적으로부터 밀어내는 데(그림 3.6참조) 필요한 일을 의미하므로 압력변화를 동반한다. 따라서 개방계에서 외부에 하는 일(dw_t)은 경계일(dw_{12})로부터 유동일(dw_{flow})을 빼주어야 하므로 미분형으로 표시하면

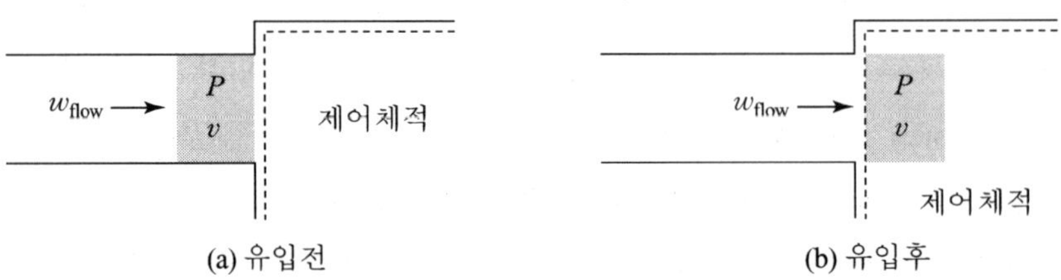

그림 3.6 유동일의 단계

$$d(w_t) = d(w_{12}) - d(w_{flow}) = pdv - d(pv) = -vdp \quad (3.8)$$

이 식에서 부(−)의 부호는 dw_{flow}의 부호를 정(+)의 값으로 하기 위해 사용되며 **공업일**(technical work)이라 한다.

유동일은 유체의 물성치로 표시되며 유동에너지, **대류에너지**(convected energy) 또는 **전달에너지**(transported energy)라고도 한다. 그런데 pv는 유동유체에 대해서만 에너지로 나타내고 비유동계(밀폐계)에 대해서는 에너지의 형태로 나타내지 않는다. 따라서 그것은 일로 취급되어야 한다.

3.3 밀폐계의 열역학 제1법칙(에너지 보존)

밀폐계가 갖는 전 에너지는 운동에너지와 위치에너지의 합인 역학적 에너지와, 계에 포함되어 있는 열에너지, 화학에너지 등의 합인 내부에너지로 구성된다. 만일 화학변화가 일어나지 않는다면 계가 열에너지를 보유할 때의 에너지를 내부에너지로 취급한다. 이 내부에너지는 계의 순간적인 상태에 의해서 결정되는 상태량이다.

여기서 물질의 출입이 없는 밀폐계로서 내연기관의 피스톤-실린더 장치를 생각하자. 그 실린더의 흡배기 밸브가 닫혀 있을 때 실린더 내의 가스가 계의 외부로부터 열을 받으면 그 열의 일부는 계의 온도를 상승시키는 현열로서 저장되며, 만일 가열과정 중에 증발과 같은 상변화가 일어난다면 가해진 열의 일부는 잠열로서 저장되어 이들은 계 내의 내부에너지를 증가시키게 된다.

그 나머지 열은 피스톤을 밀어 체적을 증가시킴으로써 외부에 일을 한다. 그 개념도를 그림 3.7에 표시하였으며 계가 정지하고 있는 상태에서 운동에너지와 위치에너지의 변화는 없으므로 에너지 보존의 원리를 표시하면 내부에너지 변화량은 식 (2.8)로부터 다음과 같이 된다.

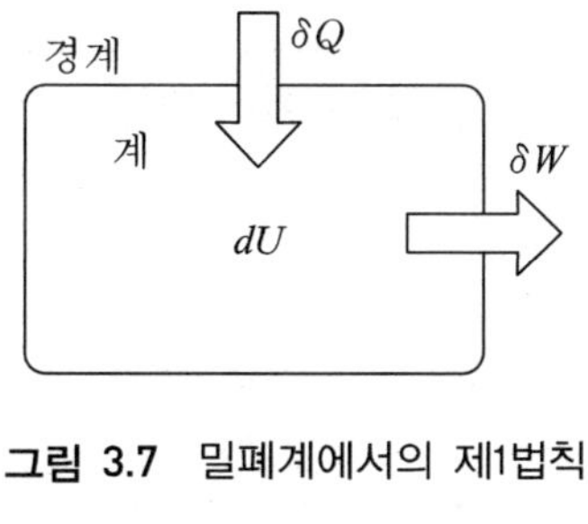

그림 3.7 밀폐계에서의 제1법칙

$$\Delta U = Q_{12} - W_{12} \ [\mathrm{J}] \tag{3.9}$$

$$dU = \delta Q - \delta W = \delta Q - pdV \tag{3.10}$$

계가 변화를 일으켜 상태1로부터 상태2로 변했다고 하면 식 (3.10)을 적분하여 에너지 보존의 원리를 다음과 같이 나타낼 수 있다.

$$\int_1^2 dU = \int_1^2 \delta Q - \int_1^2 \delta W \text{ 또는 } U_2 - U_1 = Q_{12} - W_{b12} \tag{3.11}$$

이 밀폐계가 dV의 체적변화를 일으켰다면 식 (3.11)은 식 (3.4)를 적용할 수 있으므로

$$U_2 - U_1 = Q_{12} - \int_1^2 pdV \tag{3.12}$$

단위질량에 대하여 표시하면 다음과 같다(비 내부에너지 변화량).

$$u_2 - u_1 = q_{12} - \int_1^2 pdv \ [\mathrm{kJ/kg}] \tag{3.13}$$

평형상태 1로부터 평형상태 2로 상태변화를 할 때 외부에 하는 일은 전술한 바와 같이 그 변화과정, 즉 경로에 따라 달라진다. 따라서 W_{12}는 경로의 함수이므로 Q_{12}도 결국 경로에 따라 변한다. 따라서 일 및 열은 경로함수이며 상태량이 아니다. 이때 경로함수의 적분은 그 경로를 하첨자로 표기하여 상태량과 구분해서 표시한다.

식 (3.12) 및 식 (3.13)을 **밀폐계의 열역학 제1법칙**이라 하며, **밀폐계에 대한 에너지 보존의 식으로서 그 의미는 어떤 물체 또는 계에 가해진 열에너지는 그 일부가 내부에너지를 증가시키는데 이용되고 나머지는 외부에 일을 하는데 소비됨을 의미한다.**

외부에 일을 하지 않는 경우는, 계에 가한 열량 모두가 내부에너지로 축적된다. 열을 가하지 않는 경우에도 계 내에 충분히 내부에너지가 축적되어 있다면 외부에 일을 할 수 있으며, 이 경우에는 내부에너지가 소비되므로 $(U_2 - U_1)$은 부(−)의 값을 갖는다. 또한 계에 가한 열량이 모두 외부일에 쓰인다면 그 계에는 내부에너지의 변화가 없게 된다.

예제 3.3 용기 내의 혼합가스 2kg를 압축시키는 데 필요한 일이 10kN · m이었다. 혼합가스 단위 질량당 내부에너지가 3.2kJ/kg 증가한다면 열량의 변화량은 얼마인가?

해 열역학 제1법칙식

$$Q_{12} = (U_2 - U_1) + W_{12} = m(u_2 - u_1) + W_{12}$$

$$2 \times 3.2 - 10 = -3.6\mathrm{kJ} \ (\text{방열})$$

예제 3.4 기체를 게이지압력 5kPa로 유지하면서 300kJ의 열을 외부로 방열한다면, 체적 $10m^3$에서 $4m^3$까지 압축할 때 내부에너지의 변화는 얼마인가?

해 외부에 한 일은, 식 (3.4)로부터

$$W_{12} = \int_1^2 p\,dV = p\int_1^2 dV = p(V_2 - V_1)$$

$$= (5+101.3) \times (4-10) = -637.8\text{kJ}$$

∴ 식 (3.11)로부터

$$U_2 - U_1 = Q_{12} - W_{12} = -300+637.8 = 337.8\text{kJ}$$

3.4 이상기체의 비열, 내부에너지, 엔탈피

압축성 물질의 경우, 두 가지 다른 형태의 비열이 이용된다. 그림 3.8에 나타낸 두 경우를 생각하자.

(1) 그림 3.8(a)의 경우는 체적변화가 일어나지 않는 견고한 탱크 내의 이상기체에 열량 Q를 가했을 때 체적이 일정(정적과정)하므로 외부에 일을 하지 않는다. 또 이 계는 운동에너지 및 위치에너지의 변화가 일어나지 않으므로 밀폐계의 제1법칙의 식 (3.12)로부터

$$\Delta U = Q_{12}$$

가 되며, 만일 그 기체가 이상기체라면 위식으로부터 **내부에너지**는 온도만의 함수임을 알 수 있다(열을 가한 량이 현열의 내부에너지로 저장되며 온도가 상승함).

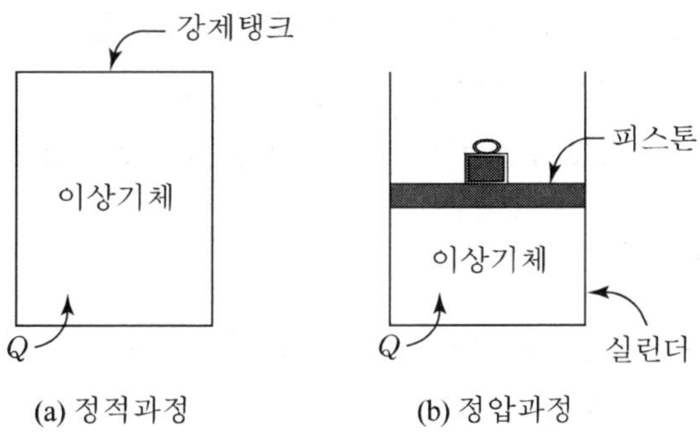

그림 3.8 이상기체의 가열

기체에 대한 비열도 고체와 액체에서 정의한 비열 c와 같은 방법으로 정의될 수 있다 (1.2.5절 참조). 만일 그 기체의 질량을 m이라 하고 비열이 그 과정동안 일정하다면 내부 에너지 변화와 온도변화의 관계는 다음과 같은 식이 성립된다.

$$\Delta U = mc_v \Delta T = mc_v (T_2 - T_1) \tag{3.14}$$

여기서 c_v를 **정적비열**(specific heat at constant volume)이라 하며 일정한 체적의 상태에서 열이 가해질 때 온도 변화량과의 관계에서 비례상수에 상당한다.

식 (3.14)를 미분형으로 표시하면 $dU = mc_v dT$로 표시되는데, 일반적인 경우에 비열은 온도에 따라 변화하므로 그것을 고려하여 다음과 같이 표시할 수 있다.

$$dU = mc_v(T)dT \tag{3.15}$$

단위 질량당 내부에너지를 **비내부에너지**(specific internal energy) u라 하며 $u = U/m$의 관계가 있으므로 위식은

$$du = c_v(T)dT \tag{3.16}$$

$$\therefore c_v(T) = \frac{du}{dT} \quad [\text{kJ/kg℃}],\ \text{이상기체} \tag{3.17}$$

정적비열 c_v가 온도의 함수이므로 이 경우에는 식 (3.15)를 적분하여 내부 에너지 변화량을 구할 수 있다.

$$\int_1^2 dU = U_2 - U_1 = m\int_1^2 c_v(T)dT \tag{3.18}$$

(2) 그림 3.8(b)의 경우는 피스톤-실린더 장치 내의 이상기체에 열을 가했을 때 피스톤이 상승한다. 피스톤의 위에는 중량추가 있으며 장치 내의 기체를 계로 생각하자. 그 기체에 가한 열에너지의 일부는 내부에너지로 변환되어 온도를 상승시키고 나머지는 외부에 팽창 일을 한다. 이러한 경우 기체의 압력은 변하지 않으므로 정압과정이라 한다. 이때 그 계의 운동에너지와 위치에너지는 변화하지 않으므로 제1법칙은 식 (3.11)로부터

$$\Delta U = Q_{12} - W_{b12}$$

로 표시되며, 그 과정이 준정적과정으로 취급될 수 있다면 외부일(경계일) W_{b12}는 식 (3.4)를 이용하여 위식은 다음과 같이 된다.

$$\Delta U = U_2 - U_1 = Q_{12} - \int_1^2 pdV = Q_{12} - p(V_2 - V_1)$$

$$\text{또는} \quad Q_{12} = (U_2 + p_2 V_2) - (U_1 + p_1 V_1) \tag{3.19}$$

여기서 $(U + pV)$의 량을 **엔탈피**(enthalpy) H라고 정의하며, 단위질량당 엔탈피 h를 **비엔탈피**(specific enthalpy)라 한다.

$$H = U + pV \text{ [kJ]} \tag{3.20}$$

$$h = u + pv \text{ [kJ/kg]} \tag{3.21}$$

식 (3.21)에서 보듯이 엔탈피는 식 (3.7)에서 정의한 유동에너지(유동일)을 포함하므로 내부에너지와 유동에너지의 합으로 설명할 수 있으며 유동계에서 이용할 수 있는 상태량이다.

정압과정 중 가한 열량은 역시 식 (1.17)의 비열을 **정압비열**(specific heat at constant pressure) c_p로 적용시켜 적분하면

$$Q_{12} = mc_p \Delta T = mc_p(T_2 - T_1) = H_2 - H_1 \tag{3.22}$$

가 되며, 식 (3.20)과 식 (3.22)를 식 (3.19)에 적용하면 다음과 같이 된다.

$$H_2 - H_1 = \Delta H = mc_p \Delta T \tag{3.23}$$

식 (3.23)을 미분형으로 나타내면 $dH = mc_p dT$이며, 비열을 온도의 함수로 표시하여 나타내면 다음과 같이 된다.

$$dH = mc_p(T)dT \tag{3.24}$$

비엔탈피를 미분형으로 표시하면

$$dh = c_p(T)dT \tag{3.25}$$

$$\therefore c_p(T) = \frac{dh}{dT} \quad \text{[kJ/kg℃], 이상기체} \tag{3.26}$$

식 (3.24)를 적분하면 엔탈피 변화량을 구할 수 있다.

$$\int_1^2 dH = H_2 - H_1 = m\int_1^2 c_p(T)dT \tag{3.27}$$

c_p가 일정하다면

$$H_2 - H_1 = mc_p(T_2 - T_1) \tag{3.28}$$

(3) 지금 이상기체의 정적비열 c_v와 정압비열 c_p의 관계를 구해보자.

식 (1.18)에서 이미 **비열비** k는 정의하였으며 정압비열과 정적비열의 비이다.

$$k = \frac{c_p}{c_v} \tag{3.29}$$

식 (3.21)중 $pv = RT$이므로

$$h = u + pv = u + RT \tag{3.30a}$$

이며, 이 식을 온도 T에 대하여 미분하면

$$\frac{dh}{dT} = \frac{du}{dT} + R \tag{3.30b}$$

식 (3.17)과 식 (3.26)을 식 (3.30b)에 적용하면 다음의 관계가 성립한다.

$$c_p(T) = c_v(T) + R \tag{3.31}$$

식 (3.29)와 식 (3.31)을 연관시키면 정압비열과 정적비열은 각각 다음과 같이 표시할 수 있다.

$$c_v(T) = \frac{1}{k-1}R \tag{3.32a}$$

$$c_p(T) = \frac{k}{k-1}R \tag{3.32b}$$

여러 가지 기체에 대한 c_v, c_p, k의 값은 부록 6에 수록되어 있으며, 공기에 대하여 온도에 따른 물성치는 부록 4에, u와 h의 값이 부록 7에 수록되어 있다.

예제 3.5 어떤 기체의 밀도가 1.3kg/m^3, 정압 몰비열은 30kJ/kmol·K이다. 이 기체가 완전기체라면 분자량, 기체상수, 정압비열은 각각 얼마인가.

해 모든 기체의 1kmol이 차지하는 체적은 22.41m^{3}이므로

$M = 1.3 \times 22.41 = 29.133$kg/kmol = 29.133

식 (1.23)로부터 $R = \frac{R_U}{M} = \frac{8.3143}{29.133} = 0.2854\,\text{kJ/kgK}$

정압비열은 정압몰비열을 분자량으로 나누면 되므로

$$c_p = \frac{C_p}{M} = \frac{30}{29.133} = 1.03\text{kJ/kgK}$$

예제 3.6 어떤 이상기체 3kg을 300°C 상승시키는 데 요하는 열량이 압력일정의 경우와 체적일정의 경우에 258kJ의 차가 있다. 이 기체의 기체상수를 구하라.

해 정압과 정적의 경우, 각각 첨자 p, v로 표시하면

$$Q_p - Q_v = mc_p\Delta T - mc_v\Delta T = (c_p - c_v)m\Delta T$$

∴ 식 (3.31)로부터

$$R = c_p - c_v = \frac{Q_p - Q_v}{m\Delta T} = \frac{258\times10^3}{3\times300} = 286.67J/kgK$$

예제 3.7 압력 $p = 7\text{bar}$의 산소 2kg이 최초온도 $T_1 = 280℃$ 이었다. 이것을 정압하에서 냉각열량 506kJ만큼 냉각했더니 체적이 1/2로 줄었다. 이 산소의 정압비열, 정적비열을 구하고, 또 외부에 한 일량, 내부에너지의 변화량, 엔탈피의 변화량을 각각 구하라.

해 기체상수 $R = \frac{R_U}{M} = \frac{8.3143}{32} = 0.25982\text{kJ/kgK}$

압력일정 시 $T_2 = T_1\frac{V_2}{V_1} = (280+273.15)\times\frac{1}{2} = 276.015\text{K} = 3.425℃$

$$\therefore\ V_1 = \frac{mRT_1}{p} = \frac{2\times0.25982\times(280+273.15)}{7\times10^2} = 0.4106\text{m}^3$$

정압하의 냉각열량은 $Q_{12} = mc_p(T_2 - T_1)$이므로 정압비열은

$$c_p = \frac{Q_{12}}{m(T_2 - T_1)} = \frac{-506}{2\times(3.425-280)} = 0.9148\text{kJ/kgK}$$

정적비열은 식 (3.31)로부터

$$c_v = c_p - R = 0.9148 - 0.25982 = 0.65498\text{kJ/kgK}$$

외부일은 $W_{12} = p(V_2 - V_1) = 7\times10^2\times(\frac{0.4106}{2} - 0.4106) = -143.7\text{kJ}$

내부에너지의 변화량은 식 (3.14)로부터

$$\Delta U = mc_v(T_2 - T_1) = 2\times0.65498\times(3.425-280) = -362.315\text{kJ}$$

엔탈피의 변화량은 식 (3.28)로부터

$$\Delta H = mc_p(T_2 - T_1) = 2\times0.9148\times(3.425-280) = -506.02\text{kJ}$$

3.5 이상기체의 상태변화와 일 및 열량

이상기체의 상태변화에 대한 종류 및 p, v, T 상호관계는 1.3.2절에서 고찰하였다. 이 절에서는 5가지 상태변화, 즉 정적변화, 정압변화, 등온변화, 단열변화, 폴리트로프변화에 대하여 단위질량에 대한 경계일(팽창일) w_{b12}와 유동일 w_f, 그리고 열량 q_{12}의 표시방법에 대하여 고찰한다.

우선, 단위질량에 대한 유동일을 $p-v$선도 상에 표시하면 그림 3.9에서 상태1로부터 상태2로 상태변화를 했을 때 경계일은 체적변화에 의한 일이므로 면적 12ba로 표시된다.

$$w_{b12} = \int_1^2 pdv = \text{면적 12ba} \tag{3.33}$$

유동일은 압력변화에 관계가 있으므로 선도의 면적 12dc에 상당한다.

$$w_f = -\int_1^2 vdp = \text{면적 12dc} \tag{3.34}$$

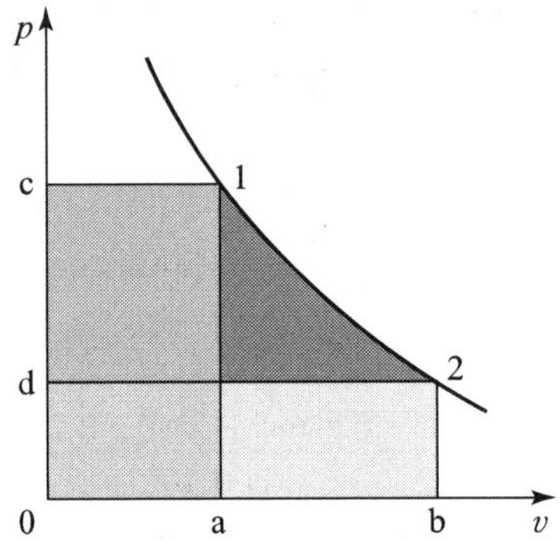

그림 3.9 정상 유동계의 절대일과 유동일의 관계

3.5.1 정적변화

정적변화(constant volume change or isochroic change)는 일정한 체적의 용기 내에서 기체의 가열 또는 연소과정 등을 들 수 있다. $p-v$선도에 나타내면 그림 3.10과 같이 수직선으로 나타난다.

p, v, T의 상호관계는 식 (1.32)에서 나타낸 바와 같다. 즉

$$\frac{T_2}{T_1} = \frac{p_2}{p_1} \tag{3.35}$$

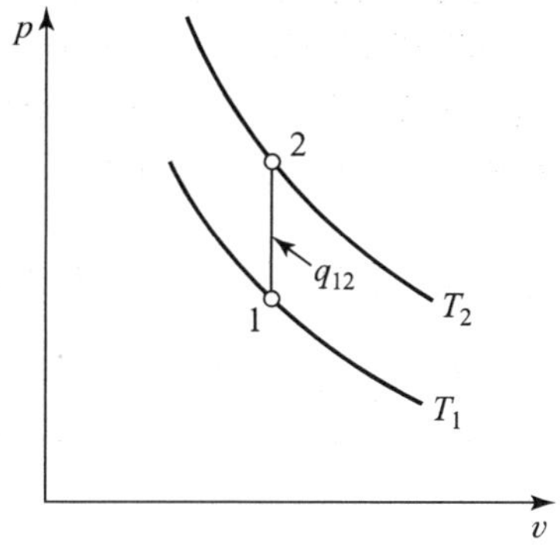

그림 3.10 정적변화

경계일(밀폐계의 일)은 체적변화 $dv=0$이므로

$$w_{b12} = \int_1^2 pdv = 0 \tag{3.36}$$

유동일(정상 유동계)은

$$w_f = -\int_1^2 vdp = v(p_1 - p_2) = R(T_1 - T_2) \tag{3.37}$$

가열량 q_{12}는 식 (3.13)으로부터

$$q_{12} = u_2 - u_1 = c_v(T_2 - T_1) = \frac{1}{k-1}R(T_2 - T_1)$$

$$= \frac{1}{k-1}v(p_2 - p_1) \tag{3.38}$$

따라서 가열된 열량은 내부에너지의 증가에만 이용될 수 있다.

예제 3.8 체적 2m^3의 밀폐용기에 공기가 $T_1 = 20℃$, $p_1 = 500\text{kPa}$이었다. 이 용기를 가열하여 내압이 $p_2 = 1000\text{kPa}$까지 상승하였다면 최종온도와 가열량을 구하라. 단, 공기의 가스 상수 및 정적비열은 각각 0.2872kJ/kgK, 0.7171kJ/kgK이다.

해 체적일정이므로 $T_2 = T_1\frac{p_2}{p_1} = (20+273.15)\times\frac{1000}{500} = 586.3\text{K} = 313.15°\text{C}$

식 (1.26)으로부터 $m = \frac{p_1 V}{RT_1} = \frac{500\times 2}{0.2872\times 293.15} = 11.88\text{kg}$

$\therefore Q_{12} = mc_v(T_2 - T_1) = 11.88\times 0.7171\times(313.15-20) = 2497.4\text{kJ}$

예제 3.9	송풍기에서 압력 101.3kPa의 공기가 2kg/s의 비율로 흡입되어 압력 500kPa의 상태로 송출된다. 이 송풍기를 구동하는 데 필요한 동력을 구하라. 단, 공기를 비압축성 유체로 보고, 공기의 밀도는 1.253kg/m³로 한다.

해 식 (3.37)에서 정상 유동계의 질량유량 $\dot{m}$을 곱하면 소요 동력은 다음과 같다.

$$\dot{W}_f = \dot{m}v(p_1 - p_2) = 2 \times \frac{1}{1.253} \times (101.3 - 500) = -636.4\text{kW}$$

3.5.2 정압변화

정압변화(constant pressure change or isobaric change)는 등압연소과정에서 볼 수 있는 압력이 일정한 과정으로서 그림 3.11의 $p-v$선도상에서 수평선으로 나타난다.

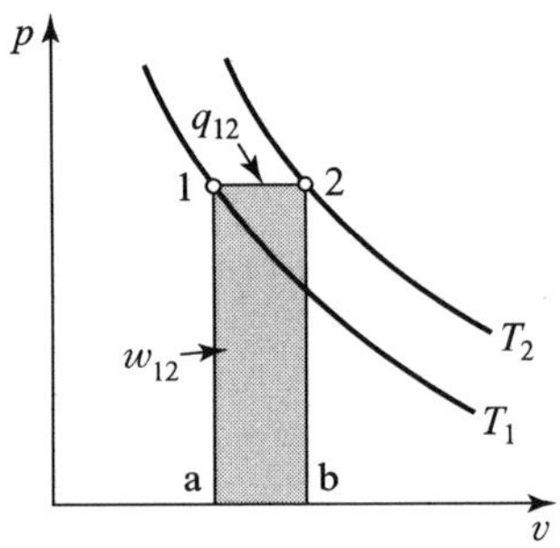

그림 3.11 정압변화

p, v, T의 상호관계는 식 (1.31)에서 나타낸 것과 같다. 즉

$$\frac{v_2}{v_1} = \frac{T_2}{T_1} \tag{3.39}$$

경계일은 $p-v$선도상에서 면적 12ba에 상당하며 다음 식으로 표시된다.

$$w_{b12} = \int_1^2 pdv = p(v_2 - v_1) = R(T_2 - T_1) \tag{3.40}$$

유동일 w_f는

$$w_f = -\int_1^2 vdp = 0 \tag{3.41}$$

가열량 q_{12}는 식 (3.22)로부터 단위질량에 대하여 표시하면

$$q_{12} = h_2 - h_1 = c_p(T_2 - T_1) = \frac{k}{k-1}R(T_2 - T_1) = \frac{k}{k-1}p(v_2 - v_1) \quad (3.42)$$

이 변화에서 가한 열량은 엔탈피 변화량과 같으며, 다시 말하면 일부가 내부에너지로 축적되고 나머지는 주위에 경계일을 하는데 사용된다.

예제 3.10 질소 2kg을 300°C, 1 MPa의 상태로부터 정압하에서 체적이 최초체적의 1/2이 될 때까지 냉각하였다. 냉각에 필요한 열량, 이 과정에 외부로부터의 일량 및 내부에너지의 변화량을 구하라. 단, 질소의 분자량은 28, 비열비는 1.4이다.

해 식 (1.23)으로부터 $R = \frac{R_U}{M} = \frac{8.3143}{28} = 0.29694\text{kJ/kgK}$

$$V_1 = \frac{mRT_1}{p_1} = \frac{2\times 0.2964\times(300+273.15)}{1\times 10^3} = 0.34\text{m}^3$$

압력일정이므로 $T_2 = T_1\frac{V_2}{V_1} = \frac{T_1}{2} = \frac{300+273.15}{2} = 286.575K = 13.425°\text{C}$

∴식 (3.42)로부터 $Q_{12} = m(h_2 - h_1) = mc_p(T_2 - T_1) = m\frac{k}{k-1}R(T_2 - T_1)$

$$= \frac{2\times 1.4}{1.4-1}\times 0.29694\times(13.425-300) = -595.7\text{kJ}$$

식 (3.40)으로부터 $W_{12} = m\int_1^2 pdv = p_1(V_2 - V_1) = -\frac{p_1V_1}{2}$

$$= -\frac{1}{2}\times 1\times 10^3\times 0.34 = -170\text{kJ}$$

∴ 열역학 제1법칙의 식으로부터

$$U_2 - U_1 = Q_{12} - W_{12} = -595.7 + 170 = -425.7\text{kJ}$$

예제 3.11 R-134a를 냉매로 하는 냉동기의 수냉식 응축기(열교환기)에서 입구로부터 질량유량은 0.015kg/s이고, 압력 1 MPa, 온도 60°C이며, 출구에서는 0.95MPa, 35°C의 액체상태이다. 이 응축기의 냉각수는 10°C로 들어가서 20°C로 나온다. 냉각수의 질량유량 및 냉매의 단위 시간당 방열량을 구하라. 이 응축기의 과정은 정압과정으로 본다. 단, 냉매의 입출구의 비엔탈피는 각각 441.89, 249.1kJ/kg, 냉각수의 입출구의 비엔탈피는 각각 42, 83.95kJ/kg이다.

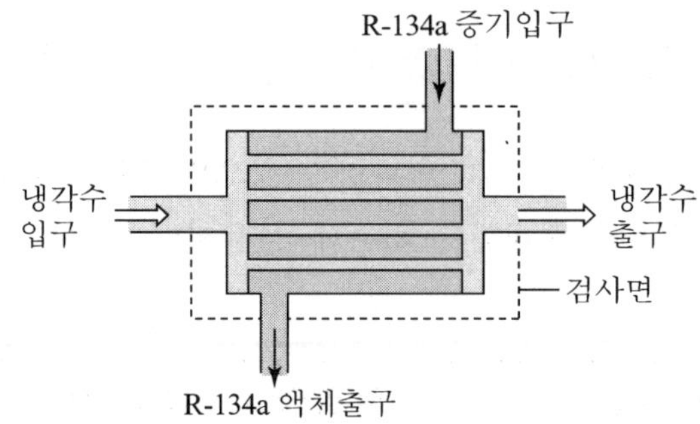

그림 (예제 3.11)

해 정상 유동계의 에너지 식 (2.19) 또는 식 (3.80)(후술)으로부터 속도에너지 및 위치에너지를 무시하고, 이 응축기에 가열량도 없고 외부일도 없으므로

$$\sum \dot{m}_1 h_1 = \sum \dot{m}_2 h_2 \qquad \because u + p/\rho = h$$

냉매 및 냉각수의 하 첨자를 각각 r, w로 표시하면

$$\dot{m}_r h_{1r} + \dot{m}_w h_{1w} = \dot{m}_r h_{2r} + \dot{m}_w h_{2w}$$

$$\therefore \dot{m}_w = \dot{m}_r \frac{(h_1 - h_2)_r}{(h_2 - h_1)_w} = 0.015 \times \frac{441.89 - 249.1}{83.95 - 42} = 0.0689 \text{kg/s}$$

∴식 (3.22)로부터

$$\dot{Q}_r = \dot{m}_r (h_2 - h_1)_r = 0.015 \times (249.1 - 441.89) = -2.892 \text{kJ/s}$$

3.5.3 등온변화

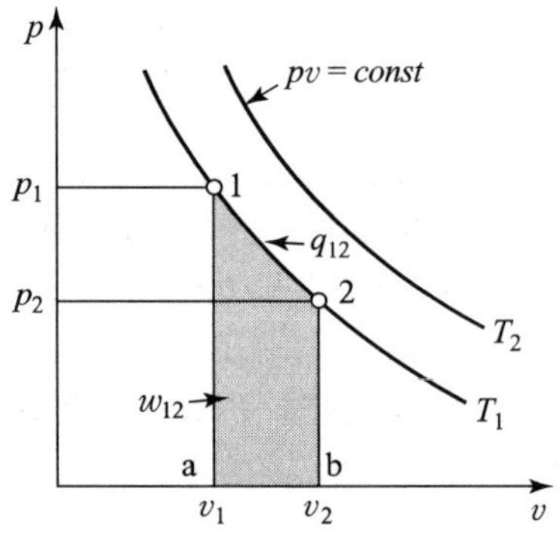

그림 3.12 등온변화

등온변화(isothermal change)는 온도가 일정한 변화로서, 이상기체를 가열하면서 팽창시키는 경우에 해당한다. p, v, T의 상호관계는 식 (1.30)과 같다. 즉

$$p_1 v_1 = p_2 v_2 \text{ 또는 } \frac{p_2}{p_1} = \frac{v_1}{v_2} \tag{3.43}$$

이 변화는 그림 3.12와 같이 $p-v$선도상에서 쌍곡선의 형태로 나타난다.
경계일 w_{b12}는

$$w_{b12} = \int_1^2 pdv = p_1 v_1 \int_1^2 \frac{dv}{v} = p_1 v_1 \ln\frac{v_2}{v_1} = p_1 v_1 \ln\frac{p_1}{p_2}$$

$$= RT\ln\frac{p_1}{p_2} = RT\ln\frac{v_2}{v_1} \tag{3.44}$$

여기서 팽창과정에서는 $\frac{v_2}{v_1}$를 **팽창비**(expansion ratio), 압축과정에서는 $\frac{v_1}{v_2}$을 **압축비**(compression ratio)라 한다.

유동일 w_f는

$$w_f = -\int_1^2 vdp = -p_1 v_1 \int_1^2 \frac{dp}{p} = p_1 v_1 \ln\frac{p_1}{p_2} = RT\ln\frac{p_1}{p_2} = RT\ln\frac{v_2}{v_1} \tag{3.45}$$

따라서 경계일과 유동일의 값이 동일함을 알 수 있다.

가열량 q_{12}는

$$q_{12} = (u_2 - u_1) + \int_1^2 pdv = c_v(T_2 - T_1) + \int_1^2 pdv = w_{b12}$$

$$= RT\ln\frac{p_1}{p_2} = RT\ln\frac{v_2}{v_1} \tag{3.46}$$

여기서 등온과정 중 가한 열량은 모두 외부에 일(경계일)을 하는데 사용되며, 등온압축의 경우는 압축에 필요한 일에 상당하는 열을 외부에 방출한다.

예제 3.12 어떤 이상기체가 초압 $p_1 = 1500\text{kPa}$, 체적 $V_1 = 0.1\text{m}^3$의 상태에서 등온팽창을 하여 팽창비가 3이었다. 이 과정에서 기체가 차지하는 최종체적, 외부에 한 일량, 외부로부터 받은 열량을 구하라.

해 $V_2 = 3V_1 = 3 \times 0.1 = 0.3\text{m}^3$

식 (3.44)로부터 $W_{b12} = p_1 V_1 \ln \dfrac{V_2}{V_1} = 1500 \times 0.1 \ln 3 = 164.79\text{kJ}$

$$Q_{12} = W_{12} = 164.79\text{kJ}$$

예제 3.13 공기압축기에서 $p_1 = 1bar$, $T_1 = 20℃$의 공기를 흡입하여 $p_2 = 12bar$까지 등온 압축한다. 매시 $800\text{m}^3{}_N$의 압축공기를 송출한다면, 이 압축기를 운전하는 데 필요한 동력과 단위 시간당 냉각해야 할 열량을 구하라.

해 $\dfrac{p_1 V_1}{T_1} = \dfrac{p_N V_N}{T_N}$, $800\text{m}^3{}_N$의 첨자 N은 표준상태(0°C, 1atm)에서의 값을 의미한다.

따라서 공기의 흡입 체적유량은

$$\dot{V}_1 = \dot{V}_N \frac{p_N}{p_1} \frac{T_1}{T_N} = 800 \times \frac{101325 \times 293.15}{1 \times 10^5 \times 273.15} = 869.95\text{m}^3/\text{h}$$

식 (3.45)로부터 $\dot{W}_f = p_1 \dot{V}_1 \ln \dfrac{p_1}{p_2} = 1 \times 10^2 \times 869.95 \times \ln \dfrac{1}{12}$

$$= -2.162 \times 10^5 \text{kJ/h} = -60.05\text{kW}$$

$$\dot{Q}_{12} = \dot{W}_f = -2.162 \times 10^5 \ \text{kJ/h} = -60.05\text{kJ/s}$$

3.5.4 가역 단열변화(등엔트로피 변화)

가역 단열변화(reversible adiabatic change, isentropic change)에서는 기체와 주위 사이에 열 교환이 없으며, 또 마찰 등에 의한 내부 열 발생이 없는 변화이다. 식 (3.10)과 식 (3.17)로부터 단위질량에 대하여 $\delta q = 0$이므로

$$c_v dT + pdv = 0 \tag{3.47}$$

이상기체의 상태식 $pv = RT$를 미분하면 $dT = (pdv + vdp)/R$이며, 여기서 식 (3.31)의 $c_p - c_v = R$을 적용하여 식 (3.47)을 정리하면

$$c_p p dv + c_v v dp = 0 \tag{3.48}$$

$c_p/c_v = k$ 를 이용하면

$$k\frac{dv}{v} + \frac{dp}{p} = 0 \tag{3.49}$$

위 식을 적분하면

$$k \ln v + \ln p = const$$

$$\therefore pv^k = p_1 {v_1}^k = p_2 {v_2}^k = const \tag{3.50}$$

가 된다. $p-v$선도 상에는 그림 3.13과 같이 $pv^k = const$의 곡선으로 나타낼 수 있다.

이상기체의 상태식 $pv = RT$를 이용하여 식 (3.50)을 변형하면 식 (3.51)과 식 (3.52)의 관계식을 얻을 수 있다.

$$Tv^{k-1} = T_1 {v_1}^{k-1} = T_2 {v_2}^{k-1} = const \tag{3.51}$$

$$Tp^{\frac{1-k}{k}} = T_1 p_1^{\frac{1-k}{k}} = T_2 p_2^{\frac{1-k}{k}} = const \tag{3.52}$$

즉, 가역 단열팽창과정에서는 식 (3.50)과 식 (3.51)로부터 압력 및 온도가 감소함을 알 수 있으며 가역 단열압축과정에서는 식 (3.50)과 식 (3.52)로부터 체적이 감소하지만 온도가 증가한다.

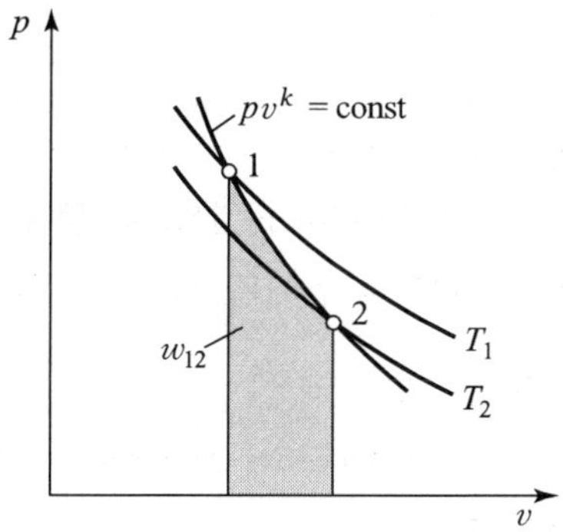

그림 3.13 단열변화

단열과정에서는 변화 중 계에 출입하는 열량이 없으므로 내부에너지를 소비하여 외부에 일을 한다.

경계일 w_{b12}는 $\delta q = du + \delta w = 0$이므로 $\delta w = -du = -c_v dT$를 적분하여 구할 수 있다.

즉

$$w_{b12} = u_1 - u_2 = c_v(T_1 - T_2) = \frac{R}{k-1}(T_1 - T_2) = \frac{1}{k-1}(p_1 v_1 - p_2 v_2)$$

$$= \frac{R}{k-1} T_1 (1 - \frac{T_2}{T_1}) = \frac{R}{k-1} T_1 [1 - (\frac{v_1}{v_2})^{k-1}]$$

$$= \frac{R}{k-1} T_1 [1 - (\frac{p_2}{p_1})^{\frac{k-1}{k}}] \tag{3.53}$$

또, 유동일 w_f는 $h = u + pv$를 미분하여 $du = dh - pdv - vdp$를 $\delta q = du + pdv$에 적용하면 $\delta q = dh - vdp$이며, 단열과정이므로 $\delta q = 0$를 적용하면 $-vdp = \delta w_f = -dh$를 적분하여 얻을 수 있다.

$$w_f = -\int_1^2 vdp = h_1 - h_2 = c_p(T_1 - T_2) = \frac{k}{k-1} R(T_1 - T_2) = kw_{b12} \tag{3.54}$$

$$\therefore w_f = h_1 - h_2 = \frac{k}{k-1} R(T_1 - T_2) = \frac{k}{k-1}(p_1 v_1 - p_2 v_2)$$

$$= \frac{k}{k-1} RT_1 [1 - \frac{T_2}{T_1}] = \frac{k}{k-1} RT_1 [1 - (\frac{v_1}{v_2})^{k-1}]$$

$$= \frac{k}{k-1} RT_1 [1 - (\frac{p_2}{p_1})^{\frac{k-1}{k}}] \tag{3.55}$$

즉 유동일은 엔탈피 변화량과 같다.

예제 3.14	어떤 이상기체 1kg이 $p_1 = 150\text{kPa}$, $T_1 = 25℃$의 상태로부터 $T_2 = 800℃$까지 정적하에서 가열되고, $p_3 = 150\text{kPa}$까지 단열적으로 팽창하였다. 이 기체의 c_p, c_v를 각각 1.043, 0.745kJ/kgK라 하면, p_2/p_1, V_3/V_1, Q_{12}, W_{23}를 구하라.

해 1 → 2는 정적변화이므로

$Q_{12} = mc_v(T_2 - T_1) = 1 \times 0.745 \times (800 - 25) = 577.375\text{kJ}$

$\frac{p_2}{p_1} = \frac{T_2}{T_1} = \frac{800 + 273.15}{25 + 273.15} = 3.5994$

2 → 3은 단열변화이므로 $p_2 V_2^{\ k} = p_3 V_3^{\ k}$ 또 $p_3 = p_1$, $V_2 = V_1$이므로 식 (3.50)과 (3.51)에서 각각

$\frac{V_3}{V_1} = (\frac{p_2}{p_1})^{1/k} = 3.5994^{1/1.4} = 2.4964$

$$T_3 = T_2(\frac{V_2}{V_3})^{k-1} = T_2(\frac{V_1}{V_3})^{k-1} = (800+273.15)(\frac{1}{2.4964})^{0.4} = 744.28\text{K}$$

$$= 471.13°\text{C}$$

∴ 식 (3.53)으로부터

$$W_{23} = \frac{1}{k-1}R(T_2 - T_1) = \frac{1}{1.4-1}\times(1.043-0.745)\times(800-471.13) = 245\text{kJ}$$

예제 3.15 공기압축기에서 p_1=1bar, T_1=20°C의 공기를 흡입하여 p_2=12bar까지 단열 압축한다. 매시 800$\text{m}^3{}_N$의 압축공기를 송출한다면, 이 압축기를 운전하는 데 요하는 동력을 구하라.

해 공기의 흡입체적유량은 $\dot{m}_1 = \dot{m}_N$에서 $\dot{V}_1 = \dot{V}_N \frac{p_N}{p_1}\frac{T_1}{T_N}$이므로

($\text{m}^3{}_N$은 표준대기압, 0°C)

$$\therefore\ \dot{V}_1 = 800\times\frac{101325\times 293.15}{1\times 10^5\times 273.15} = 869.95\ \text{m}^3/\text{h}$$

식 (3.55)에서

$$\dot{W}_f = \frac{k}{k-1}p_1\dot{V}_1[1-(\frac{p_2}{p_1})^{\frac{k-1}{k}}]$$

$$= \frac{1.4}{0.4}\times 1\times 10^2\times 869.95[1-12^{0.4/1.4}] = -3.14816\times 10^5\text{kJ/h} = -87.45\text{kW}$$

3.5.5 폴리트로프 변화

열기관이나 압축기 등에서 실제로 일어나는 기체의 상태변화는 위에서 열거한 과정으로 표시할 수 없다. 이와 같은 경우, 그 과정에서 열의 출입이 있지만 가역 단열과정을 일반적인 변화로 하여 식 (3.50)과 유사한 다음 식의 형태로 표시되는 변화를 생각할 수 있다.

$$pv^n = p_1{v_1}^n = p_2{v_2}^n = const \tag{3.56}$$

이 변화를 **폴리트로프 변화**(polytropic change)라고 하며, n을 **폴리트로프 지수**라 한다. 가역 단열변화의 경우와 마찬가지로 식 (3.56)을 변형하면

$$Tv^{n-1} = T_1{v_1}^{n-1} = T_2{v_2}^{n-1} = const \tag{3.57}$$

$$Tp^{\frac{1-n}{n}} = T_1{p_1}^{\frac{1-n}{n}} = T_2{p_2}^{\frac{1-n}{n}} = const \tag{3.58}$$

로 나타낼 수 있다. n의 값이 특정 값을 갖는 경우에는 1장에서 서술한 바와 같이, n=0의 경우는 정압변화, n=1은 등온변화, n=k의 경우는 가역 단열변화, n=∞의 경우는 정적변화를 표시한다. 그 관계는 그림 3.14와 같이 나타난다.

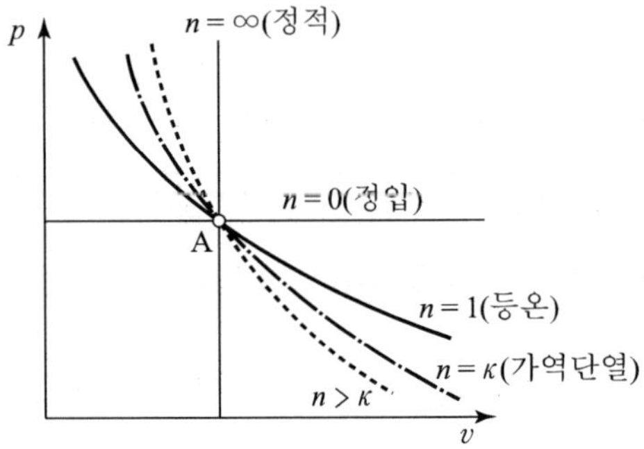

그림 3.14 각 상태변화의 비교

$n \neq 1$일 때의 경계일 w_{b12}는 식 (3.53)과 같은 형태로 생각하면

$$\begin{aligned} w_{b12} &= \frac{R}{n-1}(T_1 - T_2) = \frac{1}{n-1}(p_1 v_1 - p_2 v_2) \\ &= \frac{R}{n-1}T_1\left(1 - \frac{T_2}{T_1}\right) = \frac{R}{n-1}T_1\left[1 - \left(\frac{v_1}{v_2}\right)^{n-1}\right] \\ &= \frac{R}{n-1}T_1\left[1 - \left(\frac{p_2}{p_1}\right)^{\frac{n-1}{n}}\right] \end{aligned} \tag{3.59}$$

$n \neq 1$일 때의 유동일 w_f는 식 (3.55)와 같은 형태로 표시하면

$$\begin{aligned} w_f &= \frac{n}{n-1}R(T_1 - T_2) = \frac{n}{n-1}(p_1 v_1 - p_2 v_2) \\ &= \frac{n}{n-1}RT_1\left[1 - \frac{T_2}{T_1}\right] = \frac{n}{n-1}RT_1\left[1 - \left(\frac{v_1}{v_2}\right)^{n-1}\right] \\ &= \frac{n}{n-1}RT_1\left[1 - \left(\frac{p_2}{p_1}\right)^{\frac{n-1}{n}}\right] \end{aligned} \tag{3.60}$$

가열량 q_{12}는 $\delta q = du + \delta w = c_v dT + \delta w$ 를 적분하면

$$\begin{aligned} q_{12} &= c_v(T_2 - T_1) + w_{b12} = c_v(T_2 - T_1) + \frac{R}{n-1}(T_1 - T_2) \\ &= \left(c_v - \frac{c_p - c_v}{n-1}\right)(T_2 - T_1) = c_v\frac{n-k}{n-1}(T_2 - T_1) = c_n(T_2 - T_1) \end{aligned} \tag{3.61}$$

여기서

$$c_n = c_v \frac{n-k}{n-1} \tag{3.62}$$

는 **폴리트로프 비열**(polytropic specific heat)이라 한다.

식 (3.57)과 식 (3.61)을 고려하면 가열량은 n과 k의 크기의 상대적인 관계에 따라 표 3.1에 나타내는 정(+), 부(-)의 값을 갖는다. 즉, 그림 3.14에 있어서 점 A로부터 팽창, 압축을 한다고 하면 가역 단열변화곡선 $n=k$를 경계로 하여 $n>k$영역과 $1<n<k$영역에서의 가열 또는 방열은 표 3.1과 같다.

표 3.1 폴리트로프변화

n과 k의 관계	과정	q_{12}
$n>k$	팽창과정($T_2<T_1$)	$q_{12}<0$: 방열
	압축과정($T_2>T_1$)	$q_{12}>0$: 가열
$1<n<k$	팽창과정($T_2<T_1$)	$q_{12}>0$: 가열
	압축과정($T_2>T_1$)	$q_{12}<0$: 방열

예제 3.16 초기상태 p_1=1bar, T_1=15°C인 공기 10m³를 최종상태 p_2=7bar까지 n=1.3의 폴리트로프 압축을 할 때 최종체적 및 온도, 압축에 요하는 일, 가열량을 각각 구하라. 단, 공기의 정적비열은 0.7171kJ/kgK이다.

해 식 (3.56)으로부터 $V_2 = V_1(\frac{p_1}{p_2})^{1/n} = 10\times(\frac{1}{7})^{1/1.3} = 2.24\text{m}^3$

식 (3.58)에서 $T_2 = T_1(\frac{p_2}{p_1})^{\frac{n-1}{n}} = (15+273.15)\times 7^{0.3/1.3} = 451.48\text{K} = 178.33^\circ\text{C}$

$$m = \frac{p_1 V_1}{RT_1} = \frac{1\times 10^2\times 10}{0.2872\times(15+273.15)} = 12.084\text{kg}$$

∴ 식 (3.59)에서

$$W_{12} = \frac{m}{n-1}R(T_1-T_2) = \frac{12.084}{1.3-1}\times 0.2872\times(15-178.33) = -1889.5\text{kJ}$$

식 (3.61)에서

$$Q_{12} = mc_v\frac{n-k}{n-1}(T_2-T_1)$$

$$= 12.084\times 0.7171\times\frac{1.3-1.4}{1.3-1}(178.33-15) = -471.78\text{kJ}$$

예제 3.17 그림(예제 3.17)과 같이 피스톤-실린더장치가 $pV^n = const$에 따라 팽창하고 있다. 최초의 압력 $p_1 = 101.3\text{kPa}$, 체적 $V_1 = 0.1\text{m}^3$, 최종체적 $V_2 = 0.2\text{m}^3$일 때 그 과정이 (a) n=1.5, (b) n=1.0, (c) n=0인 경우 각각 일량을 구하라.

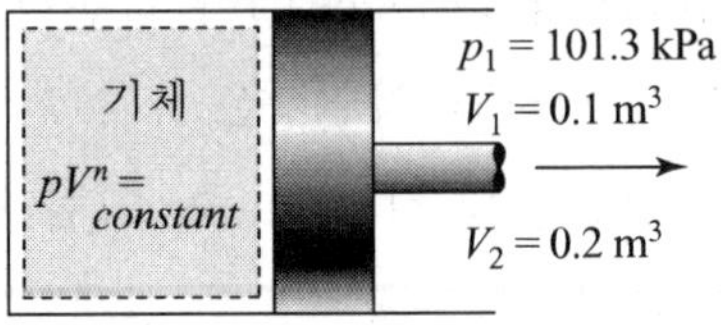

그림 (예제 3.17)

해 (a) $p_2 = p_1(\frac{V_1}{V_2})^n = 101.3(\frac{0.1}{0.2})^{1.5} = 35.815\text{kPa}$

식 (3.59)로부터

$$W_{12} = \frac{1}{n-1}(p_1V_1 - p_2V_2) = \frac{1}{1.5-1}(101.3\times0.1 - 35.815\times0.2)$$
$$= 5.934\text{kJ}$$

(b) $W_{12} = \int_1^2 pdv = C\int_1^2 \frac{dV}{V} = p_1V_1\ln\frac{V_2}{V_1} = 101.3\times0.1\ln\frac{0.2}{0.1} = 7.022\text{kJ}$

(c) $W_{12} = \int_1^2 pdV = p\int_1^2 dV = p(V_2 - V_1) = 101.3\times(0.2-0.1) = 10.13\text{kJ}$

3.6 이상기체의 혼합

반응을 일으키지 않는 여러 종류의 이상기체가 확산·혼합하는 현상은, 여러 개의 독립적인 기체의 자유팽창에 상당한다. 혼합한 기체를 다시 분리하기 위해서는 일이 필요하므로 물질의 확산·혼합은 가스의 자유팽창과 마찬가지로 대표적인 **비가역과정**(irreversible process)의 하나이다.

기체를 혼합하는 경우, 다음과 같은 Dalton의 **법칙**이 성립한다. 즉, "**혼합기체의 압력(전압, total pressure)은 각 성분기체가 혼합기체와 동일온도를 갖는 동일체적 내에 단독으로 존재할 때의 압력, 즉 분압의 합과 같다.**" 이것은 각 기체성분이 서로 간섭하지 않고 독립성을 갖는다는 것을 의미한다.

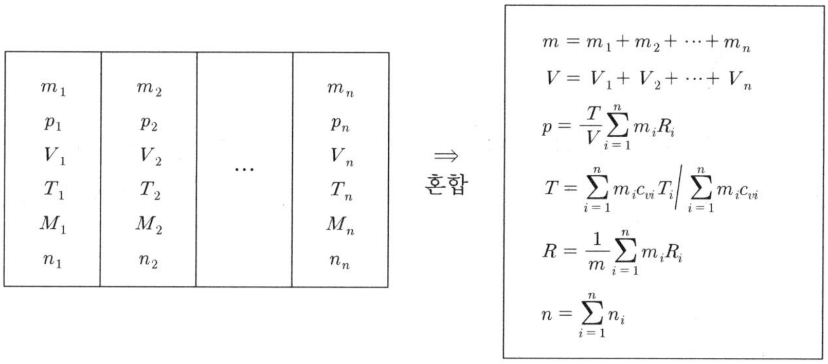

그림 3.15 일정체적하에서의 혼합

그림 3.15와 같이 압력, 온도 등이 다른 n종류의 이상기체를 여러 개의 칸으로 구성된 공간에 각각 넣고 후에 그 칸의 벽을 제거하면 각 기체는 확산에 의해 혼합되며, 결국 균질 혼합기체로 된다.

혼합 전의 각 성분기체의 질량 m_i, 체적 V_i, 압력 p_i, 온도 T_i, 분자량 M_i, 몰수 n_i $(i = 1, 2, \cdots, n)$라 하고 혼합 후의 각 량을 m, V, p, T, M, n이라 하면

$$m = m_1 + m_2 + \cdots + m_n = \sum_{i=1}^{n} m_i \tag{3.63}$$

$$V = V_1 + V_2 + \cdots + V_n = \sum_{i=1}^{n} V_i \tag{3.64}$$

각 성분기체는 이상기체이므로 각 성분의 상태식 및 혼합 후의 상태식은 각각 다음과 같이 나타낼 수 있다.

$$p_i V_i = m_i R_i T_i \tag{3.65a}$$

$$pV = mRT \tag{3.65b}$$

계 전체로서는 일정한 체적 V하에서 혼합하므로 계가 외부에 대하여 일을 하지 않으며, 그 용기가 단열되어 있다면 열 이동이 없다. 따라서 열역학 제1법칙에 의해 혼합 전후에 계 전체의 내부에너지는 변화가 없다.

$$mu = \sum m_i u_i \tag{3.66}$$

$$\therefore\ T\sum m_i c_{vi} = \sum m_i c_{vi} T_i \tag{3.67}$$

따라서 혼합 후의 온도 T는 다음과 같이 표시된다.

$$T = \frac{\sum m_i c_{vi} T_i}{\sum m_i c_{vi}} \tag{3.68}$$

그 계에 어느 한 기체만이 존재할 때의 압력을 그 기체의 **분압**(partial pressure)이라 하며 p_i'라 표시하면 식 (3.65a)로부터 $p_i' V = m_i R_i T$가 되며, $p_i V_i = m_i R_i T_i$ 와의 상관관계는 다음과 같다.

$$p_i' = p_i \frac{V_i}{V} \frac{T}{T_i} \tag{3.69}$$

Dalton의 법칙으로부터 혼합기체의 압력(전압) p는 각 성분기체의 압력(분압)의 합과 같으므로

$$p = \sum p_i' = \frac{T}{V} \sum \frac{p_i V_i}{T_i} = \frac{T}{V} \sum m_i R_i = \frac{mRT}{V} \tag{3.70}$$

$$\therefore R = \frac{1}{m} \sum m_i R_i = \sum g_i R_i \quad \text{또는} \quad R = \frac{1}{\sum r_i / R_i} \tag{3.71}$$

$$\left(\because \sum m_i = \frac{p}{T} \sum \frac{V_i}{R_i} = \frac{pV}{RT}, \quad \therefore R = \frac{V}{\sum V_i / R_i} = \frac{1}{\sum r_i / R_i}\right)$$

여기서 $g_i = \dfrac{m_i}{m}$로서 질량비, $r_i = \dfrac{V_i}{V}$로서 체적비라 한다.

혼합에 의해서 화학변화가 일어나지 않는다는 가정을 하였으므로 혼합 전후의 기체 전체의 분자수, 즉 몰수는 변화가 없다. 따라서 몰수 n과 분자량 M과의 관계는 $n = m/M$이므로, 혼합 후의 몰수는 다음과 같이 구할 수 있다.

$$n = \sum n_i = \sum \frac{m_i}{M_i} = \frac{m}{M} \tag{3.72}$$

따라서 혼합기체의 분자량 M은 체적비를 $r_i = \dfrac{V_i}{V}$라 할 때 다음과 같이 된다.

$$M = \frac{1}{\sum \dfrac{g_i}{M_i}} \tag{3.73a}$$

$$\text{또는} \quad M = \sum M_i r_i \tag{3.73b}$$

여기서 $m=\frac{pV}{RT}$, $m_i=\frac{pV_i}{RT_i}$와 $\frac{R}{R_i}=\frac{R_U/M}{R_U/M_i}=\frac{M_i}{M}$의 관계를 식 (3.71)에 적용하면 다음 식을 얻는다.

$$g_i=r_i\frac{R}{R_i}=r_i\frac{M_i}{M} \tag{3.74}$$

혼합기체의 온도를 정압 또는 정적하에서 1℃ 상승시키는 데 요하는 열량은 각 성분기체의 온도를 각각 1℃씩 상승시키는 데 요하는 열량의 합과 같으므로 각 경우의 비열은

$$mc_p=\sum m_i c_{pi} \text{ 또는 } c_p=\sum g_i c_{pi} \tag{3.75a}$$

$$mc_v=\sum m_i c_{vi} \text{ 또는 } c_v=\sum g_i c_{vi} \tag{3.75b}$$

혼합 전후의 내부에너지 또는 엔탈피는 각 성분기체의 내부에너지 또는 엔탈피의 합과 같으므로 다음과 같이 표시된다.

$$u=\sum g_i u_i \tag{3.76}$$

$$h=\sum g_i h_i \tag{3.77}$$

예제 3.18 압력 5bar, 온도 50°C, 체적 1m³의 메탄가스(CH_4)와 압력 2bar, 온도 10°C, 체적 1.5m³의 공기를 혼합하면 최종온도는 몇 °C가 되는가? 또 최종압력은 얼마인가?

해 메탄가스를 첨자 1, 공기를 첨자 2로 표시하면

$$m_1=\frac{p_1V_1}{R_1T_1}=\frac{5\times10^2\times1}{0.5187\times(50+273.15)}=2.983\text{kg}$$

$$m_2=\frac{p_2V_2}{R_2T_2}=\frac{2\times10^2\times1.5}{0.2872\times(10+273.15)}=3.689\text{kg}$$

식 (3.68)로부터

$$T=\frac{m_1c_{v1}T_1+m_2c_{v2}T_2}{m_1c_{v1}+m_2c_{v2}}=\frac{2.983\times1.6376\times323.15+3.689\times0.7171\times283.15}{2.983\times1.6376+3.689\times0.7171}$$

$$=309.1\text{ K}=35.95\text{ °C}$$

혼합기체의 가스 상수는 식 (3.71)로부터

$$R=R_1\frac{m_1}{m}+R_2\frac{m_2}{m}=0.5187\times\frac{2.983}{2.983+3.689}+0.2872\times\frac{3.689}{2.983+3.689}$$

$$=0.3907\text{ kJ/kgK}$$

$$p(V_1+V_2)=(m_1+m_2)RT$$

$$\therefore p=\frac{m_1+m_2}{V_1+V_2}RT=\frac{2.983+3.689}{1+1.5}\times0.3907\times309.1=322.3\text{kPa}$$

예제 3.19 공기의 체적조성이 산소 21%, 질소 79%라면, 각각의 질량비, 공기의 분자량, 가스 상수, 정압비열을 각각 구하라.

해 산소 및 질소의 첨자를 1, 2로 표시하면 분자량 $M_1=32$, $M_2=28$이다. 따라서 공기의 분자량 M은 식 (3.73b)로부터

$$M=\sum M_i r_i = 32\times 0.21 + 28\times 0.79 = 28.84$$

질량비는 체적비와 다음의 관계가 있으므로

$$g_1 = r_1\frac{M_1}{M} = 0.21\times\frac{32}{28.84} = 0.233,\quad g_2 = r_2\frac{M_2}{M} = 0.79\times\frac{28}{28.84} = 0.767$$

공기의 가스 상수는 식 (1.23)으로부터

$$R=\frac{R_U}{M}=\frac{8.3143}{28.84}=0.2883\text{kJ/kgK}$$

산소와 질소의 정압비열은 각각

$$c_{p1}=\frac{k}{k-1}\left(\frac{R_U}{M_1}\right)=\frac{1.4}{0.4}\times\frac{8.3143}{32}=0.90938\text{kJ/kgK}$$

$$c_{p2}=\frac{k}{k-1}\left(\frac{R_U}{M_2}\right)=\frac{1.4}{0.4}\times\frac{8.3143}{28}=1.03929\text{kJ/kgK}$$

∴ 공기의 정압비열은 식 (3.75a)로부터

$$c_p=\sum c_\pi g_i = 0.90938\times 0.233 + 1.03929\times 0.767 = 1.009\text{kJ/kgK}$$

3.7 개방계의 열역학 제1법칙(에너지 보존)

3.7.1 정상 유동 개방계의 1법칙

터빈, 압축기, 노즐 등은 동일한 조건하에서 장시간 동안 작동하므로 그들은 정상유동 장치로 분류되며, 이러한 장치에서의 유동을 **정상유동**(steady flow)으로 취급한다. 다시 말해 유체가 제어체적을 통해 정상적으로 유동하는 계로 정의할 수 있다. 정상유동 과정동안 제어체적 내의 모든 상태량들은 변화하지 않으며, 제어체적으로 유입하는 전 질량유량과 유출하는 전 질량유량은 같다. 또 입구나 출구에서의 유체 물성치는 그 단면적에 걸쳐 균일(평균치)하다고 생각하여 단일 값으로 처리하며, 또한 정상 유동계와 주위 사이의 열 및 일의 상호작용은 시간에 따라 변화하지 않는다. 따라서 한 계에 의해 전달되는 동력과, 계로 또는 계로부터의 열전달량은 정상유동 과정동안 일정하게 유지된다.

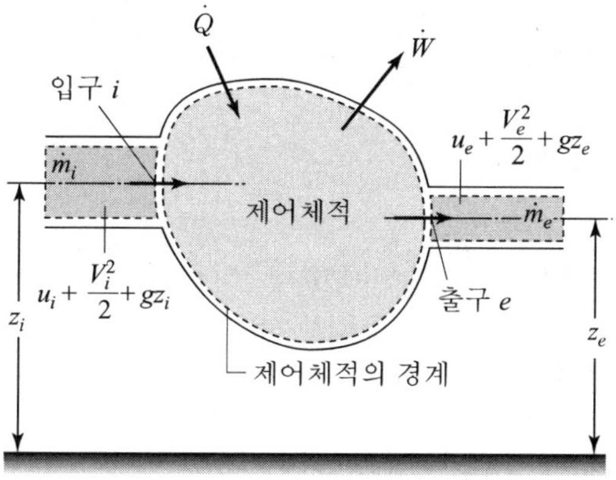

그림 3.16 개방계의 모델

지금 일반적인 공학적 개방계의 모델을 그림 3.16과 같이 나타내었다. 이 그림에서 계의 입구는 첨자 i로, 출구는 첨자 e로 표시하였으며 제어체적 내의 정미 열전달량 $\dot{Q}$는 $(\dot{Q}_{in} - \dot{Q}_{out})$, 정미출력 $\dot{W}$는 $(\dot{W}_{out} - \dot{W}_{in})$를 의미하여 첨자 "in"은 계의 경계로의 유입, 첨자 "out"은 계의 경계로부터의 유출을 뜻한다.

정상 유동계의 에너지 식은 2장의 식 (2.20)으로 다음과 같이 표시하였다(V는 유속을 나타냄).

$$\dot{Q} - \dot{W} = \sum \dot{m}_e \left(\frac{p_e}{\rho_e} + u_e + \frac{{V_e}^2}{2} + gz_e\right) - \sum \dot{m}_i \left(\frac{p_i}{\rho_i} + u_i + \frac{{V_i}^2}{2} + gz_i\right) \quad (2.20)$$

이 식에서 $\Sigma \dot{m}_e$나 $\Sigma \dot{m}_i$와 같이 합산기호로 표시한 것은 계의 입구 또는 출구가 여러 개 있는 경우이며, 단일입구 및 단일출구의 경우는 각각 $\Sigma \dot{m}_i \rightarrow \dot{m}_i$로 , $\Sigma \dot{m}_e \rightarrow \dot{m}_e$로 표기할 수 있다. 단일 입·출구라 하면 정상류의 질량보존에 의해

$$\dot{m}_i = \dot{m}_e = \dot{m} \quad (3.78)$$

이 되며, 내부에너지와 유동에너지의 합을 엔탈피로 표시하면(식 3.30a)

$$\frac{p}{\rho} + u = pv + u = h \quad (3.79)$$

식 (3.78)과 식 (3.79)를 식 (2.20)에 적용하고 입구 i 를 1, 출구 e 를 2로 나타내면 정상 유동계의 에너지 보존의 식은 다음과 같이 표시된다.

$$\dot{Q}_{12} - \dot{W}_{12} = \dot{m}[(h_2 + \frac{V_2^{\ 2}}{2} + gz_2) - (h_1 + \frac{V_1^{\ 2}}{2} + gz_1)] \tag{3.80}$$

시간을 고정시킨 상태로 표시하면

$$Q_{12} - W_{12} = (H_2 + \frac{mV_2^{\ 2}}{2} + mgz_2) - (H_1 + \frac{mV_1^{\ 2}}{2} + mgz_1) \tag{3.81}$$

단위 질량에 대하여 표시하면

$$q_{12} - w_{12} = (h_2 + \frac{V_2^{\ 2}}{2} + gz_2) - (h_1 + \frac{V_1^{\ 2}}{2} + gz_1) \tag{3.82}$$

로 나타낼 수 있으며, 유체가 계를 통과할 때 운동에너지와 위치에너지의 변화를 무시할 수 있는 경우에는

$$q_{12} - w_{12} = h_2 - h_1 \text{ 또는 } \delta q - \delta w = dh \tag{3.83}$$

으로 된다. 여기서 W_{12} 및 w_{12}는 각각 제어체적내의 전 질량 및 단위 질량에 대한 외부일을 의미한다. 식 (3.80)~식 (3.82)를 **정상 유동계**(steady flow system)**의 제1법칙식**이라 하며, **에너지 보존의 식**이다.

여기서 식 (3.80)의 각 항에 대하여 고찰해 보자.

좌변 첫째항 $\dot{Q}_{12}$는 제어체적과 주위 사이의 열전달량이며, 제어체적으로부터 열이 방열되는 경우에는 부(-)의 값으로 계산한다. 만일 제어체적이 단열된 상태라면 $\dot{Q}_{12} = 0$이다. 좌변 둘째 항 $\dot{W}_{12}$는 동력으로서, 정상유동 장치에서는 제어체적이 일정하므로 경계일은 포함되지 않는다. 그림 3.17에 나타낸 바와 같이 계에 입력동력 $\dot{W}_i$가 가해지고 축동력 $\dot{W}_{sh}$가 계에 의해 행해진다면 $\dot{W}_{12} = \dot{W}_{sh} - \dot{W}_i$이 되며, 이들 장치가 없다면 $\dot{W}_{12} = 0$이 된다. 우변의 엔탈피 변화 $\Delta h = h_2 - h_1$는 입·출구의 유체온도가 결정되면 물성치표로부터 엔탈피 값을 얻을 수 있다.

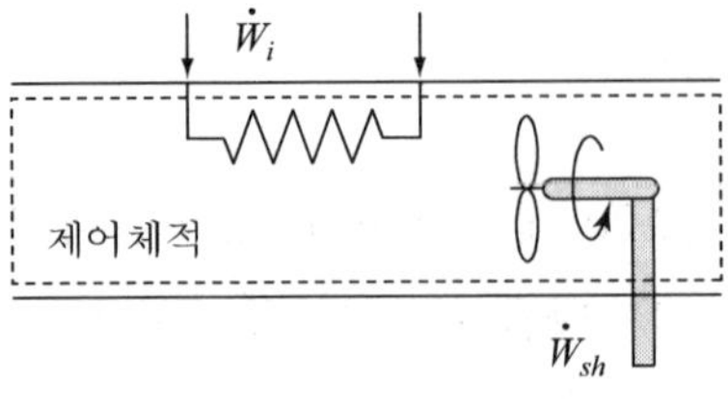

그림 3.17 정상 유동계

우변의 운동에너지 변화 $\Delta KE = (\frac{V_2^{\ 2} - V_1^{\ 2}}{2})$와 위치에너지의 변화 $\Delta PE = g(z_2 - z_1)$는 각각 입·출구의 유속과 위치를 측정함으로써 구할 수 있다.

예제 3.20 정상상태로 운전되고 있는 압축기에 공기가 101.3kPa, 288.15K, 5m/s의 상태로 입구(단면적 0.1m^2)에 유입하고, 출구에서는 6atm, 450K, 2m/s로 유출된다. 공기압축기로부터 열손실은 170kJ/min일 때 압축기에 공급해야 할 동력을 구하라.(그림(예제 3.20)참조)

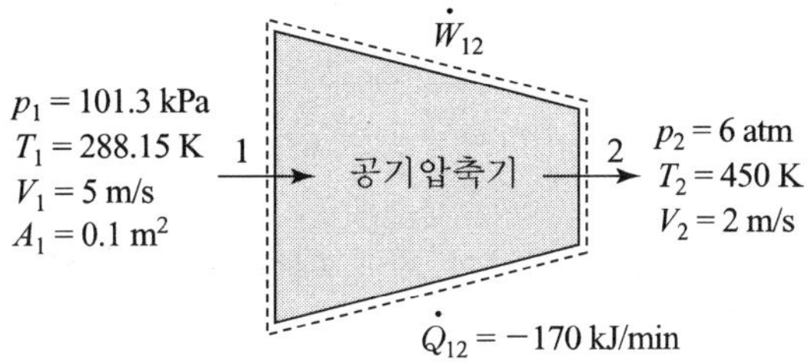

그림 (예제 3.20)

해 $$\dot{W}_{12} = \dot{Q}_{12} + \dot{m}[(h_1 - h_2) + \frac{V_1^{\ 2} - V_2^{\ 2}}{2}] \qquad (1)$$

$$\dot{m} = \rho_1 A_1 V_1 = \frac{A_1 V_1 p_1}{RT_1} = \frac{0.1 \times 5 \times 101300}{287 \times 288.15} = 0.6125\text{kg/s}$$

$$\therefore \ \dot{W}_{12} = -170/60 + 0.6125[(288.3 - 451.8) + \frac{5^2 - 2^2}{2 \times 1000}] \fallingdotseq -102.97\text{kW}$$

(부록 7에서 288.15K의 h_1=288.3kJ/kg, 450K의 h_2=451.8kJ/kg임)

3.7.2 비정상 유동계의 1법칙

정상유동 과정에서는 제어체적 내에 아무 변화가 일어나지 않지만, **비정상 유동계**(unsteady flow system)는 시간에 따라 제어체적 내에 변화가 일어난다. 우선 계의 입구 및 출구를 유출입하는 질량이 시간에 따라 변화하므로 계 내에 함유하고 있는 질량의 증감이 발생하며, 따라서 에너지량도 변화한다.

정상 유동계와 비정상 유동계의 또 다른 차이점은, 정상 유동계는 제어체적의 공간, 크기, 모양이 고정되어 있지만 비정상 유동계는 그렇지 않다는 점이다. 비정상 유동계는 공간적으로 고정되어 있더라도 경계가 이동되므로 경계일이 포함된다.

정상 유동과정과 달리 비정상 유동과정은 무한히 연속적이 아니라 어떤 한정된 시간에 걸쳐 해석한다. 그러므로 단위 시간당 변화(변화율) 대신에 어떤 시간 간격 Δt에 걸쳐 일어나는 변화를 다룬다.

2장의 식 (2.24)는 비정상 유동계의 균일유동에 대한 에너지 평형식이다.

$$[Q_{in} + W_{in} + \sum m_i(\frac{p_i}{\rho_i} + u_i + \frac{V_i^{\ 2}}{2} + gz_i)]$$

$$- [Q_{out} + W_{out} + \sum m_e(\frac{p_e}{\rho_e} + u_e + \frac{V_e^{\ 2}}{2} + gz_e)]$$

$$= [m_2(u_2 + \frac{V_2^{\ 2}}{2} + gz_2) - m_1(u_1 + \frac{V_1^{\ 2}}{2} + gz_1)]_{sys} \qquad (2.24)$$

여기서 $Q_{in} - Q_{out} = \Delta Q$로 표시하고 계에 대한 정미 열전달량으로, $W_{out} - W_{in} = \Delta W$로 표시하여 계에 대한 정미일로 표시하면

$$\Delta Q - \Delta W + \sum m_i(h_i + \frac{V_i^{\ 2}}{2} + gz_i) - \sum m_e(h_e + \frac{V_e^{\ 2}}{2} + gz_e)$$

$$= m_2(u_2 + \frac{V_2^{\ 2}}{2} + gz_2) - m_1(u_1 + \frac{V_1^{\ 2}}{2} + gz_1) \qquad (3.84)$$

식 (3.84)는 **비정상 유동계**(unsteady flow system)**의 제1법칙식**이라 하며, **에너지 보존의 식**이다. 여기서 첨자 i 는 입구, e는 출구, 1은 최초상태, 2는 최종상태를 표시한다.

만일 단일 출입구의 제어체적에서 운동에너지의 변화 및 위치에너지의 변화가 무시될 수 있다면, 위식은 다음과 같이 된다.

$$\Delta Q - \Delta W + m_i h_i - m_e h_e = m_2 u_2 - m_1 u_1 \qquad (3.85)$$

한 과정 중에 제어체적으로 질량의 유출입이 없다면 $m_i = m_e = 0$, $m_1 = m_2 = m$이 되므로 밀폐계의 에너지 평형 식, 즉 밀폐계의 제1법칙식이 된다.

$$\Delta Q - \Delta W = m(u_2 - u_1) = \Delta U \qquad (3.86)$$

예제 3.21

그림(예제 3.21)과 같이 체적 $1.5m^3$인 강제(鋼製) 용기에 300kPa, 300K의 공기가 들어있다. 밸브를 열어 압력이 대기압(100kPa)까지 공기를 유출시킨다. 이때 과정은 $pV^{1.2}=C$의 폴리트로프 과정이며, 균일유동으로 가정하여 열전달량을 구하라.

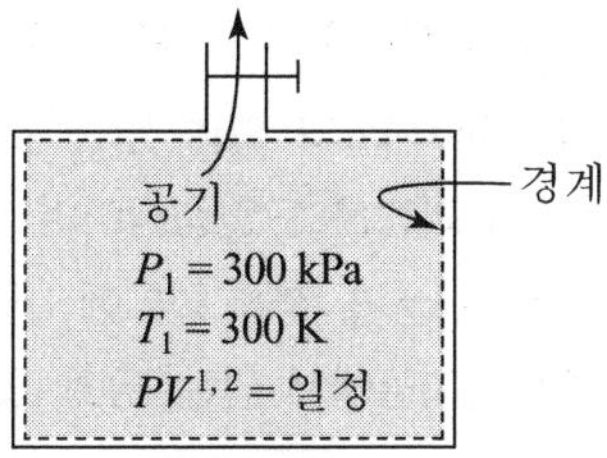

그림 (예제 3.21)

해 제어체적으로 들어오는 질량은 없으므로 $\sum m_i = 0$,

질량보존에 의해 $-\sum m_e = (m_2 - m_1)_{sys}$ $\therefore m_e = (m_1 - m_2)_{sys}$

$$T_2 = T_1\left(\frac{p_2}{p_1}\right)^{(n-1)/n} = 300 \times \left(\frac{100}{300}\right)^{0.2/1.2} = 249.8\text{K}$$

$$m_1 = \frac{p_1 V_1}{RT_1} = \frac{300 \times 1.5}{0.287 \times 300} = 5.2265\text{kg},\ m_2 = \frac{p_2 V_2}{RT_2} = \frac{100 \times 1.5}{0.287 \times 249.8} = 2.0923\text{kg}$$

$$\therefore\ m_e = (m_1 - m_2)_{sys} = 5.2265 - 2.0923 = 3.1342\text{kg}$$

에너지 보존 식 (3.84)로부터

$$\Delta Q = \sum m_e h_e + (m_2 u_2 - m_1 u_1)_{sys} = m_e h_e + (m_2 u_2 - m_1 u_1)_{sys}$$

부록 7로부터 300K에서 $u_1 = 214.07\text{kJ/kg}$, 249.8K에서 $u_2 = 178.14\text{kJ/kg}$, 평균온도 274.9K에서 $h_e = 275.02\text{kJ/kg}$

$$\therefore\ \Delta Q = 3.1342 \times 275.02 + (2.0923 \times 178.14 - 5.2265 \times 214.07) = 115.85\text{kJ}$$

즉 이 과정동안 115.85kJ의 열이 용기내의 공기로 전달된다. 이 과정동안 249.8K 즉 -23.35℃로 떨어진다.(표 3.1참조)

Chapter 03 연습문제

열역학 제1법칙

문 3.1 4개의 과정으로 한 사이클을 이루는 열기관이 있다. 제1의 과정은 단열압축과정이고, 이 과정에서는 열의 출입이 없으며, 465J/kg의 일을 받는다. 제2의 과정은 정적변화이며 8.5kJ/kg의 열을 받으며 일은 하지 않는다. 제3의 과정은 단열팽창이며 열의 출입이 없이 일을 한다. 제4의 과정은 배열과정으로 일을 하지 않으며 5kJ/kg의 열을 외부에 버리면서 최초의 상태로 되돌아간다. 제3의 과정에서의 일량을 구하라. 또, 이 사이클에서 얻는 유효 일량을 구하라.

답 3.965kJ/kg

문 3.2 어느 물체가 제1변화를 한 후 제2변화를 하여 원래상태로 되돌아간다. 제1변화에서는 행한 일이 30kJ, 받은 열량은 −20kJ이며, 제2변화에서는 받은 열량이 없다면 제2변화에서의 일량은 얼마인가?

답 −50kJ

문 3.3 압력 3MPa, 체적 $0.3m^3$인 기체 3kg을, 체적 $3m^3$까지 팽창시켰다. 그 과정이 pV=일정에 따라 이루어질 때 일량을 구하라. 또, 이때 내부에너지가 500kJ 감소하였다면 외부로부터 가한 열량은 얼마인가?

답 2072.33kJ, 1572.33kJ

내부에너지, 엔탈피, 비열

문 3.4 온도 T_1, 체적 V_1인 이상기체 n몰을 일정압력 p하에서 체적이 2배가 될 때까지 가열하면 최종온도 T_2는 얼마인가. 또 공급된 열량 중 팽창을 위해 사용된 일량의 비율을 비열비 k를 써서 표시하라.

답 $2T_1,\ 1-\dfrac{1}{k}$

문 3.5 0.5kg의 수소(k=1.409)가 압력 3MPa, 온도 150°C의 상태로부터 체적일정하에서 냉각되어 압력이 2MPa까지 강하하였다. 이 수소의 최종온도와 엔탈피변화량을 구하라.

답 8.95℃, −1009.92kJ

문 3.6 어떤 기체 10kg의 상태는 압력 800kPa, 비체적 $1.2m^3/kg$, 비내부에너지 200kJ/kg이다. 이 기체의 엔탈피는 몇 kJ인가?

답 11600kJ

문 3.7 압력 1MPa, 온도 300K, 비열비 1.4인 이상기체 $0.01m^3$의 실린더-피스톤 장치 내에서 준 정적과정에 의하여 0.1MPa까지 팽창하였다. 이 변화가 (1) 등온변화, (2) 단열변화에 대해서 각각 팽창 후 기체의 체적, 온도, 기체가 주위에 대하여 한 일량, 가한 열량을 구하라.

㉰ (1) $0.1m^3$, 300K, 23kJ, 23kJ, (2) $0.0518m^3$, 155.4K, 12.05kJ, 0

문 3.8 그림(문 3.8)과 같이 $0.05m^3$의 체적, 온도 30℃, 압력 101.3kPa의 공기가 단열된 피스톤-실린더 장치 내에 들어있다. 압력을 350kPa까지 서서히 압축하려면 얼마의 일이 필요한가?

㉰ −5.633kJ

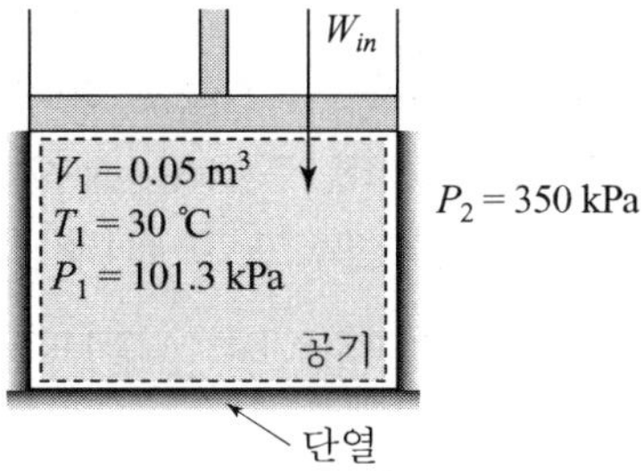

그림 (문 3.8)

문 3.9 자동차 타이어 체적 V=1.25m³에 T_1=15°C, p_1=200kPa의 공기가 들어 있다. 이 공기의 온도가 T_2=56°C로 상승하면 공기압력 p_2는 얼마가 되는가. 또 내압을 원래의 압력 p_1으로 되게 하려면 공기를 몇 kg빼내면 되는가? 단, 타이어는 팽창하지 않는 것으로 한다.

㉰ 228.46kPa, 0.3764kg

문 3.10 공기 3kg이 상태 1에서 상태 2까지 등온, 또 상태 2에서 상태 3까지 정압하에서 압축된다. T_1=50°C, p_1=1bar, $p_2 = p_3 = 5$bar, $V_3 = 0.9V_2$일 때 (1) ΔH_{12}, ΔH_{23}, ΔH_{13}, (2) Q_{12}, Q_{23}를 구하라.

㉰ (1) $\Delta H_{12} = 0$, $\Delta H_{23} = \Delta H_{13} = -97.45$kJ, (2) $Q_{12} = -448.11$kJ, $Q_{23} = -97.45$kJ

문 3.11 300K, 0.1MPa의 공기 1kg이 폴리트로프변화를 하여 내부에너지가 125kJ 증가하였다. n=1.2라 하면 최종온도, 압력, 비체적은 각각 얼마인가. 단, 공기의 가스 상수는 0.2872kJ/kgK, 정적비열은 0.7171kJ/kgK이다.

㉰ T_2=201.6°C, p_2=1.562MPa, v_2=0.0872m³/kg

문 3.12 어떤 이상기체 2kg을 15°C, 0.1MPa로부터 3MPa까지 압축한다. 상태변화가 등온 또는 가역단열이라 하면, 압축비(V_1/V_2) 및 압축에 요하는 일은 각각 얼마가 되는가? 단, 가스 상수는 0.2872kJ/kgK, 비열비는 1.4이다.

㉰ 등온: 30, −562.94kJ, 단열 : 11.352, −679.62kJ

문 3.13 k=1.3의 이상기체가 p_1=1MPa, v_1=0.5m^3/kg으로부터 p_2=0.1MPa, v_2=2.5m^3/kg까지 팽창하였다. 이 변화가 폴리트로프변화라면 폴리트로프지수 n은 얼마인가? 또 이 과정에서 외부와 교환한 열량 및 일량을 구하라.

(답) n=1.431, q_{12}=−253.29kJ/kg, w_{12}=580.05kJ/kg

문 3.14 온도 20°C, 압력 0.098MPa인 공기 5kg을 0.49MPa까지 등온 압축했을 때 (1)압축후의 체적, (2)소요일량, (3)냉각열량을 구하라.

(답) (1) 0.8591m^3, (2) −677.5kJ, (3) −677.5kJ

문 3.15 공기압축기에 p_1=1bar, T_1=20°C의 공기를 흡입하여, 15bar의 압축공기 1000m$^3{}_N$를 매시 공급하려면 손실이 없다고 가정할 때 압축기를 구동하는 데 요하는 동력(kW)을 (1)등온압축, (2)단열압축, (3)n=1.3의 폴리트로프압축에 대하여 구하고, 또 (1)과 (3)의 경우에 제거해야 할 열량을 구하라.

(답) (1) $\dot{W}_t$=−81.78kW, $\dot{Q}$=−294418.4kJ/h, (2) $\dot{W}_t$=−123.44kW, (3) $\dot{W}_t$=−113.61kW, $\dot{Q}$=−78651.8kJ/h)

기체혼합

문 3.16 질량비가 CO : H_2 : N_2 = 0.475: 0.0144 : 0.5106일 때 각각의 체적비를 구하고, 혼합가스의 가스 상수를 구하라. 단, CO, H_2, N_2의 분자량은 각각 28, 2, 28이다.

(답) CO : 0.4, H_2 : 0.17, N_2 : 0.43, R=352.5J/kgK)

문 3.17 질량비가 산소 23%, 질소 77%인 공기 1kg이 101.3kPa, 15°C로부터 등온적으로 500kPa로 압축된 후 정적하에서 200°C로 가열되었다. 이 혼합기체의 분자량, 가스 상수, 체적비, 전 과정에서 가열된 열량을 각각 구하라.

(답) 28.83, 288.39J/kgK, 0.793, 1.13kJ

문 3.18 A, B두개의 용기가 중간에 밸브를 장착한 파이프로 연결되어 있다. 각 용기의 체적은 20l와 40l이다. A에는 압력 800kPa, 온도 50℃의 공기, B에는 압력 300kPa, 온도 20℃의 공기가 충진되어 있다. 밸브를 열어 놓았더니 온도가 30℃로 되었다. 가스 상수를 0.287kJ/kgK라 할 때 평형상태가 된 후 압력을 구하라.

(답) 458kPa

문 3.19 1m^{3}의 공기 중에는 0.21m^{3}의 산소와 0.79m^{3}의 질소가 포함되어 있다. 양 기체의 가스 상수 및 질량비, 공기의 가스 상수, 20°C, 750mmHg일 때 양 기체의 밀도, 공기 중의 O_2및 N_2의 분압을 구하라. 또 양 기체 및 공기의 비열 c_p와 c_v를 구하라. 단, 단열지수 k=1.4, 분자량은 산소 32, 질소 28이다.

ⓓ R_{O2} =259.82J/kgK, R_{N2} =296.94J/kgK, g_{O2} =0.233, g_{N2} =0.767, R_{air} =288.29J/kgK, ρ_{O2} =1.313kg/m^3, ρ_{N2} =1.149kg/m^3, p_{O2} =21kPa, p_{N2} =79kPa, $c_{pO_2} = 909.37\text{J/kgK}$, $c_{vO_2} = 649.55\text{J/kgK}$, $c_{pN_2} = 1039.29\text{J/kgK}$, $c_{vN_2} = 742.35\text{J/kgK}$, $c_{pair} = 1009.01\text{J/kgK}$, $c_{vair} = 720.72\text{J/kgK}$

문 3.20 탄소 1kg에 공기 4.445m$^3{}_N$을 혼합하여 가스화 하려고 한다. 이때 5.379m$^3{}_N$의 가스가 발생하여, 그 가스의 체적이 N_2는 3.512m$^3{}_N$, CO가 1.867m$^3{}_N$이었다. 이 혼합가스의 분자량 M과 가스 상수 R을 구하라.

답 M=28, R=296.94J/kgK

문 3.21 체적비율로 CO : 25%, CO_2 :50%, H_2 : 25%의 혼합가스가 있다. 이 혼합가스의 분자량, 가스 상수, 질량비를 구하라. 또 표준상태에서의 비체적을 구하라.

답 M=29.5, R=281.84J/kgK, g_{CO}=0.2373, g_{CO2}=0.7458, g_{H2}=0.017, v=0.75997m^3/kg

문 3.22 체적 V_1=0.056m^{3}의 탱크에 압력 p_1=700kPa, 온도 T_1=32°C의 공기가 들어있다. 다른 탱크에는 체적 V_2=0.064m^3, 압력 p_2=300kPa, 온도 T_2=15°C의 공기가 들어 있으며, 이 두 탱크사이의 밸브를 열어 공기가 평형상태 T=21°C로 되었다면 이때 압력은 몇 kPa로 되겠는가?

답 478.225kPa

유동계의 에너지

문 3.23 한 이상기체가 상태 1로부터 상태 2로 유동하고 있다. 그 기체의 정적비열을 700J/kgK, 가스 상수는 280J/kgK일 때 상태 1과 상태 2의 상태량은 다음과 같다. 직경 $d_1 = 0.15\text{m}$, $d_2 = 0.124\text{m}$, 밀도 $\rho_1 = 6\text{kg/m}^3$, $\rho_2 = 0.8\text{kg/m}^3$, 유속 $V_1 = 60\text{m/s}$, $V_2 = 660\text{m/s}$, 비내부에너지 $u_1 = 292\text{kJ/kg}$, $u_2 = 125\text{kJ/kg}$, 압력 $p_1 = 700\text{kPa}$, $p_2 = 40\text{kPa}$, 고도 $z_1 = 0\text{m}$, $z_2 = 10\text{m}$, (1) 운동에너지 변화량, (2) 엔탈피 변화량, (3) 유동에너지 변화량, (4) 위치에너지 변화량, (5) 질량유량, (6) 주위에 일을 하지 않는 경우의 열전달량, (7) 매초 50kJ/kg의 열이 계로 전달되는 경우의 동력, (8) 정압비열을 각각 구하라.

답 (1) 216kJ/kg, (2) −233.7kJ/kg, (3) −66.67kJ/kg, (4) 0.098kJ/kg, (5) 6.36kg/s, (6) −111.95kW, (7) 429.95kW, (8) 0.98kJ/kgK

문 3.24 그림(문 3.24)와 같이 5℃, 75kPa의 공기가 제트엔진의 단면적 0.4m^{2}인 디퓨저 입구에 220m/s의 속도로 유입한다. 디퓨저 출구에서는 입구유속에 비해 아주 작은 속도로 유출한다. 이때 (1) 공기의 질량유량, (2) 디퓨저의 유출 공기온도를 각각 구하라.

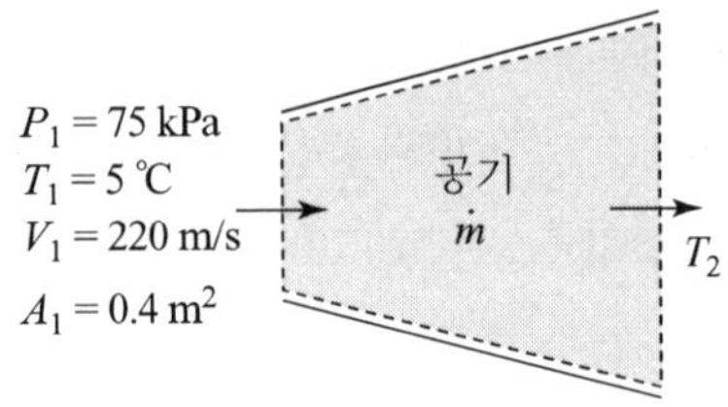

그림 (문 3.24)

답 (1) 82.72kg/s, (2) 29.18℃

문 3.25 대기압(760mmHg), 밀도 1.2kg/m^{3}의 공기가 20m^3/min를 압축하여 게이지압력 800kPa로 송출하는 압축기가 있다. 압축과정이 pv=일정에 따른다고 할 때 압축기를 구동하는 데 필요한 동력은 몇 kW인가? 단, 공기의 출입속도에 의한 운동에너지 차는 무시한다.

답 −73.816kW

문 3.26 어떤 엔진의 출력을 수동력계로 측정할 때, 매분회전수 n=1500rpm, 토크 T=900N · m이며, 수동력계에는 t_1=20°C의 냉각수를 매시 3500l 순환시키려면, 엔진의 출력[kW]과 냉각수의 출구온도 t_2는 각각 얼마인가?

답 141.37kW, 54.73°C

문 3.27 증기터빈에서 입구증기의 엔탈피는 3200kJ/kg, 출구증기의 엔탈피는 2500kJ/kg, 출구유속은 380m/s이며 정상유동일 때 외부에 하는 일은 450kJ/kg이다. 위치에너지와 입구증기속도를 무시하면 증기 1kg당 손실열량은 얼마인가?

답 −177.8kJ/kg

문 3.28 8kW의 모터로 구동되는 압축기에서 공기 3kg/min를 압축할 때 200kJ/min의 열이 냉각수로 방열된다. 이때 압축기의 입출구사이의 공기 1kg당 엔탈피차를 구하라.

답 93.33kJ/kg

문 3.29 증기터빈에 30kg/s의 증기가 공급될 때 터빈의 입, 출구에서의 엔탈피는 각각 700, 500kJ/kg일 때 터빈에서의 일은 몇 kW인가? 단, 터빈에서 열손실은 없고 터빈의 유출입속도는 같으며, 높이차 $z_1 - z_2 = 8\mathrm{m}$이다.

답 6002.35kW

문 3.30 그림(문 3.30)과 같이 덕트로 구성되는 가정용 전기난방장치로 저항선이 설치되어 있다. 공기가 17kW의 저항선으로부터 가열될 때 입구에서 101.3kPa, 15°C의 공기가 $120 m^3/min$의 비율로 유입하여 출구로 나가는 동안 200W의 열손실이 생긴다면 출구에서 공기온도는 몇 °C인가?

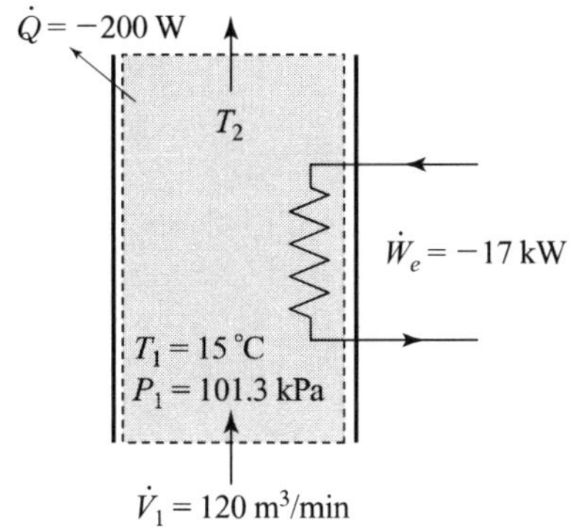

그림 (문 3.30)

ⓓ 21.83°C

Chapter 04

열역학 제2법칙과 엔트로피

4.1 서 론

우리는 2장과 3장에서 질량보존의 원리 및 에너지 보존의 원리에 대하여 공부하였다. 이 두 원리는 모든 상황에 대해 타당하며, 따라서 여러 공학적 문제들을 해결하기 위해 필수적이다. 그러나 에너지의 변환에 대하여 또 다른 열역학의 기본법칙(제2법칙)을 필요로 한다.

기본적으로 **열역학 제2법칙은 열이 자발적으로는 저온 물체로부터 고온 물체로 이동할 수 없다**는 것을 말한다. 이것이 포함하고 있는 의미는 다음과 같다.

1. 모든 과정은 손실을 동반한다.
2. 영구운동기관을 만드는 것은 불가능하다.
3. 열은 100%효율로서 일로 전환시킬 수 없다.

이와 같이 자연적인 현상의 변화는 한 방향으로 진행하며 비가역적이다. 하나의 변화가 비가역적이라는 것은 그 변화가 외부에 아무런 변화를 남기지 않고 역방향으로 원래의 상태로 되돌아갈 수 없는 것을 의미한다.

열역학 제2법칙에 관한 대표적인 표현에는 다음의 두 가지를 들 수 있다.

(1) Kelvin-Planck의 표현

자연계에 어떠한 변화도 남기지 않으면서 일정한 온도의 열원으로부터 열을 받아 전부 일

로 변환시킬 수 있는 장치는 불가능하다.

(2) Clausius의 표현

외부의 도움 없이 스스로 열이 저온물체로부터 고온물체로 이동하는 장치는 불가능하다.

일반적으로 열원으로부터 온도가 강하하지 않으면서 외부에 변화를 남기지 않고 열을 지속적으로 기계적 일로 변환시킬 수 있다고 생각하는 기관을 **제2종 영구운동기관**(perpetual motion engine of the second kind)이라 하며, 제2법칙은 이러한 기관이 존재할 수 없음을 의미한다. 왜냐하면 작동유체가 고온 열원으로부터 받은 열에너지의 일부는 저온 열원에 버리게 되며, 따라서 그에 상당하는 열은 일로 변환되지 않는다. 즉 열에너지를 100% 일로 변환할 수 없으므로 제2종 영구운동기관은 존재할 수 없다.

열역학 제2법칙은 자연계에 있어서 모든 현상이 비가역 현상임을 나타내는 법칙이다. 실제의 열기관에 있어서 열을 일로 변환시키지만 100% 일로 변환되는 것은 아니며, 또 냉동기에 있어서는 일을 열로 변환시키지만 그 변환에 제한이 따른다. 즉 냉동기에서는 저열원으로부터 고열원으로 열을 이동시킬 수 있지만 그때의 열은 외부의 도움 없이 스스로 이동하는 것이 아니라 압축기를 구동시키는 일을 필요로 한다. 이러한 현상이 비가역 현상이다. 이러한 사실을 표시하기 위해 새로운 물리량이 필요하며, 그것은 후술하는 **엔트로피**(entropy)이다.

이와 같은 자연현상은 비가역변화이므로 새로 도입되는 물리량인 엔트로피가 증가한다(가역변화인 경우는 엔트로피의 량이 일정하다). 즉 **자연적으로 일어나는 현상은 엔트로피가 증대하는 방향으로 진행되며, 이것을 엔트로피 증대의 원리**라 한다. 이 원리는 후술하기로 한다.

4.2 가역과정과 비가역 과정

열기관의 효율을 이론적으로 최대화시키기 위해서는 실제의 열기관에서 생기는 여러 가지 현상을 이상화(理想化)할 필요가 있다. 열역학에서는 실제적인 비가역과정을 가역과정으로 이상화시키는데, 일반 역학에서는 실제적인 마찰현상(비가역 과정)을 무 마찰(가역과정)로 이상화시키는 것과 마찬가지이다.

가역과정(reversible process)이란 어떤 계가 주위에 아무런 변화를 남기지 않고 원래의 상태로 되돌아 갈 수 있는 과정이다. 가역과정이 아닌 과정을 **비가역 과정**(irreversible process)이라 한다. 모든 자연현상은 비가역과정이므로 한 방향으로밖에 진행하지 못한다. 원래의 상태로 되돌아가기 위해서는 어떤 변화를 주위에 남기는 일이 필요하게 된다.

대표적인 비가역과정의 예를 들면 마찰(고체의 마찰이나 유체의 유동마찰), 온도차에 의한 열전달(전도, 대류, 복사), 서로 다른 물질의 혼합, 기체의 자유팽창, 화학반응, 소성 변형 등이다.

열기관의 이상화를 고려할 때 다음 2개의 가역과정이 중요하다.

1. 피스톤-실린더 계 내에서 압축・팽창하는 가스

실제의 엔진 내부에서는 유체의 와류나 피스톤과 실린더의 마찰 등 비가역과정이 발생되지만, 온도차도 마찰도 없고 피스톤의 운동이 항상 평형을 이루면서 천천히 행해진다면 가역과정이라는 이상화가 가능하다. 이러한 과정을 **준정적과정**이라 한다.

2. 온도가 다른 두 물체사이의 열 이동

온도차가 없다면 열이 이동하지 않지만, 그 온도차를 작게 하여 무한히 작다고 하면 가역과정에 근접한다(등온 열 이동 : 단, 무한시간을 필요로 함). 이러한 과정을 등온과정이라 한다.

열역학적으로 모델화하여 비가역과정을 취급하는 경우, 비가역과정이 어떻게 발생하는지를 정확하게 인식할 필요가 있다. 계의 내부인가? 주위인가? 또는 그 둘 모두인가? 계 내 에서 비가역과정이 전혀 없는 경우를 **내부가역과정**(internally reversible process)이라 한다.

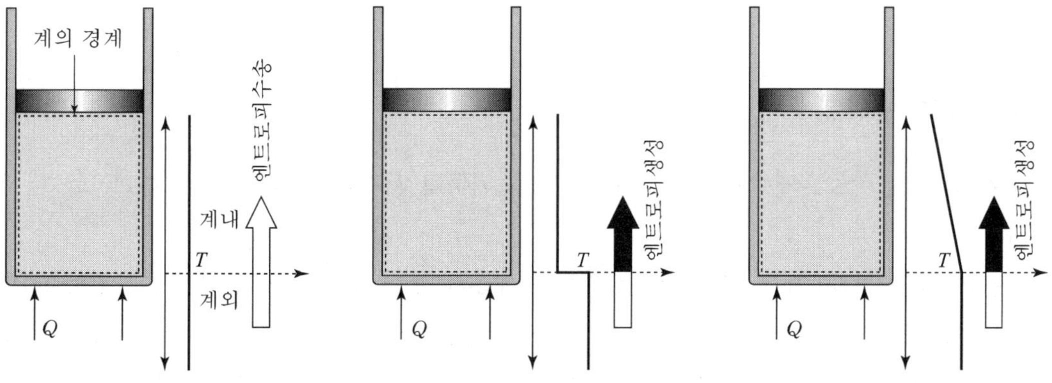

(a) 등온열이동의 모델 (완전가역)

(b) 계외에 온도차가 있는 열이동 모델(내부가역)

(c) 계내에 온도차가 있는 열이동 모델(내부비가역)

그림 4.1 내부가역과정의 모델

예를 들면 그림 4.1과 같이 계를 가열하는 것을 열역학적으로 모델화하는 경우, 그림 4.1(a)와 같이 등온 열 이동(isothermal heat transfer)을 가정하면, 계 전체가 가역과정으로 된다. 한편, 그림 4.1(b)와 같이 유한 온도차의 열 이동에서는 비가역과정으로 생각할 수 있으며, 동시에 온도차가 계 외에 있다고 하면 열전달에 의한 비가역과정은 주위에 생기고 있으며 내부가역과정으로 된다.

그림 4.1(c)와 같이 계 내에 온도차가 있다고 가정하면 계 내에 비가역과정이 생기게 되어 계 내의 사이클 등을 검토하기가 복잡해져 이상화하기 어렵다.

많은 열역학적 모델에서 전체로서는 비가역과정(사이클)이라도 계를 적절히 선정함에 따라 계 외(주위)에 비가역과정을 할당하여, 사이클을 행하고 있는 계 내는 내부가역과정으로 하는 것이 보통이다.

밀폐계에서 내부가역과정의 경우는, 과정의 도중에 계 내의 온도, 압력, 밀도 등 모든 시강성(示强性) 상태량은 분포가 없이 균일하게 된다. 만일 온도분포가 있다면 자연히 열이 이동하며 계 내에서 비가역과정이 발생하기 때문이다. 열원의 모든 과정은 내부가역과정이다.

4.3 열역학 사이클

이 절에서는 열을 일로 변환시키는 열역학 사이클, 즉 동력 사이클과 일을 열로 변환시키는 냉동사이클에 대하여 소개하기로 한다.

4.3.1 동력 사이클

그림 4.2 는 작동유체로서 물을 사용하는 **증기동력 사이클**(steam power cycle)을 나타낸다.

이 사이클은 상태1에서 시작하며 상태1은 저압의 물이 펌프로 공급되어, 그 펌프는 물의 압력을 상승시키기 위해 물에 일을 한다. 상태2에서는 펌프에서 압력이 상승된 고압의 물이 보일러로 유입되어 가열되며 일정한 압력하에서 물이 증발한다. 상태3에서 보일러를 나온 고압증기는 터빈을 통과하면서 에너지를 방출하여 외부에 일을 한다. 터빈을 나온 작동유체는 저압의 과열증기 또는 높은 건도를 갖는 2상 혼합물이다. 상태4에서 터빈배기가 응축기(evaporator, 복수기)로 들어가 열을 방출하여 그 증기가 액체 상태로 응축된다.

이 계를 **사이클**(cycle)이라 한다. 왜냐하면 상태1에서 시작한 작동유체가 상태2, 3, 4를 거쳐 최초상태로 되돌아오기 때문이다. 보일러에서 그 사이클에 가한 열 $\dot{Q}_{in}$은 터빈에서 얼마만큼 일($\dot{W}_{out}$)로 전환된다. 터빈에서 나온 작동유체는 또 다른 사이클을 수행하기 전에 보일러에서 가한 열의 얼마만큼은 응축기에서 제거되어야 한다. 이 제거된 열은 터빈에 의해 일로 전환될 수 없는 에너지이므로 무효한 에너지, 즉 **무효에너지**인 것이다.

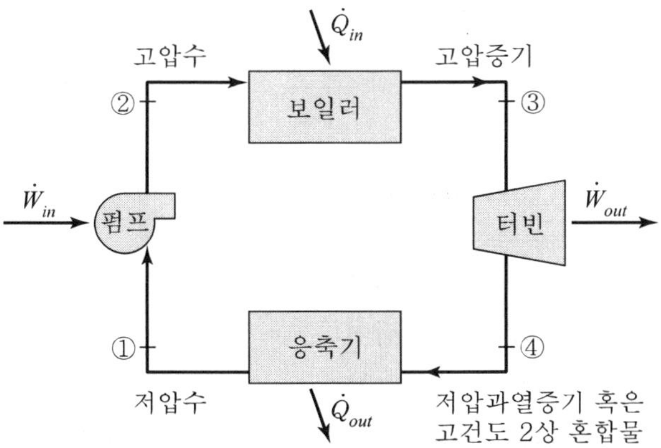

그림 4.2 증기동력 사이클

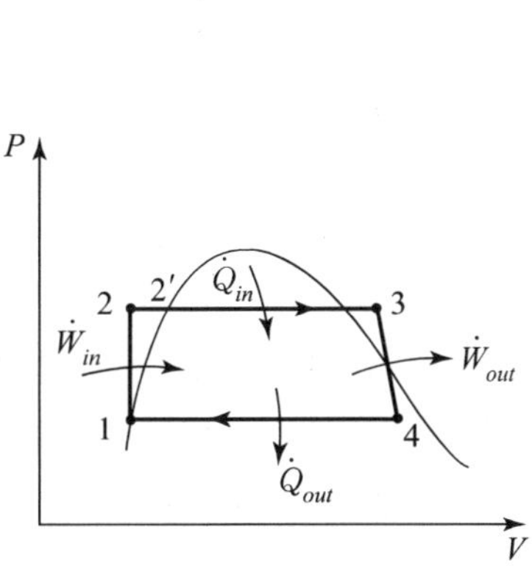

그림 4.3 증기동력 사이클의 $p-V$선도

그림 4.2의 동력 사이클에 대한 계통도를 $p-V$선도에 사이클로 표시하면 그림 4.3과 같다. 상태1에서는 응축기에서 습증기가 물로 액화되어 포화액 상태이며 펌프가 그 물을 고압으로 올려($1 \rightarrow 2$) 상태2에서 과냉액이 된다. 보일러 내에서는 그 과냉액이 포화액 상태로 가열되고($2 \rightarrow 2'$) 포화증기영역을 거쳐 최종적으로 과열증기 3까지 가열된다($2' \rightarrow 3$). 상태3의 과열증기는 터빈에서 팽창하여($3 \rightarrow 4$) 비체적이 커지고 압력은 낮아진다. 상태4의 유체는 2상 혼합물이며 상태1의 포화액까지 열을 방출한다($4 \rightarrow 1$). 상태3은 건포화증기인 경우도 있으며, 상태4는 과열증기영역에 있을 수도 있다. 이 사이클은 4개의 개방계가 한 사이클을 이루고 있다.

한 밀폐계도 일련의 과정을 수행하여 사이클을 이룰 수 있으며, 그림 4.4에 한 예를 나타낸다. 상태1은 피스톤-실린더 장치에 저압공기가 들어있다. 일정한 체적하에서 공기가 상태2로 될 때까지 가열되어 그 압력이 증가한다. 상태2로부터 상태3까지 일정한 압력하에서 가열하면 그 과정동안 공기가 팽창하여 외부에 일을 한다. 상태3에서 상태4까지 일정한 체적하에서 냉각되어 압력이 강하한다. 상태4에서는 일정한 압력하에서 외부로부터 일을 가해 상태1인 최초의 체적까지 되돌아가는데, 그 공기가 정압상태를 유지하기 위해

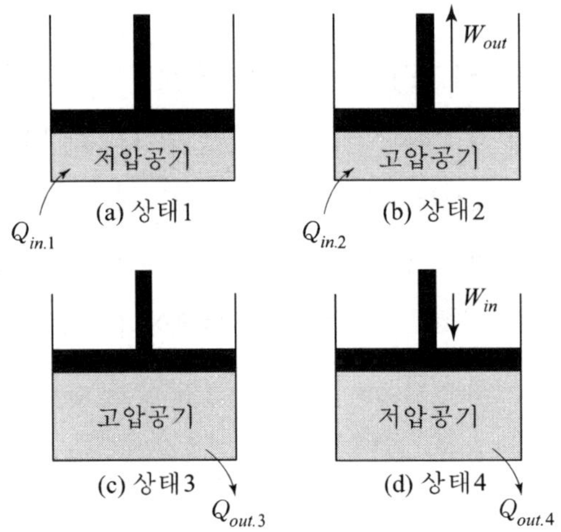

그림 4.4 밀폐계의 사이클

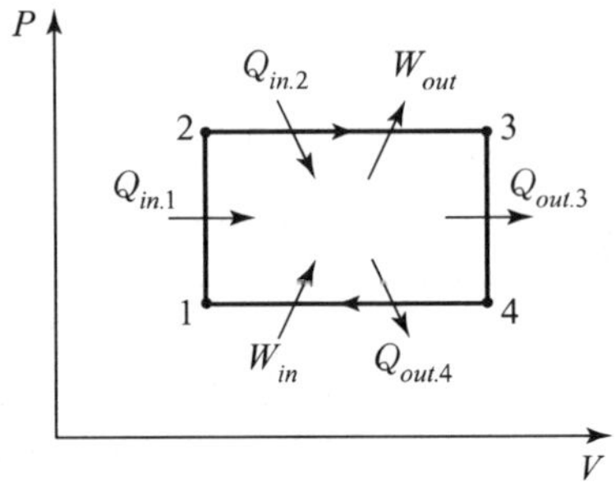

그림 4.5 밀폐계 사이클의 $p-V$선도

서는 압축되는 동안 냉각되어야 한다. 이렇게 하여 한 사이클이 완료된다.

그림 4.5는 그림 4.4의 사이클을 $p-V$선도에 나타낸 그림이다.

그림 4.3과 그림 4.5의 두 사이클은 다음과 같은 특징을 갖는다.

1. 사이클 중 어떤 과정에서 열이 가해지고 다른 어떤 과정 중에 열을 방출한다.
2. 또 어떤 과정에서는 사이클에 의해 일이 행해지고 다른 어떤 과정에서는 사이클에 일을 한다.
3. $p-V$선도 상에 표시한 사이클은 폐곡선을 이룬다.
4. 사이클의 방향은 시계방향이다.

이러한 특징들이 **열 동력 사이클**(heat power cycle)의 특성이며, 우리는 이것을 열기관(heat engine)이라 한다.

일반적으로 **동력 사이클**(power cycle)은 그림 4.6의 개념도로 표현할 수 있다. 이 개념도는 사이클의 상세한 내용을 나타내지 않고 열과 일의 상호작용만을 나타낸다.

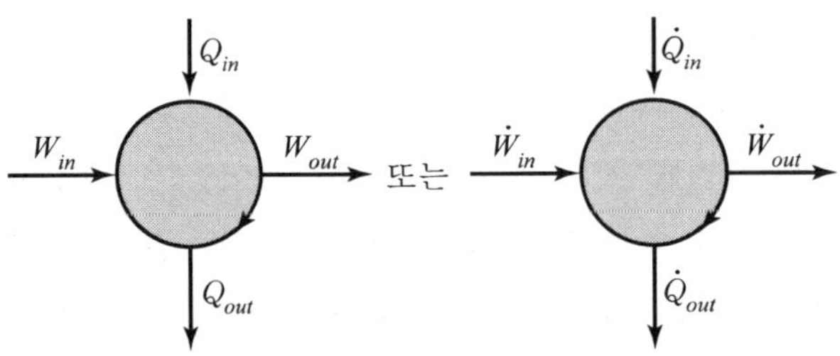

그림 4.6 동력 사이클의 개념도

원에 표시된 화살표는 $p-V$ 선도가 시계방향의 경로로 실행되는 동력 사이클임을 나타낸다.

정미일을 표시하면

$$W_{net} = W_{out} - W_{in} \text{ 또는 } \dot{W}_{net} = \dot{W}_{out} - \dot{W}_{in} \tag{4.1}$$

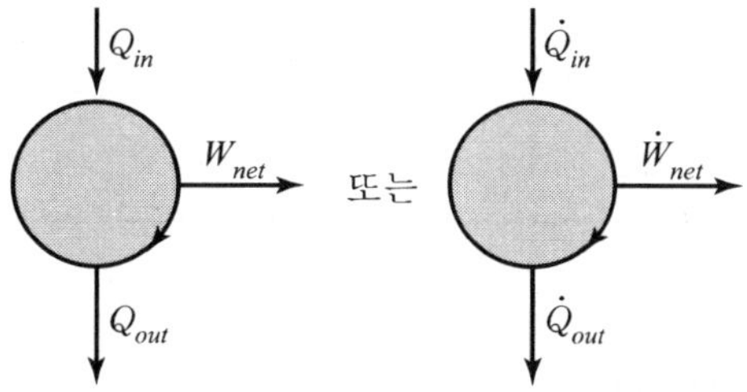

그림 4.7 밀폐계의 동력 사이클의 개념도

정미일로서 밀폐계의 동력 사이클에 대한 개념도를 나타내면 그림 4.7과 같다. 이 사이클의 에너지 보존을 나타내는 제1법칙을 적용하면 다음과 같다.

$$Q_{in} = W_{net} + Q_{out} \text{ 또는 } \dot{Q}_{in} = \dot{W}_{net} + \dot{Q}_{out} \tag{4.2}$$

전술한 바와 같이 동력 사이클에 가한 열이 모두 유용한 일로 전환될 수는 없다. 즉 일부의 열은 항상 저열원에 버려지게 된다(Q_{out}). 이러한 동력 사이클에서, 공급한 열에너지 중 일로 변환될 수 있는 비율을 **열효율**(thermal efficiency)이라 하며, 다음과 같이 나타낼 수 있다.

$$\eta_{cycle} = \frac{W_{net}}{Q_{in}} = \frac{\dot{W}_{net}}{\dot{Q}_{in}} = \frac{\text{정미일 출력}}{\text{전 열입력}} \tag{4.3}$$

사이클의 열효율은 열을 일로 변환시킬 수 있는 척도이다. 이상적으로는 가한 모든 열을 일로 변환시켜 효율 100%를 원하지만 그것은 불가능하다.

사이클에 대한 정미 열량은

$$Q_{net} = Q_{in} - Q_{out} \tag{4.4}$$

그림 4.7에서 사이클에 제1법칙을 적용하면

$$Q_{net} = W_{net} \text{ 또는 } \dot{Q}_{net} = \dot{W}_{net} \tag{4.5}$$

따라서 한 사이클에 대하여 가한 정미열량은 행한 정미일과 같다.

예제 4.1 열효율 36%인 동력 사이클이 운전되고 있다. 연료가 보일러에서 12000kg/h로 연소되며, 연료의 발열량은 35000kJ/kg이다. 저열원(응축기)으로 버려지는 열량을 구하라.

해 $\dot{Q}_{in} = 12000 \times 35000/3600 = 1.17 \times 10^5 \text{kW}$

$$\eta = \frac{\dot{W}_{net}}{\dot{Q}_{in}} \quad \therefore \dot{W}_{net} = \eta \dot{Q}_{in} = 0.36 \times 1.17 \times 10^5 = 4.12 \times 10^4 \text{kW}$$

$$\dot{Q}_{out} = \dot{Q}_{in} - \dot{W}_{net} = 1.17 \times 10^5 - 4.12 \times 10^4 = 7.49 \times 10^4 \text{kW} = 74.9\text{MW}$$

4.3.2 냉동사이클, 열펌프 사이클

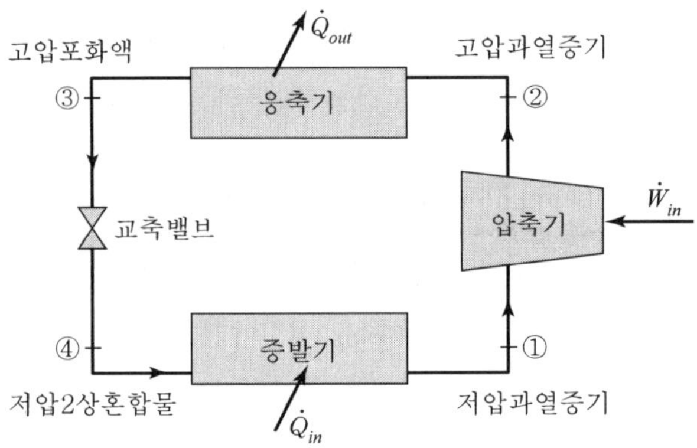

그림 4.8 냉동 사이클의 구성

그림 4.8에 **냉동사이클**(refrigeration cycle)의 구성요소를 나타낸다. 이 사이클은 유체의 포화온도가 그 압력에 따라 달라진다는 사실을 이용하여 저온부로부터 고온부로 에너지를 이동시킨다.

이 사이클에서는 작동유체가 저온에서 증발하고 고온에서 응축된다. 즉 증발기(evaporator)에서 저온부(예로 냉장고의 내측 공간)로부터 열을 흡수하고, 응축기(condenser)에서는 열을 고온부(냉장고의 외측 공간)로 방출한다.

그림 4.8에서 상태1의 저압상태인 포화증기가 압축기(compressor)로 유입되고 그 압축기는 외부로부터 일을 받아 구동되며, 그 작동유체인 증기는 압축되어 비체적이 감소하고 압력이 상승하며 온도도 증가한다. 압축기에서 나온 상태2의 증기는 고온고압의 과열

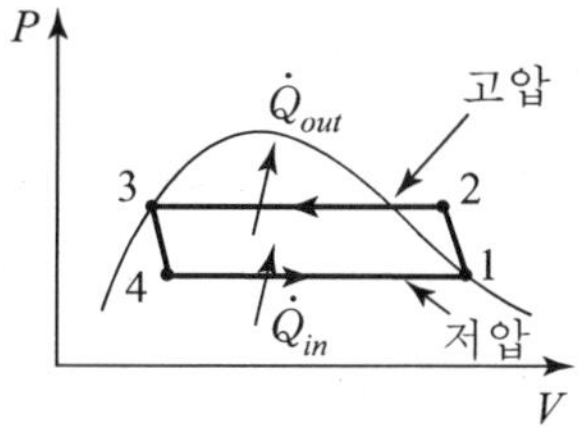

그림 4.9 냉동 사이클의 $p-V$선도

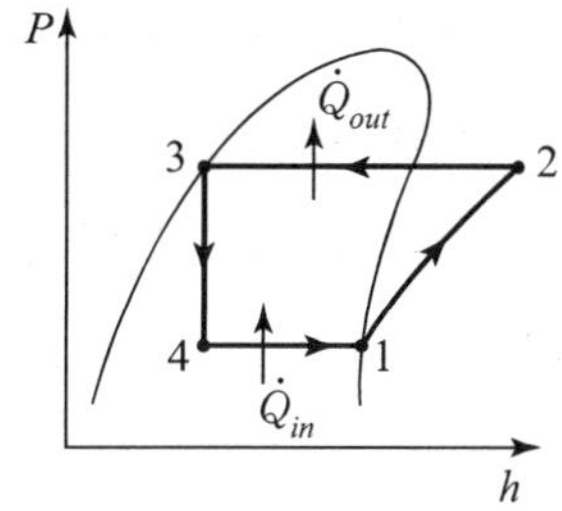

그림 4.10 냉동 사이클의 $p-h$선도

증기이며 응축기를 거치면서 일정한 압력하에서 과열증기가 냉각(열을 방출)되어 응축되며, 상태3의 포화액 상태로 된다. 상태3의 포화액은 저압으로 환원시키기 위해 교축밸브(throttle valve)를 통과하면서 팽창되며, 따라서 비체적이 증가하고 압력 및 온도는 상태3보다 낮아진 상태4로서 2상 혼합물이 된다. 저압의 증발기에 유입된 그 유체는 일정 압력하에서 증발하여 상태1의 포화증기가 된다. 이때 증발에 필요한 열은 저온부로부터 흡수하며 한 사이클이 완료된다. 이것을 $p-V$선도에 표시하면 그림 4.9와 같으며, $p-h$선도에 표시하면 그림 4.10과 같다.

그림 4.11은 냉동사이클의 개념도이다. 이 사이클은 반시계방향으로 진행(그림 4.10참조)한다. 냉동사이클은 반시계방향으로 진행하고 동력 사이클은 항상 시계방향으로 진행하여 진행방향이 서로 반대임을 알 수 있다.

냉동사이클의 성능은 주어진 량의 입력 일에 대하여 저온부로부터 가능한 많은 열을 흡수하여 고온부로 이동시키는 비율의 척도이다. 그 성능은 **성적계수**(coefficient of performance)로 표시하며 다음과 같다.

$$COP_R = \frac{Q_{in}}{W_{in}} = \frac{\dot{Q}_{in}}{\dot{W}_{in}} = \frac{\text{원하는 출력}}{\text{요구되는 입력}} \tag{4.6a}$$

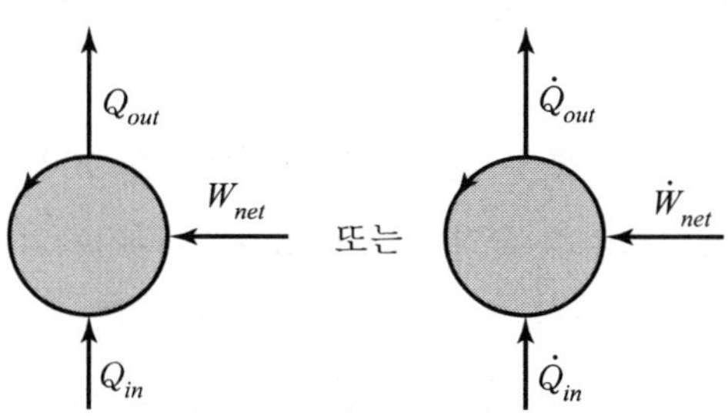

그림 4.11 냉동 사이클의 개념도

COP_R은 사이클에 의해 저온부로부터 제거되는 열량과 그 열을 제거시키기 위해 요구되는 일량의 비이다. COP_R의 값은 1보다 크지만 에너지가 생성된다는 뜻은 아니며, 오히려 냉동사이클은 저온부로부터 고온으로 에너지를 이동시키기 위해 일(W_{in})을 필요로 한다. 즉 그림 4.11에서 $Q_{out} = Q_{in} + W_{in}$의 관계가 성립되므로 에너지는 보존된다.

열펌프(heat pump)사이클도 냉동사이클과 동일하지만 목표로 하는 열원이 고온부이며, 그 성능은 주어진 량의 입력 일에 대하여 고온부로 방출시키는 열량의 비율로서 다음과 같다.

$$COP_{HP} = \frac{Q_{out}}{W_{in}} = \frac{\dot{Q}_{out}}{\dot{W}_{in}} = \frac{\text{원하는 출력}}{\text{요구되는 입력}} \tag{4.6b}$$

예제 4.2 $4l$의 물이 30℃상태로 성적계수 COP=1.5인 냉동기 내에 들어있다. 이 냉동기를 가동시키는 데 500W가 필요하다. 이 물을 4℃까지 냉각시키는 데 얼마의 시간이 걸리는가? 물의 비열은 4.1868kJ/kgK이다.

해 물이 들어있는 용기는 밀폐계로서 물에 일이 가해지지 않고 운동 및 위치 에너지를 무시하면 $\dot{Q} = \frac{dU}{dt}$ $\therefore \Delta U = \dot{Q}\Delta t$

$$\therefore \Delta t = \frac{\Delta U}{\dot{Q}} = \frac{m\Delta u}{\dot{Q}} \quad (1)$$

냉동사이클에 들어가는 열량 $\dot{Q}_{in} = COP_R \cdot \dot{W}_{in} = 1.5 \times 500 = 750\text{W}$

$$\therefore \Delta t = \frac{m\Delta u}{\dot{Q}} = \frac{\rho Vc\Delta t}{\dot{Q}} = \frac{1000 \times 4 \times 10^{-3} \times 4.1868 \times (30-4)}{750 \times 10^{-3}} = 580.6\text{sec}$$

$$= 9.68\text{min}$$

4.4 Carnot사이클의 특성

전술한 바와 같이 열 동력 사이클은 입력시킨 열에너지를 100% 모두 유용한 일로 변환시킬 수는 없다. 19세기 초 프랑스의 기술자 Sadi Carnot는 열기관의 효율을 연구하면서 열기관의 성능에는 자연적인 한계가 있으며, 열기관은 열이 가해지고 방출되는 온도에 의해 지배를 받는다는 사실을 알아내었으며, 그 외의 다른 인자들, 즉 작동유체, 압력 등이 사이클의 효율에 영향을 끼치지만 최대가능 효율을 결정짓는 것은 온도뿐이라는 것으로 결론을 얻었다.

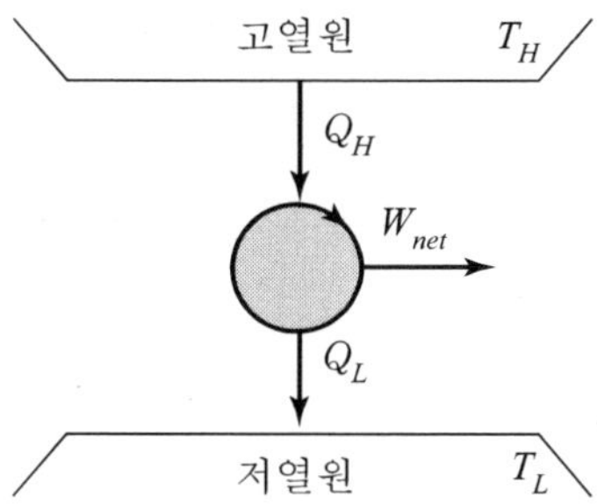

그림 4.12 열기관 사이클의 개념도

이것을 증명하기 위해 Carnot는 독창적인 상상실험(thought experiment)을 고안하였다. 그것은 직감적으로 도입한 이상적인 열기관으로서, 열기관의 모델로서는 그림 4.12와 같이 온도 T_H의 고온열원(고온의 열저장 용기(thermal reservoir)로서 이것은 열이 가해지거나 방출될 때 그 온도가 변화하지 않을 만큼 용량이 큼)으로부터 열량 Q_H를 받아, 온도 T_L의 저온열원(저온의 무한 크기를 갖는 열저장 용기)으로 열량 Q_L을 방출시켜 외부로의 일량 W_{net}를 얻는다.

이 열기관은 실린더 내에서 열을 발생하는 내연기관이 아니라, 실린더 내에 차 있는 기체를 외부로부터 가열 또는 냉각하여 피스톤을 움직이는 외연기관이다. 이 열기관은 그림 4.13에 나타내듯이 가열 또는 냉각을 위해 고온 및 저온열원을 서로 교환하면서 실린더에 접촉시켜 작동시킨다고 생각한다.

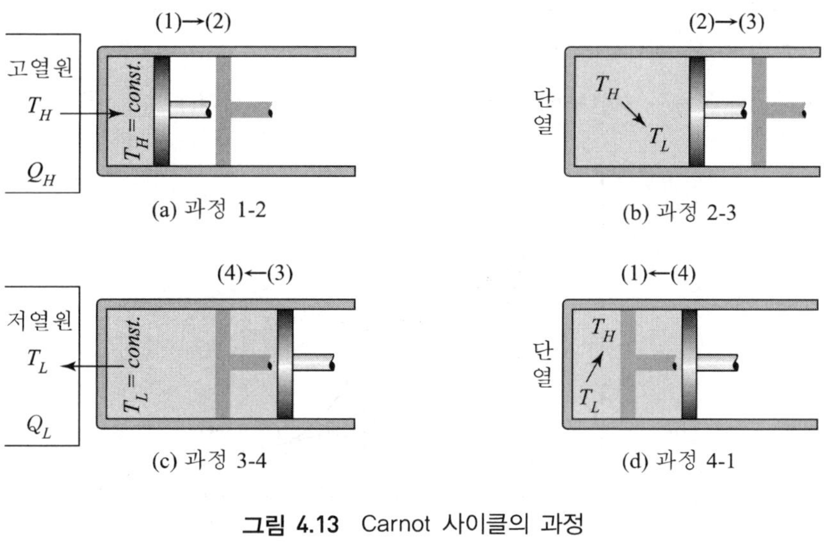

그림 4.13 Carnot 사이클의 과정

이때 사이클의 가열과 방열은 등온하에서 이루어지며 작동유체의 온도를 낮추는 방법은 단열팽창과정으로 이용하고 또한 작동유체의 온도를 높이는 방법은 단열압축과정을 이용하였으며, 그림 4.13의 4개의 과정으로서 **Carnot 사이클**(Carnot cycle)을 구성하였다.

1 → 2 : 등온가열(팽창)(그림 4.13(a))

가스가 들어있는 피스톤-실린더장치를 온도 T_H의 고온용기와 접촉시키면 그 가스에 열이 전달되어 팽창한다. 팽창속도는 매우 느리고 가스는 그 과정동안 등온을 유지한다.

2 → 3 : 단열팽창(그림 4.13(b))

피스톤-실린더장치를 열저장 용기로부터 이탈시켜 완전히 단열시킨다. 그 가스는 팽창하여 온도가 T_L로 강하한다.

3 → 4 : 등온냉각(압축)(그림 4.13(c))

피스톤-실린더장치를 저온용기(T_L)에 접촉시키면 열이 방출되며 압축되어 등온이 유지된다.

4 → 1 : 단열압축(그림 4.13(d))

피스톤-실린더장치를 저온 용기에서 이탈시켜 단열시킨다. 그 가스는 온도 T_H에 달할 때까지 압축되어 한 사이클이 완료된다.

그 피스톤 - 실린더장치를 다시 고온용기에 접촉시켜 새로운 사이클이 시작된다.

Carnot는 열이 일로 변환할 때 전혀 손실이 없다고 생각하였다. 결국 가열하여도 기체의 온도는 상승하지 않고 내부에너지의 변화를 모두 체적팽창으로 변환할 수 있는 등온변화로, 또 열기관내의 변화는 모두 가역과정으로 구성되며, 더욱이 계 외(주위)와의 열의 수수는 온도차가 무한히 작다고 생각하는 상태에서 이루어진다. 계 내도 주위도 모두 완전한 가역과정으로 가정하였다.

이 Carnot사이클을 $p-V$선도에 나타내면 그림 4.14와 같다.

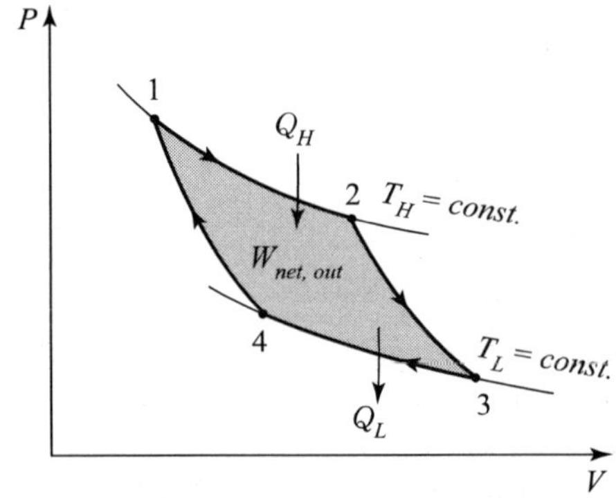

그림 4.14 Carnot 사이클의 $p-V$선도

여기서 $W_{net,out}$는 1-2-3-4-1의 폐곡선내의 면적으로 표시되는 가스가 외부에 행한 정미 일량을 나타낸다. 1-2-3곡선의 하부면적에 해당하는 일은 그 사이클의 팽창과정동안 가스에 의해 행한 일량($\int_1^2 pdV + \int_2^3 pdV$)이며, 3-4-1의 하부면적에 해당하는 일은 그 사이클의 압축과정동안 가스에 행한 일량($\int_3^4 pdV + \int_4^1 pdV$)이며, 그 차가 면적 1-2-3-4-1의 폐곡선 내 면적으로서 가스가 외부에 행한 정미 일량을 나타낸다.

Carnot사이클은 다음의 특성을 갖는다.

4.4.1 최대의 열효율을 갖는 Carnot사이클

Carnot사이클은 동일한 고온·저온열원 사이에서 작동하는 열기관중 최대의 열효율을 갖는다.

그림 4.15와 같이 고온열원(T_H)과 저온열원(T_L)사이에서 가역 동력 사이클(R : reversible)의 성능과 비가역 사이클(I : irreversible)의 성능을 비교해 보자.

고열원으로부터 각 사이클에 가해지는 열량 Q_H는 동일하다. 일반적으로 각 사이클에 의해 행해지는 일량은 다르므로 저열원으로 배출되는 열량이 다를 것이다. 비가역 사이클의 열효율이 더 우수하다고 가정하면 식 (4.7)과 같이 비가역 사이클의 일이 가역사이클의 일보다 더 클 것이다.

$$W_I > W_R \tag{4.7}$$

그림 4.15에서 가역사이클(R)을 반대방향으로 운전시키면 그림 4.16과 같이 나타낼 수 있다.

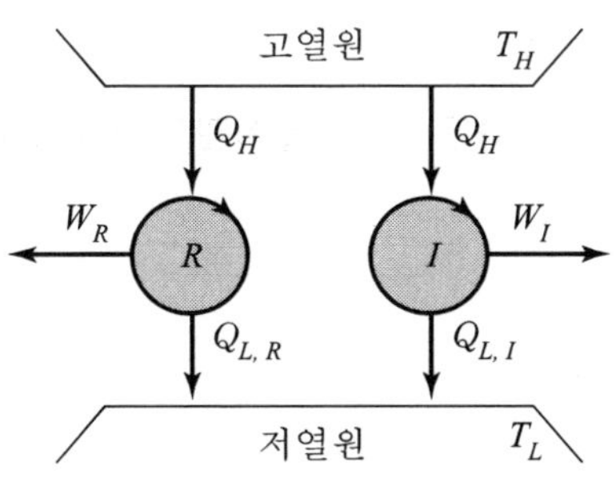

그림 4.15 가역 및 비가역 동력 사이클

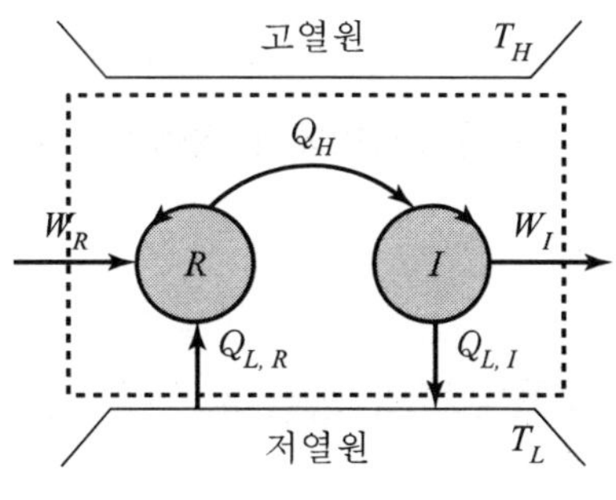

그림 4.16 가역 및 비가역 사이클의 조합

그 사이클은 가역이므로 열 및 일, 그리고 사이클 방향이 반대로 되어 가역 냉동사이클(R)이 된다. 이 가역 냉동사이클 R로부터 배출되는 열량 Q_H를 비가역 동력 사이클의 고온 열 입력으로 이용한다.

그림 4.16에서 점선으로 표시한 두 사이클의 조합시스템은 한 열원에서 열을 교환할 수 있는 사이클이므로 제2법칙에 의하여 이러한 사이클은 정미일(+)을 생산할 수 없다. 따라서 W_I는 W_R보다 클 수 없다. 따라서 식 (4.7)로 가정한 것은 옳지 않음을 알 수 있다. 즉 비가역 사이클의 열효율이 가역사이클의 열효율보다 클 수 없으므로 가역사이클의 일이 비가역 사이클의 일보다 크거나 같다.

$$W_I \leq W_R \tag{4.8}$$

이러한 사실로부터 다음의 결론을 얻을 수 있다.

"동일한 두 온도사이에서 작동하는 비가역 사이클에 의해 이루어지는 일량은 가역사이클에 의해 이루어지는 일보다 결코 크지 않다."

가역 동력 사이클에 대한 효율은

$$\eta_R = \frac{W_R}{Q_H} \tag{4.9}$$

비가역 동력 사이클에 대한 효율은

$$\eta_I = \frac{W_I}{Q_H} \tag{4.10}$$

W_R은 W_I보다 크거나 같으므로 다음 식이 성립한다.

$$\eta_R \geq \eta_I \tag{4.11}$$

따라서 다음과 같은 결론을 Carnot원리의 제1원리라 한다.

"동일한 두 온도사이에서 작동하는 비가역 열기관의 효율은 가역 열기관의 효율보다 결코 크지 않다."

4.4.2 작동유체의 종류에 무관한 Carnot사이클

동일한 두 열원사이에서 작동하는 두 가역사이클, 즉 가역 냉동사이클 R_1과 가역 동력 사이클 R_2를 생각하자. 그림 4.17에서 보는 바와 같이 가역 냉동사이클 R_1에 의해 배출

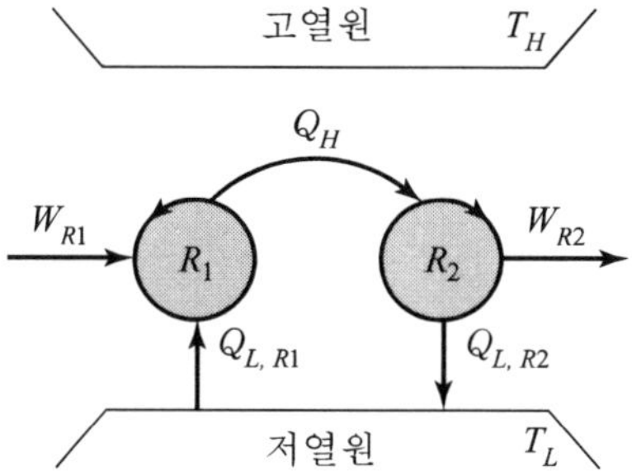

그림 4.17 두 가역 사이클의 조합

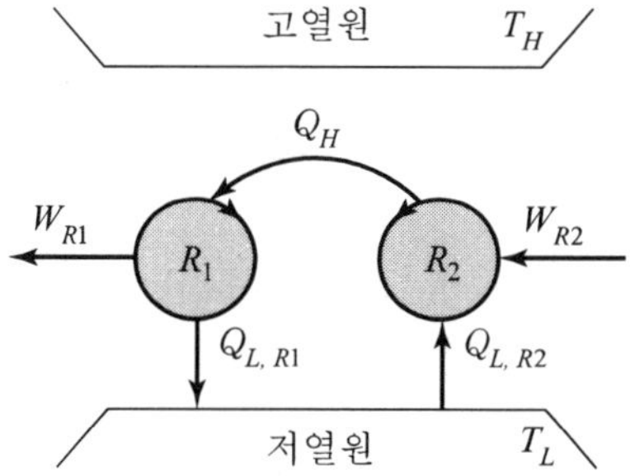

그림 4.18 그림 4.17의 역방향 사이클

된 열 Q_H를 가역 동력사이클 R_2의 입력 열에너지로 이용한다고 하자.

전술한 바와 같이 조합 사이클이 하나의 열원과 열을 교환하며, 따라서 정(+)의 정미일을 생산할 수 없으므로

$$W_{R2} \leq W_{R1} \tag{4.12}$$

그러나 이 두 사이클이 그림 4.18과 같이 역방향으로 작동한다고 생각하면

$$W_{R1} \leq W_{R2} \tag{4.13}$$

이 되며, 위의 두 식들을 조합하면 다음의 관계가 성립해야 한다.

$$W_{R1} = W_{R2} \tag{4.14}$$

즉 두개의 가역사이클은 동일한 량의 일을 생산해야 한다. 따라서 이들 두 사이클의 효율은 같다.

$$\eta_1 = \frac{W_{R1}}{Q_H} = \frac{W_{R2}}{Q_H} = \eta_2 \tag{4.15}$$

이 결론은 **Carnot원리의 제2원리**이다. 즉 "**동일한 두 온도사이에서 작동하는 모든 가역사이클은 작동유체의 종류에 관계없이 동일한 효율을 갖는다.**"

4.4.3 두 열원의 온도 만에 의존하는 Carnot사이클의 열효율

전술한 바와 같이 Carnot사이클은 가역사이클로서 4개의 과정으로 이루어지며, 그림 4.14와 같이 $p-V$선도에서 등온팽창($1 \rightarrow 2$), 단열팽창($2 \rightarrow 3$), 등온압축($3 \rightarrow 4$), 단열압축($4 \rightarrow 1$)의 4개 과정이다.

동력 사이클의 열효율은 다음 식으로 표시된다.

$$\eta_{Carnot} = \frac{W_{net}}{Q_H} = \frac{Q_H - Q_L}{Q_H} = 1 - \frac{Q_L}{Q_H} \tag{4.16}$$

$1 \rightarrow 2$과정 중 모든 열이 등온 하에 가해지며, 위치에너지와 운동에너지를 무시하면 제 1법칙은

$$Q_{12} = Q_H = U_2 - U_1 + W_{12} \tag{4.17}$$

여기서 W_{12}는 상태1에서 상태2까지 가스가 팽창하여 한 일량이다.
비열이 일정한 이상기체에 대하여 위의 식은

$$Q_{12} = mc_v(T_2 - T_1) + W_{12} \tag{4.18}$$

$1 \rightarrow 2$과정은 등온($T_1 = T_2$)이므로 위식과 식 (3.44)로부터 가열 열량은

$$Q_{12} = W_{12} = mRT_H \ln \frac{V_2}{V_1} \tag{4.19}$$

같은 방법으로 $3 \rightarrow 4$과정(등온)에서 버리는 열량은 다음과 같다.

$$Q_{34} = W_{34} = mRT_L \ln \frac{V_4}{V_3} \tag{4.20}$$

열량 Q_{12}는 계에 열을 가하므로 정(+)의 값이지만, 열량 Q_{34}는 열을 배출하므로 부(−)의 값이다. 그러나 사이클을 다룰 때 열과 일의 정(+)의 값으로 표시하여 사용한다. 따라서

$$Q_{12} = Q_H = mRT_H \ln \frac{V_2}{V_1} \tag{4.21}$$

$$Q_{34} = -Q_L = mRT_L \ln \frac{V_4}{V_3} \tag{4.22}$$

식 (4.21)과 식 (4.22)를 식 (4.16)에 대입하면

$$\begin{aligned} \eta_{Carnot} &= 1 - \frac{-mRT_L \ln(V_4/V_3)}{mRT_H \ln(V_2/V_1)} \\ &= 1 - \frac{T_L \ln(V_4/V_3)^{-1}}{T_H \ln(V_2/V_1)} = 1 - \frac{T_L \ln(V_3/V_4)}{T_H \ln(V_2/V_1)} \end{aligned} \tag{4.23}$$

2 → 3과정은 단열과정이므로

$$\frac{T_2}{T_3} = (\frac{V_3}{V_2})^{k-1} = \frac{T_H}{T_L} \tag{4.24}$$

4 → 1과정도 단열과정이므로

$$\frac{T_4}{T_1} = (\frac{V_1}{V_4})^{k-1} = \frac{T_L}{T_H} \tag{4.25}$$

식 (4.24)와 식 (4.25)로부터

$$\frac{V_3}{V_4} = \frac{V_2}{V_1} \tag{4.26}$$

위식을 식 (4.23)에 적용하면 열효율은 다음 식으로 표시할 수 있으며, 따라서 Carnot 사이클의 열효율은 고온 및 저온열원의 온도 만에 의존한다.

$$\eta_{Carnot} = 1 - \frac{T_L}{T_H} \tag{4.27}$$

예제 4.3

그림(예제 4.3)과 같이 22℃의 강물을 냉각제로 사용하고 터빈 블레이드의 최대온도가 650℃로 유지될 수 있는 동력 플랜트가 150MW를 생산한다면 보일러에 가해야 할 열량은 얼마인가?

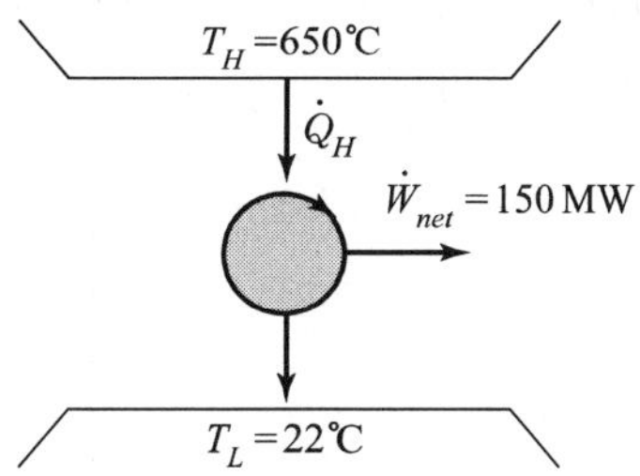

그림 (예제 4.3)

해 $\eta_{Carnot} = 1 - \frac{T_L}{T_H} = 1 - \frac{22 + 273.15}{650 + 273.15} = 0.6803$

$\therefore\ \dot{Q}_H = \frac{\dot{W}}{\eta_{Carnot}} = \frac{150}{0.6803} = 220.5\text{MW}$

4.5 역 Carnot사이클

위에서 언급한 Carnot열기관 사이클은 가역 사이클이므로 그것을 구성하는 모든 과정은 역방향으로 할 수 있으며, 이것을 **역 Carnot사이클**(reversed Carnot cycle) 혹은 **Carnot냉동사이클**(Carnot refrigeration cycle)이라 하며, 그림 4.19와 같다. 역 Carnot사이클로 작동하는 경우, Carnot냉동기(Carnot refrigerator) 또는 Carnot열펌프(Carnot heat pump)라 한다.

가역이든, 비가역이든 냉동기 혹은 열펌프의 **성적계수**(coefficient of performance)는 전술한 바와 같이 "원하는 출력/요구되는 입력"의 정의를 역 Carnot사이클에 적용하면 냉동기의 성적계수는

$$COP_R = \frac{Q_L}{W_{net}} = \frac{Q_L}{Q_H - Q_L} = \frac{T_L}{T_H - T_L} \tag{4.28}$$

열펌프의 성적계수는 다음과 같이 표시된다.

$$COP_{HP} = \frac{Q_H}{W_{net}} = \frac{Q_H}{Q_H - Q_L} = \frac{T_H}{T_H - T_L} \tag{4.29}$$

따라서 모든 가역냉동기나 열펌프의 성적계수는 고열원과 저열원의 절대온도로서 나타낼 수 있다.

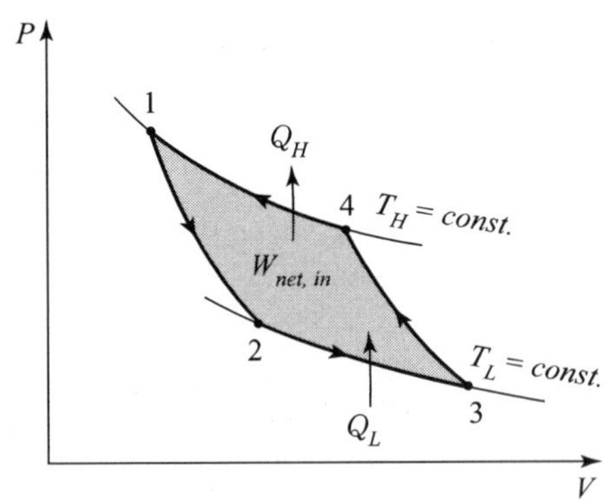

그림 4.19 역 Carnot 사이클

예제 4.4 겨울철 한 가정의 난방을 위해 열펌프를 사용한다. 그 집은 21℃를 유지하려고 하며, 외기온도는 −5℃이다. 이 경우 그 집으로부터 135000kJ/h의 열손실이 일어난다면 열펌프를 가동시키기 위해 필요한 최저 동력은 얼마인가?

해 $COP_{H.P} = \dfrac{1}{1 - T_L/T_H} = \dfrac{1}{1-(273-5)/(273+21)} = 11.3$

$\dot{Q}_H = 135000/3600 = 37.5\text{kW}$

$\therefore\ \dot{W}_{net,in} = \dfrac{\dot{Q}_H}{COP_{H.P}} = \dfrac{37.5}{11.3} = 3.32\text{kW}$

4.6 엔트로피

열역학 제1법칙은 에너지와 그 보존의 원리를 다룬다. 열역학 제2법칙의 정의를 위해서는 엔트로피(entropy)라는 새로운 물성치를 정의해야 하며, 그러기 위해 기본적으로 Clausius의 부등식에 대한 서술부터 시작하여 엔트로피 증대의 원리를 설명할 것이다. 에너지와는 달리 엔트로피는 비보존성 물성치이다.

4.6.1 Clausius부등식

열역학 사이클에 대한 **Clausius부등식**(Clausius inequality)은 다음과 같이 표시한다.

$$\oint \frac{\delta Q}{T} \leq 0 \tag{4.30}$$

여기서 δQ는 사이클의 미소부분에서 계 경계의 열전달을 나타내며, T는 그 계 경계부분에서의 절대온도이다. $\oint$의 기호는 전 사이클의 모든 부분의 경계에 걸쳐 적분을 수행함을 뜻한다. 이 식에서 등호는 그 계가 사이클을 수행할 때 내부에 비가역성이 없는 경우에 적용되며, 내부에 비가역성이 존재하는 경우는 부등호가 적용된다. 따라서 냉동사이클을 포함하여 가역 또는 비가역의 모든 열역학 사이클에 대하여 타당한 식이다.

만일 가역사이클 장치뿐 아니라 계 내의 아무 비가역성이 존재하지 않는다면 조합계(combined system)에 의해 행해지는 사이클은 내부적으로 가역일 것이다. 내부적으로 가역사이클(internally reversible cycle)에 대해서는 다음 식이 성립한다.

$$\oint \left(\frac{\delta Q}{T}\right)_{int,rev} = 0 \tag{4.31}$$

따라서 다음과 같이 결론을 얻을 수 있다.

"전적으로 또는 내부적으로 가역사이클에 대해서는 Clausius부등식의 등호가, 비가역 사이클에 대해서는 부등호가 적용된다."

식 (4.30)은 등가적으로 다음과 같이 표시할 수 있다.

$$\oint \frac{\delta Q}{T} = -S_{gen} \tag{4.32}$$

여기서 S_{gen}은 부등성의 강도를 나타내기 위해 표시하였다. S_{gen}의 값은 내부 비가역성이 존재하는 경우에는 정(+)의 값이고, 내부 비가역성이 존재하지 않는 경우에는 0이며, 부(-)의 값은 있을 수 없다. 즉 한 계에 의해 수행되는 사이클의 본질은 S_{cycle}에 대한 값으로 아래와 같이 나타낸다.

$S_{gen} = 0$: 계 내에 비가역성이 존재하지 않음.

$S_{gen} > 0$: 계 내에 비가역성이 존재함.

$S_{gen} < 0$: 불가능

따라서 S_{gen}은 사이클을 수행하는 계 내에 존재하는 비가역성의 영향을 나타내는 척도이다.

예제 4.5 어느 열기관이 온도 1000K인 고열원으로부터 600kJ의 열을 공급받아 200kJ의 일을 하고, 나머지 400kJ의 열을 온도 300K인 저열원에 방출한다. 이 열기관이 열역학 제2법칙에 만족하는지 또는 위배되는지를 (1) Clausius부등식과 (2) Carnot의 원리를 각각 이용하여 검토하라.

해 (1) 사이클 적분 $\oint \frac{\delta Q}{T} = \frac{Q_H}{T_H} - \frac{Q_L}{T_L} = \frac{600}{1000} - \frac{400}{300} = -0.733\text{kJ/K}$

이 결과는 Clausius의 부등식인 식 (4.30)을 만족하므로 열역학 제2법칙을 만족한다.

(2) 이 기관의 열효율 $\eta = 1 - \frac{Q_L}{Q_H} = 1 - \frac{400}{600} = 0.333$

Carnot기관의 열효율 $\eta_{Carnot} = 1 - \frac{T_L}{T_H} = 1 - \frac{300}{1000} = 0.7$

$\therefore \eta_{Carnot} > \eta$이므로 열역학 제2법칙을 만족한다.

4.6.2 엔트로피 변화의 정의

만일 두 상태 사이에 그 값의 변화가 과정과 무관하다면 그것은 하나의 물성치이다. 그림 4.20에 밀폐계로 수행되는 두개의 사이클을 나타내었다.

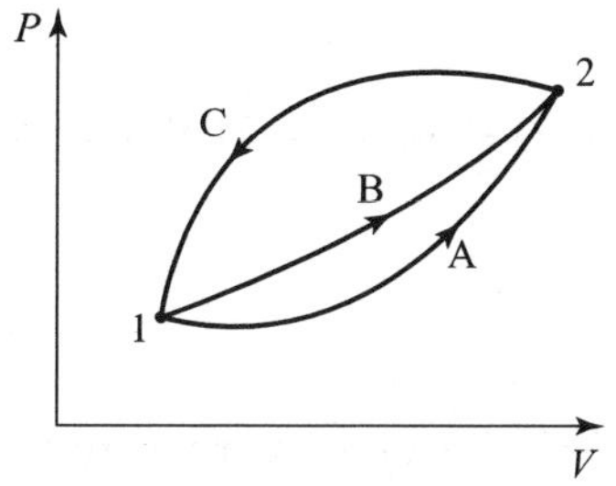

그림 4.20 밀폐계의 두 가역 사이클

한 사이클은 상태1로부터 상태2로의 내부 가역과정 A와, 상태2에서 상태1로의 내부 가역과정 C로 이루어진다.(1-A-2-C-1). 또 다른 사이클은 상태1에서 상태2로의 내부 가역과정 B와, 상태2에서 상태1로의 내부 가역과정 C로 이루어진다.(1-B-2-C-1).

첫 번째 사이클 (1-A-2-C-1)에 대하여 식 (4.32)을 적용하면

$$(\int_1^2 \frac{\delta Q}{T})_A + (\int_2^1 \frac{\delta Q}{T})_C = -S_{gen} = 0 \qquad (4.33a)$$

두 번째 사이클 (1-B-2-C-1)에 대해서는

$$(\int_1^2 \frac{\delta Q}{T})_B + (\int_2^1 \frac{\delta Q}{T})_C = -S_{gen} = 0 \qquad (4.33b)$$

식 (4.33a)와 식 (4.33b)를 비교하면 다음의 관계가 성립하며,

$$(\int_1^2 \frac{\delta Q}{T})_A = (\int_1^2 \frac{\delta Q}{T})_B \qquad (4.34)$$

위의 식은 $\delta Q/T$의 적분치가 두 과정에서 같다는 것을 보여준다. 두 상태사이에 내부적으로 가역과정에 대해서는 과정에 관계없이 $\delta Q/T$의 적분치가 동일함을 의미한다(과정 A와 과정 B). 다시 말해 적분치는 최초상태에만 의존한다. 따라서 그 적분은 계의 어떤 물성치의 변화를 나타낸다고 결론지을 수 있다. 이 물성치를 S로 표시하여 **엔트로피**

(entropy)라 하며, 그 변화량은

$$S_2 - S_1 = \left(\int_1^2 \frac{\delta Q}{T}\right)_{rev} \qquad [\text{kJ/K}] \tag{4.35}$$

로 나타낼 수 있다. 여기서 "rev"는 적분이 두 상태를 연결하는 내부적으로 가역과정에 대하여 수행됨을 의미한다.

식 (4.35)는 "엔트로피 변화의 정의"이다. 미분형태로 표시하면 다음과 같다.

$$dS = \left(\frac{\delta Q}{T}\right)_{rev} \tag{4.36}$$

엔트로피는 시량성(示量性) 물성치(extensive property)이며, 단위는 J/K 또는 kJ/K이다. 단위질량당 엔트로피, 즉 **비엔트로피**(specific entropy)는 다음과 같다.

$$s = \frac{S}{m} \qquad [\text{kJ/kgK}] \tag{4.37}$$

예제 4.6 그림(예제 4.6)과 같은 피스턴-실린더 장치 중에 100℃인 포화상태의 물이 들어 있다. 이 계에 외부로부터 열을 등온, 등압을 유지하면서 140kJ의 열을 가했더니 물의 일부가 포화증기가 되어 전체는 습증기로 되었다. 이 과정에서 계 내의 엔트로피 변화를 계산하라.

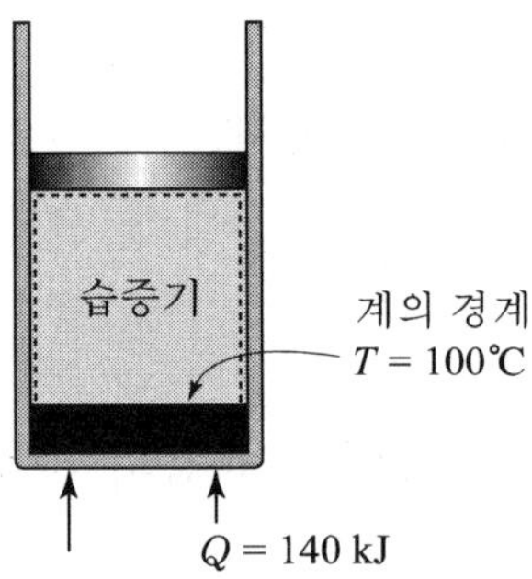

그림 (예제 4.6)

해 등온상태에서 열 이동이 일어나므로 내부 가역과정으로서 계 내에 비가역과정이 아니라고 생각할 수 있다. 따라서

$$\Delta S = \frac{Q_{rev}}{T} = \frac{140}{(100+273.15)} = 0.375\text{kJ/K}$$

4.6.3 엔트로피의 일반식

엔트로피에 대한 정의 식 (4.35)는 한 기준 상태로부터 상대적인 엔트로피를 계산하는 식이다. 기준 상태와 기준치는 임의로 선택할 수 있으며, 기준 상태 x에서의 값에 대한 상대적인 상태 y의 엔트로피는 다음 식으로부터 구할 수 있다.

$$S_y = S_x + (\int_x^y \frac{\delta Q}{T})_{rev} \tag{4.38}$$

여기서 S_x는 기준상태에서의 엔트로피 값이다.

(1) *Tds*의 관계식

순수한 물질 m[kg]으로 구성되는 밀폐계에 대하여 준정적과정(내부가역과정)의 열역학 제1법칙식은 식(3.10)과 같이 표시되며, 단위 질량에 대하여 표시하면

$$\delta q = du + pdv \tag{4.39}$$

가역과정에서는 엔트로피의 정의 식(4.36)으로부터 단위질량에 대하여 표시하면

$$\delta q = Tds \tag{4.40}$$

이므로 식(4.39)는 다음과 같이 된다.

$$Tds = du + pdv \tag{4.41}$$

또 식(3.30a)로부터 $h = u + pv$ 를 미분하면

$$dh = du + pdv + vdp \tag{4.42}$$

식(4.41)과 식(4.42)를 연관 지으면 다음의 식으로 표시할 수 있다.

$$Tds = dh - vdp \tag{4.43}$$

(2) 이상기체의 엔트로피 변화

이상기체에 대하여 $du = c_v(T)dT,\ dh = c_p(T)dT,\ pv = RT$를 식 (4.41)과 식 (4.43)에 각각 대입하면

$$ds = c_v(T)\frac{dT}{T} + R\frac{dv}{v} \tag{4.44}$$

$$ds = c_p(T)\frac{dT}{T} - R\frac{dp}{p} \tag{4.45}$$

이 식들을 각각 적분하여, 이상기체의 엔트로피 변화를 나타내는 다음의 식들을 얻을 수 있다.

$$s_2 - s_1 = \int_1^2 c_v(T)\frac{dT}{T} + R\ln\frac{v_2}{v_1} \tag{4.46}$$

$$s_2 - s_1 = \int_1^2 c_p(T)\frac{dT}{T} - R\ln\frac{p_2}{p_1} \tag{4.47}$$

이상기체에 대한 엔트로피 변화는 표를 이용하여 편리하게 구할 수 있다. 기준 상태 및 기준치는 온도 0K, 압력 1atm인 상태에서 비엔트로피를 0으로 취한다. 그리고 식 (4.47)의 우변 제1항은 압력 1atm, 온도 T인 상태인 기준 상태에서의 기준치에 상대적인 값으로 다음과 같이 표기한다.

$$\int_0^T c_p(T)\frac{dT}{T} = s^\circ(T) \tag{4.48}$$

여기서 $s^o(T)$는 압력 1atm, 온도 T에서의 비엔트로피를 표시하며, s^o는 온도 만에 의존하므로 온도에 대하여 표로 수록할 수 있으며, 공기에 대해서는 부록 7에 kJ/kgK의 단위로 수록되어 있다.

따라서 식 (4.47)의 우변 제1항에 대한 적분은 s^o의 항으로 표시할 수 있다.

$$\int_1^2 c_p\frac{dT}{T} = \int_0^{T_2} c_p\frac{dT}{T} - \int_0^{T_1} c_p\frac{dT}{T} = s^o(T_2) - s^o(T_1) \tag{4.49}$$

따라서 식 (4.47)을 다시 쓰면 다음과 같이 된다.

$$s_2 - s_1 = s^o(T_2) - s^o(T_1) - R\ln\frac{p_2}{p_1} \tag{4.50}$$

몰(mole)에 대하여 표시하면 엔트로피 변화량은 다음과 같이 나타낸다.

$$\bar{s}_2 - \bar{s}_1 = \bar{s}_o(T_2) - \bar{s}_o(T_1) - R_U\ln\frac{p_2}{p_1} \quad [\text{kJ/kmol}\cdot\text{K}] \tag{4.51}$$

여기서 R_U는 일반기체상수(식 1.31a참조)이다.

비열(c_p 및 c_v)이 일정하다고 하면 식 (4.46)과 식 (4.47)은 각각 다음과 같이 표시된다.

$$s_2 - s_1 = c_v \ln \frac{T_2}{T_1} + R \ln \frac{v_2}{v_1} \tag{4.52a}$$

$$s_2 - s_1 = c_p \ln \frac{T_2}{T_1} - R \ln \frac{p_2}{p_1} \tag{4.52b}$$

$c_p - c_v = R$ 과 $pv = RT$ 를 식 (4.52a)에 적용하면 다음 식을 얻는다.

$$s_2 - s_1 = c_v \ln \frac{p_2}{p_1} + c_p \ln \frac{v_2}{v_1} \tag{4.52c}$$

식 (4.36)을 이용하여 폴리트로프 과정에서의 엔트로피 변화를 구해보자.

식 (3.61)로부터

$$ds = \frac{dq}{T} = c_n \frac{dT}{T} = c_v \frac{n-k}{n-1} \frac{dT}{T}$$

를 적분하고, $T_2/T_1 = (v_1/v_2)^{n-1} = (p_2/p_1)^{(n-1)/n}$ 의 관계를 이용하면 다음의 식을 얻을 수 있다.

$$s_2 - s_1 = c_n \ln \frac{T_2}{T_1} = c_v \frac{n-k}{n-1} ln \frac{T_2}{T_1} = c_v \frac{n-k}{n-1} \ln \left(\frac{p_2}{p_1}\right)^{\frac{n-1}{n}}$$

$$= c_v \frac{n-k}{n-1} ln \left(\frac{v_1}{v_2}\right)^{n-1} \tag{4.53}$$

따라서 폴리트로프 지수 n이 특수한 값을 갖는 상태변화에 대하여 엔트로피 변화량을 표시하면 표 4.1과 같다.

표 4.1 각 상태변화에 대한 엔트로피 변화량

상태변화	폴리트로프지수 n	엔트로피 변화 $(s_2 - s_1)$
정압변화	0	$c_p \ln T_2/T_1 = c_p \ln v_2/v_1$
등온변화	1	$R \ln v_2/v_1 = R \ln p_1/p_2$
단열변화	k	0
정적변화	∞	$c_v \ln T_2/T_1 = c_v \ln p_2/p_1$
폴리트로프 변화	$1 < n < k$	$c_v \frac{n-k}{n-1} \ln (v_1/v_2)^{n-1} = c_v \frac{n-k}{n-1} \ln (p_2/p_1)^{(n-1)/n}$

또한 각 상태변화의 과정을 $T-s$선도에 표시하면 다음의 그림 4.21과 같다.

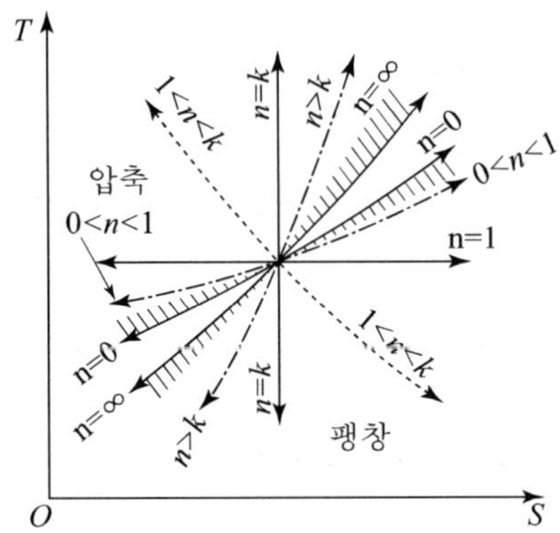

그림 4.21 상태변화 곡선

예제 4.7 $T_1 = 300\text{K}$, $p_1 = 1\text{bar}$인 상태의 공기가 $T_2 = 1000\text{K}$, $p_2 = 3\text{bar}$의 상태로 변화하였다. 엔트로피 변화를 구하라.

해 식 (4.50)으로부터 부록 7을 이용하면

$$s_2 - s_1 = s^\circ(T_2) - s^\circ(T_1) - R\ln\frac{p_2}{p_1}$$

$$= 2.9677 - 1.70203 - 0.287\ln\frac{3}{1} = 0.9504 \text{ kJ/kgK}$$

예제 4.8 공기 1kg을 표준상태(0℃, 101.3kPa)에서 1500kPa까지 압축할 때 (1)등온변화, (2)단열변화, (3)폴리트로프 변화(n=1.25)의 경우에 각각 엔트로피 변화량을 구하라. 공기의 기체상수는 0.2872kJ/kgK, $c_v = 0.7171\text{kJ/kgK}$, $c_p = 1.005\text{kJ/kgK}$이다.

해 (1) $s_2 - s_1 = R\ln\dfrac{p_1}{p_2} = 0.2872\ln\dfrac{101.3}{1500} = -0.774\text{kJ/kgK}$

(2) $s_2 - s_1 = 0$

(3) $s_2 - s_1 = c_v\dfrac{n-k}{n-1}\ln\left(\dfrac{p_2}{p_1}\right)^{(n-1)/n} = 0.7171 \times \dfrac{-0.15}{0.25}\ln\left(\dfrac{1500}{101.3}\right)^{0.25/1.25}$

$= -0.2319\text{kJ/kgK}$

---

(3) 액체, 고체의 엔트로피 변화

비압축성 물질, 즉 액체, 고체는 비체적(밀도)이 일정($dv = 0$)하고 비열이 온도 만에 의존하며 $c_v = c(T)$이다. 따라서 비내부에너지의 미소변화는 $du = c(T)dT$ 이므로 $Tds = du + pdv$를 정리하면

$$ds = \frac{c(T)dT}{T} + \frac{pdv}{T} = \frac{c(T)dT}{T}$$

적분하면 비엔트로피의 변화는

$$s_2 - s_1 = \int_1^2 \frac{c(T)}{T} dT \quad (\text{비압축성})$$

비열이 일정하다면 다음 식으로 된다.

$$s_2 - s_1 = c \ln \frac{T_2}{T_1} \ (\text{비압축성},\ c = const) \tag{4.54}$$

부록 2에는 여러 가지 액체에 대한 비열이 수록되어 있다.

(3) 상변화를 하는 액체-증기의 엔트로피 변화

부록 8(온도기준)과 9(압력기준)에는 물에 대한 열역학 물성치(엔트로피는 s' : 포화액의 엔트로피, s'' : 포화증기의 엔트로피)를, 부록 11에는 냉매 134a에 대한 물성치(엔트로피는 s' 와 s'')를 수록하였으며, 각 온도에 대하여 밀도 ρ', ρ'', 비엔탈피 h', h''의 값도 수록되어 있다.

압축수와 과열증기에 대한 데이터는 물의 경우 부록 10에, 냉매 R-134a의 경우는 부록 12에 온도와 압력에 대하여 밀도, 비엔탈피, 비엔트로피 값이 수록되어 있다.

포화 데이터에 대해서는 2상인 액-증기 혼합물의 비엔트로피는 건도(질) x를 이용하여 다음 식으로부터 계산한다.

$$s = (1-x)s' + xs'' = s' + x(s'' - s') \tag{4.55}$$

위 식의 s' 및 s''의 값은 물의 경우 부록 8과 9 또는 냉매 R-134a의 경우는 부록 11을 이용한다. R-134a액체에 대한 데이터는 부록 12로부터 압축액의 데이터를 얻을 수 있다. 이 부록에는 온도와 압력에 대하여 ρ, h, s가 수록되어 있으며

$$s(T, p) \approx s_f(T) \tag{4.56}$$

의 관계가 근사적으로 성립한다.

예제 4.9 강제(鋼製) 용기 내에 온도 30℃, 압력 200kPa인 상태의 냉매(R-134a)가 5kg 들어 있다. 압력이 100kPa로 강하할 때까지 냉매를 저어서 냉각시켰다. 이 과정동안에 냉매의 엔트로피 변화량을 구하라.(그림(예제 4.9)참조)

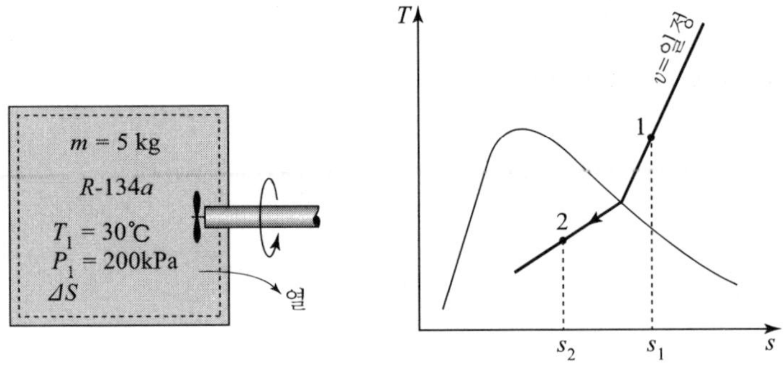

그림 (예제 4.9)

해 부록 12로부터 $p_1 = 200\text{kPa}$, $T_1 = 30$℃의 ρ_1=8.422kg/m^3 ($\therefore\ v_1 = 0.1187\text{m}^3/\text{kg}$), $s_1 = 1.8551\text{kJ/kgK}$, 부록 11로부터 $p_2 = 100\text{kPa}$ ($v_2 = v_1$)의 $\rho' = 1377.5\text{kg/m}^3$($\therefore v' = 0.000726\text{m}^3/\text{kg}$), $\rho'' = 5.1932\text{kg/m}^3$ ($\therefore v'' = 0.1926\text{m}^3/\text{kg}$), 100kPa의 비체적 v_2는 $v' < v_2 < v''$이므로 최종상태의 냉매는 포화액-증기 혼합물이다. 따라서 건도를 구하면

$$x_2 = \frac{v_2 - v'}{v'' - v'} = \frac{0.1187 - 0.000726}{0.1926 - 0.000726} = 0.615$$

$$\therefore\ s_2 = s' + x_2(s'' - s') = 0.8676 + 0.615(1.7475 - 0.8676) = 1.4087$$

$$\therefore\ S_2 - S_1 = m(s_2 - s_1) = 5 \times (1.4087 - 1.8551) = -2.232\text{kJ/K}$$

예제 4.10 1기압하에서 질량 1kg, 온도 −5℃인 얼음을 가열하여 100℃의 포화증기로 만들었다. 이 과정에서의 엔트로피 변화량을 구하라. 단, 얼음 및 물의 비열은 각각 2.1kJ/kgK, 4.2kJ/kgK, 얼음의 융해열 L=336kJ/kg, 물의 증발열 r=2263kJ/kg이다.

해 $s_2 - s_1 = c_i \ln\dfrac{T_2}{T_1} = 2.1 \times \ln\dfrac{273.15}{268.15} = 0.0388\text{kJ/kgK}$

$$s_3 - s_2 = \frac{L}{T_2} = \frac{336}{273.15} = 1.23\text{kJ/kgK}$$

$$s_4 - s_3 = c_w \ln\frac{T_4}{T_3} = 4.2\ln\frac{373.15}{273.15} = 1.31\text{kJ/kgK}$$

$$s_5 - s_4 = \frac{r}{T_4} = \frac{2263}{373.15} = 6.0646\text{kJ/kgK}$$

$$\therefore \Delta s_{tot} = (s_2 - s_1) + (s_3 - s_2) + (s_4 - s_3) + (s_5 - s_4) = 8.6434\text{kJ/kgK}$$

4.6.4 온도-엔트로피 선도 및 엔탈피-엔트로피 선도

제1법칙에 관련하여 $p-V$선도는 3장의 3.2절에서 다루었으며, 제2법칙을 도식적으로 이용하기 위해서는 선도의 한 축을 엔트로피로 설정할 필요가 있다. 구체적으로는 $T-s$선도(온도-엔트로피 선도)와 $h-s$ 선도(엔탈피-엔트로피 선도)가 널리 이용되고 있다.

엔트로피의 정의식 (4.36)을 다시 고쳐 쓰면

$$\delta Q_{rev} = TdS \tag{4.57}$$

이다. 이 관계를 $T-S$선도, 즉 종축에 온도 T, 횡축에 엔트로피 S를 취하여 그래프 상에 그리면 그림 4.22와 같이 되며, δQ_{rev}는 미소면적에 대응한다. 따라서 $1 \rightarrow 2$의 내부가역과정에 의한 열의 이동량은 다음과 같이 적분하여 표시되며

$$Q_{rev} = \int Tds \tag{4.58}$$

$T-S$선도상에서는, 과정을 표시하는 곡선의 하부면적이 된다.

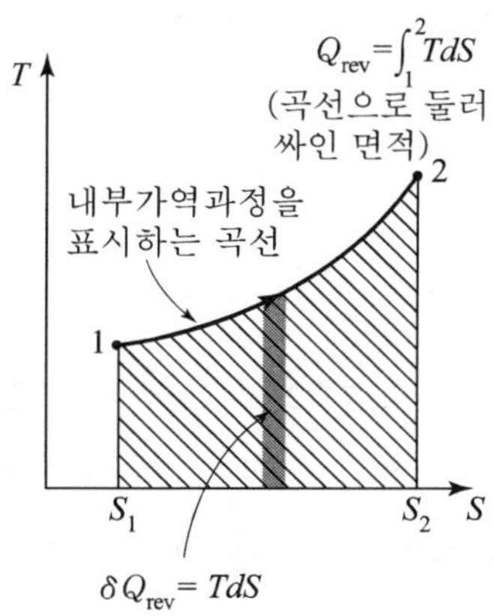

그림 4.22 $T-S$선도

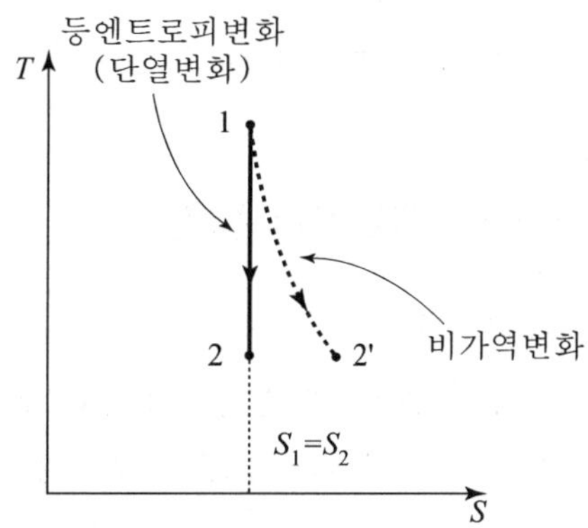

그림 4.23 등엔트로피 변화

또 가역단열변화는 등엔트로피 과정(isentropic process)이 되므로 그림 4.23에 나타낸 바와 같이 $T-S$선도상에서 수직선으로 표시된다.

비가역과정에서 엔트로피 변화량이 증가하는 예는 그림 4.23의 점선과 같이 표시된다. 그림 중 비가역과정을 점선으로 나타내는 것은 과정 도중의 경로가 선도상에서는 정해지지 않기 때문이다.

또 하나의 엔트로피를 축으로 하는 유용한 선도는 $h-s$선도이다. $h-s$선도는 비엔탈

피 h를 종축에, 비엔트로피 s를 횡축으로 하여 작동유체(예를 들면 물)의 상태식으로부터 계산하여 그린 곡선을 **몰리에 선도**(Mollier diagram)라 부른다.(그림 4.24참조)

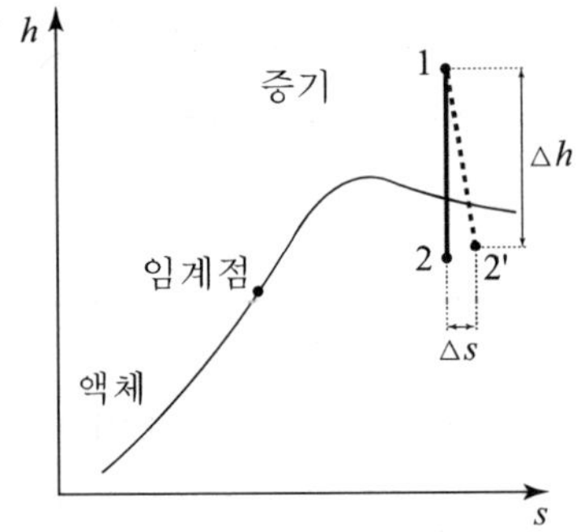

그림 4.24 $h-s$선도상의 비가역 과정

엔탈피 h는 정상유동과정에서 제1법칙의 특징적인 상태량이며, 엔트로피 s는 정량적으로 제2법칙을 표현하는 상태량이므로, $h-s$선도는 정상유동과정의 증기사이클, 예를 들면 랭킨사이클(Rankine cycle)등의 평가에 실용적이다. $h-s$선도에서는 $T-S$선도와 마찬가지로 가역단열변화를 수직선으로 표시할 수 있으며, 사이클에서 열 → 일로 변환되는 엔탈피량(낙차)를 종축에 대한 선분의 길이로서 표현할 수 있다.

4.6.5 밀폐계의 엔트로피 평형

질량 및 에너지보존의 식들은 각각 질량평형과 에너지평형으로서 나타낸 식들이다. 열역학 제2법칙, 즉 **엔트로피 평형**(entropy balance)을 이용하기 위한 또 하나의 유사한 수학적 표현이 필요하다. 엔트로피는 보존량이 아니며, 따라서 엔트로피 보존의 식은 존재하지 않는다. 이 사실을 자세히 검토해 보자.

엔트로피 평형의 식을 구하기 위해서 Clausius부등식인 식 (4.30)을 생각한다.

$$\oint \frac{\delta Q}{T} \leq 0 \tag{4.30}$$

그림 4.25의 비가역 사이클에 위의 식을 적용하기로 한다. 이 사이클은 상태1에서 시작하여 상태2까지 비가역과정을 따라 진행하여 상태2로부터 상태1까지 가역과정을 따라 원래상태로 되돌아와 한 사이클을 완료한다.

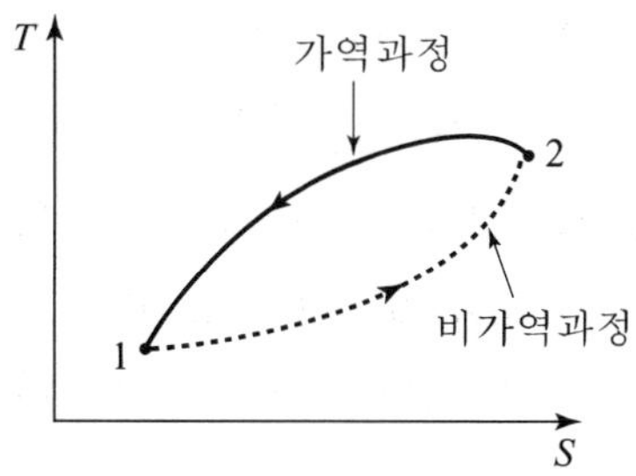

그림 4.25 비가역 사이클

이 사이클에 대한 Clausius부등식을 적용하면

$$\int_1^2 \frac{\delta Q}{T} + \left(\int_2^1 \frac{\delta Q}{T}\right)_R \le 0 \tag{4.59}$$

가역과정($2 \rightarrow 1$)에 대하여는 엔트로피의 항을 적분 값으로 나타낼 수 있으므로

$$\int_1^2 \frac{\delta Q}{T} + (S_1 - S_2) \le 0$$

$$\text{또는 } S_2 - S_1 \ge \int_1^2 \frac{\delta Q}{T} \tag{4.60}$$

이 식으로부터 부등호를 없애기 위해 **엔트로피 생성**(entropy generation)의 개념을 도입하여 다음과 같이 표시한다.

$$S_2 - S_1 = \int_1^2 \frac{\delta Q}{T} + S_{gen} \tag{4.61}$$

여기서 좌변 $S_2 - S_1$은 엔트로피 상태량이며, 우변 $\int_1^2 \frac{\delta Q}{T}$는 엔트로피 수송량으로서 비상태량(非狀態量)이다. 그리고 우변의 S_{gen}은 생성된 엔트로피이며, 4.6.1절에서 기술한 바와 같이 S_{gen}의 크기가 다음과 같이 과정이 가역인지, 비가역인지, 불가능한 것인지를 판단하게 한다.

비가역과정(실제과정) : $S_{gen} > 0$
가역과정 : $S_{gen} = 0$
불가능한 과정 : $S_{gen} < 0$

식 (4.61)을 이용하기 위해서 $S_{gen}=0$(가역과정)으로 가정하거나, 한 과정이 가능한지 불가능한지를 결정하기 위해 S_{gen}의 크기를 계산하게 된다.

만일 계(system)가 어디서나 온도일정의 상태가 아니라면 식 (4.61)의 적분을 계산하기 어렵게 될 수 있다. 예를 들면 그림 4.26에서 보는 바와 같이 한 밀폐계가 각각 온도가 다른 N개의 표면을 통해 주위와 열 교환을 한다고 생각하자.

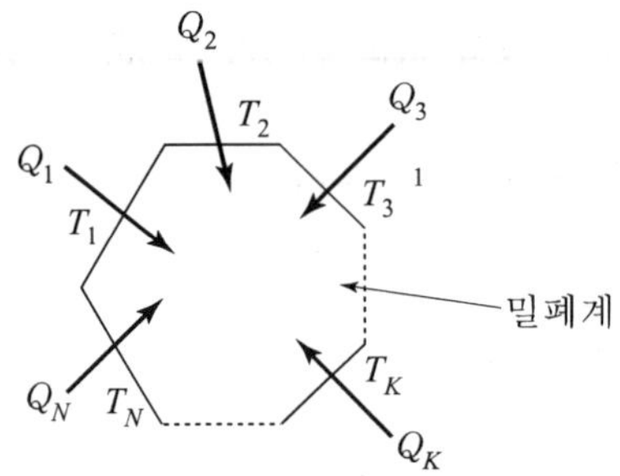

그림 4.26 비균일 온도의 밀폐계

이와 같은 계에 대해서는 식 (4.61)의 적분을 다음과 같이 합산 항으로 표시해야 한다.

$$S_2 - S_1 = \sum_{k=1}^{N} \frac{Q_k}{T_k} + S_{gen} \tag{4.62}$$

미분형태로 표시하면

$$dS = \sum_{k=1}^{N} \frac{\delta Q_k}{T_k} + \delta S_{gen} \tag{4.63}$$

각 항을 단위시간에 대한 항으로 표시하면 다음 식으로 나타낼 수 있다.

$$\frac{dS}{dt} = \sum_{k=1}^{N} \frac{\dot{Q}_k}{T_k} + \frac{\delta S_{gen}}{dt}$$

$$\text{또는}\quad \frac{dS}{dt} = \sum_{k=1}^{N} \frac{\dot{Q}_k}{T_k} + \dot{S}_{gen} \tag{4.64}$$

위 식의 좌변은 엔트로피의 시간변화율, 우변 제1항은 엔트로피 수송의 시간변화율, 우변 제2항은 엔트로피 생성의 시간변화율을 의미하며. 이 식을 **밀폐계의 엔트로피 평형식** (entropy balance equation)이라 한다.

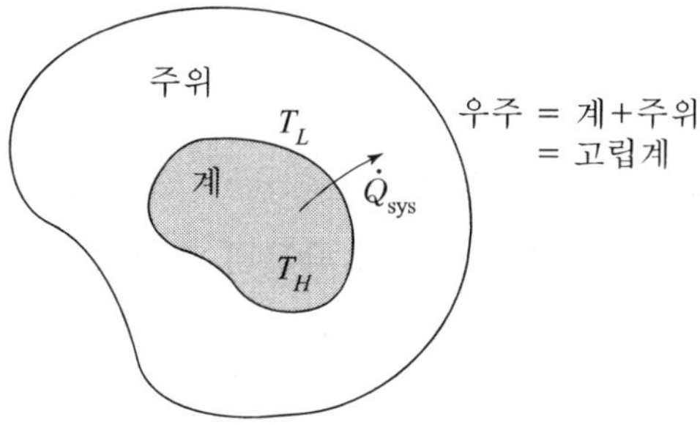

그림 4.27 주위와 열교환하는 균일온도 T_H의 밀폐계

식 (4.64)을 이용하여 고립계의 엔트로피는 항상 증가함을 증명할 수 있다. 이것을 증명하기 위해 그림 4.27과 같이 온도 T_L의 주위와, 그 주위와 열 교환을 하는 균일온도 T_H의 밀폐계를 생각하자. 여기서 고립계(universe)는 밀폐계와 주위를 모두 포함한 계를 의미한다. 균일온도 T_H인 밀폐계의 근처에서는 그 계와 균일온도 T_L의 주위($T_H > T_L$)사이에 $\dot{Q}_{sys}$의 열전달량이 존재하여 정(+)의 값으로 정의한다. 식 (4.64)를 밀폐계(system)에 적용하면

$$\frac{dS_{sys}}{dt} = -\frac{\dot{Q}_{sys}}{T_H} + \dot{S}_{gen,sys} \tag{4.65}$$

우변의 첫째항은 밀폐계로부터 열이 방출되므로 부(-)의 값으로 된다. 식 (4.64)을 주위(surrounding)에 적용하면

$$\frac{dS_{surr}}{dt} = \frac{\dot{Q}_{sys}}{T_L} + \dot{S}_{gen,surr} \tag{4.66}$$

이 식의 우변 첫 항은 주위로 열이 들어오므로 정(+)의 값으로 표시된 것이다.

고립계(universe)의 엔트로피변화는 밀폐계의 엔트로피 변화량과 주위의 엔트로피 변화량의 합이므로 식 (4.65)와 식(4.66)을 합산하면

$$\frac{dS_{universe}}{dt} = \frac{dS_{sys}}{dt} + \frac{dS_{surr}}{dt} = [-\frac{\dot{Q}_{sys}}{T_H} + \dot{S}_{gen,sys}] + [\frac{\dot{Q}_{sys}}{T_L} + \dot{S}_{gen,surr}]$$

$$\therefore \frac{dS_{universe}}{dt} = \dot{Q}_{sys}(\frac{1}{T_L} - \frac{1}{T_H}) + \dot{S}_{gen,sys} + \dot{S}_{gen,surr} \tag{4.67}$$

이 식의 우변의 모든 량(T_H, T_L, $\dot{Q}_{sys}$, $\dot{S}_{gen,sys}$, $\dot{S}_{gen,surr}$)은 정(+)의 값이고, 또 $T_H > T_L$이므로

$$\frac{dS_{universe}}{dt} > 0 \tag{4.68}$$

따라서 고립계의 엔트로피에 대한 시간변화율은 항상 정(+)의 값이며, 즉 고립계의 엔트로피는 항상 증가한다. 이것을 **엔트로피 증대의 원리**(the principle of entropy increase)라 한다.

밀폐계의 엔트로피는 에너지의 증가 혹은 감소에 따라 증가 혹은 감소할 수 있다. 식 (4.65)에서 만일 $\dot{S}_{gen,sys} > \dot{Q}_{sys}/T_H$ 라면 엔트로피가 증가하며, $\dot{S}_{gen,sys} < \dot{Q}_{sys}/T_H$ 라면 엔트로피가 감소하는 것이 된다.

모든 실제 과정에서 엔트로피는 생성되므로, 에너지와 질량은 보존되지만 엔트로피는 보존되지 않는다. 따라서 식 (4.64)는 엔트로피 보존의 식이 아니라 **엔트로피 평형식**(entropy balance equation)이라 한다.

4.6.6 개방계의 엔트로피 평형

지금까지 엔트로피의 평형 또는 제2법칙을 고려한 계는. 주위와 에너지만을 주고받는 계이었다. 그러나 실제의 장치에서는 거의 물질의 출입이 존재하는 개방계(특히 가스터빈 등의 정상류계)이다. 따라서 열역학 제2법칙을 실제로 이용하기 위해서는 에너지뿐 아니라 물질이 출입하는 개방계에 적용할 수 있는 엔트로피 평형식이 필요하다.

그림 4.28은 주위와 열 및 물질을 주고받는 개방계의 모델을 나타낸다. 열 및 물질이 여러 개의 포트로 출입하고 있다고 생각하면, 시간변화량을 고려한 **개방계의 엔트로피 평형식**은 다음과 같이 된다.

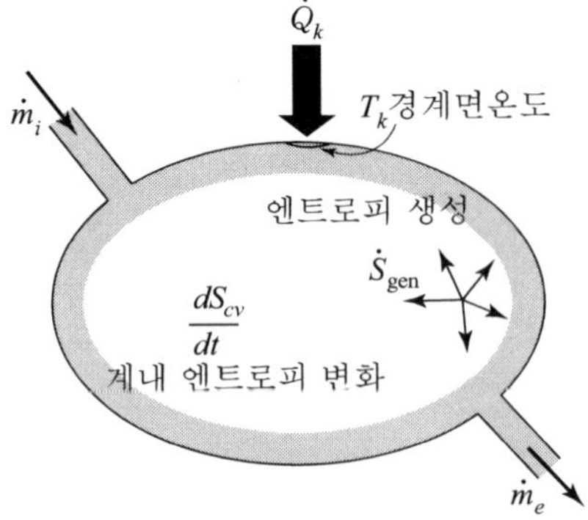

그림 4.28 개방계의 엔트로피 평형

$$\frac{dS_{CV}}{dt} = \sum_{k=1}^{N} \frac{\dot{Q}_k}{T_k} + \sum_{in} \dot{m}_i s_i - \sum_{out} \dot{m}_e s_e + \dot{S}_{gen} \tag{4.69}$$

이 식의 좌변은 계 내 엔트로피의 시간변화율, 우변 제1항은 열의 출입에 의한 엔트로피 수송의 시간변화율, 2항과 3항은 질량유량 $\dot{m}$의 물질의 출입에 의한 정미 엔트로피 배출 시간비율, 4항은 엔트로피 생성 시간변화율(단위시간당 엔트로피 생성량)이다.

식 (4.69)는 여러 가지 계에 적용할 수 있는 열역학 제2법칙(엔트로피-평형식)을 나타내고 있다. 예를 들면 물질의 출입이 없고(우변 2, 3항이 0) 동시에 열의 출입이 1포트인 경우에는 식 (4.69)를 시간 적분하여 식 (4.61)을 얻을 수 있다.

예제 4.11 그림(예제 4.11)와 같이 피스톤-실린더장치 내에 물이 포화액인 100℃의 상태로부터 포화증기 상태로 변화하는 과정에서 피스톤이 자유롭게 상향으로 움직이고 있다. 이 과정에서 주위로의 열전달은 없으며, 만일 이 상태변화가 회전날개의 회전에 의해 일어나는 경우, (1)단위 질량당 일량, (2)단위 질량당 엔트로피 생성량을 각각 구하라.

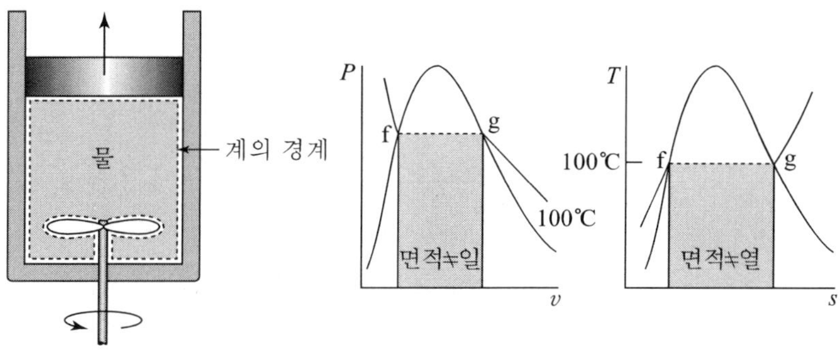

그림 (예제 4.11)

해 (1) 에너지 식은 $\Delta U + \Delta KE + \Delta PE = Q - W$ 로부터 운동에너지, 위치에너지, 열량의 변화량은 없으므로 부록 8을 이용하여

$$\frac{W}{m} = -(u'' - u') = -(2506.5 - 418.96) = -2087.54\text{kJ/kg}$$

(2) 식 (4.61)로부터

$$S_2 - S_1 = \int_1^2 \frac{\delta Q}{T} + S_{gen} \quad (\text{우변 1항은 소거})$$

$$\therefore S_{gen}/m = s'' - s' = s_g - s_f = 7.3554 - 1.3069 = 6.0485\text{kJ/kgK} \ (\text{부록 8이용})$$

예제 4.12 그림(예제 4.12)와 같이 수증기가 25bar, 450℃의 상태로 속도 150m/s로 터빈에 유입하여 100℃의 포화증기로서 85m/s로 유출한다. 정상상태에서 터빈은 500kJ/kg의 일을 한다. 터빈과 주위 사이에 열전달은 평균 외측 표면온도 350K에서 발생한다. 수증기 단위 질량당 엔트로피 생성율을 구하라. 위치에너지는 무시한다.

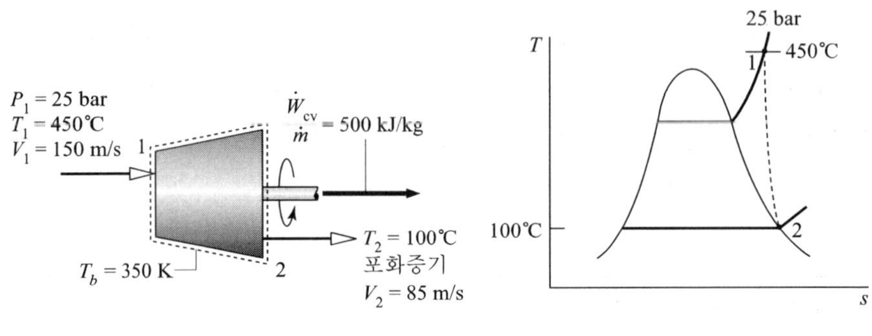

그림 (예제 4.12)

해 식 (4.69)로부터 $(\dot{m}_1=\dot{m}_2=\dot{m})$

$$0=\frac{\dot{Q}}{T_b}+\dot{m}(s_1-s_2)+\dot{S}_{gen}$$

$$\therefore\ \frac{\dot{S}_{gen}}{\dot{m}}=-\frac{\dot{Q}/\dot{m}}{T_b}+(s_2-s_1) \qquad (1)$$

에너지 식으로부터 $\dfrac{\dot{Q}}{\dot{m}}=\dfrac{\dot{W}}{\dot{m}}+(h_2-h_1)+\dfrac{V_2^{\,2}-V_1^{\,2}}{2}$

$$=500+(2676.0-3350.8)+\frac{85^2-150^2}{2000}=-182.44\text{kJ/kg}$$

$$\therefore\ \frac{\dot{S}_{gen}}{\dot{m}}=-\frac{-182.44}{350}+(7.3554-7.1746)=0.7021\text{kJ/kgK}$$

여기서 부록 8로부터 $h_2=h''=2676.0\text{kJ/kg}$, $s_2=s''=7.3554\text{kJ/kgK}$,
부록 10으로부터 25bar(=2.5MPa), 450℃의 $h_1=3350.8\text{kJ/kg}$,
$s_1=7.1746\text{kJ/kgK}$임.

4.6.8 내부가역과정, 정상류계에서 열전달과 일량

이 절에서는 정상상태인 제어체적에서 한 개의 입구와 한 개의 출구를 갖는 경우로서 내부 비가역성이 없는 내부가역과정의 열전달과 일량에 대한 식을 구한다.

(1) 열전달

엔트로피의 평형식인 식 (4.69)에서 제어체적이 정상상태이므로 $dS_{CV}/dt = 0$, $\dot{m}_i = \dot{m}_e = \dot{m}$, 계가 등온이며 내부적으로 가역성이므로 $\dot{S}_{gen} = 0$이다. 따라서 다음과 같이 정리할 수 있다.

$$0 = \frac{\dot{Q}_{CV}}{T} + \dot{m}(s_1 - s_2) \tag{4.70}$$

여기서 첨자 1, 2는 각각 입구와 출구를 나타내며 $\dot{m}$은 질량유량이다. 이 식을 다시 쓰면 제어체적을 통해 흐르는 단위질량당 열전달량은

$$\frac{\dot{Q}_{CV}}{\dot{m}} = T(s_2 - s_1) \tag{4.71}$$

적분기호를 사용하여 위식을 다시 쓰면 다음과 같이 표시된다.

$$\left(\frac{\dot{Q}_{CV}}{\dot{m}}\right)_{int,rev} = \int_1^2 Tds \tag{4.72}$$

첨자 "int,rev"는 제어체적 내에 내부 가역성(internal reversibilities)인 경우에 적용한다는 것을 의미한다. 식 (4.72)의 적분은 입구로부터 출구까지 행하며, 그림 4.29의 $T-s$선도상에서 단위질량당 열전달량은 1~2곡선 하부의 면적으로 나타낼 수 있다.

(2) 일

제어체적을 통과하여 흐르는 단위질량당 일은 에너지 평형으로부터 얻을 수 있다. 정상 유동계의 에너지 식은 3장의 식 (3.80)으로 표시하였다.

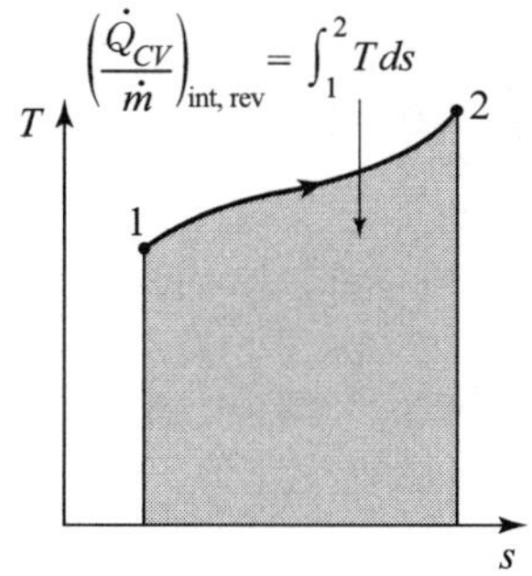

그림 4.29 $T-s$선도의 면적

$$\dot{Q}_{12} - \dot{W}_{12} = \dot{m}[(h_2 + \frac{V_2^{\ 2}}{2} + gz_2) - (h_1 + \frac{V_1^{\ 2}}{2} + gz_1)] \tag{3.80}$$

이 식에서 $\dot{Q}_{12}$를 $\dot{Q}_{CV}$로, $\dot{W}_{12}$를 $\dot{W}_{CV}$로 표현하면 다음과 같다.

$$\frac{\dot{W}_{CV}}{\dot{m}} = \frac{\dot{Q}_{CV}}{\dot{m}} + (h_1 - h_2) + (\frac{V_1^{\ 2} - V_2^{\ 2}}{2}) + g(z_1 - z_2) \tag{4.73}$$

이 식은 제어체적 내에 비가역성의 존재 여부에 관계없이 적용되는 **에너지 보존의 원리**를 나타낸다. 그러나 만일 내부가역인 경우로 제한하면 식 (4.72)를 도입하여 다음의 식을 얻는다.

$$(\frac{\dot{W}_{CV}}{\dot{m}})_{int,rev} = \int_1^2 Tds + (h_1 - h_2) + (\frac{V_1^{\ 2} - V_2^{\ 2}}{2}) + g(z_1 - z_2) \tag{4.74}$$

여기서 첨자 "int,rev"는 전술한 바와 같이 내부 가역임을 의미한다. 내부 비가역성이 없으므로 입구로부터 출구까지 단위질량이 연속적으로 평형상태를 유지하며 수송된다. 그러므로 엔트로피, 엔탈피와 압력변화는 식 (3.13)의 열역학 제1법칙 식을 미분하면

$$du = \delta q - pdv = Tds - pdv \tag{4.75}$$

$h = u + pv$ 를 미분하면 $dh = du + pdv + vdp$ 가 되어 식 (4.75)에 대입하면 다음 식을 얻는다.

$$Tds = dh - vdp \tag{4.76}$$

위 식을 적분하면

$$\int_1^2 Tds = (h_2 - h_1) - \int_1^2 vdp \tag{4.77}$$

식 (4.77)을 식 (4.74)에 대입하면 다음 식이 얻어진다.

$$(\frac{\dot{W}_{CV}}{\dot{m}})_{int,rev} = -\int_1^2 vdp + (\frac{V_1^{\ 2} - V_2^{\ 2}}{2}) + g(z_1 - z_2) \tag{4.78}$$

위 식의 우변 제1항은 그림 4.30에 나타낸 바와 같이 입구에서 출구까지 단위질량이 가역적으로 과정을 수행하는 경우를 $p-v$선도 상에 표시하였으며 $\int_1^2 vdp$의 값은 곡선의 좌측면적으로 나타난다.

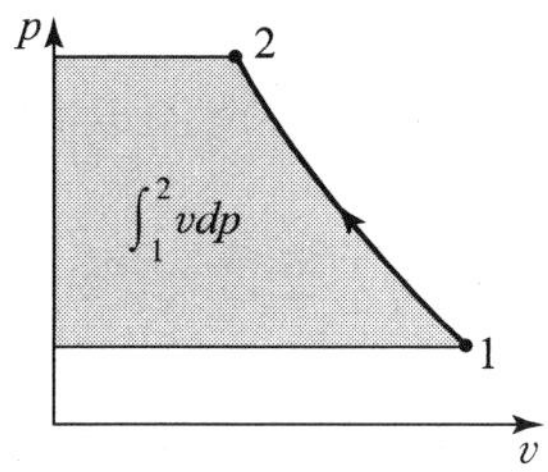

그림 4.30 $p-v$ 선도의 면적

식 (4.78)은 터빈, 압축기, 펌프와 같은 장치에 적용할 수 있으며, 이러한 경우에 입구에서 출구까지 운동에너지 및 위치에너지의 변화는 그다지 크지 않으므로 그 항들을 무시하면 다음 식과 같이 간단해진다.

$$\left(\frac{\dot{W}_{CV}}{\dot{m}}\right)_{int,rev} = -\int_1^2 vdp \tag{4.79}$$

식 (4.79)은 식 (3.34)에서 나타낸 단위질량당 유동일(공업일) w_f와 동일한 의미를 갖는다. 액체와 같이 비체적이 거의 일정한 경우에는 다음과 같은 식으로 표시된다.

$$\left(\frac{\dot{W}_{CV}}{\dot{m}}\right)_{int,rev} = -v(p_2-p_1) \tag{4.80}$$

예제 4.13

정상상태로 작동하는 공기압축기가 그림(예제 4.13)과 같이 $p_1=1\text{bar}$, $T_1=20℃$로 유입하여 $p_2=8\text{bar}$로 유출한다. 만일 이 과정에서 공기가 폴리트로프 압축(n=1.3)을 한다면 이 장치를 통과하는 단위질량의 공기가 한 일량과 열전달량을 구하라. 단, 입출구 사이의 운동 및 위치에너지는 무시한다.

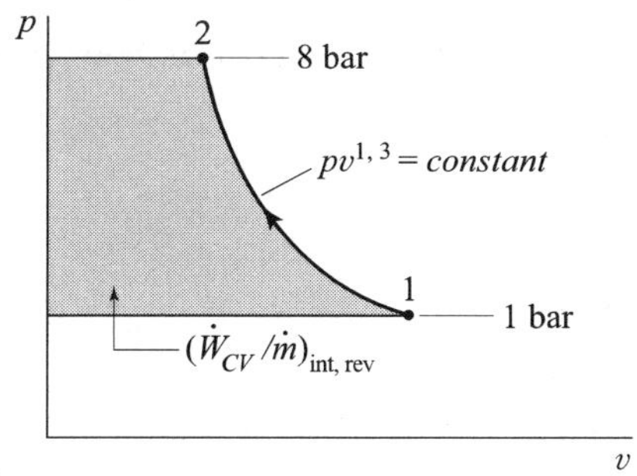

그림 (예제 4.13)

해 $T_2 = T_1(\frac{p_2}{p_1})^{(n-1)/n} = 293.15(\frac{8}{1})^{0.3/1.3} = 473.7\text{K}$

$$\frac{\dot{W}_{cv}}{\dot{m}} = -\int_1^2 vdp = -C^{1/n}\int_1^2 \frac{dp}{p^{1/n}} = -\frac{n}{n-1}(p_2v_2 - p_1v_1)$$

$$= -\frac{n}{n-1}R(T_2 - T_1) = -\frac{1.3}{1.3-1}\times 0.287(473.7 - 293.15) = -224.544\text{kJ/kg}$$

에너지 식

$$\frac{\dot{Q}_{cv}}{\dot{m}} = \frac{\dot{W}_{cv}}{\dot{m}} + h_2 - h_1 = -224.544 + (476.03 - 293.17) = -41.7\text{kJ/kg}$$

여기서 h_1, h_2의 값은 부록 7의 값을 사용하였다.

4.7 엑서지

오늘날 석유, 천연가스 등의 재생이 불가능한 에너지 자원을 대량으로 소비하고 있어서 에너지 고갈문제와 그에 따른 에너지 절약문제가 대두되고 있다. 그의 일환으로 공학적 측면에서도 **엑서지**(exergy, **유효에너지**)의 해석과 에너지 개발 및 변환의 신기술이 요구되고 있다. 예로서 터빈이나 열펌프 등의 에너지 변환시스템에 있어서 에너지가 쓸모없이 버려지는 부분을 정량적으로 명백히 하여 시스템의 개선이나 새로운 시스템의 개발이 필요한 실정이다.

열역학 제1법칙은 에너지 보존의 법칙으로서 에너지의 량을 다루고 있으므로 에너지의 유효이용과는 거리가 있다. 그러나 열역학 제2법칙은 에너지의 질을 취급하여 에너지의 무효화, 즉 비가역성에 의한 엔트로피의 생성 등을 다룸으로써 유효에너지의 향상에 대한 방향을 제시한다고 할 수 있다. 여기서 **비가역성**이란 비가역적 요소에 의해 잃게 되는 잠재 일을 의미한다.

4.7.1 제2법칙과 엑서지

열역학 제2법칙은 4.4.3절에서 최고의 열효율을 갖는 이상적인 열기관 사이클인 Carnot 사이클의 경우에도 열을 저열원에 버릴 필요가 있으므로 열기관에 주어진 열량 Q_H와 Carnot**열효율**을 곱한 량만큼만 일로 변환시킬 수 있으며, 그 나머지의 열량은 저열원에

버려진다. 여기서 얻을 수 있는 **최대일**을 $W_{\max}$이라 하면

$$W_{\max} = Q_H \cdot \eta_{Carnot} = Q_H(1 - \frac{T_L}{T_H}) \tag{4.81}$$

Carnot열효율은 열기관 내에서 모든 과정이 가역과정인 경우이다. 그러나 실제의 기관에서는 손실이 동반되므로 실제기관에서 얻는 일인 실제일 W는 $W_{\max}$(Carnot기관에서 얻을 수 있는 일)보다 작아져 그 차가 결국 에너지 손실 W_{lost}가 된다.

$$W_{lost} = W_{\max} - W > 0 \tag{4.82}$$

연소가스의 최고온도와 최저온도 사이에서 작동하는 Carnot열효율은 약 55~65%이며, 실제 자동차 엔진의 열효율은 20~35%에 불과하다. 따라서 에너지 손실은 20~45%정도가 되며, 이 량이 비가역적 요소에 의해 잃어버리는 잠재일로서 이 에너지도 유용하게 공학적으로 이용할 수 있게 하는 개념으로 엑서지를 도입하게 되었다.

주위와 열역학적 평형(열적, 역학적, 화학적 평형)이 아닌 비평형 계는 대기(압력 p_o, 온도 T_o)와 접촉시켜 자연적으로 방치시키면 외부에 아무 일도 하지 않고 평형상태로 되돌아간다. 그러나 그곳에 어떤 장치를 설치하면 이들 계는 얼마만큼의 일을 발생시킬 가능성을 갖고 있다.

엑서지(exergy)**는 주위와 비평형상태에 있는 계가 주위와 접촉하여 평형상태가 될 때까지 발생 가능한 최대일**(maximum work)**을 의미한다.** 이 엑서지와 같은 내용을 표현하는 용어로서 **유효에너지**(available energy, availability)가 자주 이용되며, 전 에너지로부터 엑서지를 뺀, 즉 이용 불가능한 에너지를 **무효에너지**(anergy)라고 한다.

또 운동에너지, 위치에너지, 전기에너지 등은 모두 엑서지이다. 즉 이들이 가진 모든 것이 일로 변환될 수 있으므로 운동에너지와 위치에너지의 엑서지는 그 자체 값이 된다. 그러나 계의 내부에너지 U와 엔탈피 H는 모두 일이 되지는 않는다. 후술하듯이 내부에너지의 일부인 $U - T_oS$와 엔탈피의 일부인 $H - T_oS$만이 일로서 유효하다.

4.7.2 가역일과 비가역성, 체적변화에 의한 엑서지

엑서지의 해석은 시스템의 에너지가 갖는 유용한 잠재 일을 결정하는 데 이용된다. 또한 에너지의 질(quality)을 결정하거나 다른 에너지원 사이의 잠재 일을 비교하는 데도 이용된다. **엑서지의 해석에서는 최종상태가 항상 주위상태(p_o, T_o)와 동일한 상태가 되어야**

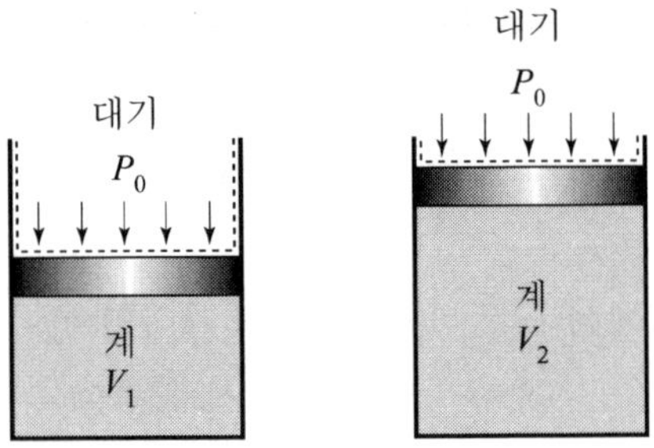

그림 4.31 가스의 팽창

하지만 실제의 시스템에서는 그렇지 못한 경우가 대부분이다.

그림 4.31과 같이 피스톤-실린더 장치의 가스가 팽창할 때 가스가 하는 일의 일부는 대기를 미는 데 이용되어 유용하게 공업적 일로 이용할 수 없으며, 그 일을 **주위일** (surrounding work)이라 하고, 잃는 일로서 다음과 같이 표시된다.

$$W_{surr} = p_o(V_2 - V_1) = mp_o(v_2 - v_1) \tag{4.83}$$

그런데 이 장치에서 외부에 하는 일은 가역과정인 경우, 다음과 같이 표시할 수 있다.

$$\delta W = pdV \tag{4.84}$$

$$\text{또는} \quad W_{12} = \int_1^2 pdV \tag{4.85}$$

이 경우, W_{12}는 외부(진공)에 대한 **절대일**이며, 그것에 대하여 그림 4.32와 같이 압력 p_1(상태1)으로부터 대기압 p_o(상태2)까지 가역적으로 팽창시킬 때 외부에 하는 **유용한 일** (useful work)은 다음과 같이 된다.

$$\begin{aligned}(W_{12})_u &= \int_1^2 pdV - W_{surr} = \int_1^2 pdV - p_o(V_2 - V_1) \\ &= \int_1^2 (p - p_o)dV = E_V \end{aligned} \tag{4.86}$$

미분형으로 나타내면

$$dE_V = \delta W_u = \delta W - p_o dV = (p - p_o)dV \tag{4.87}$$

가 되며, 이 유용한 일의 최대 값이 체적변화에 의한 엑서지 E_V에 해당된다. 식 (4.87)은 절대일인 식(4.85)으로부터 주위일 $p_o(V_2 - V_1)$의 항을 뺀 값이며 $p_o(V_2 - V_1)$의 항은 피스톤이 내외의 압력차가 없이 대기를 배제시킬 뿐 유효한 일로 이용되지 못하므로 유용한 일인 최대일에 포함될 수 없다.

그림 4.32에 그 관계를 도식적으로 나타내었으며, 계의 압력이 대기압보다 낮은 경우도 같은 방법으로 취급할 필요가 있다.

가역일(reversible work)은 주어진 초기상태와 최종상태 사이의 과정에서 계가 얻을 수 있는 최대 유동일과 같은 의미이며, 그 과정이 완전히 가역적일 때 얻을 수 있다. **만일 과정의 최종상태가 주위와 동일하다면 가역일은 엑서지가 된다.**

가역일 W_{rev}와 유용한 일 W_u의 차이는 과정의 비가역성 때문이다. 이 차를 **비가역성**(irreversibility, I) 또는 **엑서지 손실**이라 부르며, 다음과 같이 나타낸다.

$$I = W_{rev} - W_u \tag{4.88}$$

또는 $i = w_{rev} - w_u$

가역과정인 경우에는 실제일과 가역일이 동일하고 비가역성은 0이 되며 엔트로피 생성도 0이 된다.($S_{gen} = 0$)

사이클에서 발생하는 일을 계산하는 경우에는 절대일을 이용하지만, 사이클에서는 원래의 상태로 되돌아가는 과정이 있으며 $p_o(V_2 - V_1)$의 항은 항상 삭제되므로 진공에 대해하는 일에 대해서는 문제시 되지 않는다. 이에 반하여 엑서지의 경우에는 반드시 사이클을 전제하지 않는 1회의 과정을 대상으로 하기 때문에 대기압과의 역학적 비평형(압력차)를 이용하는 계의 엑서지는 식 (4.86) 및 식 (4.87)로 표시되어 주위 압력 p_o의 영향을 받는다.

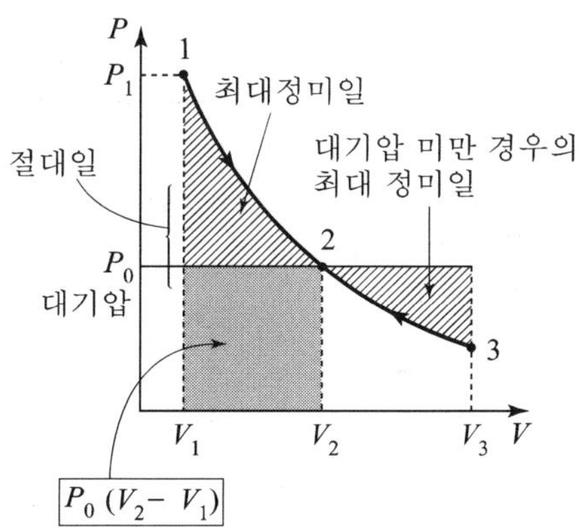

그림 4.32 체적변화에 의한 엑서지

4.7.3 열의 엑서지

제2법칙에서 우리는 주위와 동일한 온도의 물체가 갖는 내부에너지를 이용하여 외부에 일을 할 수 없음을 알고 있다. 따라서 내부에너지로부터 일을 얻기 위해서는 물체의 온도(T_H)가 주위온도(T_o)보다 높아야 한다. 이 경우 엑서지는 이미 식 (4.81)에서 나타낸 바와 같이 Carnot사이클에 의해 얻을 수 있는 일이 된다.

여기서는 제1법칙과 제2법칙을 사용한 일반적인 방법으로 엑서지를 구해보자.

그림 4.33의 (a)도와 같이 온도 T_H의 고온열원과 주위온도 T_o를 저온열원으로 한 가역 열기관을 생각하자.

고열원으로부터 얻는 열량 Q_H, 저열원으로 버리는 열량 Q_o라 하면 그 열기관으로부터 얻는 일량은 다음과 같다.

$$W = Q_H - Q_o \tag{4.89}$$

또 밀폐계의 제2법칙 식 (4.61)

$$S_2 - S_1 = \int_1^2 \frac{\delta Q}{T} + S_{gen} \tag{4.90}$$

을 이 계에 적용하면, 한 사이클에서 엔트로피는 원래의 값으로 돌아가므로

$$S_2 - S_1 = 0, \text{ 사이클} \tag{4.91}$$

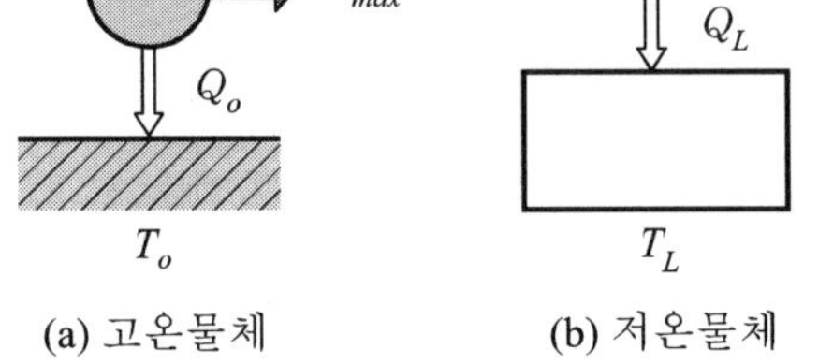

그림 4.33 열의 엑서지

가 된다. 또 열의 유입에 따르는 엔트로피 수송량은 열량의 부호를 고려하면 다음과 같이 된다.

$$\int_1^2 \frac{\delta Q}{T} = \frac{Q_H}{T_H} - \frac{Q_o}{T_o} \qquad (4.92)$$

식 (4.91) 및 식 (4.92)을 식 (4.90)에 대입하면

$$S_{gen} = \frac{Q_o}{T_o} - \frac{Q_H}{T_H} \geq 0 \qquad (4.93)$$

가 된다. 식 (4.93)을 식 (4.89)에 대입하여 Q_o를 소거하면 다음 식이 얻어진다.

$$W = Q_H\left(1 - \frac{T_o}{T_H}\right) - T_o S_{gen} \text{ 또는 } W \leq Q_H\left(1 - \frac{T_o}{T_H}\right) \qquad (4.94)$$

엑서지는 열기관 내부가 모두 가역과정일 때 얻을 수 있는 최대일이므로 식 (4.94)의 왼쪽 식에서 비가역과정에 의한 엔트로피 생성 $S_{gen} = 0$(또는 오른쪽 식의 부등호를 등호로)으로 하면 **열의 엑서지** E_Q는 다음 식으로 나타낼 수 있다.

$$E_Q = W_{\max} = Q_H\left(1 - \frac{T_o}{T_H}\right) \qquad (4.95)$$

즉, **열의 엑서지는 열량에 Carnot효율을 곱한 것**이라는 것을 증명한 것이다. 따라서 열의 엑서지는 주위온도 T_o의 영향을 받는다.

예제 4.14 3000kW의 열을 가하여 1100K의 온도가 되는 큰 로에서 열전달로 인한 엑서지량을 구하라. 주위온도는 25℃이다.

해 $\eta_{th,\max} = \eta_{th,rev} = 1 - \frac{T_L}{T_H} = 1 - \frac{T_o}{T_H} = 1 - \frac{298}{1100} = 0.729$

$\dot{E}_Q = \dot{W}_{\max} = \eta_{th,rev} \cdot \dot{Q}_{in} = 0.729 \times 3000 = 2187\text{kW}$

예제 4.15 그림(예제 4.15)와 같이 1000K의 고열원으로부터 열기관이 450kJ/s의 열을 받아 150kW의 일을 하고 300K의 저열원에 나머지 열을 버린다. 가역동력(reversible power)과 비가역성(irreversibility)을 구하라.

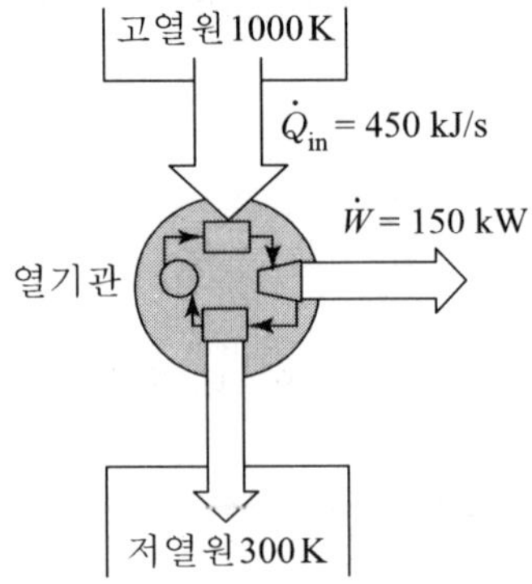

그림 (예제 4.15)

해 식(4.81)로부터

$$\dot{W}_{rev} = \eta_{th,rev} \cdot \dot{Q}_{in} = (1 - \frac{T_L}{T_H})\dot{Q}_{in} = (1 - \frac{300}{1000}) \times 450 = 315\text{kW}$$

식(4.88)로부터 $\dot{I} = \dot{W}_{rev,out} - \dot{W}_{u,out} = 315 - 150 = 165\text{kW}$

4.7.4 엑서지 효율(제2법칙 효율)

엑서지라는 개념을 도입하면 지금까지 사용해 온 열효율의 정의와 다른 개념의 효율을 생각하게 되는데, 그것은 열효율의 최대값 $\eta_{\max}$이라는 개념으로서 고열원으로부터 얻는 열에너지에 대한 열의 엑서지의 비이다. 즉

$$\eta_{\max} = \frac{E_Q}{Q_H} = (1 - \frac{T_o}{T_H}) = \eta_{Carnot} \tag{4.96}$$

결국, 열효율은 최대일을 발생하는 경우에도 상한은 **Carnot효율**(η_{Carnot})이며 1보다 작다. 종래부터 사용해 온 열효율을 **제1법칙 효율**(first law efficiency) η_I ($\eta_I = \frac{W}{Q_H}$, $W = Q_H - Q_o$) 이라 하며 , $0 < \eta_I < \eta_{Carnot}$의 관계에 있다.

이에 대하여 **제2법칙 효율 또는 엑서지 효율은 최대가능일(가역일)에 대한 유용한 일의 비**로서 나음과 같다.

$$\eta_{II} = \frac{W_u}{W_{rev}} = \frac{W}{E} \tag{4.97}$$

엑서지 효율을 이용하면 열기관의 경우 최고효율은 1이 되며, 제1법칙 효율과는 다음의 관계가 성립한다.

$$\eta_I = \eta_{II} \cdot \eta_{Carnot} \tag{4.98}$$

그림 4.34는 두 효율의 관계를 도식적으로 나타낸 것이다.

냉동기 혹은 열펌프의 사이클 기기에 대한 엑서지 효율은 성능계수로 다음과 같이 정의할 수 있다.

$$\eta_{II} = \frac{COP}{COP_{rev}} \tag{4.99}$$

엑서지 효율은 다음과 같이 정의되기도 한다.

$$\eta_{II} = \frac{\text{회복된 엑서지}}{\text{공급된 엑서지}} = 1 - \frac{\text{소멸된 엑서지(비가역성)}}{\text{공급된 엑서지}} \tag{4.100}$$

따라서 엑서지 효율을 구할 때 얼마나 많은 엑서지 또는 잠재일이 과정 중 소비되었는가를 결정해야 한다. 가역과정에서는 비가역성이 0이므로 공급된 엑서지는 모두 회수할 수 있다. 공급 엑서지 중 아무것도 회수하지 못하면 엑서지 효율은 0이다. 엑서지는 열, 일, 운동에너지, 위치에너지, 내부에너지, 엔탈피 등 여러 가지 형태로 공급 또는 회수할 수 있다. 어떻든 회복 엑서지와 소멸 엑서지(비가역성)를 합하면 공급 엑서지가 된다. 열기관의 경우, 공급 엑서지는 엔진에 전달되는 열의 엑서지의 감소, 즉 공급열의 엑서지와 폐열의 엑서지의 차가 되며, 출력일이 회복 엑서지이다.

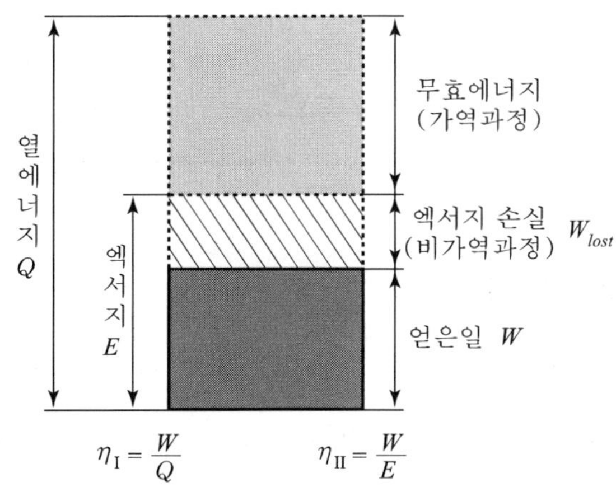

그림 4.34 제1법칙 효율과 제2법칙 효율의 관계

냉동기, 열펌프의 경우, 사이클 기기에서의 일은 전량 유효하므로 공급 엑서지는 입력일이 되며, 회복 엑서지는 열펌프의 경우 고열원에 전달되는 에너지, 냉동기의 경우는 저열원으로부터 전달되는 에너지이다.

비혼합 열교환기에서는 일반적으로 공급 엑서지는 고온유체의 에너지 감소량, 회복 엑서지는 저온유체의 에너지 증가량에 상당한다.

예제 4.16 가스 스토브에 의해 실내를 난방하는 경우, 엑서지 효율을 구하라. 단, 열원의 화염온도 $T_H = 2000\text{K}$, 이용온도 $T_u = 310\text{K}$, 주위온도 $T_o = 298\text{K}$이다. 또 열손실은 없는 것으로 한다.

해 열의 엑서지는 식 (4.95)로부터 $E_{Qs} = Q_H(1 - \frac{T_o}{T_H})$

이용계의 엑서지는 $E_{Qu} = Q_u(1 - \frac{T_o}{T_u})$

열손실이 없으므로 $Q_H = Q_u$

식 (4.97)로부터 $\eta_{\text{II}} = \frac{W_u}{W_{rev}} = \frac{1 - T_o/T_u}{1 - T_o/T_H} = \frac{1 - 298/310}{1 - 298/2000} = 0.0455 = 4.55\%$

예제 4.17 실내난방을 위한 전기히터가 효율 100%이며, 실내온도 21℃, 외기온도 10℃인 경우, 전기히터의 엑서지 효율을 구하라.

해 $COP = \frac{Q_H}{Q_H - Q_L} = 1$ ($\because$ 효율 100%이므로 $Q_L = 0$임)

$COP_{rev} = \frac{T_H}{T_H - T_L} = \frac{294}{294 - 283} = 26.7$

$\therefore$ 식 (4.99)로부터 엑서지 효율 $\eta_{\text{II}} = \frac{COP}{COP_{rev}} = \frac{1}{26.7} = 0.037 = 3.7\%$

4.7.5 밀폐계의 엑서지 해석

그림 4.35에 표시한 바와 같은 밀폐계의 엑서지를 생각하자. 계는 주위에 대하여 정지하고 있다고 한다. 초기상태 1에서의 상태량은 p_1, T_1, V_1, U_1, S_1이며, 최종 평형상태 2에서의 상태량은 p_o, T_o, V_2, U_2, S_2가 되는 과정을 생각한다.

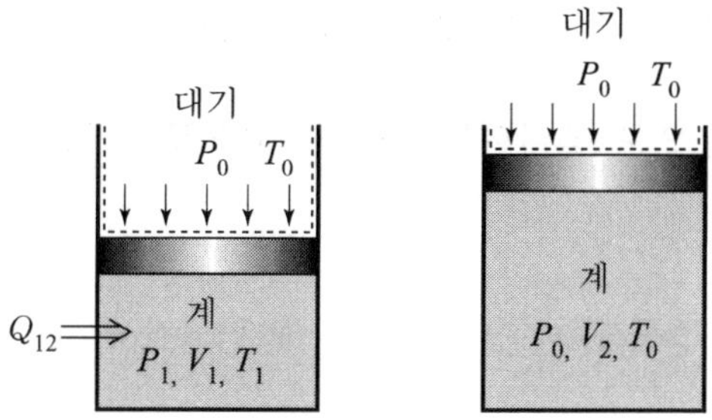

그림 4.35 밀폐계

이 계에 대한 제1법칙은 다음과 같다.(식 4.87을 이용)

$$\delta Q = dU + \delta W = dU + \delta W_u + p_o dV \tag{4.101}$$

또 제2법칙은 열의 출입이 주위온도 T_o의 등온하에서 행해진다고 생각하므로

$$dS_{gen} = dS - \frac{\delta Q}{T_o} \geq 0 \tag{4.102}$$

가 된다. 식 (4.101)에 식 (4.102)을 대입하여 δQ를 소거시키면 다음 식이 얻어진다.

$$\delta W_u = -dU + T_o dS - p_o dV - T_o dS_{gen} \tag{4.103}$$

$$\text{또는} \quad \delta W_u \leq -dU + T_o dS - p_o dV \tag{4.104}$$

엑서지는 가역과정의 경우에 얻을 수 있는 유용한 일의 최대치이므로 식 (4.103)의 엔트로피 생성 dS_{gen}을 0으로 하든지, 식 (4.104)를 등호로 하면 밀폐계의 엑서지 dE_{closed}가 다음 식으로 표시된다.

$$dE_{closed} = -dU + T_o dS - p_o dV \tag{4.105}$$

이것은 밀폐계의 체적팽창에 의한 일이며, E_V(체적변화에 의한 엑서지, 식 4.86)과 구별하기 위해 E_{closed}로 표시하였다.

식 (4.105)를 1-2상태 사이에서 적분하면

$$E_{closed} = (U_1 - U_2) - T_o(S_1 - S_2) + p_o(V_1 - V_2) \tag{4.106}$$

이 식은 **밀폐계의 엑서지**를 나타낸다.

식 (4.106)에서 상태2를 주위(첨자 O로 표시)와 평형이 되었을 때의 상태량(2 → 0으로 치환)이라고 생각하여 통일시켜 표시하면 다음과 같이 된다.

$$E_{closed} = (U_1 - U_o) - T_o(S_1 - S_o) + p_o(V_1 - V_o) \tag{4.107}$$

엑서지는 시량성 상태량으로 생각해도 문제가 없으므로 위 식을 단위질량에 대하여 나타내면

$$e_{closed} = (u_1 - u_o) - T_o(s_1 - s_o) + p_o(v_1 - v_o) \tag{4.108a}$$

$$\text{또는 } de_{closed} = - du + T_o ds - p_o dv \tag{4.108b}$$

이며 **비엑서지**(specific exergy)라 한다.

엑서지의 변화량, 즉 유효에너지의 변화량은 식 (4.107)로부터 다음과 같이 표시된다.

$$\Delta E_{closed} = E_{2\ closed} - E_{1\ closwd} = (U_2 - U_1) - T_o(S_2 - S_1) + p_o(V_2 - V_1)$$
$$= (H_2 - H_1) - T_o(S_2 - S_1) \tag{4.109}$$

밀폐계의 **비가역성**은 다음 식으로 표시된다.

$$I = W_{rev} - W_u = T_o S_{gen} \tag{4.110}$$

예제 4.18 실린더의 체적 1000cm^3인 피스톤-실린더장치에서 배기밸브를 열기 직전의 온도 700℃, 압력 500kPa의 연소가스가 남아있다. 이 연소가스의 비엑서지를 구하라. 단, 미연소물질은 남아있지 않으며 연소가스를 공기로 가정하여 가스상수 $R = 287.13\text{J/kgK}$, 비열 $c_p = 1.005\text{kJ/kgK}$, $c_v = 0.718\text{kJ/kgK}$로 일정하다고 가정한다. 외기온도 $T_o = 25℃$, 외기압력 $p_o = 1\text{atm}$이다.

해 식 (4.105)를 단위질량에 대하여 표시하면

$$de_{dosed} = - du + T_o ds - p_o dv = - c_v dT + T_o\left(c_p \frac{dT}{T} - R\frac{dp}{p}\right) - p_o dv$$

적분하면

$$e_{dosed} = c_v(T - T_o) + T_o\left(c_p \ln\frac{T_o}{T} - R\ln\frac{p_o}{p}\right) - p_o(v_o - v)$$

$$= c_v(T - T_o) + T_o\left(c_p \ln\frac{T_o}{T} - R\ln\frac{p_o}{p}\right) - RT_o\left(1 - \frac{T}{T_o}\frac{p_o}{p}\right)$$

$$= 0.718(973 - 298) + 298\left(1.005\ln\frac{298}{973} - 0.28713\ln\frac{101.3}{601.3}\right)$$

$$- 0.28713 \times 298\left(1 - \frac{101.3}{298} \cdot \frac{973}{601.3}\right) = 244.16\text{kJ/kg}$$

4.7.6 정상 유동계의 엑서지 해석

터빈, 압축기, 노즐, 디퓨저, 열교환기와 같은 정상 유동계가 그림 4.36과 같이 T_o, p_o인 주위와 열 교환을 한다고 생각하자.

이 계에 대한 열역학 제1법칙 식을 표시하면

$$\dot{Q} - \dot{W} = \sum \dot{m}_e \left(h_e + \frac{V_e^2}{2} + gz_e\right) - \sum \dot{m}_i \left(h_i + \frac{V_i^2}{2} + gz_i\right) \tag{4.111}$$

제2법칙 식을 표시하면

$$\dot{S}_{gen} = \sum \dot{m}_e s_e - \sum \dot{m}_i s_i - \frac{\dot{Q}}{T_o} \tag{4.112}$$

위의 두 식을 연관지으면 다음과 같이 정리된다.

$$\dot{W} = \sum \dot{m}_i \left(h_i + \frac{V_i^2}{2} + gz_i - T_o s_i\right) - \sum \dot{m}_e \left(h_e + \frac{V_e^2}{2} + gz_e - T_o s_e\right) - T_o \dot{S}_{gen} \tag{4.113}$$

이 식은 실제일임과 동시에 유용한 일이다(고정 경계면을 가지므로 주위일을 하지 않기 때문임).

가역일은 식 (4.113)에서 $\dot{S}_{gen} = 0$ 으로 취하면 되므로

$$\dot{W}_{rev} = \sum \dot{m}_i \left(h_i + \frac{V_i^2}{2} + gz_i - T_o s_i\right) - \sum \dot{m}_e \left(h_e + \frac{V_e^2}{2} + gz_e - T_o s_e\right) \tag{4.114}$$

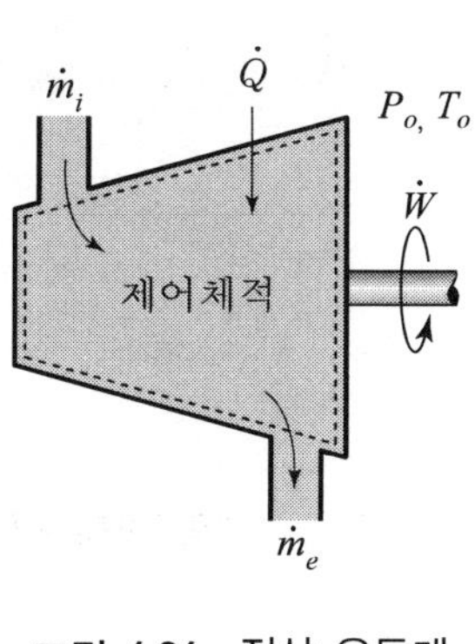

그림 4.36 정상 유동계

이 식에서 $\dot{m}_i = \dot{m}_e = \dot{m}$이고 첨자로 표시한 상태 $i \to 1$, $e \to 0$으로 취하면

$$\dot{W}_{rev} = \dot{m}[(h_1 - h_o) - T_o(s_1 - s_o) + \frac{V_1^2 - V_o^2}{2} + g(z_1 - z_o)] \tag{4.115}$$

따라서 최종상태가 주위와 같으므로 가역일은 엑서지이며 엑서지를 동력 항으로 표시하면 다음 식으로 표시된다.

$$\dot{E}_{flow} = \dot{m}[(h_1 - h_o) - T_o(s_1 - s_o) + \frac{V_1^2 - V_o^2}{2} + g(z_1 - z_o)] \tag{4.116}$$

이 식을 에너지 항으로 표시하면 다음과 같으며 **정상 유동계의 엑서지**라 한다.

$$\begin{aligned} E_{flow} &= (H_1 - H_o) - T_o(S_1 - S_o) + m\frac{V_1^2 - V_o^2}{2} + mg(z_1 - z_o) \\ &= (U_1 + p_1 V_1) - (U_o + p_o V_o) - T_o(S_1 - S_o) + m\frac{V_1^2 - V_o^2}{2} + mg(z_1 - z_o) \end{aligned} \tag{4.117}$$

예제 4.19

그림(예제 4.19)와 같은 압축기에 냉매 R-134a가 0.2MPa, −10℃의 상태로 유입하여 1.0MPa, 40℃의 상태로 유출한다. 주위의 조건은 20℃, 95kPa일 때, 이 과정동안 냉매의 엑서지 변화량과 압축기에 공급하기 위해 필요한 최소 일량을 단위질량에 대하여 구하라.

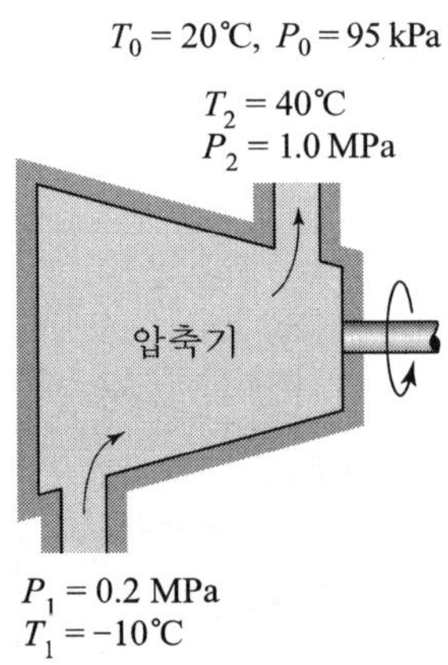

그림 (예제 4.19)

해 부록 12로부터

$p_1 = 0.2\text{MPa}$, $T_1 = -10℃$에서의 $h_1 = 392.68\text{kJ/kg}$, $s_1 = 1.7337\text{kJ/kgK}$

$p_2 = 1.0\text{MPa}$, $T_2 = 40℃$에서의 $h_2 = 419.86\text{kJ/kg}$, $s_2 = 1.7135\text{kJ/kgK}$

속도에너지와 위치에너지를 무시하면 식 (4.117)을 단위질량의 에너지 항으로 표시하면 엑서지 변화량은

$$\Delta e_{flow} = e_{2flow} - e_{1flow} = (h_2 - h_1) - T_o(s_2 - s_1)$$
$$= (419.86 - 392.68) - 293.15(1.7135 - 1.7337) = 33.1\text{kJ/kg}$$

주어진 주위조건에 대한 엑서지 변화량은 그 주위에서의 가역적 일을 나타낸다. 그것은 압축기와 같은 일을 소비하는 장치를 위해 필요한 최소일이다. ∴냉매의 엑서지 증가량은 압축기에 공급하기 위한 최소일과 같으므로

$$w_{in.\min} = \Delta e_{flow} = 33.1kJ/kg$$

4.8 자유에너지

엑서지와 **자유에너지**(free energy)는 모두 계로부터 얻을 수 있는 최대일을 나타내지만 그 과정 및 최종 평형상태가 다르다. 즉 자유에너지의 경우는 등온·정압 혹은 등온·정적 조건에서의 최대일이며, 엑서지의 경우는 가역과정이라면 어떤 경로라도 관계없다. 또 엑서지의 최종 평형상태는 주위와 평형상태이지만 자유에너지는 그러한 제약이 없다. 그런데 연소, 연료전지와 같은 화학반응의 최대일이나 평형조건을 기술할 때는 자유에너지가 보다 적합하다.

4.8.1 Gibbs의 자유에너지

주위와 열역학적 평형이 아닌 계로부터 유효일을 얻는 방법으로서, 지금까지는 열 → 매체의 온도상승(내부에너지의 증가) → 매체의 체적팽창 → pV일 발생의 과정에 의한 것이었다. 그러나 에너지 변환방법으로서 화학결합 에너지 → 전기에너지(연료전지), 열에너지 → 전기에너지(熱電素子), 화학결합 에너지 → 열에너지(연소)와 같은 화학반응에 의한 일의 발생에 대해서도 고찰해야 한다.

한 밀폐계가 체적변화에 의한 일 이외에 화학반응에 의한 일 dW_{ch}가 가능하다고 하

면, 이 계에 대한 **Gibbs의 식(제1법칙+가역의 제2법칙)**은 다음과 같이 나타낼 수 있다.

$$TdS = dU + pdV + \delta W_{ch} \tag{4.118}$$

화학반응은 온도, 압력이 일정한 경우(등온 · 정압과정)가 많으므로 위의 식에서 $T = const,\ p = const$의 조건하에 1→2상태 사이에 적분하면

$$T\int_1^2 dS = \int_1^2 dU + p\int_1^2 dV + \int_1^2 \delta W_{ch} \tag{4.119}$$

가역변화의 일이 최대가 되므로 위 식을 적분하여 최대일은 다음 식으로 표시할 수 있다.

$$\begin{aligned} -(W_{ch})_{\max} &= (U_2 - U_1) + p(V_2 - V_1) - T(S_2 - S_1) \\ &= (U_2 + pV_2 - TS_2) - (U_1 + pV_1 - TS_1) \end{aligned} \tag{4.120}$$

식 (4.120)의 우변 괄호내의 변수를 다음과 같이 정의한다.

$$G \equiv U + pV - TS = H - TS \tag{4.121}$$

이 G를 **Gibbs의 자유에너지**(Gibbs free energy) 또는 **Gibbs함수**(Gibbs function)라 하며 시량성(示量性) 상태량이다. 단위질량에 대하여 표시하면 비Gibbs 자유에너지(specific Gibbs free energy) g는 다음과 같다.

$$g = h - Ts \tag{4.122}$$

따라서 식 (4.120)을 다시 쓰면 최대일은 다음과 같이 된다.

$$(W_{ch})_{\max} = G_1 - G_2 = -\Delta G \ (T = const,\ p = const) \tag{4.123}$$

즉 **등온·정압하의 가역 화학반응을 포함하는 최대일은 Gibbs의 자유에너지의 감소량과 같다.**

밀폐계의 엑서지와 Gibbs의 자유에너지의 관계는, 식 (4.107)에서 만일 최종 평형온도, 압력이 일정하지만 주위상태와는 반드시 일치하지는 않는다고 하면 첨자 0→2로 고쳐 쓰면

$$\begin{aligned} &[E_{closed}]_{T_o \to T,\, p_o \to p} = (U_1 - U_2) - T(S_1 - S_2) + p(V_1 - V_2) \\ &= G_1 - G_2 = -\Delta G \end{aligned} \tag{4.124}$$

와 같이 되어, 자유에너지이지만 엑서지와의 관계를 나타낸다.

4.8.2 Helmholtz의 자유에너지

한 밀폐계가 등온·정적과정인 경우는 Gibbs의 자유에너지의 경우와 마찬가지로 체적팽창 이외의 화학반응에 의한 일 dW_{ch}를 체적이 일정하다고 생각하면 가역과정에서의 제1법칙+제2법칙은 식 (4.118)에서 $dV=0$이므로

$$TdS = dU + \delta W_{ch} \tag{4.125}$$

가 되며, $T = const$에서 상태 1→2사이에서 적분하면 다음 식을 얻는다.

$$-(W_{ch})_{\max} = (U_2 - TS_2) - (U_1 - TS_1) \tag{4.126}$$

여기서 식 (4.126)의 우변에서 괄호내의 변수를 다음과 같이 정의한다.

$$F \equiv U - TS \tag{4.127}$$

이 F를 **Helmholtz의 자유에너지**(Helmholtz free energy) 또는 **Helmholtz함수**(Helmholtz function)라 하며 시량성 상태량이다. 단위질량에 대하여 표시하면 비Helmholtz 자유에너지(specific Helmholtz free energy)로 나타낼 수 있다.

$$f = u - Ts \tag{4.128}$$

등온·정적하에서의 최대일은 Helmholtz자유에너지의 감소량으로서 다음과 같이 표시할 수 있다.

$$(W_{ch})_{\max} = F_1 - F_2 = -\Delta F,\ (T = const,\ V = const) \tag{4.129}$$

밀폐계의 엑서지와 Helmholtz 자유에너지의 관계는 식 (4.107)에 체적일정 조건을 적용하고 반드시 주위온도가 아니라도 일정온도 $T_o \to T$로 하여 첨자 0→2로 고쳐 쓰면

$$\begin{aligned}[E_{closed}]_{T=const.\ T_o \to T} &= (U_1 - U_2) - T(S_1 - S_2) = (U_1 - TS_1) - (U_2 - TS_2) \\ &= F_1 - F_2 = -\Delta F \end{aligned} \tag{4.130}$$

가 된다. 그런데 실제의 화학반응은 거의 $T, P = const$의 조건에서 일어나므로 Gibbs의 자유에너지를 이용하는 것이 보통이다.

Chapter 04 연 습 문 제

carnot cycle

문 4.1 500°C의 고열원과 15°C의 저열원 사이에 가역사이클을 하는 열기관이 작동한다. 매초 1.5kJ의 열이 공급된다면 열효율과 동력은 각각 얼마인가?

답 η=0.6273, $\dot{W}$= 0.941kW

냉동, 열펌프 사이클

문 4.2 어떤 냉동기를 −10°C로 유지하기 위해 매시 1.2×10^5kJ의 열량을 제거하고자 한다. 외기온도가 25°C일 때 가역 냉동기를 이용한다면 성적계수 및 소요 동력은 각각 얼마인가?

답 COP_R=7.5186, $\dot{W}$= 4.443kW

문 4.3 어떤 냉동기를 운전하는데, 1kW의 동력을 소비하여 7000kJ/h의 열을 제거할 수 있다면, 이 냉동기의 성적계수는 얼마인가? 또 이 장치를 동일조건에서 열펌프로 사용할 때 그 공급열량과 성적계수를 구하라.

답 COP_R=1.944, $\dot{Q}_H$=10600kJ/h, $COP_{H.P}$=2.944

엔트로피 변화

문 4.4 수소 5kg을 정압하에서 체적이 1.5m³로부터 0.5m³로 되기까지 냉각했을 때 엔트로피 변화량을 구하라. 수소의 정압비열은 14.2kJ/kgK이다.

답 −78kJ/K

문 4.5 540℃의 고열원으로부터 200℃의 저열원으로 열이 흐르고 있다. 그 열량은 1100kJ일 때 두 열원 사이의 열교환으로 이루어지는 조합계의 엔트로피 변화량을 구하라.

답 0.972kJ/K

문 4.6 c_p=0.519 kJ/kgK, c_v=0.39kJ/kgK의 이상기체 0.2kg이 단열된 실린더 내에서 팽창한다. p_1=7bar, V_1=0.015m³이며, V_2=0.09m³로 증가했을 때 (1)외부에 한 일, (2)온도강하량, (3)엔트로피 변화량을 구하라.

답 (1)14.2kJ, (2)181.67°C, (3)0

문 4.7 10m³의 탱크 속에 400°C, 1.2MPa의 공기가 들어 있다. 이것을 냉각하여 압력을 1/2로 강하시켰을 때 (1)최종온도, (2)내부의 공기량, (3)얻은 열량, (4)이 과정에서 공기의 엔트로피 변화량을 구하라.

ⓓ (1)63.425°C, (2)62.07kg, (3)−14981.09kJ, (4)−30.85kJ/K

문4.8 0°C의 어름 1kg을 1atm에서 가열하여 100°C의 수증기로 할 때 엔트로피의 변화량을 구하라. 단, 0°C에서 어름의 융해열은 333.15kJ/kg, 100°C에서 물의 증발열은 2257kJ/kg, 물의 비열은 4.174kJ/kgK이다.

ⓓ 8.57kJ/kgK

문4.9 2kg의 공기를 정압하에서 온도 200°C로부터 20°C가 될 때까지 냉각한다. 이 과정의 엔탈피 및 엔트로피 변화량을 구하라. 단, 공기의 정압비열은 1.006kJ/kgK이다.

ⓓ ΔH=−362.16kJ, ΔS =−0.9632kJ/K

문4.10 그림(문 4.10)과 같이 두 개의 기어가 맞물려 작동할 때 엔트로피 생성률을 구하라. (1) 제어체적을 기어박스로 하는 경우, (2) 제어체적을 주위까지 확대한 경우에 주위온도 $T_f = 18℃$인 주위로 열전달이 일어나는 경우, 각각에 대하여 엔트로피 생성율을 구하라.

ⓓ (1)3.33×10^{-3}kW/K, (2)3.435×10^{-3}kW/K

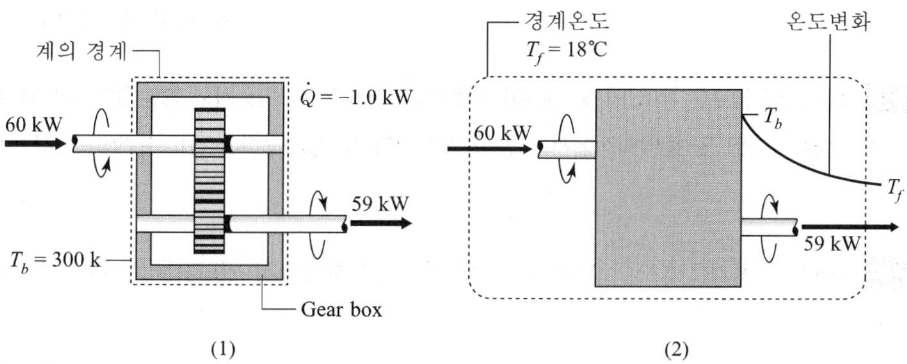

그림 (문 4.10)

문4.11 −10°C의 어름 3kg과 30°C의 물 6kg을 혼합하여 평형상태에 달했을 때 엔트로피 및 유효에너지의 변화량을 구하라. 단, 주위온도는 20°C이며, 어름의 융해열은 335kJ/kg, 어름의 비열은 2.09kJ/kg이다.

ⓓ 0.14562kJ/K, −42.6746kJ

문4.12 70°C, 1.8MPa의 공기가 들어있는 $3m^3$의 탱크와 40°C, 0.12MPa의 공기가 들어있는 $5m^3$의 탱크를 체적이 무시될 수 있는 가는 관으로 연결하여 압력과 온도를 균일하게 하였다. 장치 전체가 단열되어 있으면, (1)균일화된 후 공기의 온도와 압력을 구하라. (2)균일화에 의한 엔트로피 증가는 얼마인가? 단, 비열은 일정하다.

답 (1)66.74°C, 0.75MPa, (2)16.352kJ/K

문 4.13 0.5kg의 공기가 일정압력하에서 30°C로부터 400°C까지 가열되었다. 이때 (1)가열량, (2)엔트로피 변화, (3) 주위온도 10°C를 기준으로 한 경우의 무효에너지를 각각 구하라.

답 (1)185.925kJ, (2)0.401kJ/K, (3)113.543kJ

문 4.14 6MPa, 1300°C의 공기 0.8kg이 있다. (1)이것이 0.1MPa, 15°C의 주위상태와 평형한 경우 엔트로피는 얼마나 변하는가?

답 −0.424kJ/K

유효에너지, 최대일

문 4.15 600°C의 고열원과 15°C의 저열원 사이에서 작동하는 열기관이 있다. 이 기관이 가역기관일 때 열효율을 구하라. 실제로는 열손실 때문에 열기관에서 작동유체의 최고 및 최저온도는 각각 565°C, 25°C가 된다면, 이 경우의 열효율은 가역기관에 비해 얼마나 감소하는가? 또 열손실에 의한 유효에너지의 감소비율을 구하라.

답 η_c=0.67, 2.57%감소, 0.03836

문 4.16 보일러에 급수한 15°C의 물 2kg이 비등점인 200°C까지 가열하고 증발잠열 1.94MJ/kg을 가해 증발시키는 경우, 가열 및 증발과정에서의 전 유효에너지 증가를 구하라. 단, 주위의 온도는 10°C이다.

답 1931.34kJ

문 4.17 1MPa의 공기를 0.1MPa까지 교축 한 경우의 유효에너지 변화량을 구하라. 단, 주위온도는 10°C이다.

답 −187.25kJ/kg

문 4.18 압력 1MPa, 온도 800°C의 공기 250kg의 이론 최대일은 얼마인가? 단, 주위압력은 0.1MPa, 주위온도는 15°C이다.

답 80.19MJ

문 4.19 2kg의 공기를 일정압력하에서 10°C로부터 100°C로 가열하고, 다음에 일정체적하에서 100°C로부터 250°C까지 가열하였다. (1)가열량, (2)저열원 온도를 10°C로 했을 때 이 열량의 유효에너지를 각각 구하라.

답 (1)396.03kJ, (2) 101.544kJ

자유에너지, 자유엔탈피

문 4.20 1atm, 100°C인 수증기의 엔탈피 h=2671.9kJ/kg, 비체적 v=1.673m^3/kg, 엔트로피 s=7.351kJ/kgK로서 Helmholtz의 자유에너지 및 Gibbs의 자유에너지를 각각 구하라.

ⓓ f=-240.6, g=−71.13kJ/kg

문 4.21 2kg의 산소에 등온하에서 50kJ의 열이 가역적으로 가해졌다. Helmholtz의 자유에너지와 Gibbs의 자유에너지의 변화를 구하라.

ⓓ −50kJ, −50kJ

밀폐계의 엑서지와 비가역성

문 4.22 한 열기관이 1500K의 고열원으로부터 700kJ/s의 열에너지를 받아 외부에 220kW의 일을 한다. 이 열기관의 가역동력과 이 과정의 비가역성을 구하라. 단, 저열원의 온도는 300K이다.

ⓓ 560kW, 340kW

문 4.23 단열탱크에 2kg의 공기가 200kPa, 20°C의 상태일 때 탱크 내에 fan을 회전시켜 내부온도가 70°C가 되었다. 주위 공기온도가 20°C일 때 (1)최대일, (2)비가역 일을 구하라.

ⓓ (1)−5.4984kJ, (2)66.2116kJ

정상 유동계의 엑서지와 비가역성

문 4.24 100kPa, 300K의 대기를 흡입하여 1MPa, 600K까지 압축하는 공기압축기가 있다. 이때 공기 1kg당 50kJ의 열손실이 일어난다면 최대일, 비가역일을 각각 구하라. 최초 및 최종상태를 1, 2로 표시할 때 h_1=300.473kJ/kg, h_2=607.316kJ/kg이다.

ⓓ −296.25kJ/kg, 60.593kJ/kg

문 4.25 열기관이 1000K의 고열원으로부터 $\dot{Q}_1$=400kJ/s의 열을 받아 150kW의 일을 하고, 300K의 저열원에 열을 버린다. 최대동력과 비가역동력을 구하라.

ⓓ 280kW, 130kW

Chapter 05

증기사이클과 냉동사이클

이 장에서는 증기기관, 증기터빈, 냉동기, 열펌프 등에서 작동유체의 상변화가 반복해서 일어남에 따라 상변화에 따른 열역학적 물성치의 변화에 대하여 고찰하고, 증기터빈의 기본 및 응용시스템의 사이클과 냉동기의 사이클 및 열펌프의 사이클에 대하여 고찰한다.

5.1 증기의 일반적 성질

5.1.1 증기의 상태변화

물질에는 고체, 액체, 기체의 세 가지 응집상태가 있으며, 넓은 의미에서 균질의 응집상태를 상(phase, 相)이라 한다. 고상(固相)과 액상(液相)사이의 상태변화를 변화의 방향에 따라 융해(dissolution, 融解, 고상 → 액상) 또는 응고(solidification, 凝固, 액상 → 고상)라 한다. 또 액상과 기상사이의 상변화는 **응축**(condensation, 凝縮, 기상 → 액상) 또는 **증발**(evaporization, 蒸發, 액상 → 기상)이라 한다. 고상에서 기상으로의 상변화는 승화(sublimation, 昇華)라 하며, 2상 또는 3상이 공존하는 상태를 **상평형**(phase equilibrium, 相平衡)이라 한다.

예를 들면, 대기압하에서 물에 열을 가하면 100℃에서 비등하고, 액체인 물로부터 수증기가 발생하는데, 이 과정에서는 기상과 액상이 공존하는 상태이므로 **기액평형**(gas-liquid equilibrium, 氣液平衡)이라 한다.

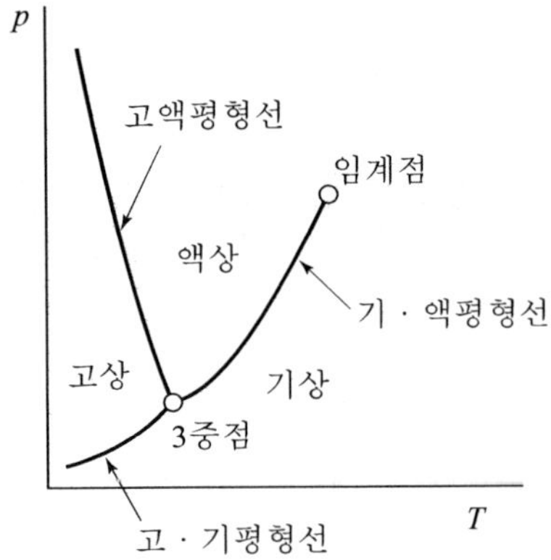

그림 5.1 물의 $p-T$선도

그림 5.1은 압력-온도좌표($p-T$선도)상에 물의 상변화를 나타낸 것으로서 고-액 평형선, 기-액 평형선, 고-기 평형선이 교차하는 점은 3상이 공존하는 점, 즉 **3중점**(triple point, 3重点)이라 한다.

표 5.1 주요물질의 물성치

물질	3중점		임계점			융점 K	비등점 K	융해열* kJ/kg	증발열** kJ/kg
	압력 kPa	온도 K	압력 MPa	온도 K	밀도 kg/m^3				
헬륨	5.035	2.18	0.228	5.2	69.6		4.2	3.5	20.3
수소	7.20	14.0	1.32	33.2	31.6	14.0	20.4	58	448
질소	12.5	63.1	3.40	126.2	314	63.2	77.4	25.7	1365
산소	0.100	54.4	5.04	154.6	436	54.4	90.0	13.9	213
공기			3.77	132.5	313		78.8		213.3
이산화탄소	518	216.6	7.38	304.2	466		승화194.7	180.7	368
물	0.6112	273.16	22.12	647.30	315.46	273.15	373.15	333.5	2257
암모니아	6.477	195.4	11.28	405.6	235	195.4	239.8	338	1371
메탄	11.72	90.7	4.60	190.6	162.2	90.7	111.6	58.4	510.0
에탄	0.00113	90.3	4.87	305.3	205	90.4	184.6	95.1	489.1
메타놀			8.10	512.58	272	175.47	337.8	99.16	***1190
에타놀			6.38	516.2	276	159.05	351.7	108.99	854.8
HCFC-22			5.00	369.3	513	113.2	232.3		233.8
HFC-32			5.777	351.3	424	136	221.5		381.9
HFC-125			3.618	339.2	568	170	224.7		163.9
HFC-134a			4.065	374.3	511	172	247.1		217.0

* 융점에서의 값 ** 비등점에서의 값 *** 273 K에서의 값

기액평형에 있어서 압력을 높여 가면 기체의 비체적이 작아져 공존하는 액체의 비체적에 가까워지고 결국 일치하게 된다. 기체와 액체의 비체적이 일치하면 기상과 액상의 구별이 없어지므로, 기-액 평형선은 그 점에서 종료하며, 그 점을 **임계점**(critical point, 臨界点)이라 한다.

표 5.1에는 몇 가지 물질에 대한 3중점과 임계점을 표시하였다.

5.1.2 증발과정

그림 5.2는 액체의 증발과정을 $p-v$선도 상에 나타낸 그림이다. 차가운 물을 대기압하에서 가열하여 증발시키는 예를 들어 상태변화를 살펴보자.

상태 ①은 가열하기 전의 차가운 물로서 **압축액**(compressed liquid, 壓縮液)이라 하며, **포화액선**(saturated liquid line, 飽和液線)상의 상태 ②(온도 100℃)에서 물이 증발하기 시작한다. 상태 ③은 온도 100℃인 상태에서 증발이 진행되고 있는 상태이며 기체와 액체가 공존하여 **습증기**(wet vapor, 濕蒸氣)라 한다. **건포화증기선**(dry saturated vapor line, 乾飽和蒸氣線)상의 상태 ④(온도 100℃)에서 물의 증발이 완료되어 모두 **건포화증기**(dry saturated vapor)로 변한다. 그 이상으로 가열하면 온도가 상승해 가며, 상태 ⑤는 **과열증기**(superheated vapor, 過熱蒸氣)라 한다.

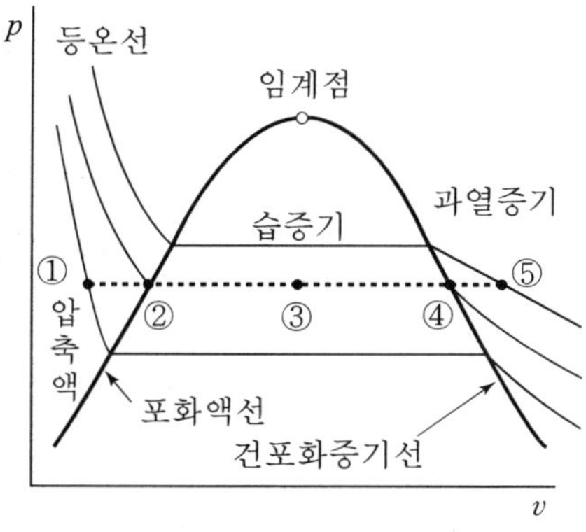

그림 5.2 증기의 $p-v$선도

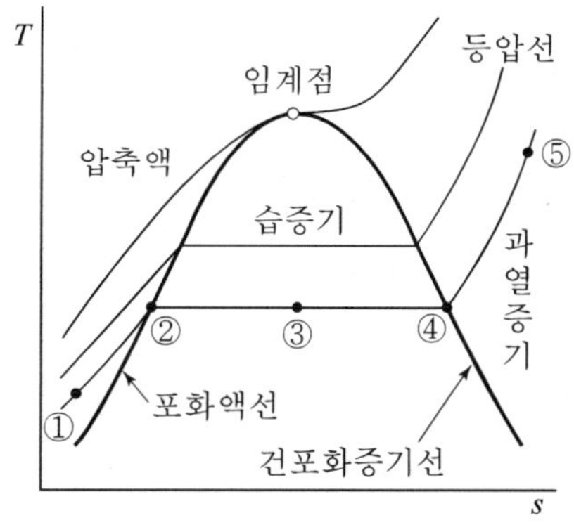

그림 5.3 증기의 $T-s$선도

물질이 기액평형(氣液平衡)상태에 있는 것을 **포화상태**(saturation state)에 있다고 하며, 이때의 압력을 **포화압력**(saturation pressure), 온도는 **포화온도**(saturation temperature)라 한다.

압력 p와 온도 T를 상승시켜 가면 포화액선과 건포화증기선이 점차 접근하여 결국 한 점에서 만나는데, 이 점이 임계점이다.

이 과정을 온도-엔트로피선도($T-s$선도)에 나타내면 그림 5.3과 같으며 그림 5.2의 각 점에 상응하는 점들을 표시하였다.

임의의 온도의 압축액으로부터 임의의 **과열도**(degree of superheat, 過熱度, 과열증기와 포화증기의 온도차)를 갖는 과열증기까지 가열하는 데 필요한 열은 **액체열**(①→②, 압축액체로부터 포화액까지의 가열량), **증발잠열**(②→④, 포화액으로부터 건포화증기까지의 가열량), **과열열**(④→⑤, 건포화증기로부터 과열증기까지의 가열량)의 합으로 계산할 수 있으며, 냉각을 시키는 경우의 ④→②까지의 냉각열량은 **응축잠열**이라 한다.

5.1.3 증기표와 증기의 상태량

증기가 갖는 에너지에 관련되는 열량적 상태량은 단위질량에 대한 내부에너지 u, 엔탈피 h, 엔트로피 s가 있으며, 증기의 상태에 따라 포화액의 상태량에는 ′를 붙여 표기하고 건포화증기의 상태량에는 ″ 을 붙여 표시하기로 한다. 예로서 포화액의 상태량은 v', u', h', s' 등이며 건포화증기의 경우는 v'', u'', h'', s'' 등이다.

증기의 성질은 간단한 상태식으로 표시할 수 없으므로 실측치를 기초로 하여 작성된 증기표를 이용하며, “포화증기표”와 “압축수 및 과열증기표”가 있다(부록 8, 9, 10참조).

포화증기표는 포화액 및 건포화증기의 상태량을 표시하는 것으로서 온도를 기준으로 한 온도기준 포화증기표(부록 8)와 압력을 기준으로 한 압력기준 포화증기표(부록 9)가 있다. 이 표에는 포화액 및 건포화증기의 비체적(v), 비엔탈피(h), 비엔트로피(s)의 값이 수록되어 있으며, 비내부에너지 u는 $u=h-pv$의 식을 이용하여 구한다.

또한 압축수 및 과열증기표는 부록 10에 표시한 바와 같이 압축수와 과열증기의 상태량을 각 온도와 압력에 따라 동시에 표시하고 있는데, 표 중 가로선으로부터 하부영역은 과열증기, 상부영역은 압축수를 나타낸다.

압축액(압축수) 및 과열증기 영역을 그림 5.3에서 보면, 포화액선의 좌측영역이 압축액 상태이고 건포화증기선의 우측영역이 과열증기 영역이다. 압축액의 상태량은 압축수표로부터 구할 수 있다. 예로서 0.1MPa, 40℃인 압축수위 상태량은 부록 10에서 $v=0.0010078\text{m}^3/\text{kg}$, $h=167.5\text{kJ/kg}$, $s=0.5721\text{kJ/kgK}$, 따라서 비내부에너지 $u=h-pv=167.5-0.1\times10^3\times0.0010078=167.3992\text{kJ/kg}$이 된다.

과열증기의 상태량은 과열증기표로부터 구할 수 있다. 예로서 0.1MPa, 200℃인 과열증기의 상태량은 부록 10에서 $v=2.172\text{m}^3/\text{kg}$, $h=2875.4\text{kJ/kg}$, $s=7.8349\text{kJ/kgK}$, 따라서 비내부에너지 $u=h-pv=2875.4-0.1\times10^3\times2.172=2658.3\text{kJ/kg}$이 된다.

5.1.4 습증기의 상태량

정압하에서 포화액을 증발시킬 때, 단위 질량당 필요한 열량은 전술한 바와 같이 **증발열**(heat of vaporization) 또는 **증발잠열**(latent heat of vaporization)이라 한다. 열역학 제1법칙으로부터

$$\delta q = dh - vdp \tag{5.1}$$

이므로, 압력일정($dp = 0$)시에는 가한 열량이 모두 엔탈피의 증가량과 같다. 따라서 단위 질량에 대하여 증발열 r은 건포화증기의 비엔탈피 h''와 포화액의 비엔탈피 h'의 차와 같다.

$$r = h'' - h' \tag{5.2}$$

이것은, 증발잠열이 기체와 액체의 내부에너지 차와 증발시의 체적팽창에 따르는 일의 합으로 표시되는 것을 의미한다.

습증기 중에 함유되어 있는 건포화증기와 포화액의 비율을 표시하는 지표가 **건도**(quality, 乾度)이다. 즉, 포화액의 질량을 m_l, 건포화증기의 질량은 m_v, 기액 혼합물인 습증기의 질량을 $m_{tot}(= m_l + m_v)$이라 하면 건도 x는 다음과 같이 표시된다.

$$x = \frac{m_v}{m_{tot}} = \frac{m_v}{m_l + m_v} \tag{5.3}$$

따라서 습증기 1kg중에 건포화증기가 x kg이라면 건도는 x이며, $(1-x)$kg은 액체의 량이 된다. 이때 $(1-x)$를 **습도**(wetness, 濕度)라 하며, 그림 5.4의 $p-v$선도상에서 건도 $x = \overline{bc}/\overline{bd}$ 로 표시할 수 있다.

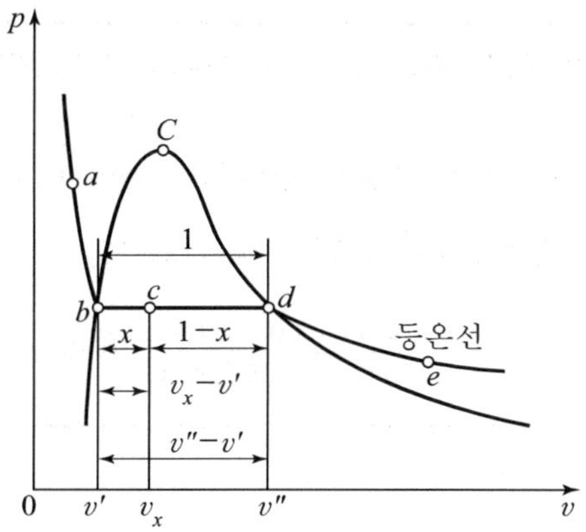

그림 5.4 $p-v$선도에서 습증기의 상태점

따라서 포화액선은 건도 0인 등건도선, 건포화증기선은 건도 1의 등건도선이 된다. 습증기의 상태량은 포화액과 건포화증기의 상태량 및 건도를 이용하여 비체적 v, 비엔탈피 h, 비내부에너지 u, 비엔트로피 s는 각각 다음과 같이 표시된다.

$$v = (1-x)v' + xv'' = v' + x(v'' - v') \tag{5.4}$$

$$h = (1-x)h' + xh'' = h' + x(h'' - h') = h' + xr \tag{5.5}$$

$$u = (1-x)u' + xu'' = u' + x(u'' - u') \tag{5.6}$$

$$s = (1-x)s' + xs'' = s' + x(s'' - s') = s' + x\frac{r}{T} \tag{5.7}$$

여기서 식 (5.7)에서는 증발열 r과 상변화시의 엔트로피변화 사이에는

$$s'' - s' = \frac{r}{T} \tag{5.8}$$

의 관계를 이용하고 있다. T 는 포화온도(K)이다.

예제 5.1 500g의 포화수가 150kPa의 압력하에서 완전히 증발하였다. (1) 체적 변화량, (2) 물에 전달된 에너지량을 각각 구하라.

해 (1) 부록 9로부터 $v'' - v' = 1.15904 - 0.00105303 = 1.15799\text{m}^3/\text{kg}$

$\therefore\ \Delta V = m(v'' - v') = 0.5 \times 1.15799 = 0.579\text{m}^3$

(2) 150kPa의 경우 $r = h'' - h' = 2226.2\text{kJ/kg}$

$\therefore\ m(h'' - h') = 0.5 \times 2226.2 = 1113.1\text{kJ}$

예제 5.2 $2.5m^3$의 용기에 압력 2MPa의 습증기 30kg이 들어있다. 건도 x를 구하라.

해 압력기준 포화증기표(부록 9)로부터 $v' = 0.00117661$, $v'' = 0.0995361\text{m}^3\text{kg}$

현재의 비체적 $v = \dfrac{V}{m} = \dfrac{2.5}{30} = 0.08333\text{m}^3/\text{kg}$

$$\therefore x = \frac{v - v'}{v'' - v'} = \frac{0.08333 - 0.00117661}{0.0995361 - 0.00117661} = 0.8352$$

예제 5.3 어떤 포화액을 가열하여 습증기가 되었다. 변화 전후의 엔탈피와 엔트로피 및 증발열은 각각 다음과 같다. $h_1{}'$=380, h_2=510 kJ/kg, $s_1{}'$=4.032, s_2=4.605 kJ/kgK, r=173 kJ/kg, 온도 T와 최종건도 x를 구하라.

해 $h_2 = h_1{}' + xr, \quad s_2 = s_1{}' + \dfrac{xr}{T} = s_1{}' + \dfrac{h_2 - h_1{}'}{T}$

$$\therefore \; T = \frac{h_2 - h_1{}'}{s_2 - s_1{}'} = \frac{510-380}{4.605-4.032} = 226.876\text{K} = -46.274℃$$

$$x = \frac{h_2 - h_1{}'}{r} = \frac{510-380}{173} = 0.7514$$

예제 5.4 건도 x=0.8의 습증기 50m³의 압력이 3MPa이었다. 이 증기의 (1)온도, (2)질량, (3) 증기중의 수분량과 증기량을 각각 구하라.

해 (1) 3MPa의 포화온도는 233.84°C

(2) 3MPa의 v'=0.00121634, v''=0.0666261 m³/kg이므로

$v = v' + x(v'' - v') = 0.00121634 + 0.8(0.0666261 - 0.00121634) = 0.053544$ m³/kg

$$m = \frac{V}{v} = \frac{50}{0.053544} = 933.81\text{kg}$$

(3) 수분량 $m_l = m(1-x) = 933.81 \times (1-0.8) = 186.762\text{kg}$

증기량 $m_v = mx = 933.81 \times 0.8 = 747.048\text{kg}$

예제 5.5 5MPa의 물의 포화온도가 263.91°C, v'' =0.0394285m³/kg이다. 이 압력하에서 건포화증기 상태로부터 360°C로 과열시키면 비체적이 0.05316m³/kg로 된다. 평균 정압비열을 3.39kJ/kgK로 하여 다음 값을 구하라. (1)과열열, (2)과열에 의한 엔트로피 증가량, (3)과열에 의한 내부에너지 증가량.

해 (1) $q_s = \int_{T_o}^{T} c_p dT = c_p(T - T_o) = 3.39 \times (360 - 263.91) = 325.745\text{kJ/kg}$

(2) $\Delta s = s - s'' = \int_{T_s}^{T} c_p \dfrac{dT}{T} = c_p \ln \dfrac{T}{T_s} = 3.39 \ln \dfrac{633.15}{537.06} = 0.558\text{kJ/kgK}$

(3)

$\Delta u = q_s - p(v - v'') = 325.745 - 5 \times 10^3 \times (0.05316 - 0.0394285) = 257.09\text{kJ/kg}$

5.1.5 증기선도 (선도 $h-s$ 및 $p-h$ 선도)

상태량 p, v, T, h, s중 어느 두 개를 좌표로 취하여 몇 개의 특성곡선을 구해 놓으면 임의의 상태변화에 대한 여러 가지 성질의 변화를 직접 계산하지 않고 그들 선도로부터 쉽게 구할 수 있다. 이와 같은 선도를 **증기선도**(steam diagram)라 하며, 상태량의 조합에 따라 $p-v$선도, $T-s$선도, $h-s$선도, $p-h$선도, $T-h$선도 등이 있다. 이들 중 $T-s$선도와 $h-s$선도는 증기동력 사이클에, $T-s$선도와 $p-h$선도는 냉동사이클(열펌프 사이클)에 자주 이용된다.

먼저 엔탈피-엔트로피선도($h-s$선도)는(부록 19 참조) 그림 5.5와 같이 굵은 실선은 포화액 및 건포화증기의 한계선이며, 그 내부는 습증기영역, 좌측은 압축액, 우측은 과열증기영역이다. 경사진 가는 실선은 정압선, 경사진 점선은 정적선이며, 수평방향의 곡선은 등온선을 나타낸다. 습증기영역에는 등건도선이 표시되어 있다. 이 선도에서 임계점 C는 한계곡선의 정점에 존재하지 않고 경사선상에 존재한다. 따라서 한계선상의 h의 최대값은 임계점의 값보다 크다.

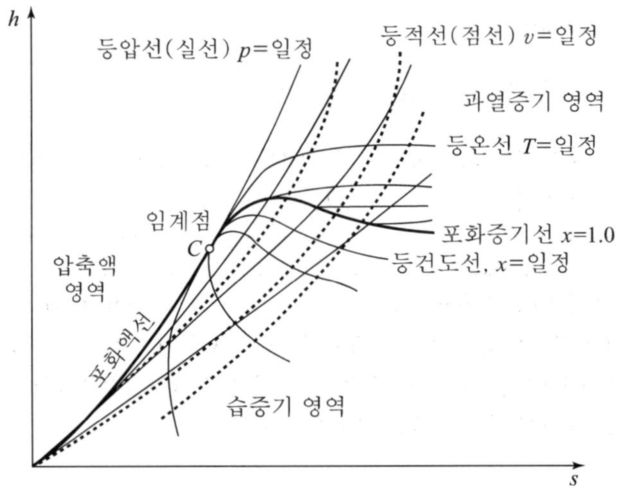

그림 5.5 $h-s$선도의 개요

다음에 그림 5.6은 압력-엔탈피 선도($p-h$선도)로서 $h-s$선도와 달리 임계점이 포화한계선의 정점에 존재한다. T일정의 등온선은 습증기 영역에서 수평선으로 등온이면서 정압상태임을 나타내고 있다. 실선의 경사선은 등엔트로피선(s일정), 점선의 경사선은 정적선(v일정)을 나타내며 습증기 영역 내에 x일정의 등건도선이 1점 쇄선으로 표시되어 정적선보다 기울기가 크다.

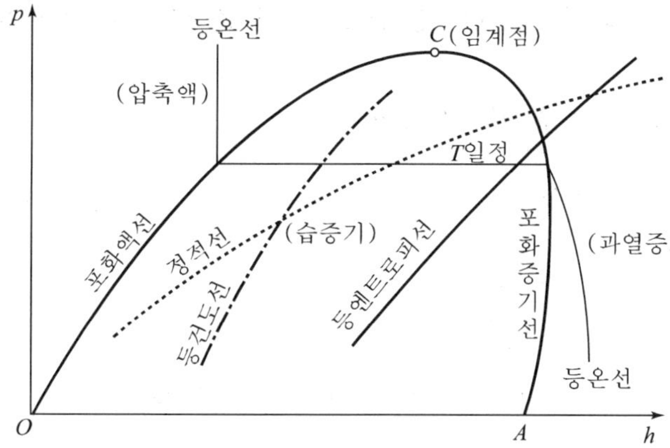

그림 5.6 Mollier선도($p-h$선도)의 구성

5.1.6 증기의 상태변화

증기의 상태변화는 완전가스의 상태변화에서의 가열량, 경계일, 유동일을 구하는 방법과 동일하지만 습증기 영역에서는 건도의 변화를 고려하여 표시해야 한다.

(1) 정압변화

그림 5.7은 증기의 정압변화를 $p-v$, $T-s$, $h-s$, $p-h$선도 상에 표시한 것이다.

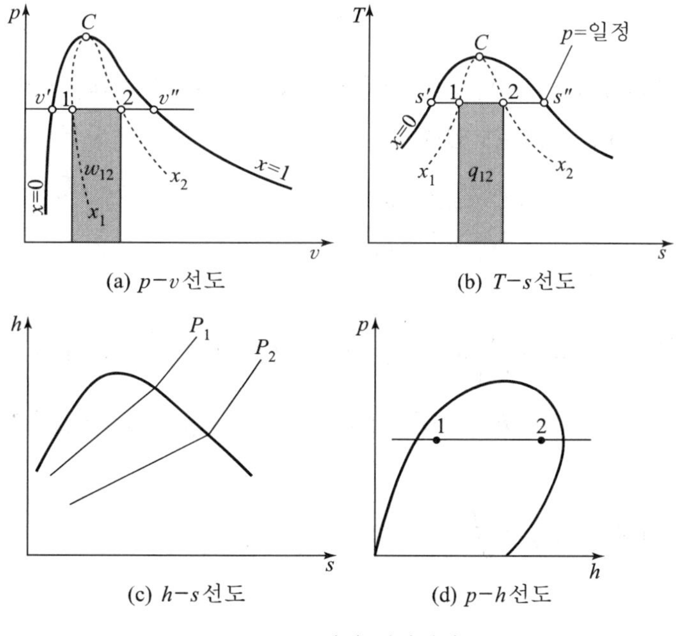

그림 5.7 증기의 정압변화

단위질량의 증기에 대해서 가열량, 경계일, 유동일을 다음과 같이 표시한다.

$$\text{가열량 : } q_{12} = \int_1^2 dh = h_2 - h_1$$
$$= (h_2{}' + x_2 r_2) - (h_1{}' + x_1 r_1) = (x_2 - x_1) r \text{ (습증기 영역)} \quad (5.9)$$

$$\text{경계일 : } w_{b12} = \int_1^2 p dv = p(v_2 - v_1)$$
$$= p(x_2 - x_1)(v'' - v') \text{ (습증기 영역)} \quad (5.10)$$

$$\text{유동일 : } w_f = -\int_1^2 v dp = 0 \quad (5.11)$$

예제 5.6 1.2MPa, 건도 0.3인 습증기 2kg이 있다. 이것을 정압하에서 건포화증기로 하려면 얼마의 열량이 필요한가?

해 1.2MPa의 T_s=187.96°C, h'=798.43, h''=2782.7 kJ/kg

수분은 2×(1−0.3) = 1.4 kg, ∴식 (5.9)로부터

$\therefore Q = m(x_2 - x_1)(h'' - h') = 2 \times (1 - 0.3) \times (2782.7 - 798.43) = 2777.98\text{kJ}$

(2) 정적변화

그림 5.8을 참조하여 $v_1 = v_1{}' + x_1(v_1{}'' - v_1{}')$, $v_2 = v_2{}' + x_2(v_2{}'' - v_2{}')$이므로 최종건도 x_2는 다음 식으로부터 구할 수 있다.

$$x_2 = x_1 \frac{v_1{}'' - v_1{}'}{v_2{}'' - v_2{}'} + \frac{v_1{}' - v_2{}'}{v_2{}'' - v_1{}'} \quad (5.12)$$

$$\text{가열량 : } q_{12} = \int_1^2 du = u_2 - u_1 = (h_2 - h_1) - v(p_2 - p_1)$$
$$= h_2{}' - h_1{}' + x_2 r_2 - x_1 r_1 - v(p_2 - p_1) \text{ (습증기 영역)} \quad (5.13)$$

$$\text{경계일 : } w_{b12} = \int_1^2 p dv = 0 \quad (5.14)$$

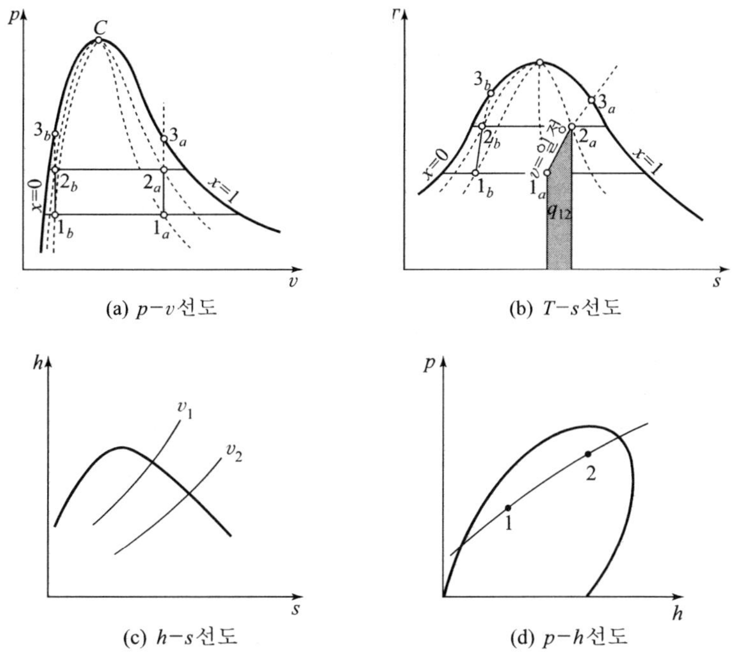

그림 5.8 증기의 정적변화

유동일은 다음과 같다.

$$w_f = -\int_1^2 vdp = -v(p_2 - p_1) \tag{5.15}$$

예제 5.7 압력 5MPa의 건포화증기 1m³를 정적하에서 100°C까지 냉각한다. 최종상태에서 증기의 건도, 압력 및 방출열량을 구하라.

해 비체적이 일정이므로 $v = v_1'' = 0.0394285$ m³/kg

100°C의 포화액 및 건포화증기의 비체적은 $v_2' = 0.00104371$, $v_2'' = 1.673$ m³/kg

$$\therefore x_2 = \frac{v - v_2'}{v_2'' - v_2'} = \frac{0.0394285 - 0.00104371}{1.673 - 0.00104371} = 0.02296$$

100°C의 습증기의 압력은 포화증기표로부터 $p_2 = 101.325$kPa

5MPa의 $h_1'' = 2794.2$ kJ/kg $= h_1$

100°C에서의 엔탈피 $h_2 = h_2' + x_2 r_2 = 419.064 + 0.02296 \times 2256.9 = 470.88$ kJ/kg

∴ 식(5.13)으로부터

$$q_{12} = (h_2 - h_1) - v(p_2 - p_1)$$
$$= (470.88 - 2794.2) - 0.0394285(101.325 - 5 \times 10^3) = -2130.17 \text{ kJ/kg}$$

증기의 질량은 $m = \rho V = \dfrac{V}{v} = \dfrac{1}{0.0394285} = 25.362\text{kg}$

$$\therefore Q_{12} = mq_{12} = 25.362 \times (-2130.17) = -54025.37\text{kJ}$$

---

(3) 등온변화

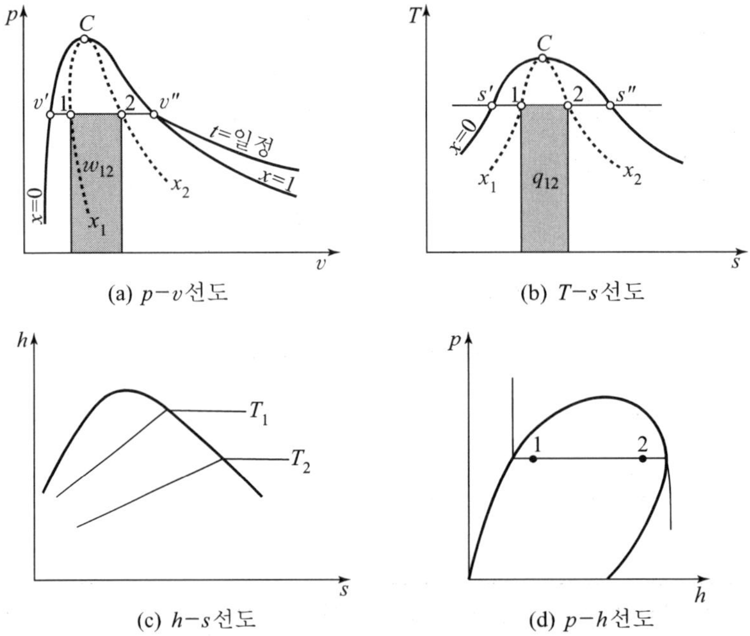

그림 5.9 증기의 등온변화

그림 5.9를 참조하여 습증기 영역(증발이 진행되는 영역)에서는 압력과 온도가 일정한 상태이므로

$$\text{가열량} : q_{12} = \int_1^2 Tds = T(s_2 - s_1) = (x_2 - x_1)r \text{ (습증기 영역)} \tag{5.16}$$

$$\text{경계일} : w_{b12} = \int_1^2 dq - \int_1^2 du = T(s_2 - s_1) - (u_2 - u_1)$$
$$= p(x_2 - x_1)(v'' - v') \text{ (습증기 영역)} \tag{5.17}$$

유동일은 다음과 같다.

$$w_f = \int_1^2 dq - \int_1^2 dh = T(s_2 - s_1) - (h_2 - h_1) = 0 \text{ (습증기 영역)} \tag{5.18}$$

예제 5.8 200°C의 과열증기가 0.5MPa에서 0.1MPa로 등온 팽창한다. 증기에 가한 열량, 내부에너지 변화량, 팽창일(경계일)을 각각 구하라.

해 0.5MPa, 200°C의 상태량은 과열증기표로부터

v_1=0.425 m³/kg, h_1=2855.1 kJ/kg, s_1=7.0592 kJ/kgK

0.1MPa, 200°C의 상태량은 과열증기표로부터

v_2=2.172 m³/kg, h_2=2875.4 kJ/kg, s_2=7.8349 kJ/kgK

$\therefore q_{12} = T(s_2 - s_1) = 473.15 \times (7.8349 - 7.0592) = 367.022\text{kJ/kg}$

$u_2 - u_1 = (h_2 - p_2 v_2) - (h_1 - p_1 v_1) = (h_2 - h_1) - (p_2 v_2 - p_1 v_1)$

$= (2875.4 - 2855.1) - (0.1 \times 10^3 \times 2.172 - 0.5 \times 10^3 \times 0.425) = 15.6\text{kJ/kg}$

$\therefore\ w_{b12} = q_{12} - (u_2 - u_1) = 367.022 - 15.6 = 351.422\text{kJ/kg}$

(4) 단열변화

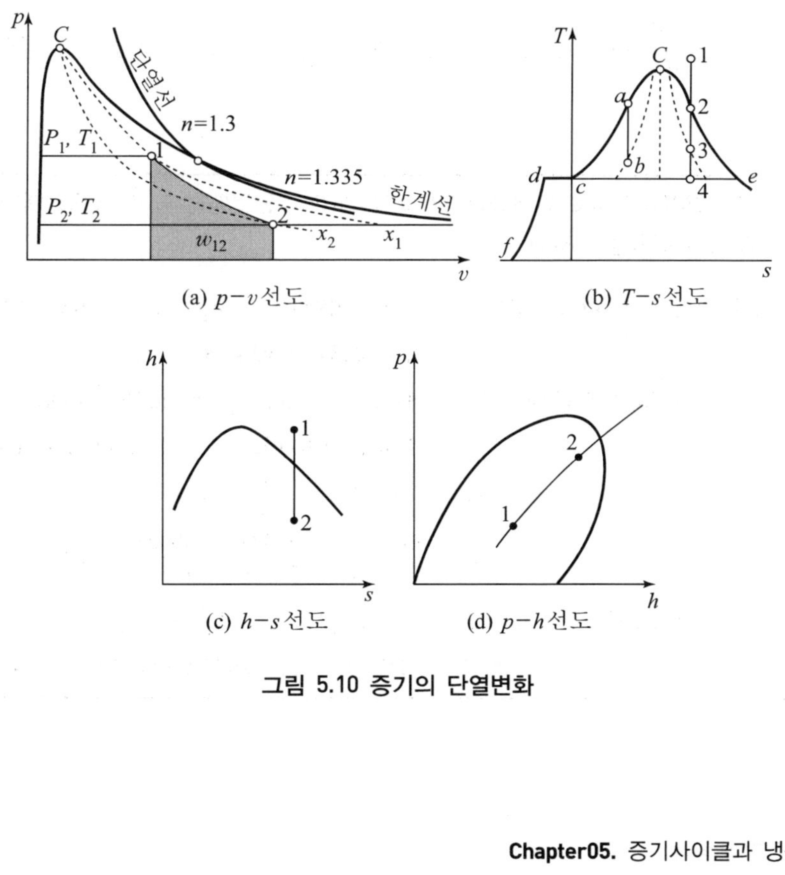

그림 5.10 증기의 단열변화

그림 5.10(a)도인 $p-v$선도 상의 습증기 영역에서 단열팽창과정은 1-2곡선으로 표시되며, 각 점의 엔트로피는

$$s_1 = s_1{}' + x_1 \frac{r_1}{T_1}, \quad s_2 = s_2{}' + x_2 \frac{r_2}{T_2}$$

이므로 $s_1 = s_2$이므로 최종건도 x_2는 다음 식에서 구한다.

$$x_2 = x_1 \frac{s_1{}'' - s_1{}'}{s_2{}'' - s_2{}'} + \frac{s_1{}' - s_2{}'}{s_2{}'' - s_2{}'} = \frac{x_1 r_1 / T_1 + s_1{}' - s_2{}'}{r_2 / T_2} \tag{5.19}$$

$$\text{가열량 : } q_{12} = 0 \tag{5.20}$$

$$\begin{aligned} \text{경계일 : } w_{b12} &= -\int_1^2 du = u_1 - u_2 = (h_1 - h_2) - (p_1 v_1 - p_2 v_2) \\ &= (h_1{}' - h_2{}') + (x_1 r_1 - x_2 r_2) - [p_1 v_1{}' + x_1 (v_1{}'' - v_1{}') \\ &\quad - p_2 v_2{}' + x_2 (v_2{}'' - v_2{}')] \ (\text{습증기 영역}) \end{aligned} \tag{5.21}$$

유동일은 다음과 같다.

$$w_f = -\int_1^2 dh = h_1 - h_2 = (h_1{}' - h_2{}') + (x_1 r_1 - x_2 r_2) \ (\text{습증기 영역}) \tag{5.22}$$

예제 5.9 압력 3MPa, 300°C의 과열증기가 0.1MPa까지 단열팽창 할 때 최종상태의 건도와 공업일(유동일)을 구하라.

해 3MPa, 400°C의 상태량 : v_1 = 0.08116 m³/kg, h_1 = 2995.1 kJ/kg,

s_1 = 6.5422 kJ/kgK

0.1MPa의 상태량 : $h_2{}'$ = 417.51 kJ/kg, $h_2{}''$ = 2675.4 kJ/kg,

$s_2{}'$ = 1.3027 kJ/kgK, $s_2{}''$ = 7.35982 kJ/kgK

$s_2 = s_2{}' + x_2(s_2{}'' - s_2{}') = s_1$이므로

$$x_2 = \frac{s_1 - s_2{}'}{s_2{}'' - s_2{}'} = \frac{6.5422 - 1.3027}{7.35982 - 1.3027} = 0.865$$

식 (5.22)로부터 $w_f = h_1 - h_2 = h_1 - [h_2{}' + x_2(h_2{}'' - h_2{}')]$

$= 2995.1 - [417.51 + 0.865(2675.4 - 417.51)] = 624.515$ kJ/kg

(5) 교축변화

유로의 도중에 오리피스 또는 밸브를 설치하여 유체가 좁은 유로를 통과할 때 외부에 대해서는 일을 하지 않고 압력이 강하하는데, 이와 같은 현상을 **교축**(throttling)이라 하며, 교축 전후의 엔탈피는 일정하다.

그림 5.11의 $h-s$선도상에서는 h=(일정)의 선은 수평선 (1 → 2)로 표시되며 $p-h$선도상에서는 수직선으로 표시된다.

습증기의 건도를 측정하는 장치로서 **교축 열량계**(throttling calorimeter)가 이용되며, 습증기가 교축을 받을 때 건조되는 성질을 이용하여 측정하는 것이다.

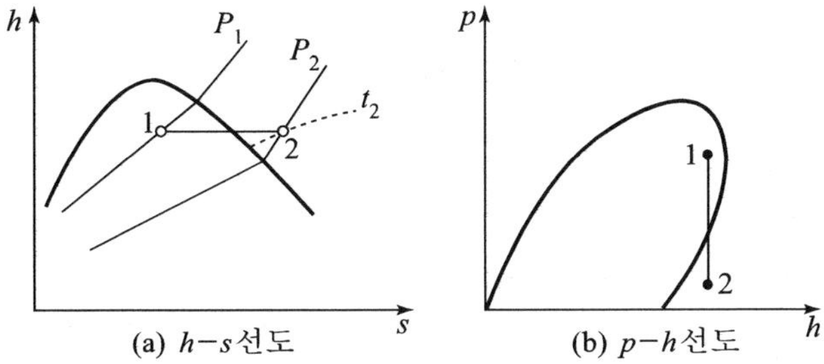

그림 5.11 증기의 교축변화

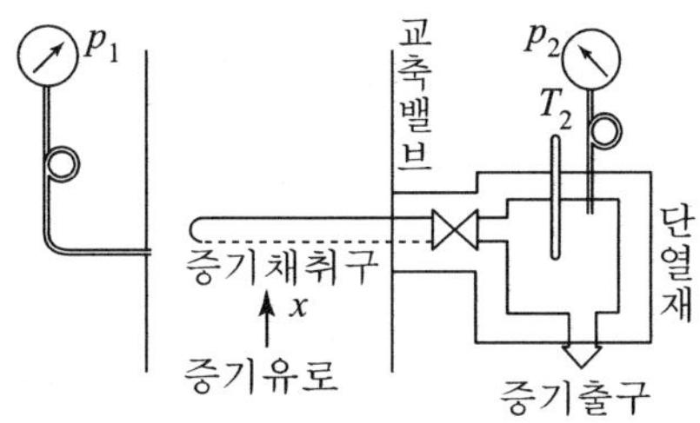

그림 5.12 교축 열량계의 원리

그림 5.12는 교축 열량계의 원리도로서, 증기유로를 흐르는 증기가 교축밸브를 통과하여 교축되면 증기의 습도가 크지 않은 경우에는 교축밸브를 통과한 증기가 과열증기로 되며, 그 상태의 온도 T_2와 압력 p_2를 측정하면 건도를 구할 수 있다.

교축점의 엔탈피 h_1과 교축후의 엔탈피 h_2는 같으므로 건도 x_1은

$$h_1 = h_1{}' + x_1 r_1 = h_2$$

$$\therefore x_1 = \frac{h_2 - h_1{}'}{r_1} \tag{5.23}$$

로부터 구할 수 있다. 즉 h_2는 온도 T_2, 압력 p_2인 과열증기의 엔탈피 h_2, $h_1{}'$ 및 r_1은 압력 p_1의 포화액 엔탈피 및 증발열이며, 이들 값은 교축열량계로부터 p_1, p_2, T_2를 측정하여 증기표로부터 구할 수 있으므로 건도 x_1의 값이 계산된다.

예제 5.10 관내를 0.5MPa로 흐르는 수증기를 교축열량계에 의해 측정한 결과, 압력은 0.1MPa, 120°C이었다. 관내 수증기의 건도는 얼마인가.

해 0.5MPa의 $h_1' = 640.115$ kJ/kg, $h_1'' = 2747.5$ kJ/kgK

0.1MPa, 120°C의 과열증기의 $h_2 = 2716.5$ kJ/kg

$$h_2 = h_1' + x(h_1'' - h_1')$$

$$\therefore \; x = \frac{h_2 - h_1'}{h_1'' - h_1'} = \frac{2716.5 - 640.115}{2747.5 - 640.115} = 0.9853$$

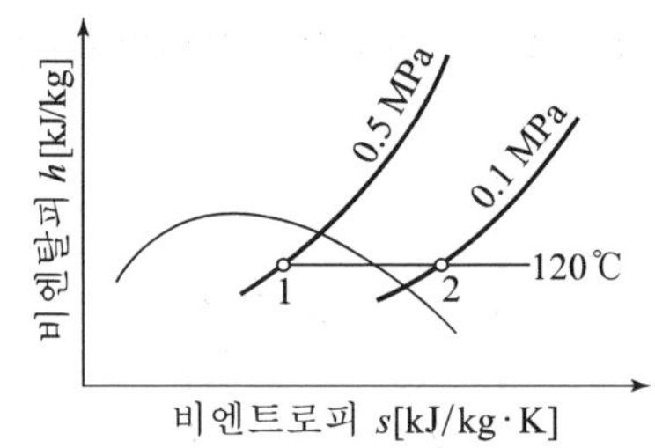

그림 (예제 5.10해)

5.2 냉동사이클

열역학의 주요 응용분야 중의 하나는 열을 저온부로부터 고온부로 이동시켜, 저온부를 이용하는 **냉동기**(refrigerator)와 고온부를 이용하는 **열펌프**(heat pump)가 있으며, 이들이 사이클을 이룰 때 **냉동사이클**(refrigerating cycle)이라 한다. 가장 많이 사용되고 있는 냉동 사이클은 증기 압축식 냉동사이클로서 **냉매**(refrigerant, 冷媒)의 증발과 응축이 순차적으로 일어나며 증기상태로 압축된다.

또, 사이클 전 과정에 걸쳐 냉매가 기체 상태로 작동하는 가스 냉동사이클, 냉매가 압축되기 전에 액체에 용해되는 흡수식(absorption) 냉동사이클이 사용되고 있으며, 이들에 대하여 고찰한다.

5.2.1 성적계수

냉동사이클은 그림 5.13에 표시하는 바와 같이 저온 열원으로부터 열을 흡수하여 고온 열원으로 열을 방출하는 기계의 사이클이다.

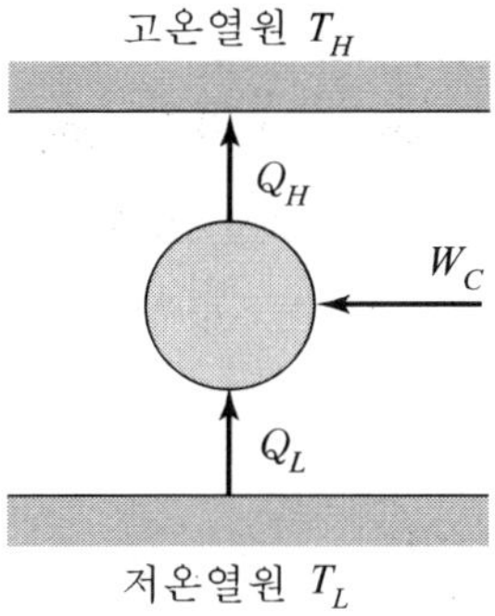

그림 5.13 냉동기, 열펌프의 개념도

이 기계는 열을 저온 열원으로부터 고온 열원으로 이동시키는데, 저온 열원을 냉각시키는 데 목적을 두면 **냉동기**(refrigerator)라 하고, 고온 열원을 가열하는 데 목적을 두면 **열펌프**(heat pump)라 한다. 냉동기와 열펌프를 총칭하여 열펌프라 하기도 하며, 사이클의 작동원리는 어느 경우도 동일하지만 목적이 다를 뿐이다.

냉동기의 성능을 표시하는 방법은 **성적계수**(coefficient of performance, 成績係數) 또는 COP라 하며, 냉동목적 및 가열목적에 따라 성적계수는 각각 다음과 같이 정의된다.

$$\text{냉동기 } COP_R = \frac{Q_L}{W_C} \tag{5.24}$$

$$\text{열펌프 } COP_H = \frac{Q_H}{W_C} \tag{5.25}$$

Q_L은 저온 열원으로부터의 수열량, Q_H는 고온 열원으로의 방열량, W_C는 냉동기 또는 열펌프로 입력되는 정미일(net work input)이다. 위 식들 중 Q_L, Q_H, W_C를 $\dot{Q}_L$, $\dot{Q}_H$, $\dot{W}_C$등으로 치환하여 시간 개념을 포함시킬 수 있다.

식 (5.24)와 식 (5.25)를 비교할 때 Q_L, Q_H의 값이 정해진 값이라면 다음의 관계식이 성립한다.

$$COP_H = COP_R + 1 \tag{5.26}$$

이 관계식은 $COP_R > 0$이므로 $COP_H > 1$이 되며, 열펌프는 적어도 열펌프에 공급한 에너지 이상의 열에너지를 실내에 방열하는 기능을 갖는다는 의미이다. 그러나 실제로는 Q_H의 일부가 배관 및 다른 장치들을 통해 외부로 손실이 일어나고 외부온도가 너무 낮을 때 COP_H의 값이 1이하로 될 수도 있다. 이러한 경우에는 보통 시스템이 전기 난방

형태로 전환된다.

냉동 시스템의 **냉방능력**(cooling capacity) 또는 **냉동능력**은 냉동실로부터의 열 제거율을 의미하며 **냉동톤**(tons of refrigeration) 으로 표시한다. 1냉동톤은 0℃의 물 1톤을 24시간에 0℃얼음으로 만드는 능력을 의미하며, 물의 응고열은 333.7kJ/kg이므로 다음과 같은 값이 된다.

$$1\text{냉동톤} = \frac{333.7 \times 1000}{24 \times 3600} = 3.862[\text{kW}] \tag{5.27}$$

5.2.2 역 Carnot사이클

2개의 일정온도인 열원 사이에 작동하는 냉동사이클 중 가장 성능이 높은 것은 **역 카르노 사이클**(reversed Carnot cycle)이다. 그림 5.14에 표시하는 바와 같이 사이클의 구성은 열기관의 Carnot사이클과 같은 가역사이클이며, 순환하는 방향이 역방향이다. 즉 반시계방향으로 순환한다.

이 사이클은 두 개의 단열과정과 두 개의 등온과정으로 이루어져 있다. 과정 4→1과 2→3은 각각 증발기, 응축기에서 실제로 거의 실현시킬 수 있다. 그러나 1→2과정과 3→4과정은 실현이 불가능하므로 이 사이클은 냉동기의 이상 사이클(ideal cycle)이라 한다.

역 카르노 사이클에서 열의 수수가 일어나는 과정은 2개의 등온과정이다. 각각 저온 열원으로부터 수열하여 고온 열원으로 방열하며, 단위 질량당 열량은 $\delta q = Tds$관계를 적분하면

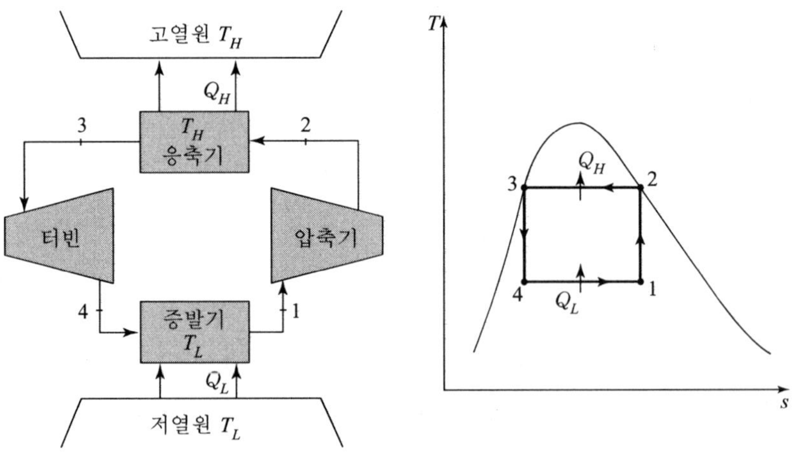

그림 5.14 역 Carnot사이클과 Carnot냉동기

$$수열량\ q_L = T_L(s_1 - s_3) \tag{5.28}$$

$$방열량\ q_H = T_H(s_1 - s_3) \tag{5.29}$$

이 된다. 입력일 w_C는 식 (5.29)와 식 (5.28)의 차이므로 Carnot 냉동기 및 Carnot 열펌프의 성적계수는 각각 다음과 같다.

$$\text{Carnot 냉동기}\ COP_R = \frac{T_L}{T_H - T_L} \tag{5.30}$$

$$\text{Carnot 열펌프}\ COP_H = \frac{T_H}{T_H - T_L} \tag{5.31}$$

로 되어 열원의 온도만으로 표시할 수 있다.

5.2.3 증기 압축식 냉동사이클

그림 5.15는 증기 압축식 냉동기의 배치도 및 $T-s$선도이며, 압축기(compressor), 응축기(condenser), 팽창밸브(expansion valve), 증발기(evaporator)의 4가지 주요부로 구성된다. 그림 5.16에는 증기압축식 냉동기의 $T-s$선도와 $p-h$선도를 비교하여 나타내었다.

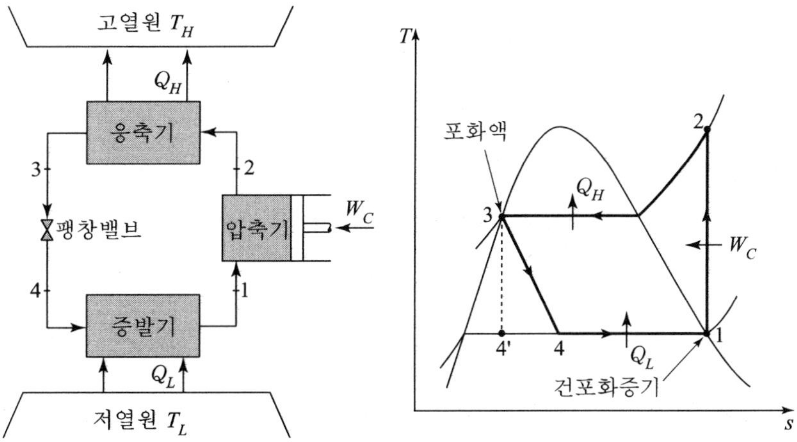

그림 5.15 증기압축식 냉동기와 $T-s$선도

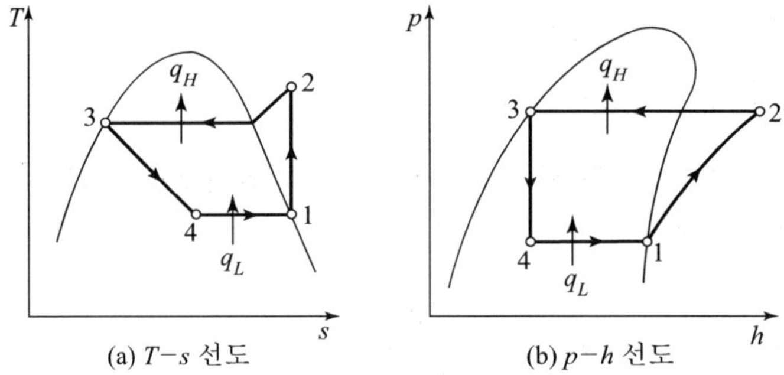

그림 5.16 증기압축식 냉동사이클

냉매의 건포화증기 상태 1을 압축기에서 상태 2까지 단열압축하고, 그것을 응축기에서 p_2의 정압 하에 열량 q_H를 고열원에 방열하여 포화액 상태 3이 된다. 그 포화액은 팽창밸브에 의해서 압력 p_2로부터 $p_1(=p_4)$까지 교축 팽창시켜 등엔탈피 변화 3→4과정을 수행한다. 상태 4는 기액 혼합물(습증기)의 상태이며 증발기로 들어가 압력 p_1하에서 증발하여 저열원으로부터 열량 q_L을 흡수한 후 상태 1로 되돌아간다. 따라서 각 과정을 정리하면 다음과 같다.

1 → 2 : 가역 단열압축 (압축기)
2 → 3 : 정압(등온)방열 (응축기)
3 → 4 : 교축팽창(등엔탈피 변화) (팽창밸브)
4 → 1 : 정압(등온)흡열 (증발기)

다음에 단위 질량에 대하여 출입하는 열량과 소요 일을 구해보자.

응축기(2 → 3)에서 고열원으로의 방열량 q_H[kJ/kg]은 정압과정이므로 엔탈피의 차로 표시된다.

$$q_H = h_2 - h_3 \tag{5.32}$$

증발기(4 → 1)에서 저열원으로부터의 수열량은

$$q_L = h_1 - h_4 = h_1 - h_3 \tag{5.33}$$

이 되며, 압축기(1 → 2) 소요일 w_C[kJ/kg]는 단열압축이므로 엔탈피의 차로 나타낼 수 있다.

$$w_C = h_2 - h_1 \tag{5.34}$$

따라서 냉동기의 성적계수(COP_R) 및 열펌프의 성적계수(COP_H)는 각각 다음과 같다.

$$COP_R = \frac{q_L}{w_C} = \frac{h_1 - h_4}{h_2 - h_1} = \frac{h_1 - h_3}{h_2 - h_1} \tag{5.35}$$

$$COP_H = \frac{q_H}{w_C} = \frac{h_2 - h_3}{h_2 - h_1} \tag{5.36}$$

실제 압축기의 압축과정에서는 가역 단열이 아니므로 압축기의 단열압축효율 η_{ad}, 기계효율을 η_m이라 하면 냉동기의 소요동력 $\dot{W}_C$[kW]는 다음과 같다.

$$\dot{W}_C = \frac{\dot{m} w_C}{\eta_{ad} \cdot \eta_m} = \frac{\dot{m}(h_2 - h_1)}{\eta_{ad} \cdot \eta_m} \tag{5.37}$$

또, 냉동기의 냉동능력(또는 냉동효과) $\dot{Q}_L$[kJ/s] 및 열펌프의 난방능력 $\dot{Q}_H$[kJ/s]는 다음과 같다.

$$\dot{Q}_L = \dot{m} q_L = \dot{m}(h_1 - h_4) \tag{5.38a}$$

$$\dot{Q}_H = \dot{m} q_H = \dot{m}(h_2 - h_3) \tag{5.38b}$$

여기서 $\dot{m}$은 냉매의 순환유량[kg/s]이다.

증기 압축식 냉동사이클의 냉매로서, 불소탄화수소계(fluorocarbon, 弗素炭化水素系)가 사용되고 있다. 이것은 메탄 CH_4와 에탄 C_2H_6 등 탄화수소 중 수소 H는 불소 F 또는 염소 CL로 치환한 물질의 총칭이며, 분자중의 수소 전부를 불소 또는 염소(鹽素)로 치환한 것을 CFC라 한다. CFC는 성층권 오존층 파괴물질로서 1996년에 전폐되었다. 탄소 외에 불소, 염소, 수소를 포함하는 것을 $HCFC$, 불소와 수소를 포함한 것을 HFC라 한다. 염소를 포함하는 $HCFC$도 성층권 오존층을 파괴하는 물질로서 국제적인 규제를 받고, 염소를 포함하지 않는 냉매 HFC로 전환이 진행되고 있다. 최근에는 순 물질 냉매 외에 복수의 HFC를 혼합한 혼합냉매와 이산화탄소나 암모니아 등의 물질도 냉매로서 사용되게 되었다.

표 5.2에 주요 냉매의 기본 물성을 표시하였다. 또한 부록에는 암모니아의 포화증기표(부록 14) 및 $p-h$선도(부록 15), R-134a의 포화증기표(부록 11), 압축액 및 과열증기표(부록 12), $p-h$선도(부록 13)를 수록하였다.

표 5.2 주요냉매의 열물성치

	냉매	화학식	비등점 (°C)	임계 온도 (°C)	임계 압력 (MPa)	LT (년)	ODP	GWP	가연성
순물질	CFC-11	CCL_3F	23.7	198.1	4.41	75	1.0	4000	불연
	CFC-12	CCL_2F_2	−29.8	111.8	4.12	111	1.0	8500	불연
	HCFC-22	$CHCLF_2$	−40.8	96.2	4.99	15	0.055	1700	불연
	HCFC-123	$CHCL_2CF_3$	27.7	183.7	3.67	1.6	0.02	93	불연
	HCFC-141b	CH_3CCL_2F	32.2	204.2	4.25	8	0.11	630	6.5～15.5
	HCFC-142b	CH_3CCLF_2	−9.3	137.2	4.12	19	0.065	2000	7.8～16.8
	HFC-23	CHF_3	−82.0	25.9	4.82	260	0	11700	불연
	HFC-32	CH_2F_2	−51.7	78.4	5.83	5.0	0	650	13.6～28.4
	HFC-125	CHF_2CF_3	−48.5	66.3	3.63	29	0	2800	불연
	HFC-134a	CH_2FCF_3	−26.2	101.2	4.07	13.8	0	1300	불연
	HFC-143a	CH_3CF_3	−47.3	73.1	3.81	52	0	3800	8.1～21.0
	HFC-152a	CH_3CHF_2	−25.0	113.5	4.49	1.4	0	140	4.0～19.6
	이산화탄소	CO_2	−78.4	31.06	7.38	−	0	1	불연
	암모니아	NH_3	−33.4	132.5	11.28	−	0	0	1.6～28
	프로판	C_3H_8	−42.1	96.7	4.25	−	0	3	2.3～9.5
	이소부탄	C_4H_{10}	−11.7	135.0	3.65	−	0	3	1.8～8.4
혼합물	R404A	HFC-125/143a/134a	−46.8	72.0	3.72	−	0	3300	불연
	R407C	HFC-32/125/134a	−43.6	85.6	4.61	−	0	1500	불연
	R410A	HFC-32/125	−51.6	71.5	4.92	−	0	1700	불연

LT : 대기권의 수명
ODP(Ozone Depletion Potenial) : 오존파괴 지수
GWP(Global Warming Potenial) : 지구온난화 지수

예제 5.11 R-134a냉매를 사용하는 냉동기가 증기압축식 냉동사이클로서 0.14MPa과 0.8MPa사이에서 작동하고 있다. 냉매의 질량유량이 0.08kg/s일 때 (1) 저열원으로부터 흡수하는 열량과 압축기 입력동력, (2) 고열원으로 방출하는 열량, (3) 냉동기의 성적계수를 각각 구하라.(그림 예제 5.11참조)

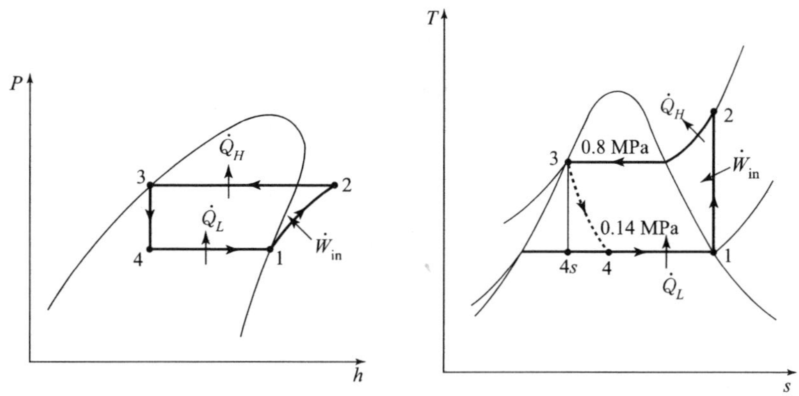

그림 (예제 5.11)

해 부록 11로부터 (R-134a표)

$p_1 = 0.14\text{MPa} \rightarrow h_1 = h'' = 387.32\text{kJ/kg}, \quad s_1 = s'' = 1.7402\text{kJ/kgK}$

$p_2 = 0.8\text{MPa}(s_2 = s_1)$: 부록 12로부터 보간법을 이용하면

$$h_2 = 419.37 + (424.59 - 419.17) \times \frac{1.7402 - 1.7268}{1.7436 - 1.7268} = 423.53\text{kJ/kg}$$

부록 11로부터 $p_3 = 0.8\text{MPa}(h_4 = h_3) \rightarrow h_3 = h' = 243.65\text{kJ/kg} = \text{h}_4$

(1) $\dot{Q}_L = \dot{m}q_L = \dot{m}(h_1 - h_4) = 0.08 \times (387.32 - 243.65) = 11.494\text{kW}$

$\dot{W}_{in} = \dot{W}_c = \dot{m}(h_2 - h_1) = 0.08 \times (423.53 - 387.32) = 2.897\text{kW}$

(2) $\dot{Q}_H = \dot{m}q_H = \dot{m}(h_2 - h_3) = 0.08 \times (423.53 - 243.65) = 14.39\text{kW}$

또는 $\dot{Q}_H = \dot{Q}_L + \dot{W}_{in} = 11.494 + 2.897 = 14.391\text{kW}$

(3) $COP_R = \dfrac{\dot{Q}_L}{\dot{W}_{in}} = \dfrac{11.494}{2.897} = 3.968$

5.2.4 2단 압축 증기 압축식 냉동사이클

냉동기에서 아주 낮은 냉동온도가 요구되는 경우에는 압축기의 압축비가 커지며, 단단(單段)의 압축기에서는 압축말의 온도가 높아지고 체적효율이 저하하므로 냉매의 압축을 다단(多段)으로 한다. 이 경우에는 압축기 사이에 중간 냉각기를 설치하며 따라서 압축말의 온도가 낮아진다. 이와 같이 압축팽창을 여러 단으로 나누어 행하는 사이클을 **다단**

압축 사이클(multi-stage compression cycle)이라 한다.

그림 5.17은 2단 압축 냉동사이클의 구성도이며, 그림 5.18은 이 사이클의 $T-s$선도 및 $p-h$선도를 표시한다.

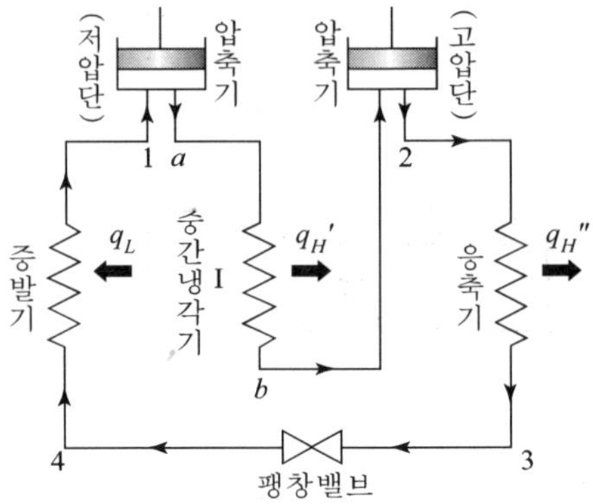

그림 5.17 2단 압축(중간 냉각) 냉동기의 구성도

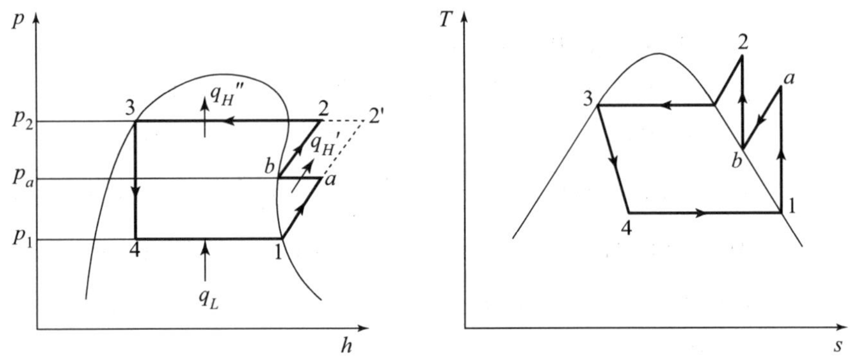

그림 5.18 2단 압축(중간 냉각) 사이클

그림 5.18로부터, 저압 압축기에서 압력 p_1으로부터 p_a까지 압축한 후, 과열증기인 냉매를 중간 냉각기에서 p_a의 정압 하에 건포화증기가 될 때까지 냉각하여 p_a로부터 p_2까지 고압 압축기에서 압축한다. 이와 같이 하면 압축 말(상태 2)의 과열온도가 낮아져 응축기에서의 방열량 $q_H{}''$ 를 감소시키고 압축기의 소요 동력이 감소하며, 따라서 성적계수가 증대한다. 이때 중간 압력 p_a는 일반적으로 다음과 같이 정한다.

$$p_a = \sqrt{p_1 \cdot p_2} \tag{5.39}$$

이 사이클에서 저열원에서의 흡열과정은 4→1의 정압과정이며 냉동효과 q_L[kJ/kg]은

$$q_L = h_1 - h_4 = h_1 - h_3 \tag{5.40}$$

이며, 고열원으로의 전 방열량 q_H[kJ/kg]은 중간 냉각기(a→b)에서의 방열량 $q_H{}'$와 응축기(2→3)에서의 방열량 $q_H{}''$의 합으로 다음과 같이 표시된다.

$$q_H = q_H{}' + q_H{}'' = (h_a - h_b) + (h_2 - h_3) \tag{5.41}$$

압축기 소요일 w_C [kJ/kg]는 저압 압축기(1 → a)와 고압 압축기(b → 2)의 소요일의 합이므로

$$w_C = (h_a - h_1) + (h_2 - h_b) \tag{5.42}$$

따라서 성적계수는 다음과 같다.

$$COP_R = \frac{q_L}{w_C} = \frac{h_1 - h_4}{(h_a - h_1) + (h_2 - h_b)} \tag{5.43}$$

예제 5.12 R-134a를 냉매로 하는 2단 압축 냉동 사이클에서, 증발온도 -30℃, 응축온도 30℃인 경우의 성적계수를 구하라. 단, 중간냉각기(0.24MPa)에서 건포화증기까지 냉각한 후 고압 압축기로 들어간다.

해 R-134a의 포화증기표(부록 11)로부터

-30℃의 $h'' = h_1 = 380.32\text{kJ/kg}$, $s_1 = 1.7515\text{kJ/kgK}$

-30℃의 포화압력 $p_1 = 84.38\text{kPa}$, 30℃의 포화압력 $p_2 = 770.2\text{kPa}$

R-134a의 과열증기표(부록 12)에서 보간법에 의해 $p_a = 0.24\text{MPa}$의

$$h_a = 400.11 + (404.45 - 400.11) \times \frac{1.7515 - 1.7475}{1.7633 - 1.7475} = 401.21\text{kJ/kg}$$

또 포화증기표에서

$p_a = 0.24\text{MPa}$의 $h'' = h_b = 395.44\text{kJ/kg}$, $s_b = 1.7303\text{kJ/kgK}$

R-134a의 p-h선도에서 $s_b = 1.7303\text{kJ/kgK}$의 등엔트로피선과 $p_2 = 0.77\text{MPa}$의 수평선과의 교점의 $h_2 = 433.9\text{kJ/kg}$, 포화증기표(부록 11)에서

$h_4 = h_3 = 241.72\text{kJ/kg}$

식 (5.43)으로부터 $COP_R = \dfrac{q_H}{w_C} = \dfrac{h_1 - h_4}{(h_a - h_1) + (h_2 - h_b)}$

$$= \frac{380.32 - 241.72}{(401.21 - 380.32) + (433.9 - 395.44)} = 2.335$$

5.2.5 다효 증기압축식 냉동사이클

다효사이클(multiple effect cycle)의 구성도는 그림 5.19와 같으며, 그 사이클은 그림 5.20과 같다.

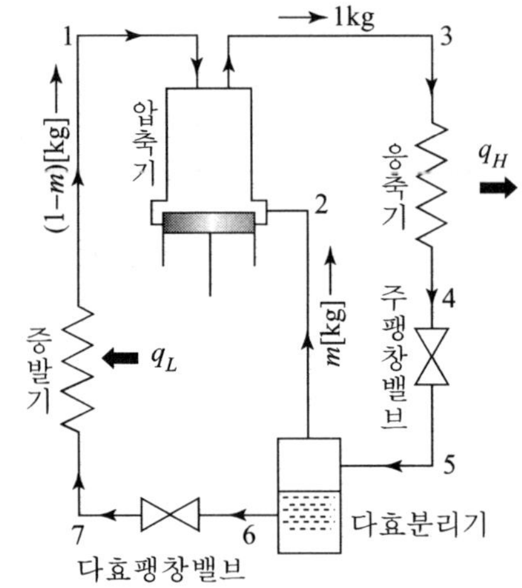

그림 5.19 다효사이클로 작동하는 냉동기의 구성도

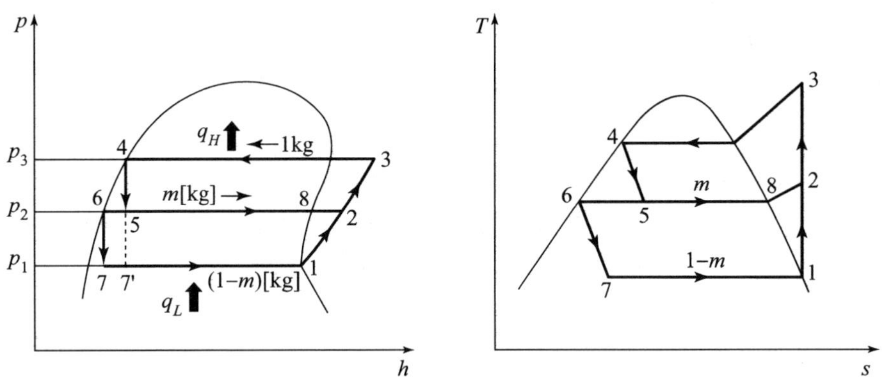

그림 5.20 다효사이클

그림 5.20으로부터, 압축기에서 압력 p_3까지 압축된 과열증기가 응축기에서 포화액의 상태(상태 4)까지 p_3의 정압하에서 응축(3→4)한 후, 주 팽창밸브에서 중간압력 p_2까지 교축(4→5)되어 습증기 상태(상태 5)가 된다. 그 습증기는 다효 분리기(multiple effect seperator)에서 액체와 증기로 분리되어 액체부분 $(1-m)$[kg]은 다효 팽창밸브에서 압력 p_1까지 교축팽창(6→7)하여 증발기에서 흡열한 후 압축기로 되돌아가므로 상태 1로 된

다. 한편, 다효 분리기에서 분리된 m[kg]의 기체부분은 중간압력 p_2하에서 압축기로 되돌아가서 압축기에서 압축중인 (1-m)[kg]의 증기와 혼합하여 상태 3까지 압축된다. 이 과정은 5-8-2-3의 과정에 해당한다.

이 사이클은 증발기로 유입하는 냉매량이 감소하지만, 증발기 입구에서의 증기건도가 감소하여 냉동효과가 증대하는 사이클이다.

이 사이클의 냉동효과 q_L[kJ/kg]은 7 → 1과정이 정압과정이므로

$$q_L = (1-m)(h_1 - h_7) \tag{5.44}$$

이며, 압축기 소요일 w_c[kJ/kg]는 1 → 2에서는 (1-m)[kg], 2 → 3에서는 1kg의 냉매가 각각 단열압축하므로

$$w_c = (1-m)(h_2 - h_1) + (h_3 - h_2) \tag{5.45}$$

이 되므로 성적계수는 다음과 같다.

$$COP_R = \frac{q_L}{w_c} = \frac{(1-m)(h_1 - h_7)}{(1-m)(h_2 - h_1) + (h_3 - h_2)} \tag{5.46}$$

5.2.6 흡수 냉동사이클

증기 압축식 냉동사이클에서는 전기로 구동시키는 압축기에 의해 저압증기를 고압증기로 변환하지만, 열에너지를 이용하여 이 압축기를 구동시키는 것이 **흡수 냉동사이클**(absorption refrigeration cycle)이다.

그림 5.21은 흡수 냉동사이클의 원리를 증기 압축식과 비교하여 나타내었다. 증기 압축식 냉동사이클과 마찬가지로 증발기와 응축기를 갖고 있으며, 증기 압축식 냉동사이클에서는 증기를 압축하기 위해 압축기를 이용하고 있지만, 흡수 냉동사이클에서는 냉매증기를 액체상태의 흡수제로 흡수시켜 액 펌프에서 승압하고 있다. 이 액체의 순환경로를 순환하는 물질을 **흡수제**(absorbent)라 한다.

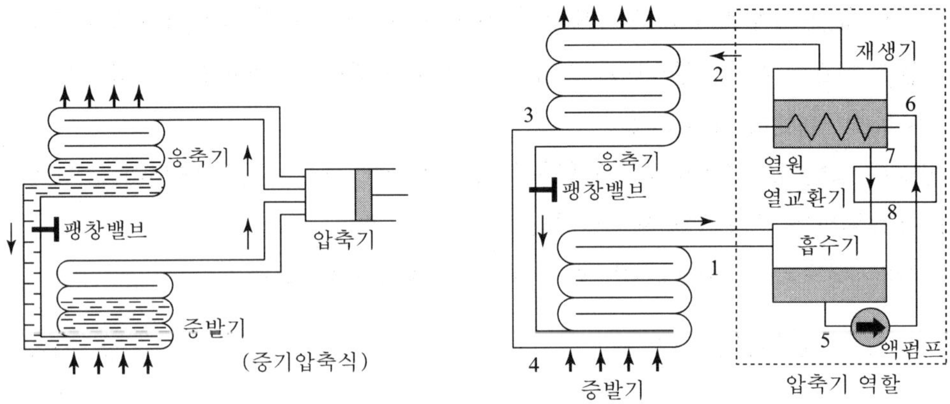

그림 5.21 단효용 흡수냉동 사이클

흡수제는 흡수기에서 증발기에 있는 냉매증기를 흡수한다. 흡수제와 냉매의 혼합용액은 비등점이 높아지며, 흡수기(absorber)의 온도는 증발기의 온도(3~4℃)보다 높게 할 수 있어서 흡수할 때 발생하는 냉매의 응축잠열은 상온의 냉각수에 의해 제거된다. 흡수기에서 증기를 흡수하여 희석된 흡수제는 펌프에 의해 승압되며 재생기(generator)에서 가열·농축된다. 이 가열에 열에너지가 사용되며, 증발하여 나온 고압 냉매증기는 응축기로 보내진다. 재생기로부터 흡수기로 돌아오는 흡수제는 온도가 높으므로 그 에너지를 유용하게 사용하기 위해 용액 열교환기(solution heat exchanger)에서 흡수기로부터 재생기로 보내지는 저온의 흡수제를 가열한다. 냉매는 응축기로부터 팽창밸브를 통해 증발기로 유입하며, 저온 열원으로부터 열을 흡수하여 증발한다.

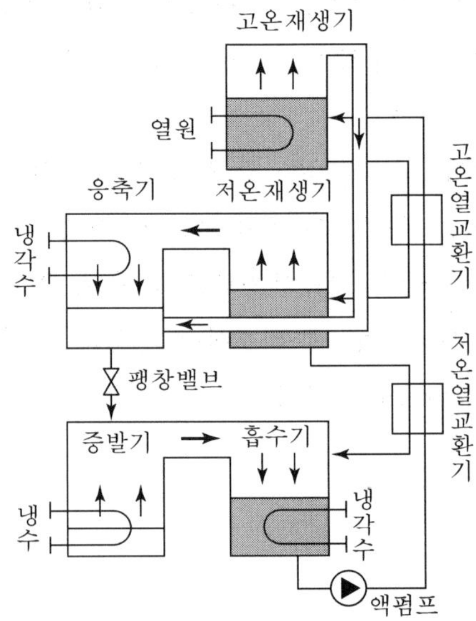

그림 5.22 2중 효용 흡수냉동 사이클

그림 5.21은 가장 간단한 구조의 **단효용 흡수냉동기**(單效用 吸收冷凍機)이며, 그림 5.22는 사이클의 효율을 높이기 위해 개량된 **2중 효용 흡수냉동기**의 구조이다.

그림 5.21에 있어서, 재생기에서 발생한 고압증기의 열에너지가 응축기에서 냉각수에 버려지는 것은 유효하게 이용되지 못한다.

그림 5.22에서는 고온 재생기(high temperature generator)에서 발생한 냉매증기의 응축잠열을 온도가 낮은 저온 재생기(low temperature generator)에서의 열원으로 이용하고 있다. 고온 재생기에서 발생한 고온증기는 저온 재생기에서 응축되고, 냉매액은 응축기로 유입한다. 저온 재생기에서 발생한 저온의 증기는 응축기에서 응축되어 팽창밸브를 통해 증발기로 보내진다. 단효용 사이클에 비해 2중 효용 사이클의 가열량으로 증기를 2회 발생시킬 수 있으므로 이상적으로는 성적계수가 2배로 된다.

흡수 냉동사이클에 이용되는 작동물질에는, 물-취화리튬계, 암모니아-물계가 있다. 물-취화리튬계에서는 물이 냉매, 취화리튬이 흡수제의 역할을 하며, 대형 건물의 냉방 전용기로 널리 이용되고 있다. 물은 0℃이하에서는 응고되므로(얼음) 0℃이하가 되는 외기로부터 흡열하는 열펌프로서는 사용할 수 없다. 열펌프로서 이용하기 위해서는 암모니아-물계 등의 0℃이하에서도 빙결하지 않는 냉매를 작동물질로 이용해야 한다.

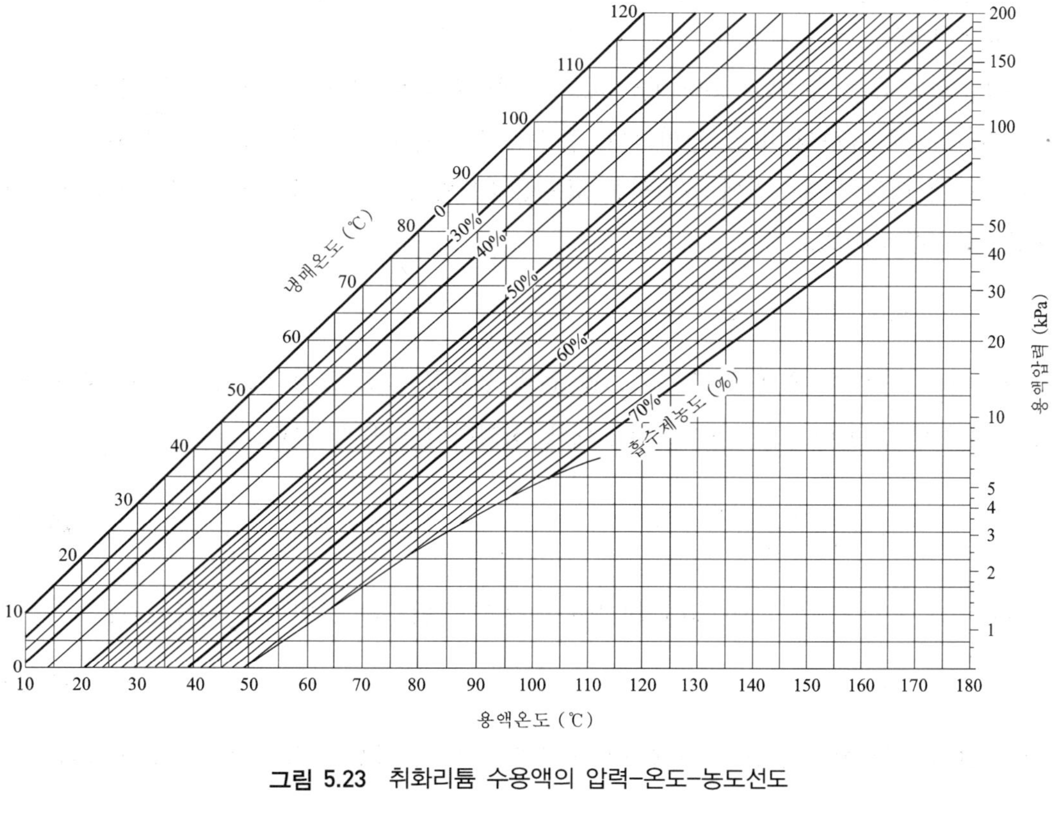

그림 5.23 취화리튬 수용액의 압력-온도-농도선도

그림 5.23은 물-취화리튬계의 압력-온도선도를 나타낸다. 취화리튬의 농도에 따라 비등점 상승의 정도가 다르므로 선도 내에는 취화리튬의 농도선이 그려져 있다.

그림 5.24에 단효용 흡수냉동사이클의 압력-온도선도의 대표적인 예를 나타낸다. 상태 점은 아래와 같이 정의한다.

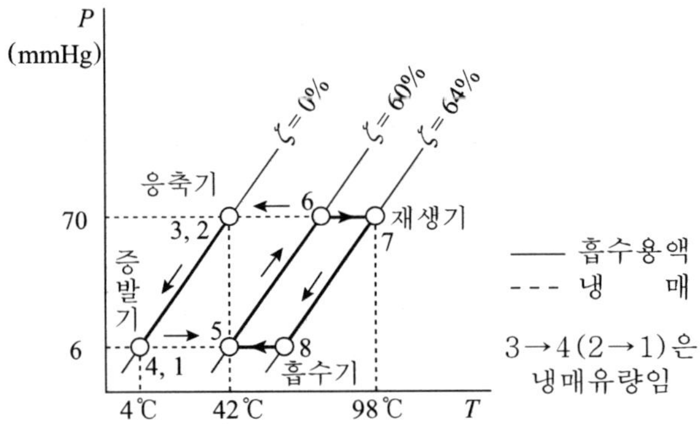

그림 5.24 단효용 흡수사이클

1 : 증발기 출구, 2 : 응축기 입구, 3 : 응축기 출구, 4 : 증발기 입구, 5 : 흡수기 출구, 6 : 재생기 입구, 7 : 재생기 출구, 8 : 흡수기 입구

용액순환비 α를 응축기, 증발기를 흐르는 냉매유량에 대한 흡수기로부터 재생기로 흐르는 흡수용액 유량의 비로 정의하여, 흡수기에서 흡수제의 질량보존을 고려하면 단위 냉매유량에 대하여 흡수기에 유입하는 흡수용액유량은 $\alpha-1$, 흡수기로부터 유출하는 흡수용액유량은 α이므로

$$(\alpha-1)\zeta_7=\alpha\zeta_5$$

로 표시된다. 단, 희 용액 농도를 ζ_5, 농 용액 농도를 ζ_7로 표시하였다. 농도란 흡수용액 중에 흡수제 질량농도를 말한다. α에 대해 정리하면 다음과 같다.

$$\alpha=\frac{\zeta_7}{\zeta_7-\zeta_5} \tag{5.47}$$

증발기에서 단위 냉매증발량에 대하여 열량을 고려하면 증발기의 냉동효과는

$$q_{41}=h_1-h_4 \tag{5.48}$$

이다. 한편, 재생기에 공급할 열에너지의 량은 증기의 발생과 용액의 농축고온화의 양쪽

을 고려해야 하므로

$$q_{67} = h_2 - h_6 + (\alpha - 1)(h_7 - h_6) \tag{5.49}$$

따라서 냉방 성적계수는 다음과 같이 나타낼 수 있다.

$$COP_R = \frac{q_{41}}{q_{67}} = \frac{h_1 - h_4}{h_2 - h_6 + (\alpha - 1)(h_7 - h_6)} \tag{5.50}$$

암모니아-물계는 냉매가 암모니아, 흡수제가 물이다. 암모니아의 3중점은 -77℃이므로 난방 시에 응고할 우려는 없어서 열펌프로서도 사용할 수 있지만, 물-취화리튬계에 비해 냉방 성적계수가 낮은 단점이 있다.

5.3 증기동력 사이클

증기동력 사이클(vapor power cycle)은 고온 고압의 증기가 갖는 에너지를 터빈에 의해 기계적 일로 변화시키는 열기관이며, 작동물질이 기체와 액체 사이를 상변화하면서 순환한다. 화력 발전소에서는 천연가스(LNG), 석유, 석탄 등을 보일러에서 연소시켜 고온 고압의 수증기를 발생시키며, 원자력 발전소에서는 원자로에서 핵분열 에너지를 이용하여 수증기를 발생시키고 있어서 그 수증기를 발생시키는 방법이 다를 뿐, 수증기로부터 기계적 일을 얻는 원리는 같다.

구성요소는 증기를 발생시키는 보일러, 증기를 팽창시켜 일을 얻는 증기터빈, 증기를 냉각하여 응축(복수)시키는 복수기, 복수기에서 응축된 물을 다시 보일러로 압송하기 위해 가압하는 급수펌프의 4개의 구성요소를 갖는 사이클이다.

기본 사이클인 Rankine사이클, 열효율을 증대시키는 재열, 재생, 재열·재생 사이클에 대하여 고찰한다.

5.3.1 Rankine사이클

Rankine사이클은 증기동력터빈의 기본 사이클이다. 그림 5.25에 기본적인 구성요소를 나타내었으며, 보일러, 터빈, 복수기, 급수펌프로 구성되어 있다.

저압의 액체는 펌프에 의해 가역 단열 압축되어 고압의 압축액으로 되며(상태 3 → 4)

보일러에서 정압 가열되어 고온 고압의 증기로 된다.(4 → 1). 그 후 터빈에서 가역 단열 팽창하여 동력을 발생시키고 저압의 습증기로 되며(1 → 2), 그 습증기는 복수기에서 정압 냉각되어 저압의 포화액으로 되돌아간다(2 → 3). 이 과정을 $T-s$선도 및 $h-s$선도에 표시하면 그림 5.26과 같다.

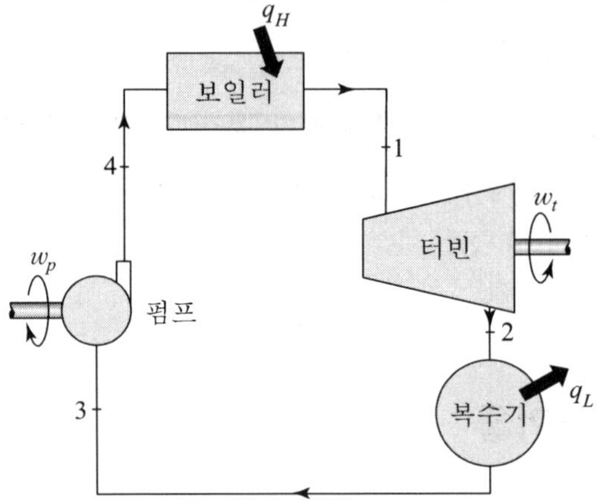

그림 5.25 Rankine사이클의 구성요소

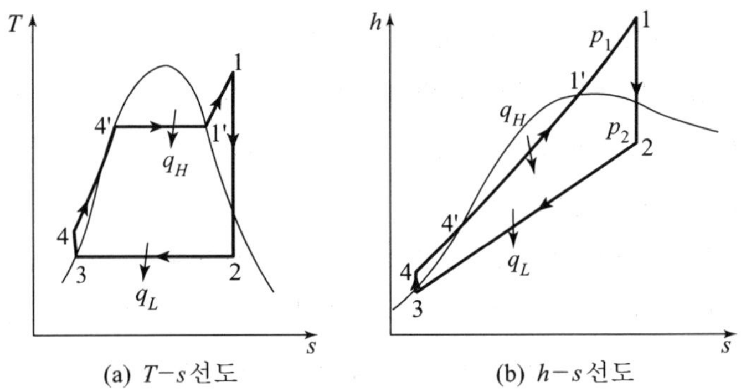

그림 5.26 Rankine사이클

Rankine사이클의 각부에서 출입하는 열량과 일량은, 각 요소의 전후에서의 엔탈피차로 표시할 수 있으므로 단위질량에 대하여 표시한다.

보일러에서의 가열량 q_H[kJ/kg]은 정압과정(4 → 1)에서

$$q_H = \int_4^1 dh = h_1 - h_4 \tag{5.51}$$

복수기에서의 방열량 q_L[kJ/kg]은 정압과정(2 → 3)에서

$$q_L = -\int_2^3 dh = h_2 - h_3 \tag{5.52}$$

또, 터빈일(1→2) w_t[kJ/kg] 및 펌프 소요일(3 → 4) w_p[kJ/kg]은 각각 다음과 같이 된다.

$$w_t = -\int_1^2 dh = h_1 - h_2 \tag{5.53}$$

$$w_p = \int_3^4 dh = h_4 - h_3 = v_3(p_1 - p_2),\ (v_3 \fallingdotseq v_4) \tag{5.54}$$

따라서 1사이클이 하는 정미일 $w_{\neq t}$[kJ/kg]는

$$\begin{aligned} w_{\neq t} &= w_t - w_p = (h_1 - h_2) - (h_4 - h_3) \\ &= (h_1 - h_4) - (h_2 - h_3) = q_H - q_L \end{aligned} \tag{5.55}$$

이 되며, Rankine사이클의 이론 열효율은 다음과 같이 표시된다.

$$\eta_R = \frac{w_{net}}{q_H} = \frac{(h_1 - h_2) - (h_4 - h_3)}{h_1 - h_4} = \frac{(h_1 - h_2) - (h_4 - h_3)}{(h_1 - h_3) - (h_4 - h_3)} \tag{5.56}$$

식 (5.56)의 $(h_4 - h_3)$은 급수펌프 소요일이며, 이 펌프일을 무시할 있는 경우, 즉 $h_3 \fallingdotseq h_4$인 경우에는 다음과 같이 된다.

$$\eta_R = \frac{h_1 - h_2}{h_1 - h_3} \tag{5.57}$$

여기서, 펌프의 가압과정 3 → 4는 단열압축과정이지만 물을 비압축성 유체로 간주하여 정적과정($v_3 \fallingdotseq v_4$)으로 생각하면 그림 5.26의 3 → 4과정은 근사적으로 다음 관계가 성립한다.(식 5.54참조)

$$w_p = \int_3^4 v dp \fallingdotseq v_3(p_1 - p_2) \fallingdotseq (h_4 - h_3) \tag{5.58}$$

따라서 식 (5.56)은 다음과 같이 계산할 수 있다.

$$\eta_R = \frac{(h_1 - h_2) - v_3(p_1 - p_2)}{(h_1 - h_3) - v_3(p_1 - p_2)} \tag{5.59}$$

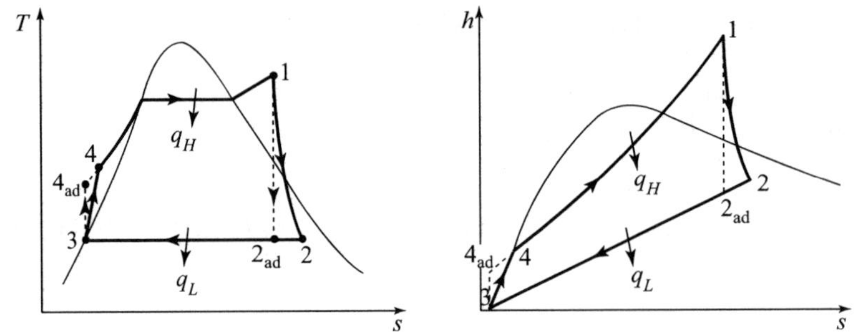

그림 5.27 비가역 Rankine사이클

터빈 및 펌프에 있어서 그 변화가 비가역적인 경우에는 그림 5.27에 나타내는 바와 같이 터빈의 단열효율 η_t, 펌프의 단열효율 η_p

$$\eta_t = \frac{h_1 - h_2}{h_1 - h_{2ad}} \tag{5.60}$$

$$\eta_p = \frac{h_{4ad} - h_3}{h_4 - h_3} \tag{5.61}$$

를 이용하여 실제의 터빈출구 엔탈피 h_2와 실제 펌프출구 엔탈피 h_4는 다음 식에서 구한다.

$$h_2 = h_1 - \eta_t (h_1 - h_{2ad}) \tag{5.62}$$

$$h_4 = h_3 + \frac{1}{\eta_p}(h_{4ad} - h_3) \tag{5.63}$$

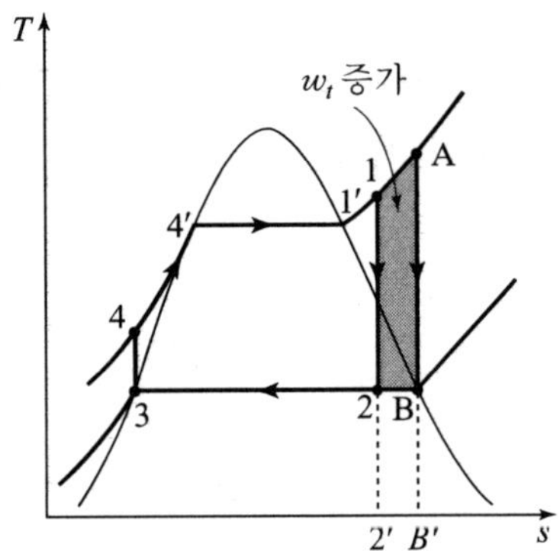

(a) 터빈입구온도의 영향

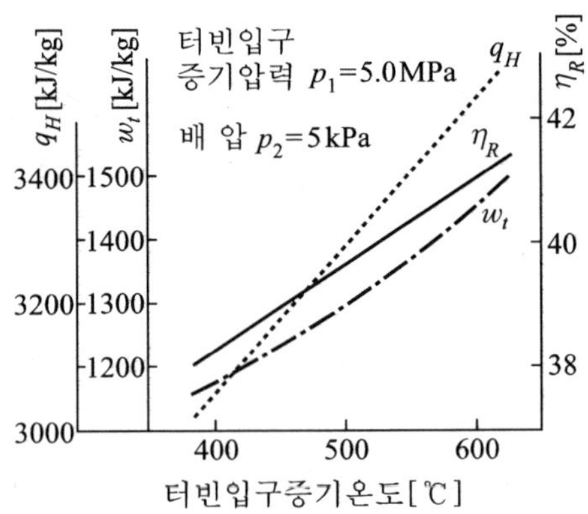

(b) Rankine 사이클의 성능과 터빈입구온도의 영향

그림 5.28 터빈입구온도의 영향

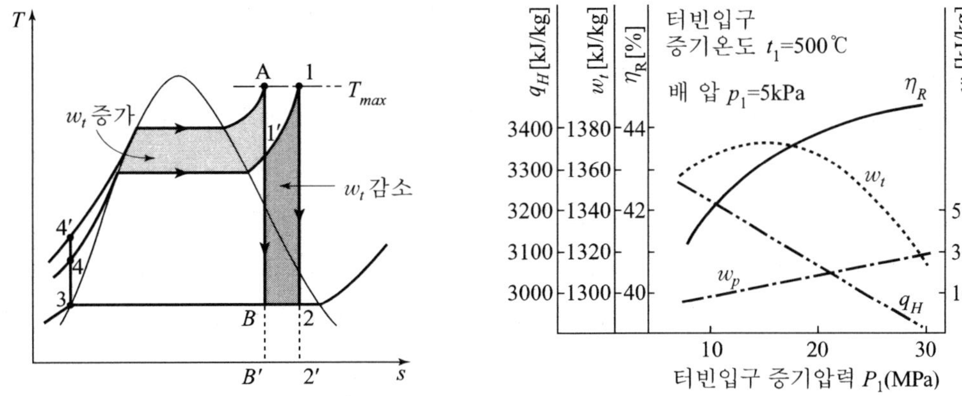

(a) 터빈입구압력의 영향

(b) Rankine 사이클의 성능과 터빈입구의 증기압력의 영향

그림 5.29 터빈입구압력의 영향

다음에는 Rankine사이클에 미치는 인자들, 즉 터빈입구온도 및 압력, 복수기압력(배압)의 영향에 대하여 고찰한다.

그림 5.28은 터빈입구온도의 영향을 나타낸 그림이다. (a)도에는 상태 1을 상태 A로 터빈입구온도를 증가시킬 때의 터빈일 w_t의 증가를 표시한 것이고, (b)도는 이론열효율 η_R, 터빈일 w_t, 보일러 가열량 q_H에 대한 터빈입구온도의 영향을 나타낸다.

또한 그림 5.29는 터빈입구압력 p_1의 영향을 나타낸 그림으로서 (a)도에는 상태 1을 상태 A로 터빈입구압력을 증가시킬 때의 터빈일의 증가량 및 감소량을 나타내고 (b)도에는 이론열효율 η_R, 터빈일 w_t, 펌프 소요일 w_p, 보일러 가열량 q_H에 대한 터빈입구압력의 영향을 나타낸다.

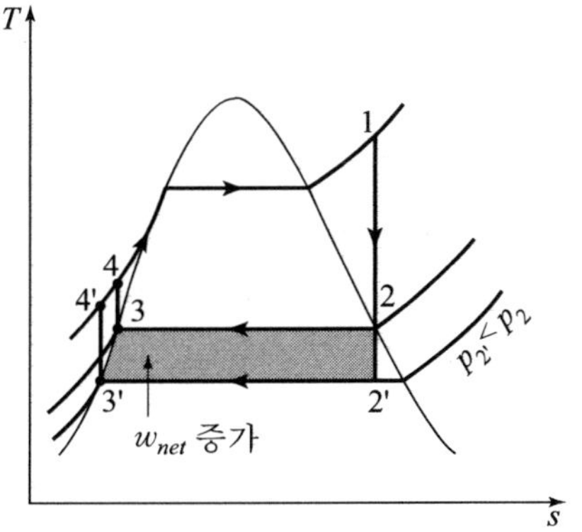

그림 5.30 배압의 영향

그림 5.28 및 그림 5.29에서 명백한 바와 같이 터빈입구의 온도, 압력을 증가시킬수록 열효율이 증대하고 있다. 그러나 보일러는 전열관을 흐르는 물을 외측에서 가열하는 구조이므로 재료의 내열성에 대한 문제가 대두된다. 그 한계는 터빈입구온도가 900K정도이다. 또 터빈 출구 습증기의 건도가 낮아지면 증기중의 수적(水滴)에 의해 터빈날개의 손상이 생기므로, 그 건도는 88~90%가 되도록 터빈입구증기는 고온화되지 않으면 안 된다.

또한 그림 5.30은 배압(복수기 압력)이 영향을 나타낸 그림으로서 복수기 압력을 2로부터 2′로 감소시키면 터빈일이 증가하여 결국 w_{net}은 증가하므로 열효율이 증가하게 된다.

예제 5.13 터빈 입구의 증기압력이 5MPa, 온도 500℃인 과열증기이며, 응축기 온도는 30℃일 때 이상적인 Rankine사이클의 열효율 및 증기 1kg당 일량을 구하라. 또 터빈의 단열효율이 0.85이면 사이클의 열효율은 얼마인가?

해 그림 5.26에 의거하여 과열증기표(부록 10)로부터

$h_1 = 3433.7\text{kJ/kg},\ s_1 = 6.977\text{kJ/kgK}$, 30℃의 포화증기표(부록 8)로부터

$h_2' = 125.664,\ h_2'' = 2556.4\text{kJ/kg},\ s_2' = 0.43651,\ s_2'' = 8.45456\text{kJ/kgK}$이다.

$\therefore$ 터빈 출구 점 2의 건도 $x_2 = \dfrac{s_1 - s_2'}{s_2'' - s_2'} = \dfrac{6.977 - 0.43651}{8.45456 - 0.43651} = 0.8157$

$\therefore h_2 = h_2' + x_2(h_2'' - h_2') = 125.664 + 0.8157(2556.4 - 125.664) = 2108.42\text{kJ/kg}$

복수기 출구 3점의 $h_3 = h_3' = 125.664\text{kJ/kg},\ s_3 = s_3' = 0.43651\text{kJ/kgK},$

$v_3 = v' = 0.00100431\text{m}^3\text{/kg},\ p_3 = p_2 = 4.2415\text{kPa}$

$\therefore$ 펌프일은 $w_p = v_3(p_1 - p_2) = 0.00100431(5 \times 10^3 - 4.2415) = 5.017\text{kJ/kg}$

$\therefore$ 사이클 일

$w_{net} = w_t - w_p = (h_1 - h_2) - w_p = (3433.7 - 2108.42) - 5.017 = 1320.263\text{kJ/kg}$

열효율은 식 (5.56) $\eta_R = \dfrac{(h_1 - h_2) - w_p}{(h_1 - h_3) - w_p} = \dfrac{1320.263}{(3433.7 - 125.664) - 5.017} = 0.3997$

터빈의 단열효율은 식 (5.60)으로부터 $\eta_t = \dfrac{h_1 - h_2}{h_1 - h_{2ad}}$

(그림 5.27참조, 위의 h_2가 h_{2ad}에 해당됨)

$\therefore h_1 - h_2 = \eta_t(h_1 - h_{2ad}) = 0.85 \times (3433.7 - 2108.42) = 1126.488\text{kJ/kg}$

$\therefore \eta_R = \dfrac{(h_1 - h_2) - w_p}{(h_1 - h_3) - w_p} = \dfrac{1126.488 - 5.017}{(3433.7 - 125.664) - 5.017} = 0.3395$

예제 5.14 증기원동소에서 5MPa, 400℃의 증기가 터빈에 공급되어 5kPa의 복수기 입구까지 팽창할 때 (1) 이론열효율, (2) 터빈 일, (3) 이것과 동일한 온도범위에서 작동하는 Carnot cycle의 열효율, (4) 1kWh당 증기소비량을 각각 구하라.

해 그림 5.26에 의거하여, 과열증기표(부록 10)로부터 $h_1 = 3198.3\text{kJ/kgK}$, $s_1 = 6.6508\text{kJ/kgK}$, 포화증기표(부록 9)로부터 5kPa의 $h_2{}' = 137.772$, $h_2{}'' = 2561.6\text{kJ/kg}$, $s_2{}' = 0.47626$, $s_2{}'' = 8.39596\text{kJ/kgK}$이다.

$$\therefore \text{복수기 입구 건도 } x_2 = \frac{s_1 - s_2{}'}{s_2{}'' - s_2{}'} = \frac{6.6508 - 0.47626}{8.39596 - 0.47626} = 0.7796$$

$$\therefore h_2 = h_2{}' + x_2(h_2{}'' - h_2{}')$$
$$= 137.772 + 0.7796(2561.6 - 137.772) = 2027.39\text{kJ/kg}$$

5kPa의 $h_3 = h_3{}' = 137.772\text{kJ/kg}$, $v_3 = v_3{}' = 0.00100523\text{m}^3\text{/kg}$

$$\therefore \text{펌프일 } w_p = v_3(p_1 - p_2) = 0.00100523 \times (5 \times 10^3 - 5) = 5.02\text{kJ/kg}$$

(1) $\eta_R = \dfrac{(h_1 - h_2) - w_p}{(h_1 - h_3) - w_p} = \dfrac{(3198.3 - 2027.39) - 5.02}{(3198.3 - 137.772) - 5.02} = 0.382$

(2) $w_t = h_1 - h_2 = 3198.3 - 2027.39 = 1170.91\text{kJ/kg}$

(3) 5kPa의 포화온도는 32.9℃이므로 $\eta_c = 1 - \dfrac{T_2}{T_1} = 1 - \dfrac{306.05}{673.15} = 0.5453$

(4) 1kJ당 증기소비량은

$$m = \frac{1}{(h_1 - h_2) - w_p} = \frac{1}{(3198.3 - 2027.39) - 5.02} = 8.577 \times 10^{-4}\text{kg/kJ}$$

1 kWh=3600kJ이므로 $\dot{m} = 8.577 \times 10^{-4} \times 3600 = 3.088\text{kg/kWh}$

5.3.2 재열사이클

전술한 바와 같이 Rankine사이클에서 터빈입구의 온도 및 압력을 증가시킬수록 열효율이 증대하지만 터빈입구 온도에는 재료의 내열성 때문에 한계가 있으며, 압력을 너무 상승시키면 터빈출구 증기의 건도가 저하하여 문제가 생긴다. 이것을 해결하기 위해 터빈에서의 팽창을 도중에 정지하고 보일러에서 재가열하여 2회로 나누어 팽창시키는 사이클을 **재열사이클**(reheat cycle, 再熱사이클)이라 한다.

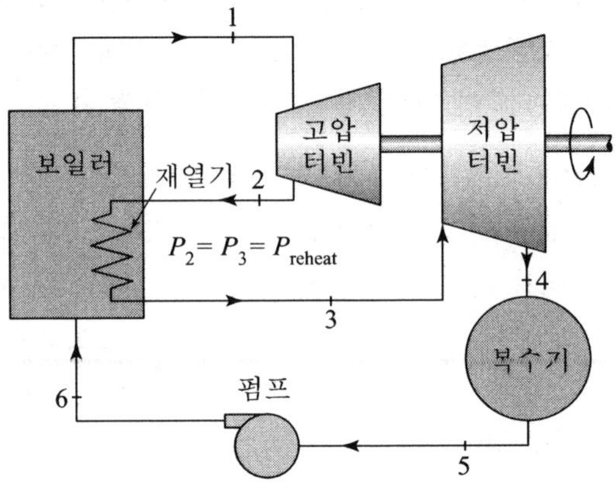

그림 5.31 재열사이클의 구성요소

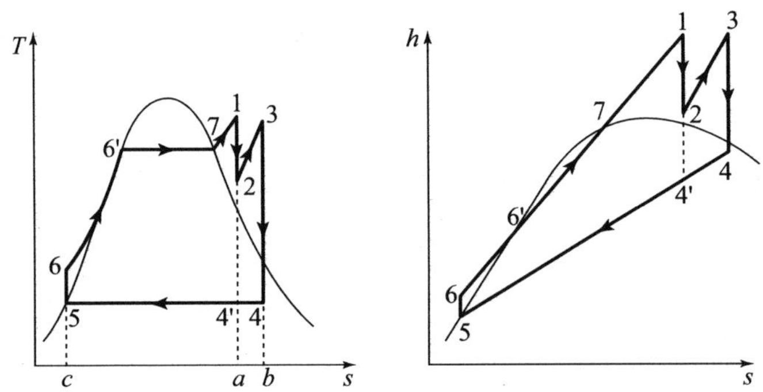

(a) $T-s$선도 (b) $h-s$선도

그림 5.32 재열사이클

사이클의 구성은 그림 5.31과 같이 터빈을 고압터빈과 저압터빈으로 나누어 고압터빈에서 나온 증기를 보일러의 재열기(reheater)에서 재가열하고, 저압터빈으로 보내 팽창시킨다.

이 사이클을 $T-s$선도와 $h-s$선도에 표시하면 그림 5.32와 같다. 여기서 재열과정 2→3은 정압가열과정이며, 그 밖의 과정은 Rankine사이클과 동일하다.

그림 5.32에서 단위질량의 증기에 대하여 가열량 q_H[kJ/kg] 및 방열량 q_L[kJ/kg], 터빈일 w_t[kJ/kg], 펌프일 w_p[kJ/kg]와 열효율 η_{RH}에 대하여 고찰한다.

펌프일 w_p는 5→6과정의 단열압축(또는 정적과정)이므로

$$w_p = h_6 - h_5 = v_5(p_1 - p_5) \tag{5.64}$$

터빈일 w_t는 고압터빈 1→2과정 및 저압터빈 3→4과정의 터빈 일을 합하면 되므로

$$w_t = (h_1 - h_2) + (h_3 - h_4) \tag{5.65}$$

따라서 사이클의 정미일 w_{net}은 다음과 같다.

$$\begin{aligned} w_{net} &= w_t - w_p = (h_1 - h_2) + (h_3 - h_4) - (h_6 - h_5) \\ &= (h_1 - h_2) + (h_3 - h_4) - w_p \end{aligned} \tag{5.66}$$

가열량 q_H는 보일러 가열량(6 → 1)과 재열기 가열량(2 → 3)의 합이므로

$$\begin{aligned} q_H &= (h_1 - h_6) + (h_3 - h_2) = (h_1 - h_5) + (h_3 - h_2) - (h_6 - h_5) \\ &= (h_1 - h_5) + (h_3 - h_2) - w_p \end{aligned} \tag{5.67}$$

복수기에서의 방열량 q_L은 4 → 5과정에서 다음과 같다.

$$q_L = h_4 - h_5 \tag{5.68}$$

따라서 열효율은 다음 식에서 구할 수 있다.

$$\eta_{RH} = \frac{w_{net}}{q_H} = \frac{(h_1 - h_2) + (h_3 - h_4) - w_p}{(h_1 - h_5) + (h_3 - h_2) - w_p} \tag{5.69}$$

펌프 일을 무시하는 경우의 이론 열효율은 다음과 같다.

$$\eta_{RH} = \frac{(h_1 - h_2) + (h_3 - h_4)}{(h_1 - h_5) + (h_3 - h_2)} \tag{5.70}$$

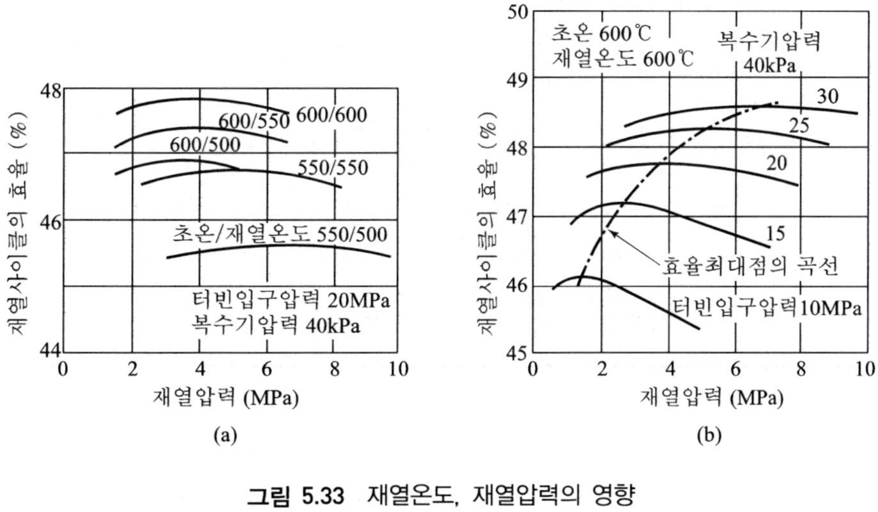

그림 5.33 재열온도, 재열압력의 영향

재열사이클의 열효율에 미치는 재열온도 및 재열압력의 영향을 그림 5.33에 표시하였다. (a)도는 초온 및 재열온도의 영향으로서 초온(터빈입구온도)이 높을수록, 또 동일한 초온에서는 재열온도가 높을수록 열효율이 증대하는데, 그들이 동일한 조건에서는 열효율이 최대가 되는 재열압력이 존재한다. 또 (b)도에서 터빈입구의 증기압력이 증가할수록 열효율이 증가하며, 역시 열효율을 최대로 하는 재열압력이 존재한다.

예제 5.15 복수기 압력 0.005MPa, 터빈 입구입력 및 온도가 16MPa, 560℃, 재열 후 압력, 온도가 5MPa, 560℃인 재열사이클에서 (1)펌프일을 무시할 때의 열효율, (2)재열하지 않을 경우의 열효율을 구하라(펌프일 무시).

해 그림 5.32에서 과열증기표(부록 10)를 이용하면 $h_1 = 3464.8\text{kJ/kg}$, $s_1 = 6.5143\text{kJ/kgK}$, 5MPa의 과열증기표에서 $s_1 = s_2 = 6.5143\text{kJ/kgK}$일 때의

$$T_2 = 360 + (380 - 360) \times \frac{6.5143 - 6.4966}{6.5762 - 6.4966} = 364.45\text{℃}$$

$$\therefore\ h_2 = 3097.6 + (3148.8 - 3097.6) \times \frac{364.45 - 360}{380 - 360} = 3108.992\text{kJ/kg}$$

과열증기표 5MPa, 560℃의 $h_3 = 3572\text{kJ/kg}$, $s_3 = 7.1494\text{kJ/kgK}$

포화증기표(부록 9) 0.005MPa의 $h_5 = h_4{}' = h' = 137.772$, $h_4{}'' = 2561.6\text{kJ/kg}$,

$$\therefore x_4 = \frac{s_3 - s_4{}'}{s_4{}'' - s_4{}'} = \frac{7.1494 - 0.47626}{8.39596 - 0.47626} = 0.8426$$

$$\therefore h_4 = h_4{}' + x_4(h_4{}'' - h_4{}')$$

$$= 137.772 + 0.8426(2561.6 - 137.772) = 2180.09\text{kJ/kg}$$

(1) 식 (5.70)으로부터

$$\eta_{RH} = \frac{(h_1 - h_2) + (h_3 - h_4)}{(h_1 - h_5) + (h_3 - h_2)} = \frac{(3464.8 - 3108.992) + (3572 - 2180.09)}{(3464.8 - 137.772) + (3572 - 3108.992)} = 0.461$$

(2) $$x_{4'} = \frac{s_1 - s_{4'}{}'}{s_{4'}{}'' - s_{4'}{}'} = \frac{6.5143 - 0.47626}{8.39596 - 0.47626} = 0.7624$$

$$\therefore h_{4'} = h_{4'}{}' + x_{4'}(h_{4'}{}'' - h_{4'}{}')$$

$$= 137.772 + 0.7624(2561.6 - 137.772) = 1985.7\text{kJ/kg}$$

$$\therefore \eta_R = \frac{h_1 - h_{4'}}{h_1 - h_5} = \frac{3464.8 - 1985.7}{3464.8 - 137.772} = 0.4446$$

5.3.3 재생사이클

증기사이클의 열효율을 향상시키는 방법으로서, 보일러에서의 가열량을 감소시키는 것을 고려할 수 있다. 터빈에서 팽창도중의 증기를 추기(抽氣)하여 보일러로 가는 급수를 가열하는 사이클을 **재생사이클**(regenerative cycle)이라 한다. 증기를 추기함에 따라 터빈 일은 감소하지만 보일러에서의 가열량 감소효과가 커서 열효율은 향상된다.

사이클의 구성에는 그림 5.34와 같이 터빈에서 추기한 증기를 복수기로부터 제1펌프가 가압한 급수와 급수가열기에서 혼합시켜 제2펌프를 통해 보일러로 압송시키는 혼합급수 가열기형 재생사이클과, 그림 5.35와 같이 추기한 증기를 펌프가 복수기로부터 보일러로 송수시키는 급수와 열교환기에서 열 교환・응축시켜 복수기로 되돌려 보내는 표면급수 가열기형 재생사이클의 두 가지가 있다.

혼합급수 가열기형 재생사이클의 $T-s$선도와 $h-s$선도를 그림 5.36에 표시하였다.

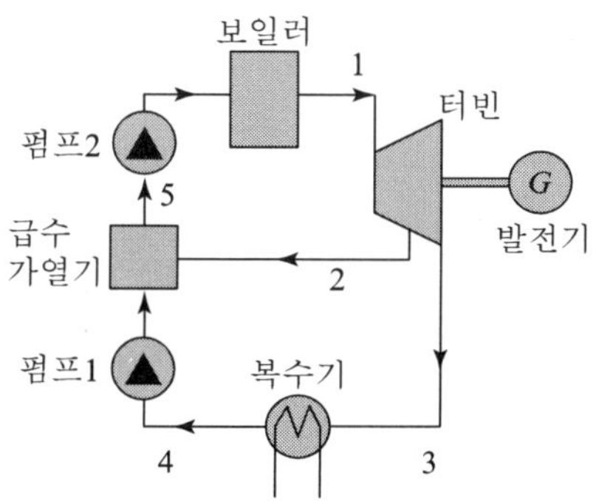

그림 5.34 재생사이클의 구성
(혼합급수 가열기형)

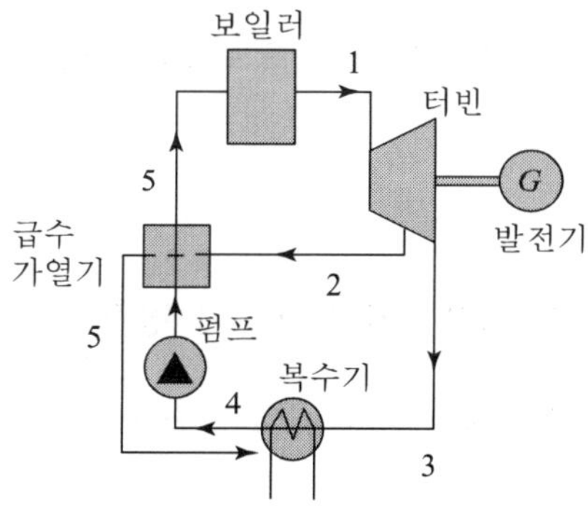

그림 5.35 재생사이클의 구성
(표면급수 가열기형)

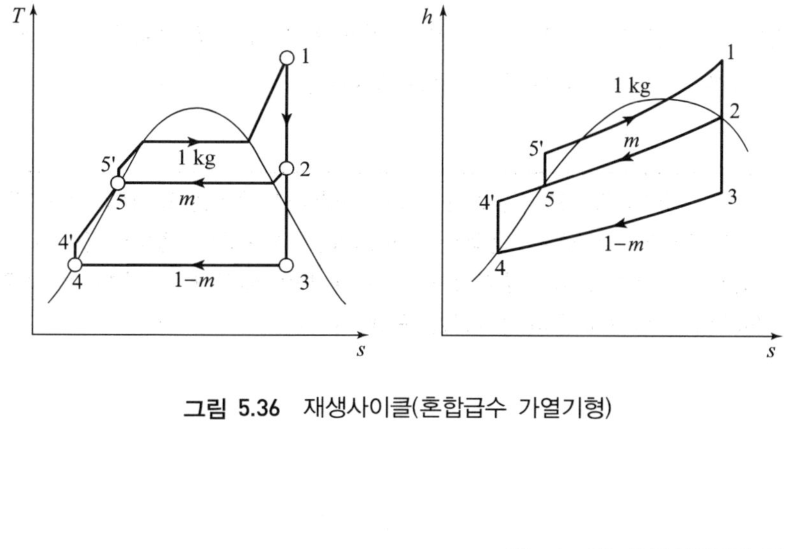

그림 5.36 재생사이클(혼합급수 가열기형)

터빈입구에서 단위 질량의 증기가 흐르고 있을 때, 유량 m만큼 추기한다고 하면 터빈 출구의 유량은 $1-m$이다.

$$\text{보일러 가열량 } q_H = h_1 - h_5 \tag{5.71}$$

$$\text{터빈일} \quad w_t = h_1 - h_2 + (1-m)(h_2 - h_3) \tag{5.72}$$

$$\text{복수기 방열량 } q_L = (1-m)(h_3 - h_4) \tag{5.73}$$

따라서 펌프 일을 무시하면 이론 열효율은 다음과 같이 표시된다.

$$\eta_{RG} = \frac{h_1 - h_2 + (1-m)(h_2 - h_3)}{h_1 - h_5} \tag{5.74}$$

혼합급수 가열기에서 에너지 평형을 고려하면

$$mh_2 + (1-m)h_4 = h_5$$

로부터 추기량은 다음 식으로부터 구할 수 있다.

$$m = \frac{h_5 - h_4}{h_2 - h_4} \tag{5.75}$$

표면급수 가열기에서 에너지 평형은

$$h_5 - h_4 = m(h_2 - h_5)$$

로부터 추기량은 다음과 같이 된다.

$$m = \frac{h_5 - h_4}{h_2 - h_5} \tag{5.76}$$

표면급수 가열형의 터빈일 및 열효율은 펌프 일을 무시하면 혼합급수 가열형의 경우와 동일하다. 단, 추기량 m은 식 (5.76)을 적용해야 한다.

예제 5.16 혼합식 급수가열기를 사용하는 재생사이클에서, 증기는 15MPa, 600°C의 상태로 터빈에 들어가서 10kPa의 압력으로 복수기에서 응축된다. 일부의 증기가 1.2MPa의 압력에서 터빈으로부터 추기되어 급수가열기로 들어간다. 터빈에서 추기된 증기량 m[kg]과, 이 사이클의 열효율을 구하라.

해 급수가열기의 열평형에서

$$mh_2 + (1-m)h_5 = h_6$$

$$\therefore m = \frac{h_6 - h_5}{h_2 - h_5} \qquad ①$$

과열증기표에서 15MPa, 600°C의

h_1=3579.8kJ/kg, s_1=6.6764kJ/kgK

1.2MPa에서 $s_1 = s_2$=6.6764kJ/kgK일 때의 엔탈피 h_2를 보간법으로 구하면

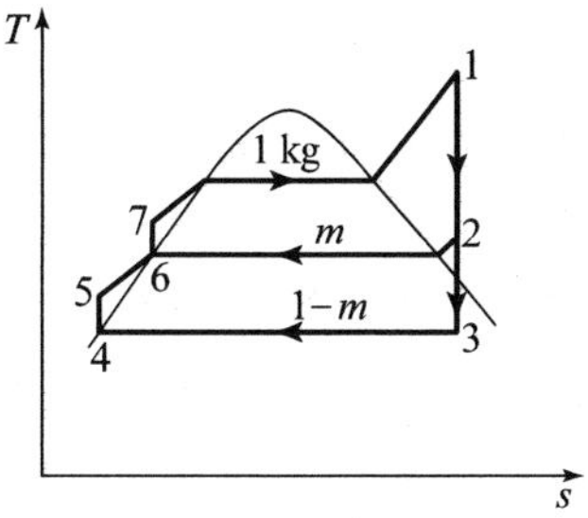

그림 (예제 5.16해)

$$h_2 = 2814.4 + (2864.5 - 2814.4) \times \frac{6.6764 - 6.5872}{6.6909 - 6.5872} = 2857.5\text{kJ/kg}$$

포화증기표에서 1.2MPa의 $h_6 = h'$ =798.43kJ/kg, $v_6 = v'$ =0.00113858 m^3/kg,

포화증기표에서 10kPa의 $h_4 = h_3'$ =191.832, h_3'' =2584.8kJ/kg, $s_4 = s_3'$ = 0.64925, s_3'' =8.15108 kJ/kgK, $v_4 = v_3'$ =0.00101023 m^3/kg,

$$\therefore x_3 = \frac{s_1 - s_3'}{s_3'' - s_3'} = \frac{6.6764 - 0.64925}{8.15108 - 0.64925} = 0.8034$$

$$\therefore h_3 = h_3' + x_3(h_3'' - h_3')$$

$$= 191.832 + 0.8034 \times (2584.8 - 191.832) = 2114.34\text{kJ/kg}$$

$$h_5 = h_4 + w_{p1} = h_4 + v_4(p_5 - p_4)$$

$$= 191.832 + 0.00101023 \times (1.2 \times 10^3 - 10) = 193.034\text{kJ/kg}$$

$$h_7 = h_6 + w_{p2} = h_6 + v_6(p_1 - p_6)$$

$$= 798.43 + 0.00113858 \times (15 \times 10^3 - 1.2 \times 10^3) = 814.14\text{kJ/kg}$$

$\therefore$ 식 ①에서 $m = \dfrac{h_6 - h_5}{h_2 - h_5} = \dfrac{798.43 - 193.034}{2857.5 - 193.034} = 0.2272\text{kg}$

$$\eta_{RG} = \frac{(h_1 - h_3) - m(h_2 - h_3) - [(1-m)(h_5 - h_4) + (h_7 - h_6)]}{h_1 - h_7}$$

$$= \frac{(3579.8 - 2114.34) - 0.2272(2857.5 - 2114.34) - [0.7728(193.034 - 191.832) + (814.14 - 798.43)]}{3579.8 - 814.14} = 0.4628$$

증기의 상태와 변화

문 5.1 피스톤-실린더장치에 400kPa의 건포화증기(포화증기라고도 함) 0.08m^3가 들어있다. 실린더 내에 증기의 온도와 질량을 구하라.

답) 146.62℃, 0.173kg)

문 5.2 강제용기 내에 94°C의 물 10kg이 들어있다. 물의 7kg은 액체이고 나머지는 증기이다. (1)용기내의 압력, (2)용기의 체적을 구하라.

답) (1)81.461 kPa, (2)60163m^3

문 5.3 체적이 0.5m^3인 용기에 500kPa의 압력하에서 물과 수증기의 습증기 2kg이 들어있다. (1)증기의 질량과 액체의 질량, (2)증기의 체적과 액체의 체적을 구하라.

답) (1)1.3325kg, 0.66746kg, (2)0.4993m^3, 0.0007294m^3

문 5.4 압력 0.5MPa, 온도 200°C의 과열증기 1kg을 $pv^{1.2}=$ 일정의 변화를 하여 온도가 80°C까지 팽창한다. (1) 최종건도, (2) 증기가 한 일량을 구하라.

답) (1)0.8886, (2)345.143kJ/kg

Rankine사이클

문 5.5 Rankine사이클로 작동하는 증기동력 플랜트에서 3MPa, 400℃의 상태로 증기가 터빈에 유입하여 80kPa의 압력으로 복수기에서 응축된다. 이 사이클의 열효율을 구하라.

답) 26.46%

문 5.6 작동유체가 물인 Rankine사이클의 증기동력 플랜트에서 보일러는 4.5MPa로 작동되고 포화증기를 생산한다. 30kPa로 작동하는 복수기에서는 포화액이 유출할 때 사이클의 정미동력은 50MW를 생산하였다. (1) 증기의 질량유량, (2) 보일러에 공급되는 열량, (3) 사이클의 열효율, (4) back work ratio($\dot{W}_p/\dot{W}_t$)를 구하라.

답) (1)65.22kg/s. (2)163321.3kW, (3)30.62%, (4)0.6%

문 5.7 그림(문 5.7)과 같은 증기 동력 플랜트에서 터빈 입구상태는 5MPa의 포화증기이고 복수기에서는 0.01MPa의 포화액의 상태로 유출한다. 펌프 및 터빈의 단열효율은 각각 85%이다. (1) 열효율, (2) 출력 100MW를 위한 증기량[kg/h]), (3) 보일러에 가하는 열량 $\dot{Q}_{in}$[MW], (4) 복수기로부터 방열량 $\dot{Q}_{out}$[MW], (5) 복수기의 냉각수가 15℃로 유입하여 35℃로 유출한다면 냉각수량[kg/h]을 각각 구하라.

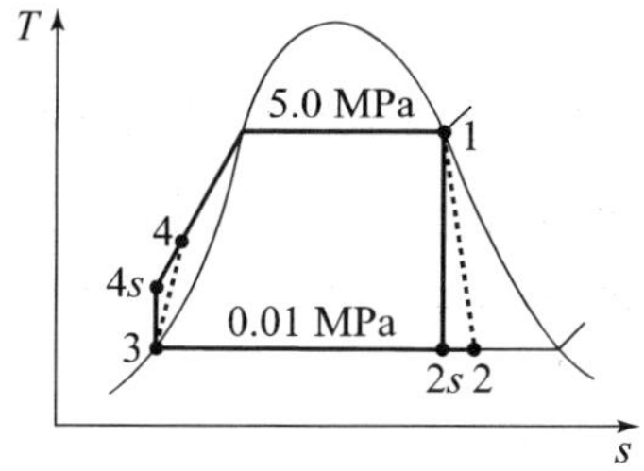

그림 (문 5.7)

답 (1)29.37%, (2)4.721×10^5kg/h, (3)340.5MW, (4)240.5MW, (5)10.35×10^6kg/h

문 5.8 Rankine사이클에서 터빈입구 증기가 1.6MPa의 건포화증기이며, 복수기내의 압력이 0.1MPa인 경우, 터빈에서 팽창 후 증기의 (1)건도, (2)온도, (3)이 사이클의 열효율을 구하라.

답 (1)0.8444, (2)99.63°C, (3)0.2146

문 5.9 터빈입구 증기압력 3MPa, 온도 360°C, 증기량 30t/h, 복수기 압력 10kPa의 이상적인 Rankine사이클에서, (1)열효율, (2)출력, (3)터빈의 단열효율이 0.85일때 열효율을 각각 구하라. 단, 펌프일은 무시한다.

답 (1)0.3364, (2)8267.5kW, (3)0.286

문 5.10 증기의 초압 22MPa, 초온 650°C, 복수기 압력 5kPa의 증기원동소가 Rankine사이클로 작동할 때, (1)보일러 가열량, (2)터빈일, (3)복수기 방열량, (4)펌프일, (5)사이클의 열효율을 구하라.

답 (1)3496.22kJ/kg, (2)1644.47kJ/kg, (3)1873.86kJ/kg, (4)22.11kJ/kg, (5)0.464

문 5.11 증기원동소에서 1.2MPa, 과열도 90°C의 증기가 터빈에 들어가 팽창일을 하고, 0.01MPa의 압력이 되어 복수기로 유입한다. 펌프일을 무시할 때, (1)팽창일, (2)이 원동소의 열효율, (3)팽창 후 증기의 건도, (4)보일러의 가열량을 구하라.

답 (1)797.46kJ/kg, (2)0.284, (3)0.8396, (4)2806.6kJ/kg

문 5.12 터빈의 입구압력 1.6MPa, 온도 600℃, 터빈의 단열효율 87%, 복수기 압력 10kPa, 펌프의 단열효율 85%일 때(그림 문 5.12참조), (1)사이클의 열효율, (2)증기의 질량유량이 10kg/s일 때 사이클의 동력을 구하라.

답 (1)0.3746, (2)12587kW

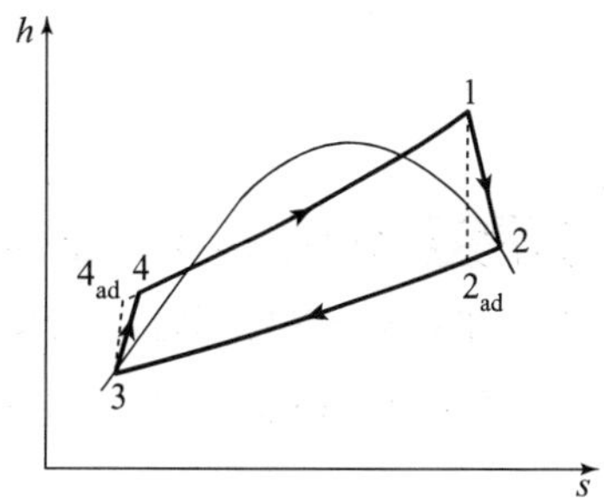

그림 (문 5.12)

문 5.13 [예제 5.16]에서 표면식 급수가열기를 사용하는 경우의 추기량 m[kg]과 열효율을 구하라.

답 0.294kg, 0.4445

문 5.14 보일러에서 발생하는 증기의 압력 10MPa, 온도 560°C, 또 복수기 압력 5kPa의 조건에서, 터빈효율(내부효율×기계효율)은 79%, 발전기 전기변환효율은 95%, 보일러효율이 90%일때 발전기 출력은 80000kW로 한다. 이 발전소를 1일 운전하기 위해서 필요한 중유(발열량 43000kJ/kg)의 소요량[kg]을 구하라. 펌프일은 무시한다.

답 5.54×10^5 kg

문 5.15 어떤 증기원동소에서 32.9°C의 물을 매시 10000kg공급하여 10MPa, 500°C의 과열증기를 발생한다. 증기는 터빈효율 85%의 터빈에서 5kPa까지 팽창하고 복수기에서 응축된다. 이 복수는 32.9°C로 다시 보일러에 공급된다. 이때, (1)보일러에서의 공급열량, (2)복수기에서의 방열량, (3)복수기의 건도, (4)터빈에서 얻는 동력[kW], (5)kWh당 증기소비율을 구하라. 단, 터빈의 기계효율은 95%이다.

답 (1)3.227×10^7kJ/h, (2)1.874×10^7kJ/h, (3)0.8575, (4)3056.66kW, (5)3.272kg/kWh

재열사이클

문 5.16 그림(문 5.16)과 같이 재생사이클로 작동하는 증기 플랜트에서 터빈 입구상태는 10MPa, 500℃, 복수기 압력이 10kPa이다. 터빈의 팽창과정 중 1.2MPa에서 증기가 추기되어 혼합급수 가열기로 유입한다. 추기량과 사이클의 열효율을 구하라.

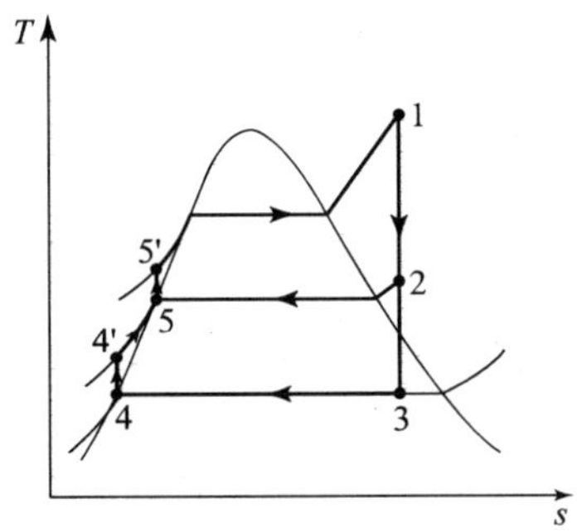

그림 (문 5.16)

답 0.2283kg, 42.94%

문 5.17 그림(문 5.17)과 같은 재열사이클의 증기플랜트에서 제1터빈은 10MPa, 500℃로부터 0.8MPa까지 팽창하며, 제2터빈은 유입하기 전에 400℃까지 재열되며 제2터빈에서 20kPa의 복수기 압력까지 팽창한다. 정미출력이 100MW일 때 (1)이 사이클의 열효율, (2)증기량[kg/h], (3)응축기에서의 방열량 $\dot{Q}_{out}$[MW]을 구하라.

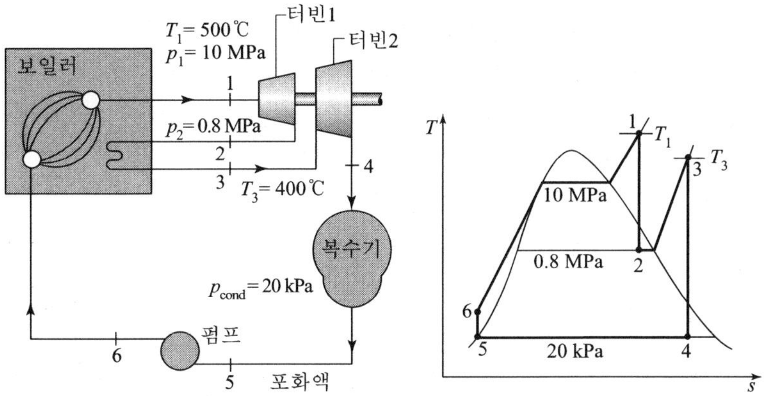

그림 [문 5.17]

답 (1)38.44%, (2)2.56634×10^5kg/h, (3)160MW

문 5.18 재열사이클에서 압력 20MPa, 600°C의 증기가 고압터빈에 공급되어, 2MPa까지 팽창한다. 그 후 이 증기는 최초온도까지 재열되어 저압터빈 내에서 팽창하여 복수기압력 0.005MPa로 된다. (1) 출력 1kWh를 발생하는 데 필요한 증기량, (2)이 사이클의 열효율을 구하라. 단, 펌프일은 무시한다.

답 (1)1.805kg/kWh, (2)0.4742

재생사이클

문 5.19 증기압력 20MPa, 온도 600°C, 복수기 압력 5kPa의 2단추기 재생사이클(혼합급수가열기)에서 이론 열효율을 구하라. 펌프일은 무시한다.

답 0.512

냉동사이클

문 5.20 그림(문 5.20)과 같이 냉매 R-134a가 0.14MPa, −10℃ 상태로 0.08kg/s의 유량이 과열증기 상태로 냉동기의 압축기로 유입하여 0.8 MPa, 50℃로 유출하며, 응축기에서 25℃, 0.7MPa의 냉매액으로 된 후 0.15MPa로 교축시킨다.

(1) 저열원으로부터 흡수하는 열량과 압축기 입력동력
(2) 압축기의 단열효율
(3) 냉동기의 성적계수를 각각 구하라.

답 (1)12.796kW, 3.227kW (2)0.938 (3)3.965

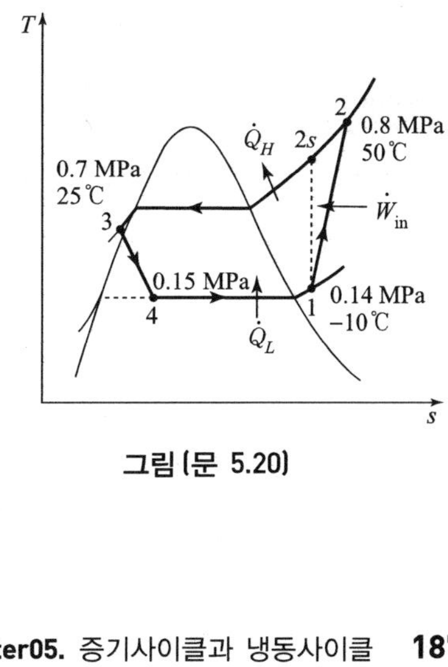

그림 [문 5.20]

문 5.21 R-134a를 냉매로 하는 증기압축식 냉동사이클이 그림(문 5.21)과 같이 증발기 온도 0℃, 응축기 온도 30℃이다. 냉매 유량은 0.08kg/s일 때 (1) 압축기 소요동력[kW], (2) 냉동능력(냉동톤), (3) 성적계수, (4)0℃와 30℃사이에서 작동하는 역Carnot 냉동사이클의 성적계수를 각각 구하라.

답 (1)1.712kW, (2)3.25ton, (3)7.33, (4)9.105

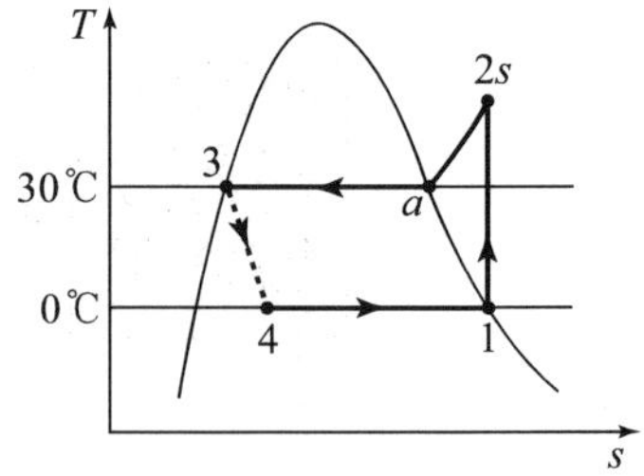

그림 (문 5.21)

문 5.22 그림(문 5.22)와 같은 증기압축식 냉동사이클에서 작동유체는 R-134a이고 물을 40℃로부터 12℃까지 냉각시키고 있다. 압축기의 등엔트로피 효율은 82%이며 압축기 입구에 냉매의 체적유량 $5.0m^3/\mathrm{min}$가 유입된다. 응축기 압력은 1.2MPa, 증발기 압력은 0.24MPa이다. 압축기 입구의 상태는 과열도 5℃인 과열증기이며 복수기의 출구 냉매는 5℃의 과냉각도를 갖는 상태이다. (1) 냉각기에서 냉각될 수 있는 물의 유량[kg/s], (2) 사이클의 성적계수를 구하라.

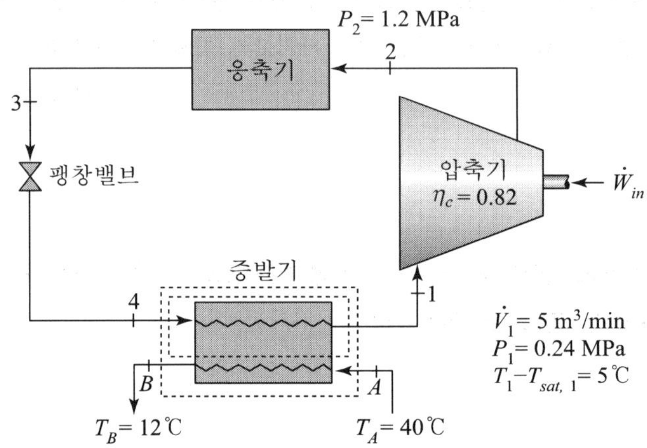

그림 (문 5.22)

답 (1)1.171kg/s, (2)3.366

문 5.23 R-134a를 냉매로 하여 증발온도 -14℃, 응축온도 30℃로 하는 냉동사이클의 (1)냉동효과, (2)필요한 압축일, (3)성적계수를 구하라.

답 (1)148.52kJ/kg, (2)32.51kJ/kg, (3)4.57

Chapter 06

가스 사이클

우리는 연소에 의해 다량의 열에너지를 얻을 수 있으며, 작동유체를 팽창시켜 일을 하는 장치를 만들 수 있다. 그 대표적인 예가 자동차나 비행기 등의 엔진을 들 수 있으며 이와 같이 열에너지를 일로 변환하는 장치를 **열기관**(heat engine)이라 한다.

그런데 실제 열기관에서 행해지는 사이클을 이상화하여 작동유체를 이상기체로 하고 상태변화가 가역적인 이상 사이클에 대하여 해석하게 되면 작동유체가 상태변화를 하는 동안에 질량과 물리적 성질이 변화하지 않는다고 가정하므로 해석이 용이하다. 그러나 실제로는 작동유체가 대부분 연소가스이므로 사이클을 행하는 도중에 마찰, 와동, 열 이동 등이 발생하게 되어 변화과정은 비가역변화가 된다.

기관의 내부를 고온열원으로 하고 그곳에서 발생시킨 연소가스를 직접 작동유체로 이용하는 장치를 **내연기관**(internal combustion engine), 고온열원(연소기 또는 爐)에 의해 작동유체를 간접적으로 가열하여 그것에 의해 기계적 일을 하는 기관을 **외연기관**(external combustion engine)이라 한다. 내연기관에는 가솔린기관, 가스기관, 디젤기관, 가스터빈, 제트엔진, 로켓엔진 등이 있으며, 외연기관에는 증기기관, 증기터빈, 폐쇄형 가스터빈, 스털링(Stirling)엔진 등이 있다. 또 열에너지가 운동에너지로 변환할 때, 피스톤의 왕복운동을 이용하는 왕복식 열기관, 터빈의 회전운동을 이용하는 회전식 열기관으로 대별할 수 있다.

이 장에서는 작동유체가 가스인 경우의 왕복식 열기관 사이클과 회전식 열기관 사이클에 대하여 고찰한다.

6.1 Carnot사이클

Carnot사이클은 5장에서 논의한 바와 같이 이상적인 가역사이클로서 4개의 가역과정으로 구성되어, 두 개의 등온과정과 두 개의 단열과정으로 이루어진다.

그림 6.1에는 $p-v$선도와 $T-s$선도 상에 Carnot사이클을 도시하였으며, 이것은 피스톤-실린더장치의 밀폐시스템에서 작동시킬 수 있다. 또한, 그림 6.2에 도시한 두 개의 터빈과 두 개의 압축기로 구성되는 정상유동 시스템에서도 작동시킬 수 있다.

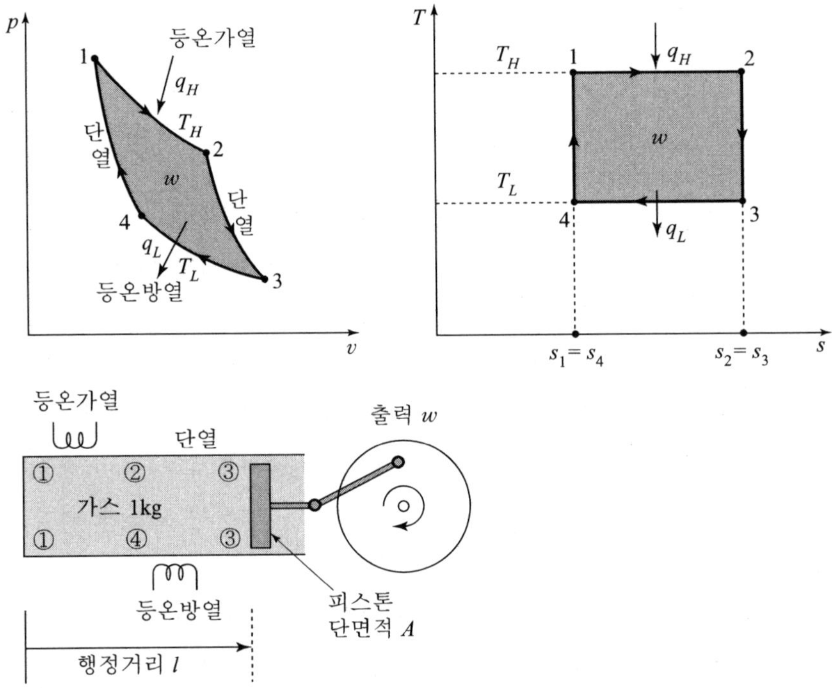

그림 6.1 Carnot사이클

그림 6.1에서 각 과정은 $1 \to 2$: 등온가열(팽창), $2 \to 3$: 단열팽창, $3 \to 4$: 등온방열(압축), $4 \to 1$: 단열압축으로 이루어지고, 고열원의 온도 T_H, 저열원의 온도 T_L이라 하면 단위 질량당 가열량 q_H 및 방열량 q_L은 각각 다음과 같다.

$$q_H = RT_H \ln\frac{v_2}{v_1} = T_H(s_2 - s_1) \tag{6.1}$$

$$q_L = RT_L \ln\frac{v_3}{v_4} = T_L(s_3 - s_4) = T_L(s_2 - s_1) \tag{6.2}$$

2 → 3과정과 4 → 1과정은 단열과정이므로

$$\frac{T_L}{T_H} = \left(\frac{v_2}{v_3}\right)^{k-1} = \left(\frac{v_1}{v_4}\right)^{k-1}$$

가 되어 다음의 관계가 성립한다.

$$\frac{v_2}{v_1} = \frac{v_3}{v_4} \tag{6.3}$$

또 그림 6.1의 $T-s$선도에서 보듯이 $s_1 = s_4$, $s_2 = s_3$가 되어 Carnot사이클의 이론 열효율은 다음과 같이 고열원과 저열원의 온도(K)만의 함수로 표시할 수 있다.

$$\eta_C = \frac{q_H - q_L}{q_H} = 1 - \frac{T_L}{T_H} \tag{6.4}$$

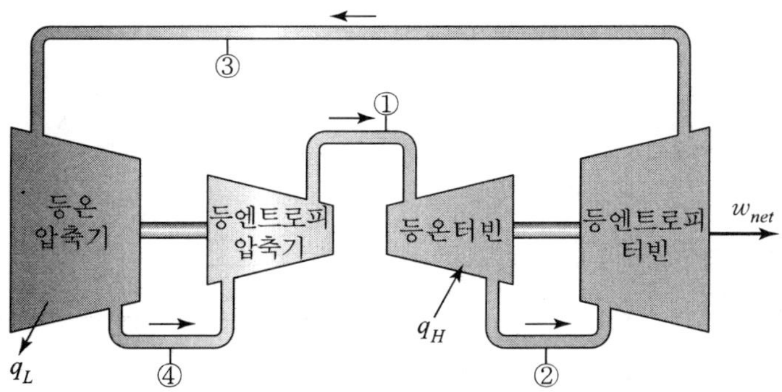

그림 6.2 정상류 Carnot기관

예제 6.1 1kg의 공기가 온도 600K와 300K의 열원 사이에서 Carnot사이클을 행한다. 고열원과 접하는 등온과정에서 처음 1l이었던 공기는 최종상태에서 4l가 되었다면, 이 사이클에서 1kg당 가열량, 방열량, 사이클의 일량은 각각 얼마인가? 공기의 가스상수는 0.2872kJ/kgK이다.

해 $q_H = RT_H \ln \frac{V_2}{V_1} = 0.2872 \times 600 \ln 4 = 238.9\text{kJ/kg}$

$$q_L = q_H \frac{T_L}{T_H} = 238.9 \times \frac{300}{600} = 119.45\text{kJ/kg}$$

$$\therefore w_{net} = q_H - q_L = 119.44\text{kJ/kg}$$

6.2 왕복식 열기관 사이클

왕복운동기관의 기본 구성요소는 그림 6.3과 같이 피스톤이 실린더 내에서 두 지점(상사점, 하사점) 사이를 왕복운동 하는데, 실린더내의 체적이 최소가 될 때의 피스톤 헤드의 위치를 상사점(top dead center, TDC)이라 하고, 실린더내의 체적이 최대가 될 때의 피스톤 헤드의 위치를 하사점(bottom dead center, BDC)이라 한다.

상사점과 하사점간 거리는 피스톤이 움직일 수 있는 최대거리로서 **행정**(stroke)이라 하고 피스톤의 직경을 보어(bore)라 한다. 공기 또는 공기-연료 혼합물은 흡기밸브(intake valve)를 통해 실린더 내부로 유입되고 연소생성물은 배기밸브(exhaust valve)를 통해 실린더 밖으로 배출된다.

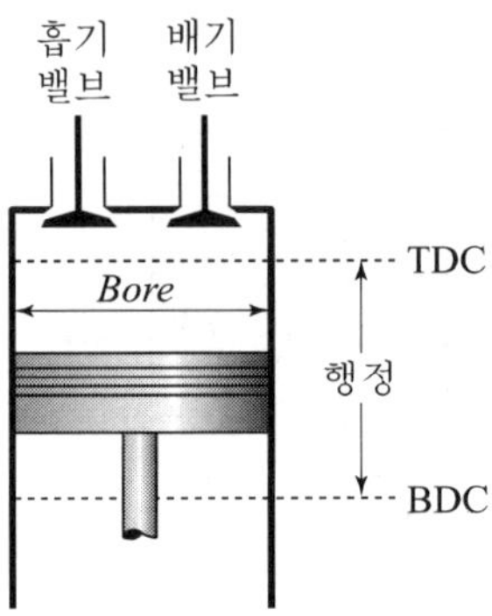

그림 6.3 왕복운동기관(피스톤-실린더)

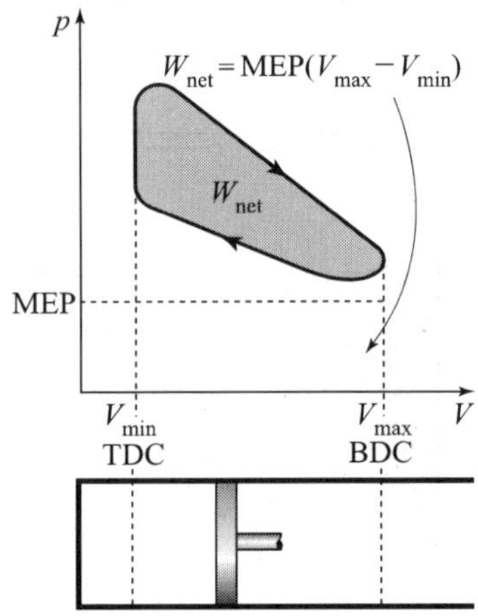

그림 6.4 왕복운동기관의 $p-V$선도

피스톤이 상사점에 도달했을 때 실린더 내부의 최소체적을 **틈새체적**(clearance volume) V_c, 피스톤이 하사점에서 상사점으로 이동하면서 피스톤이 밀어낸 체적을 배기체적(displacement volume) 또는 **행정체적**(stroke volume) V_s라 한다.

출력을 고려한 성능을 표시할 때 사용되는 용어 중에 **평균유효압력**(mean effective pressure, MEP) p_m이 있으며, 이것은 가상적인 압력으로서 만일 전 동력행정 동안 피스톤에 평균유효압력이 작용한다면 그림 6.4와 같이 실제 사이클 동안 발생되는 일(W_{net})과 동일한 량을 생성케 하는 압력으로 정의된다. 즉 그림 6.4에서

$$W_{net} = MEP \times \text{피스톤 면적} \times \text{행정} = \text{MEP} \times \text{배기체적}$$

$$\therefore\ MEP = p_m = \frac{W_{net}}{V_{\max} - V_{\min}} = \frac{W_{net}}{V_s} \tag{6.5}$$

왕복운동기관은 실린더내의 연소과정이 점화되는 방법에 따라 **전기점화기관**(spark-ignition engine), **압축점화기관**(compression-ignition engine)으로 분류되며, 전자는 공기-연료 혼합물이 점화플러그(ignition plug)에 의해 점화되고, 후자는 공기-연료혼합물이 자기착화(self-ignition)온도 이상으로 압축이 되면서 점화된다.

6.2.1 Otto사이클

Otto사이클은 전기점화 왕복운동기관의 이상 사이클이다. 전기점화기관에서는 피스톤이 실린더 내부에서 4개의 행정을 수행하며 한 사이클을 수행하는 동안 크랭크축은 2회의 회전을 하고 피스톤이 2회 왕복운동을 한다. 이 사이클은 가솔린엔진 또는 가스엔진의 이상 사이클이다.

실제의 4행정 **전기점화기관**의 작동과정과 $p-v$선도를 그림 6.5(a)에 나타내었다. 초기에 흡기밸브와 배기밸브는 모두 닫혀있고 피스톤은 하사점에 위치한다. 이때 압축행정이 시작되어 피스톤이 상향이동하면서 공기-연료 혼합물을 압축한다.

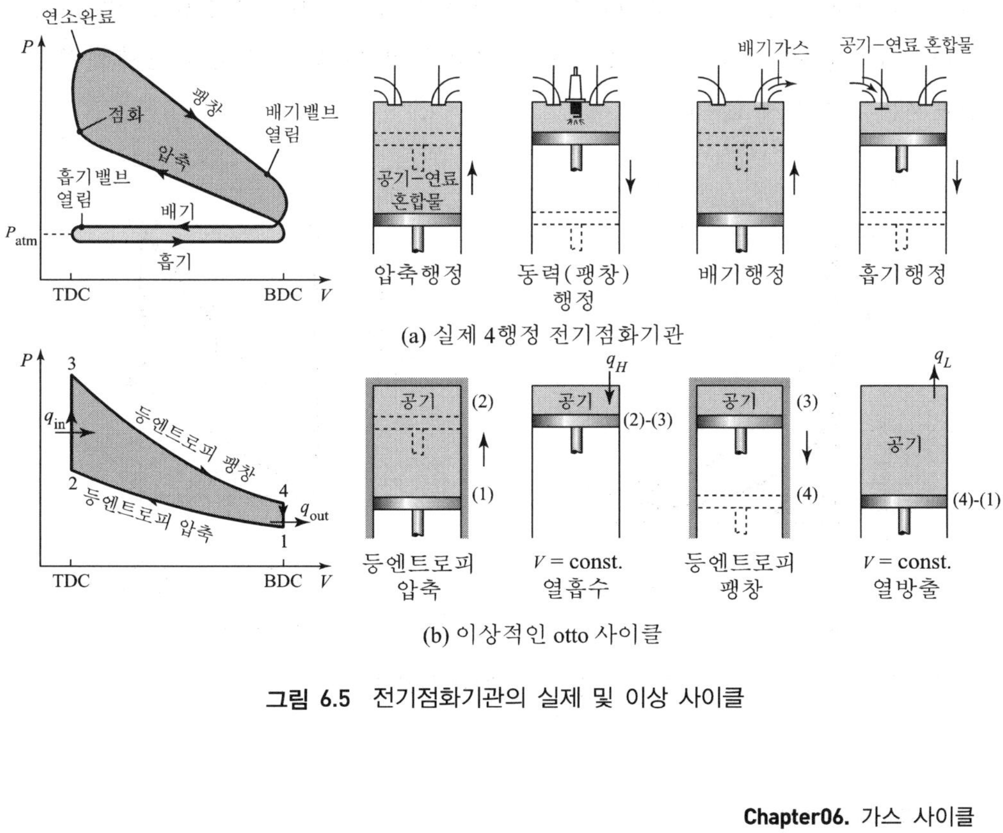

(a) 실제 4행정 전기점화기관

(b) 이상적인 otto 사이클

그림 6.5 전기점화기관의 실제 및 이상 사이클

피스톤이 상사점에 도달하기 바로 직전에 점화 플러그가 점화되어 공기-연료 혼합물이 착화되므로 시스템의 압력과 온도가 상승한다. 따라서 고압의 연소가스가 피스톤을 하향 이동시켜 크랭크축을 회전시키면서 팽창과정(동력행정) 동안 유용한 일이 발생하여 출력된다. 이 행정의 말에서 피스톤은 하사점에 도달하며 실린더 내에는 연소생성물이 가득 차게 되고 크랭크축은 관성력에 의해 계속 회전을 함에 따라 피스톤은 다시 상향 이동하여 배기밸브를 통해 연소가스를 배출시킨다(배기행정). 동시에 흡기밸브를 통해 신선한 공기-연료 혼합물을 유입한다(흡기행정). 배기과정 동안 실린더의 내부압력은 대기압보다 높고 흡기행정 동안에는 대기압보다 낮은 압력이 된다.

위에서 언급한 실제의 사이클을 열역학적으로 해석하기는 쉽지 않다. 그러나 공기표준 사이클로 생각하여(그림 6.5(b)도 참조) 해석하면 매우 간단하다. 따라서 공기표준 사이클로서 **Otto사이클**의 $p-v$선도 및 $T-s$선도를 그림 6.6에 표시하였다.

이 사이클은 두 개의 단열변화와 두 개의 정적변화로 이루어지며 각 과정은 다음과 같다.

$1 \rightarrow 2$: 단열압축

$2 \rightarrow 3$: 정적가열(정적연소)

$3 \rightarrow 4$: 단열팽창

$4 \rightarrow 1$: 정적방열

$0 \rightarrow 1$은 흡입행정, $1 \rightarrow 0$은 배기행정인데 실제 사이클에서는 그림 6.5(a)의 $p-v$선도에서 보는 바와 같이 두 과정으로 둘러싸인 면적에 상당하는 흡입일이 존재하지만 이론 사이클에서는 고려하지 않는다.

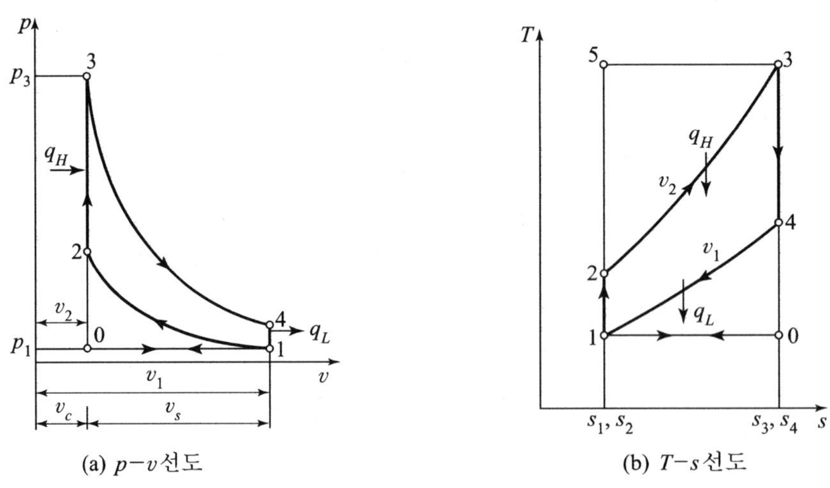

그림 6.6 Otto사이클

그림 6.6에서 **압축비**(compression ratio) ϵ은 간극체적(틈새체적) V_c에 대한 실린더 전체적 V_1(간극체적 V_c + 행정체적 V_s)의 비로서 정의하며 다음 식으로 표시한다.

$$\epsilon = \frac{V_1}{V_2} = \frac{V_c + V_s}{V_c} = \frac{v_1}{v_2} \tag{6.6}$$

또 연소과정 $2 \rightarrow 3$에서 연소전의 압력에 대한 연소 후의 압력의 비를 **압력상승비** α로 정의한다.

$$\alpha = \frac{p_3}{p_2} \tag{6.7}$$

이 사이클을 밀폐계로 생각하여 에너지 평형을 고려하면

$$Q - W = \Delta PE + \Delta KE + \Delta U$$

이며, 위치에너지 ΔPE와 운동에너지 ΔKE의 영향은 무시된다. 따라서 1→2과정의 단위 질량당 일 w_{12}는

$$w_{12} = (u_2 - u_1) = c_v(T_2 - T_1) \tag{6.8}$$

$2 \rightarrow 3$과정의 가열량 q_{23}는

$$q_{23} = u_3 - u_2 = c_v(T_3 - T_2) = q_H \tag{6.9}$$

$3 \rightarrow 4$과정의 일량 w_{34}는

$$w_{34} = u_3 - u_4 = c_v(T_3 - T_4) \tag{6.10}$$

$4 \rightarrow 1$과정의 방열량 q_{41}은

$$q_{41} = u_4 - u_1 = c_v(T_4 - T_1) = q_L \tag{6.11}$$

이 되며, 따라서 각 과정에서의 열량변화 또는 일량의 변화량은 모든 과정에서 내부에너지의 변화량으로 표시됨을 알 수 있다.

각 과정에서의 온도 및 압력을 각각 흡입온도 T_1과 흡입압력 p_1의 함수로 표시하면 다음과 같다.

$$1 \rightarrow 2 \ : \ T_2 = T_1\left(\frac{v_1}{v_2}\right)^{k-1} = T_1\epsilon^{k-1}, \qquad p_2 = p_1\left(\frac{v_1}{v_2}\right)^k = p_1\epsilon^k \tag{6.12}$$

$$2 \rightarrow 3 \ : \ T_3 = T_2 \frac{p_3}{p_2} = T_2 \alpha = T_1 \epsilon^{k-1} \alpha, \qquad p_3 = p_2 \alpha = p_1 \epsilon^k \alpha \tag{6.13}$$

$$3 \rightarrow 4 \ : \ T_4 = T_3 (\frac{v_2}{v_1})^{k-1} = T_3 (\frac{1}{\epsilon})^{k-1} = T_1 \alpha, \qquad p_4 = p_3 (\frac{1}{\epsilon})^k = p_1 \alpha \tag{6.14}$$

(1) 열효율

Otto사이클의 열효율 η_O는 다음과 같다.

$$\eta_O = \frac{w_{net}}{q_H} = 1 - \frac{q_L}{q_H} = 1 - \frac{u_4 - u_1}{u_3 - u_2} = 1 - \frac{T_4 - T_1}{T_3 - T_2} \tag{6.15}$$

위 식에 식 (6.12)~(6.14)를 대입하여 정리하면 압축비의 함수로 다음과 같이 표시할 수 있다.

$$\eta_O = 1 - (\frac{1}{\epsilon})^{k-1} \tag{6.16}$$

또 식 (6.12)와 식 (6.16)을 연관시켜 압축 전후의 온도 또는 압력의 함수로 다음과 같이 표시할 수 있다.

$$\eta_O = 1 - \frac{T_1}{T_2} = 1 - (\frac{p_1}{p_2})^{(k-1)/k} \tag{6.17}$$

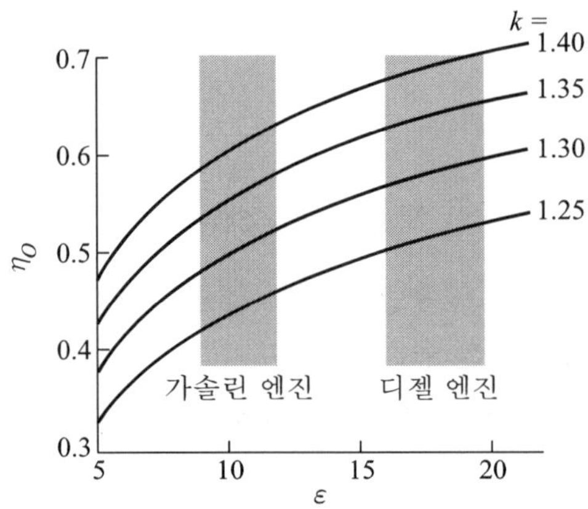

그림 6.7 압축비에 의한 이론열효율의 영향

Otto사이클의 이론 열효율은 압축비 ϵ에 따라 어떻게 변화하는지 계산한 결과를 그림 6.7에 표시하였다. 비열비 k는 작동가스의 조성과 온도에 의해 결정되며, 공기에서는 $k=1.4$, 혼합기(混合氣)에서는 $k=1.3\sim1.35$, 연소가스에서는 $k=1.25\sim1.3$의 값을 갖는다. 따라서 희박혼합기가 k는 크고 이론 열효율도 높아져 희박연소방식에서 열효율이 향상된다고 할 수 있다.

압축비 ϵ에 대하여 고찰하면 그림 6.7에 표시한 바와 같이 가솔린 엔진(불꽃점화기관 또는 전기점화기관)에서는 9~12, 디젤엔진(압축점화기관)에서는 **노킹**(knocking)에 의해 제한되어 16~21의 값이 일반적이며, 압축비가 증가할수록 열효율은 증대된다.

(2) 이론일 및 평균유효압력

기관의 성능은 한 사이클 당 정미일 w_{net} 또는 평균유효압력을 이용하여 표시한다. 출력만을 비교하면 실린더의 체적이 클수록 출력이 크지만 실린더의 단위체적 당 출력으로 비교하게 되면 한 사이클 당 일량을 행정체적으로 나눈 **이론 평균유효압력**(theoretical mean effective pressure)으로 비교하게 된다.

우선 1사이클 당 단위질량의 작동유체가 하는 정미일 w_{net}[kJ/kg]은

$$\begin{aligned} w_{net} &= w_{34}-w_{12}=q_H-q_L=c_v(T_3-T_2-T_4+T_1) \\ &= \frac{RT_1}{k-1}(\alpha-1)(\epsilon^{k-1}-1) \end{aligned} \tag{6.18}$$

이 되어 압축비 ϵ, 압력상승비 α가 클수록 큼을 알 수 있다.

비행정체적 v_s[m^3/kg]은 다음 식과 같이 정리할 수 있다.

$$v_s=v_1-v_2=v_1(1-\frac{1}{\epsilon})=\frac{RT_1}{p_1}(1-\frac{1}{\epsilon}) \tag{6.19}$$

따라서 이론 평균유효압력 p_m은 전술한 바와 같이 정미 일을 행정체적으로 나누어 다음과 같이 표시된다.

$$p_m=\frac{w_{net}}{v_s}=p_1\frac{(\alpha-1)(\epsilon^k-\epsilon)}{(k-1)(\epsilon-1)} \tag{6.20}$$

압축비 및 압력상승비가 이론 평균유효압력에 미치는 영향을 나타내는 선도를 그림 6.8에 표시하였다. 이 그림에서 압축비(ϵ)가 증가할수록, 압력상승비(α)가 증가할수록 평균유효압력이 증가함을 알 수 있다.

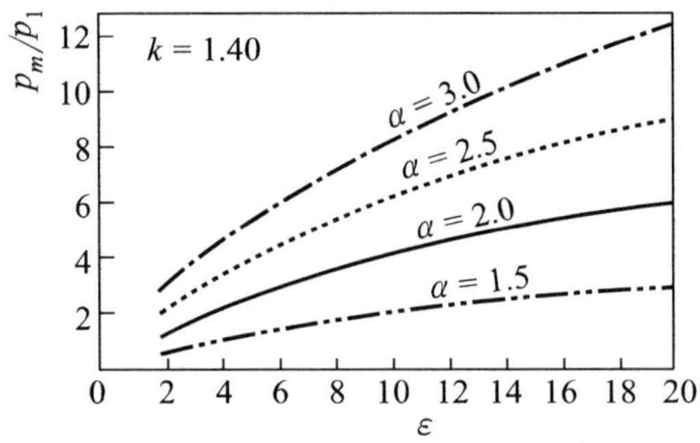

그림 6.8 Otto사이클의 평균유효압력과 압력비의 관계

예제 6.2

Otto사이클로 작동하는 행정체적 2000cm^3, 압축비 8인 기관이 있다. 압축초의 상태는 100kPa, 20℃, 가열과정에서 공기가 900kJ/kg의 열을 공급받는다. 단, 작동유체는 공기이고 가스 상수 0.287kJ/kgK, 정압비열 1.17kJ/kgK이다. 다음을 구하라.

(1) 사이클의 최고온도와 최고압력, (2) 일량, (3) 열효율, (4) 평균유효압력

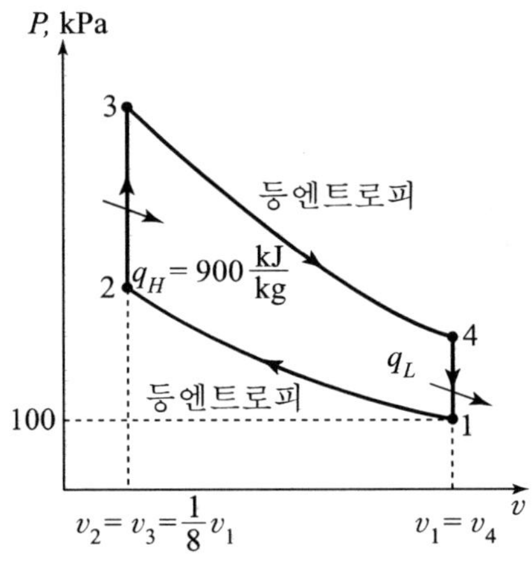

그림 [예제 6.2]

해 (1) $1 \rightarrow 2\quad p_1{v_1}^k = p_2{v_2}^k \qquad \therefore p_2 = p_1\left(\frac{v_1}{v_2}\right)^k = 100 \times 8^{1.4} = 1837.9\text{kPa}$

$$T_1{v_1}^{k-1} = T_2{v_2}^{k-1} \qquad \therefore T_2 = T_1\left(\frac{v_1}{v_2}\right)^{k-1} = 293.15 \times 8^{0.4} = 673.48\text{K}$$

$$2 \rightarrow 3\quad q_H = c_v(T_3 - T_2) \qquad \therefore T_3 = T_2 + \frac{q_H}{c_v} = 673.48 + \frac{900}{1.17/1.4} = 1750.4\text{K}$$

$$p_3/p_2 = T_3/T_2 \qquad \therefore p_3 = p_2 \times T_3/T_2 = 1837.9 \times \frac{1750.4}{673.48} = 4776.77\text{kPa}$$

(2) $T_3 {v_2}^{k-1} = T_4 {v_1}^{k-1} \quad \therefore T_4 = T_3 (\frac{v_2}{v_1})^{k-1} = 1750.4 \times (\frac{1}{8})^{0.4} = 761.91\text{K}$

$q_L = c_v(T_4 - T_1) = \frac{1.17}{1.4} \times (761.91 - 293.15) = 391.75\text{kJ/kg}$

$\therefore w_{net} = q_H - q_L = 900 - 391.75 = 508.25\text{kJ/kg}$

(3) $\eta_O = \frac{w_{net}}{q_H} = \frac{508.25}{900} = 0.565$ or 56.5%

또는 $\eta_O = 1 - (\frac{1}{\epsilon})^{k-1} = 1 - (\frac{1}{8})^{0.4} = 0.565$

(4) $\text{MEP} = \frac{w_{net}}{v_1 - v_2} = \frac{w_{net}}{v_1(1-1/8)} = \frac{508.25}{0.8413(1-1/8)} = 690.43\text{kPa}$

$(v_1 = \frac{RT_1}{p_1} = \frac{0.287 \times 293.15}{100} = 0.8413\text{m}^3/\text{kg})$

6.2.2 Diesel 사이클

디젤엔진(Diesel engine)에서는, 공기만을 실린더 내에서 압축하여 고온 고압으로 하며 그 고온·고압공기에 연료를 분무상태로 고압 분사한다. 따라서 연소실 내에는 난류유동이 격렬히 일어나 연료와 공기가 신속하게 혼합하여 가연혼합기(可燃混合氣)가 형성됨과 아울러 자연착화(自然着火)조건을 만족한 부분부터 순차적으로 연소가 진행한다.

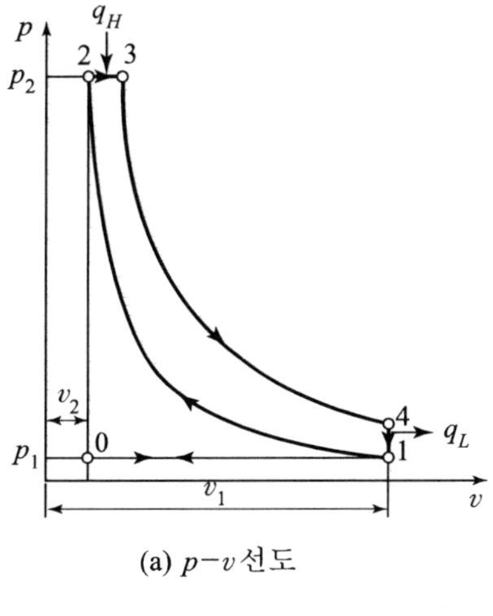

(a) $p-v$ 선도

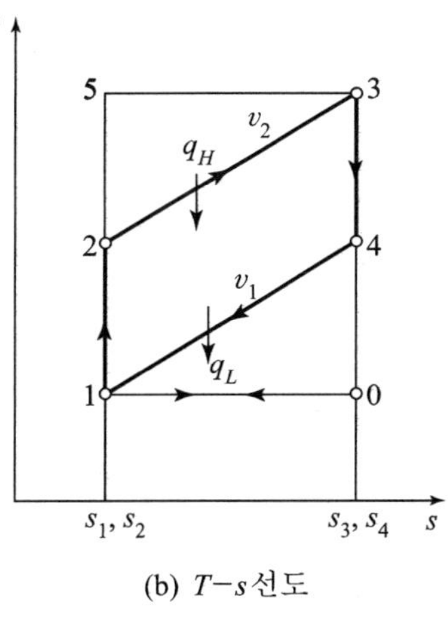

(b) $T-s$ 선도

그림 6.9 Diesel 사이클

이 연소방식은 디젤에 의해 실용화되어, 냉 시동(冷始動) 등의 특수조건을 제외하고 외부 점화장치가 필요치 않으며, **압축착화엔진**(compression ignition engine)이라고도 한다. 따라서 연소는 비교적 완만하고, 압축종료(상사점) 후의 팽창행정 중에 압력이 거의 일정해지는 상황이며, 실제의 연소는 조금 더 빠른 정도의 압력상승이 인정되지만 대형 저속디젤엔진의 연소압력은 정압(등압)에 가깝다. 따라서 **디젤사이클**을 **정압 사이클**(constant pressure cycle)이라고도 한다.

디젤 사이클을 $p-v$선도와 $T-s$선도에 표시하면 그림 6.9와 같다.

이 사이클은 다음의 과정들로 이루어진다.

1 → 2 : 단열압축
2 → 3 : 정압가열(정압연소)
3 → 4 : 단열팽창
4 → 1 : 정적방열

이 사이클에서는 2 → 3과정에서 연소가 일어나 체적이 팽창하는데, 연소전의 실린더 체적에 대한 연소 후의 체적의 비, 또는 온도비를 **차단비**(cut-off ratio) 또는 **체절비** σ로 정의한다.

$$\sigma = \frac{v_3}{v_2} = \frac{T_3}{T_2} \tag{6.21}$$

에너지 평형에서 Otto사이클에서와 같이 $Q-W=\Delta U$이므로 단위질량에 대하여 각 과정의 열량 또는 일량은

1 → 2과정의 일량

$$w_{12} = u_2 - u_1 = c_v(T_2 - T_1) \tag{6.22}$$

2 → 3과정의 가열량

$$\begin{aligned} q_{23} &= \Delta u_{23} + w_{23} = (u_3 - u_2) + p(v_3 - v_2) \\ &= h_3 - h_2 = c_p(T_3 - T_2) = q_H \end{aligned} \tag{6.23}$$

3 → 4과정의 일량

$$w_{34} = u_3 - u_4 = c_v(T_3 - T_4) \tag{6.24}$$

4 → 1과정의 방열량

$$q_{41} = u_4 - u_1 = c_v(T_4 - T_1) = q_L \tag{6.25}$$

각 과정의 온도 및 압력을 흡입온도와 흡입압력의 함수로 표시하면 다음과 같다.

$$1 \to 2 \ : \ T_2 = T_1(\frac{v_1}{v_2})^{k-1} = T_1\epsilon^{k-1}, \qquad p_2 = p_1(\frac{v_1}{v_2})^k = p_1\epsilon^k \tag{6.26}$$

$$2 \to 3 \ : \ T_3 = T_2(\frac{v_3}{v_2}) = T_1\epsilon^{k-1}\sigma, \qquad p_3 = p_2 = p_1\epsilon^k \tag{6.27}$$

$$3 \to 4 \ : \ T_4 = T_3(\frac{v_3}{v_4})^{k-1} = T_1\epsilon^{k-1}\sigma(\frac{\epsilon}{\sigma})^{1-k} = T_1\sigma^k$$

$$p_4 = p_3(\frac{v_3}{v_4})^k = p_1\epsilon^k(\frac{\epsilon}{\sigma})^{-k} = p_1\sigma^k \tag{6.28}$$

(1) 열효율

디젤 사이클의 열효율 η_D는

$$\eta_D = \frac{w_{net}}{q_H} = 1 - \frac{q_L}{q_H} = 1 - \frac{1}{k}\frac{T_4 - T_1}{T_3 - T_2} \tag{6.29}$$

이 되어, 위 식에 식 (6.26)~(6.28)을 대입하여 정리하면 다음의 관계식을 얻는다.

$$\eta_D = 1 - (\frac{1}{\epsilon})^{k-1}[\frac{\sigma^k - 1}{k(\sigma - 1)}] \tag{6.30}$$

따라서 디젤 사이클의 이론 열효율은 압축비 ϵ이 클수록, 체절비 σ가 1에 가까울수록 증대한다.

그림 6.10은 비열비 k=1.35, 체절비 σ=1.5 및 2로서, 압축비 ϵ에 의한 이론열효율의 변화를 계산한 결과이며, Otto사이클의 경우와 비교하고 있다. $[\frac{\sigma^k - 1}{k(\sigma - 1)}]$의 값은 보통 1보다 크므로 압축비가 일정하면 열효율은 Otto사이클의 경우보다 낮다. 그러나 디젤엔진에서는 노킹현상에 의한 제한이 없으므로 압축비를 높일 수 있어서 실제로 Otto사이클보다 열효율은 크다.

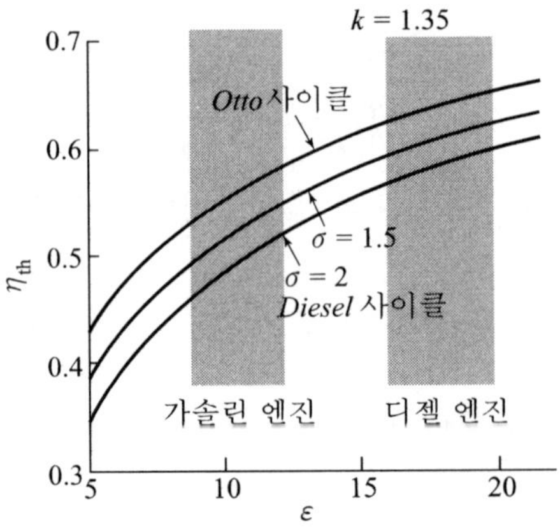

그림 6.10 압축비에 의한 이론열효율의 영향

(2) 이론일 및 평균유효압력

디젤 사이클에서 단위질량의 작동유체가 하는 이론 정미일 w_{net}[kJ/kg]은 식 (6.26) ~ (6.28), $p_1 v_1 = RT_1$, $c_v = \dfrac{R}{k-1}$, $k = c_p/c_v$를 이용하면 다음과 같이 정리할 수 있다.

$$w_{net} = q_H - q_L = c_p(T_3 - T_2) - c_v(T_4 - T_1)$$

$$= \frac{p_1 v_1}{k-1}[k\epsilon^{k-1}(\sigma - 1) - (\sigma^k - 1)] \tag{6.31}$$

비행정체적은 다음과 같이 정리할 수 있다.

$$v_s = v_1 - v_2 = v_1(1 - \frac{1}{\epsilon}) = v_1(\frac{\epsilon - 1}{\epsilon})$$

따라서 이론 평균유효압력 p_m은 다음과 같다.

$$p_m = \frac{w_{net}}{v_s} = p_1 \frac{k\epsilon^k(\sigma - 1) - \epsilon(\sigma^k - 1)}{(k-1)(\epsilon - 1)} \tag{6.32}$$

이 식으로부터 k가 일정한 경우, 압축비 ϵ 및 체절비 σ가 클수록 평균유효압력이 증가함을 알 수 있다.

예제 6.3 압축비 15, 체절비 2인 디젤 사이클에서 압축초의 압력 101.3kPa, 온도 20℃, 체적 1500cc라 할 때 (1)각 과정의 최종압력과 최종온도, (2)1사이클 중 공급된 열량, (3) 일량, (4)열효율, (5)평균유효압력을 구하라, 작동유체는 공기이고 $k=1.4$, $R=0.2872\text{kJ/kgK}$, $c_p=1.005\text{kJ/kgK}$이다.

해 그림 6.9의 선도에서

(1) $1 \rightarrow 2 \quad T_2 = T_1(\frac{v_1}{v_2})^{k-1} = T_1\epsilon^{k-1} = 293.15 \times 15^{0.4} = 866.02\text{K}$

$$p_2 = p_1(\frac{v_1}{v_2})^k = p_1\epsilon^k = 101.3 \times 15^{1.4} = 4488.87\text{kPa}$$

$2 \rightarrow 3 \quad T_3 = T_2\frac{v_3}{v_2} = T_1\epsilon^{k-1}\sigma = 866.02 \times 2 = 1732.04\text{K}$

$$p_3 = p_2 = 4488.87\text{kPa}$$

$3 \rightarrow 4 \quad T_4 = T_3(\frac{v_3}{v_4})^{k-1} = T_1\sigma^k = 293.15 \times 2^{1.4} = 773.63\text{K}$

$$p_4 = p_3(\frac{v_3}{v_4})^k = p_1\sigma^k = 101.3 \times 2^{1.4} = 267.33\text{kPa}$$

(2) $m = \frac{p_1 V_1}{RT_1} = \frac{101.3 \times 1500 \times 10^{-6}}{0.2872 \times 293.15} = 0.0018\text{kg}$

$$\therefore Q_H = mc_p(T_3 - T_2) = 0.0018 \times 1.005 \times (1732.04 - 866.02) = 1.5666\text{kJ}$$

(3) $Q_L = mc_v(T_4 - T_1) = m\frac{c_p}{k}(T_4 - T_1)$

$$= 0.0018 \times \frac{1.005}{1.4} \times (773.63 - 293.15) = 0.6208\text{kJ}$$

$$\therefore W_{net} = Q_H - Q_L = 1.5666 - 0.6208 = 0.9458\text{kJ}$$

(4) $\eta_D = 1 - \frac{Q_L}{Q_H} = 1 - \frac{0.6208}{1.5666} = 0.6037$ or 60.37%

(또는 $\eta_D = 1 - (\frac{1}{\epsilon})^{k-1}[\frac{\sigma^k - 1}{k(\sigma - 1)}] = 1 - (\frac{1}{15})^{0.4}[\frac{2^{1.4} - 1}{1.4(2-1)}] = 0.6037$)

(5) $\text{MEP} = \frac{W_{net}}{V_1 - V_2} = \frac{0.9458}{(1500 - 100) \times 10^{-6}} = 675.57\text{kPa}$

($\epsilon = V_1/V_2 = 1500/V_2 = 15 \quad \therefore V_2 = 100cc$)

6.2.3 Sabathé 사이클

고속 디젤엔진에서는 일반적으로 상사점 전부터 연료를 분사시키는데, 가연 혼합기(可

燃 混合氣)가 형성되어 반응을 시작하기까지는 어느 정도의 시간이 필요하다. 이 착화지연기간(ignition delay period)중에 축적된 혼합기는 상사점 부근에서 한번에 연소하며, 그에 따라 실린더 내는 고온이 되므로 계속 팽창행정에서 분사된 연료는 공기와 혼합하면 바로 반응하여 연소가 진행된다. 즉 작동가스에 가열량의 일부는 정적하에서, 나머지 가열량은 정압하에서 행해진다고 할 수 있으므로 Otto사이클과 디젤 사이클을 조합시킨 것으로 취급된다. 이 이론 사이클을 **Sabathé 사이클**이라 한다.

그림 6.11은 Sabathé사이클의 $p-v$선도 및 $T-s$선도를 나타내며, 다음의 과정들로 구성된다.

$1 \rightarrow 2$: 단열압축

$2 \rightarrow 3$: 정적가열(정적연소)

$3 \rightarrow 4$: 정압가열(정압연소)

$4 \rightarrow 5$: 단열팽창

$5 \rightarrow 1$: 정적방열

이 사이클에서 정적연소과정의 압력상승비 α와 정압연소과정의 체절비(차단비) σ는 각각 Otto사이클과 디젤 사이클에서 정의한 것과 동일하다.

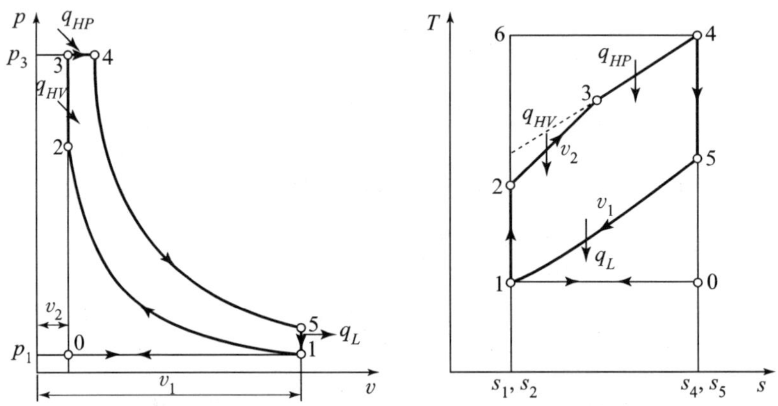

(a) $p-v$선도 (b) $T-s$선도

그림 6.11 Sabathé사이클

$$\alpha = \frac{p_3}{p_2} = \frac{T_3}{T_2} \tag{6.7$'$}$$

$$\sigma = \frac{v_4}{v_3} = \frac{v_4}{v_2} = \frac{T_4}{T_3} \tag{6.21$'$}$$

에너지 평형으로부터 $Q-W=\Delta U$ 이므로, 단위 질량에 대하여 각 과정의 열량 또는 일량을 구한다.

1→2과정의 일량

$$w_{12}=u_2-u_1=c_v(T_2-T_1) \tag{6.33}$$

2→3과정의 가열량

$$q_{23}=q_{Hv}=u_3-u_2=c_v(T_3-T_2) \tag{6.34}$$

3→4과정의 가열량

$$\begin{aligned} q_{34}=q_{Hp}&=\Delta u_{34}+w_{34}=(u_4-u_3)+p(v_4-v_3)\\ &=h_4-h_3=c_p(T_4-T_3) \end{aligned} \tag{6.35}$$

4→5과정의 일량

$$w_{45}=u_4-u_5=c_v(T_4-T_5) \tag{6.36}$$

5→1과정의 방열량

$$q_{51}=q_L=u_5-u_1=c_v(T_5-T_1) \tag{6.37}$$

각 과정에서의 온도 및 압력을 흡입온도 T_1, 흡입압력 p_1의 함수로 표시하면 다음과 같다.

$$1\rightarrow 2\ :\ T_2=T_1\epsilon^{k-1},\qquad p_2=p_1\epsilon^k \tag{6.38}$$

$$2\rightarrow 3\ :\ T_3=T_2\alpha=T_1\epsilon^{k-1}\alpha,\qquad p_3=p_2\alpha=p_1\epsilon^k\alpha \tag{6.39}$$

$$3\rightarrow 4\ :\ T_4=T_3\sigma=T_1\epsilon^{k-1}\alpha\sigma,\qquad p_4=p_3=p_1\epsilon^k\alpha \tag{6.40}$$

$$\begin{aligned} 4\rightarrow 5\ :\ T_5&=T_4\left(\frac{v_4}{v_5}\right)^{k-1}=T_4\left(\frac{\sigma}{\epsilon}\right)^{k-1}=T_1\sigma^k\alpha,\\ p_5&=p_4\left(\frac{v_4}{v_5}\right)^k=p_4\left(\frac{\sigma}{\epsilon}\right)^k=p_1\sigma^k\alpha \end{aligned} \tag{6.41}$$

(1) 열효율

Sabathé사이클의 열효율은 다음과 같다.

$$\eta_S = \frac{w_{net}}{q_H} = 1 - \frac{q_L}{q_H} = 1 - \frac{q_L}{q_{Hv} + q_{Hp}} = 1 - \frac{c_v(T_5 - T_1)}{c_v(T_3 - T_2) + c_p(T_4 - T_3)}$$

$$= 1 - \frac{T_5 - T_1}{(T_3 - T_2) + k(T_4 - T_3)} \tag{6.42}$$

식 (6.38)~(6.41)을 식 (6.42)에 대입하면 다음의 관계식을 얻을 수 있다.

$$\eta_S = 1 - (\frac{1}{\epsilon})^{k-1} \frac{\alpha\sigma^k - 1}{(\alpha - 1) + k\alpha(\sigma - 1)} \tag{6.43}$$

위 식에서 Sabathé사이클의 열효율은 압축비 ϵ이 증가할수록, 압력상승비 α가 증가할수록, 차단비(체절비) σ가 감소할수록 증가한다.

식 (6.43)으로부터 차단비 $\sigma = 1$인 경우는 Otto사이클의 열효율과 같아지며, 압력상승비 $\alpha = 1$인 경우는 디젤 사이클의 열효율과 같아진다.

(2) 이론일 및 평균유효압력

단위질량당 이론 정미일 w_{net}[kJ/kg]은 식 (6.38)~(6.41), $c_v = \frac{R}{k-1}$, $k = \frac{c_p}{c_v}$, $pv = RT$를 이용하여 다음과 같이 표시된다.

$$w_{net} = q_H - q_L = (q_{Hv} + q_{Hp}) - q_L$$

$$= c_v(T_3 - T_2) + c_p(T_4 - T_3) - c_v(T_5 - T_1)$$

$$= \frac{p_1 v_1}{k-1}[\epsilon^{k-1}(\alpha - 1) + k\alpha(\sigma - 1) - (\alpha\sigma^k - 1)] \tag{6.44}$$

행정체적은

$$v_s = v_1 - v_2 = v_1(1 - \frac{1}{\epsilon}) = v_1(\frac{\epsilon - 1}{\epsilon}) \tag{6.45}$$

따라서 이론 평균유효압력 p_m은 다음과 같이 표시된다.

$$p_m = \frac{w_{net}}{v_s} = p_1 \frac{\epsilon^k[(\alpha - 1) + k\alpha(\sigma - 1)] - \epsilon(\alpha\sigma^k - 1)}{(k-1)(\epsilon - 1)} \tag{6.46}$$

예제 6.4 압축비 18, 압력비 1.5, 체절비 1.2인 Sabathé 사이클에서 (1) 각 과정의 최종온도 및 압력, (2) 사이클의 일량, (3) 열효율, (4) 평균유효압력을 구하라. 단, 공기의 정압비열은 1.005kJ/kgK, 비열비 1.4, 압축초의 상태는 101.3kPa, 15℃, 2000cc이다.

해 그림 6.11에서

(1) 1 → 2 $T_2 = T_1\epsilon^{k-1} = 288.15\times 18^{0.4} = 915.65\text{K}$

$p_2 = p_1\epsilon^k = 101.3\times 18^{1.4} = 5794.17\text{kPa}$

2 → 3 $T_3 = T_2\alpha = 915.65\times 1.5 = 1373.48\text{K}$

$p_3 = p_2\alpha = 5794.17\times 1.5 = 8691.26\text{kPa}$

3 → 4 $T_4 = T_3\sigma = 1373.48\times 1.2 = 1648.18\text{K}$

$p_4 = p_3 = 8691.26\text{kPa}$

4 → 5 $T_5 = T_4(\frac{\sigma}{\epsilon})^{k-1} = 1648.18\times(\frac{1.2}{18})^{0.4} = 557.92\text{K}$

$p_5 = p_4(\frac{\sigma}{\epsilon})^k = 8691.26\times(\frac{1.2}{18})^{1.4} = 196.13\text{kPa}$

(2) $m = \frac{p_1V_1}{RT_1} = \frac{101.3\times 2000\times 10^{-6}}{0.2872\times 288.15} = 0.00245\text{kg}$

$Q_H = m(q_{Hv} + q_{Hp}) = m[c_v(T_3 - T_2) + c_p(T_4 - T_3)]$

$= 0.00245[\frac{1.005}{1.4}(1373.48 - 915.65) + 1.005(1648.18 - 1373.48)]$

$= 1.4816\text{kJ}$

$Q_L = mc_v(T_5 - T_1) = 0.00245\times\frac{1.005}{1.4}(557.92 - 288.15) = 0.4745\text{kJ}$

$\therefore W_{net} = Q_H - Q_L = 1.4816 - 0.4745 = 1.0071\text{kJ}$

(3) $\eta_S = \frac{W_{net}}{Q_H} = \frac{1.0071}{1.4816} = 0.6797$ or 67.97%

(4) $\epsilon = \frac{V_1}{V_2} = 18 \quad \therefore V_2 = \frac{V_1}{18} = \frac{2000}{18} = 111.11\text{cc}$

$\therefore p_m = \frac{W_{net}}{V_1 - V_2} = \frac{1.0071}{(2000 - 111.11)\times 10^{-6}} = 533.17\text{kPa}$

6.2.4 Stirling사이클

위에서 기술한 내연기관에서는 실린더 내에서 급속한 연소에 의하여 작동가스를 가열·팽창시켜 일을 발생시키므로 고속운전이 가능해져 큰 출력을 얻을 수 있다. 그러나 간헐적 연소를 신속히 행하기 위해서는 연료의 유동성, 착화성 등이 요구되므로 사용할 수 있는 연료가 가솔린, 경유, 중유, 액화석유가스(LPG), 천연가스 등으로 제한된다.

외연기관에서는 열원으로서 석탄 등의 고체연료, 태양열, 고온폐열 등이 사용될 수 있으므로 에너지의 유효이용 측면에서 유용하다. 이것은 기관의 밖에 열을 가하는 가열기와 열을 제거하는 냉각기가 필요하며, **Stirling사이클**은 가열기와 냉각기 사이에 재생기(regenerator)가 이용된다. 그 개념도는 그림 6.12와 같이 두 개의 피스톤, 냉각기, 가열기, 재생기로 구성된다. 이것은 양쪽 실린더의 피스톤이 상사점에 있을 때 피스톤 로드축선을 기준으로 크랭크축의 회전각이 우측영역에 있는 경우가 압축과정(방열), 상부 측 영역의 경우는 정적과정(우측 실린더는 팽창, 좌측 실린더는 압축), 좌측영역에 있는 경우는 팽창과정(수열), 하부 측 영역의 경우는 정적과정(좌측 실린더는 팽창, 우측 실린더는 압축)이 된다.

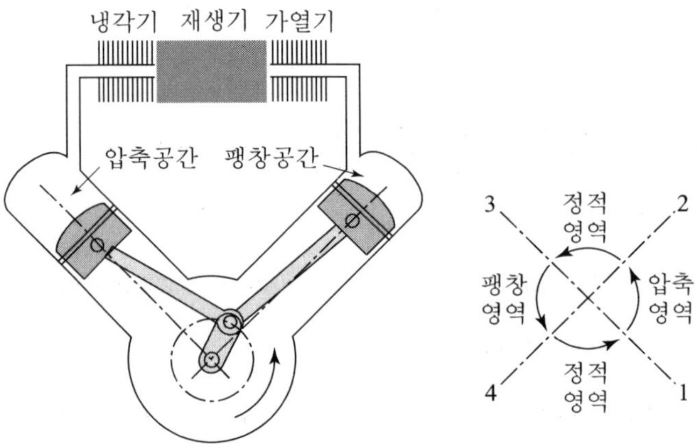

그림 6.12 Stirling엔진의 구조

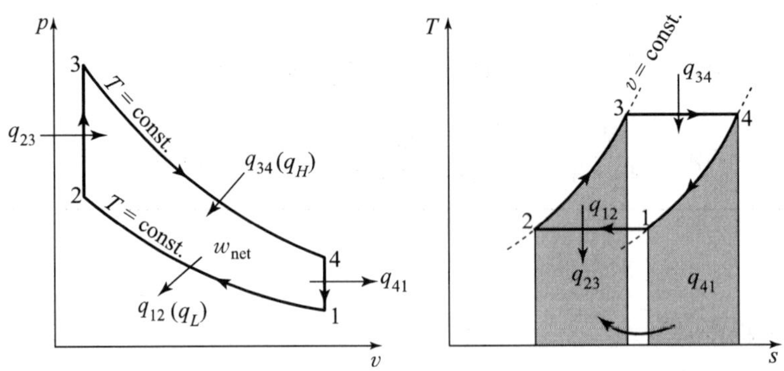

(a) $p-v$선도 (b) $T-s$선도

그림 6.13 Stirling사이클

이 과정들을 $p-v$선도와 $T-s$선도에 표시하면 그림 6.13과 같다. 따라서 Stirling사이클은 두 개의 등온과정과 두 개의 정적과정으로 이루어지며, 다음과 같이 정리된다.

1 → 2 등온압축 : 크랭크축의 회전영역이 우측영역에 있는 경우로서 양 실린더는 상승하여 압축되며, 작동유체가 등온하에서 냉각기로 방열한다.

$$q_{12} = q_L = RT_1 \ln \frac{v_1}{v_2} \tag{6.47}$$

2 → 3 정적가열 : 크랭크축의 회전영역이 상부영역에 있는 경우로서 우측 실린더는 팽창하지만 좌측 실린더는 압축되어 정적상태를 이루며, 이때 작동유체는 재생기에서 가열되어 압력이 상승한다.

$$q_{23} = c_v(T_3 - T_1) \tag{6.48}$$

3 → 4 등온팽창 : 크랭크축의 회전영역이 좌측영역에 있는 경우로서, 양 실린더가 하강하여 작동유체가 등온하에서 팽창하며 가열기로부터 수열 한다.

$$q_{34} = q_H = RT_3 \ln \frac{v_4}{v_3} \tag{6.49}$$

4 → 1 정적냉각 : 크랭크축의 회전영역이 하부영역에 있는 경우로서 좌측 실린더는 팽창하지만 우측 실린더는 압축되어 정적상태를 유지하며, 작동유체는 재생기에 열을 방출하고 압력은 감소한다.

$$q_{41} = c_v(T_3 - T_1) \tag{6.50}$$

한편 압축비 $\epsilon = \dfrac{v_1}{v_2} = \dfrac{v_4}{v_3}$가 성립하며, 그림 6.13의 $T-s$선도에서 보는 바와 같이 4 → 1에서의 방열량 q_{41}과 2→3에서의 가열량 q_{23}가 같으며, 이 사이클에서는 q_{23}의 열량을 받아 q_{41}의 방열을 하는 결과가 된다. 따라서 Stirling사이클의 열효율은

$$\eta_{st} = 1 - \frac{q_L}{q_H} = 1 - \frac{q_{12}}{q_{34}} = 1 - \frac{T_1}{T_3} \tag{6.51}$$

이므로, Carnot사이클의 열효율과 같다.

6.2.5 Ericsson사이클

Stirling사이클에서는 재생기내의 열의 수수를 정적과정에서 행하지만 **Ericsson사이클**은 그 열의 수수를 정압과정에서 행하는 사이클을 말하며, 이 사이클은 가스터빈의 이상사이클이라고 한다.

Ericsson사이클에서 작동하는 정상 유동계는 그림 6.14에 나타내었으며, $p-v$선도 및 $T-s$선도는 그림 6.15에 나타내었다.

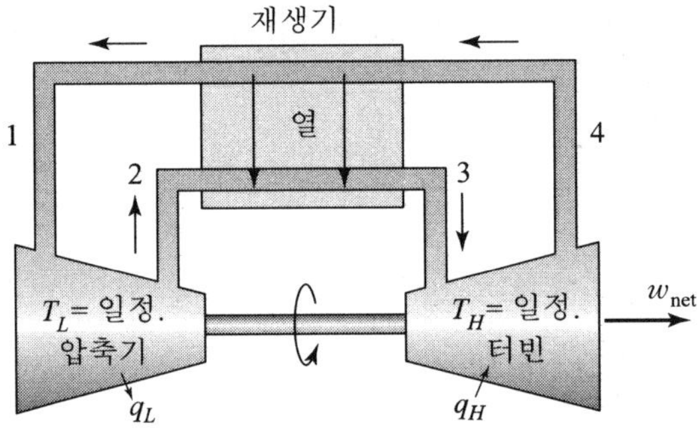

그림 6.14 Ericsson사이클의 구성

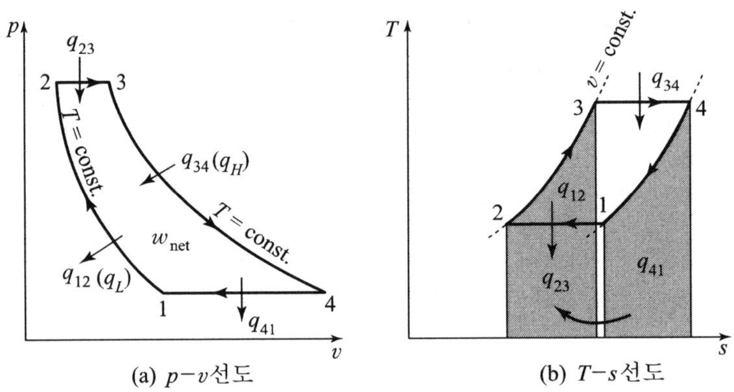

그림 6.15 Ericsson사이클

따라서 두 개의 등온과정과 두 개의 정압과정으로 이루어져 있으며, 등온팽창($3 \rightarrow 4$)은 터빈에서, 등온압축($1 \rightarrow 2$)과정은 압축기에서 실행되고 대향류 열교환기가 재생기로 사용된다.

Ericsson사이클에서도 Stirling사이클과 마찬가지로 재생기에서의 가열량 q_{23}와 방열량 q_{41}은

$$q_{23} = q_{41} = c_p(T_3 - T_1)$$

로서 같으며, 사이클의 열효율은 가열량 $q_{34} = q_H$와 방열량 $q_{12} = q_L$에 의해

$$\eta_E = 1 - \frac{q_L}{q_H} = 1 - \frac{q_{12}}{q_{34}} = 1 - \frac{RT_1 \ln(p_2/p_1)}{RT_3 \ln(p_3/p_4)} = 1 - \frac{T_1}{T_3} \tag{6.52}$$

이 되어, 역시 Carnot사이클의 열효율과 같다.

6.3 회전형 열기관 사이클

6.3.1 가스터빈 사이클

가스터빈은 일반적으로 내연기관과 마찬가지로 연료와 공기에 의한 연소가스를 작동유체로 하여 작동한다. 또 고온배열을 회수하는 경우는, 고압공기가 재생기(열교환기)를 통해 가열되고, 이 고온고압의 공기를 작동유체로 하여 공기터빈을 구동하는 것도 있다. 연소가스를 이용하는 것은 배기가스를 대기 중으로 방출하지만, 공기터빈의 경우는 공기가 터빈을 나온 후에 냉각되어 동일한 공기가 순환을 반복하는 경우가 많다. 전자를 개방사이클(open cycle), 후자를 밀폐 사이클(closed cycle)이라고 하며 그림 6.16에 단순 개방형 가스터빈의 구성도를 나타내었다.

압축기에서 흡입된 공기를 압축하고 연소기에서 연소하여 가열되며 터빈에서 팽창하여 일을 하고 연소가스는 대기중으로 방출된다.

유동식 열기관은 용적식에 비하여 구조가 비교적 복잡하다. 또 연속적으로 연소시키기 위한 연소실과 터빈 날개가 고온으로 되어 재료의 강도나 부식성에 제한을 받아 연소온도를 높이지 못하게 되므로 열효율이 비교적 낮다. 특히 부분부하에서의 성능이 나빠서 부분변동이 큰 장치에는 적합하지 않다. 그러나 터빈을 고속 회전시켜 축 출력을 연속적으로 얻을 수 있으므로, 소형경량으로 고출력을 얻을 수 있어서 항공기, 고속함정, 비상용 발전기 등의 동력원으로서 사용되고 있다.

그림 6.17의 밀폐 사이클 구성도에서는 압축기에서 압축된 공기가 재생기에서 터빈으로부터 나온 배기가스와 열 교환을 한 후, 연소기(또는 가열기)에서 가열되어 터빈에서 팽창하고(발전기 구동), 재생기에서 공기와 열 교환을 하며 냉각기를 통과한 후 압축기로 되돌아간다.

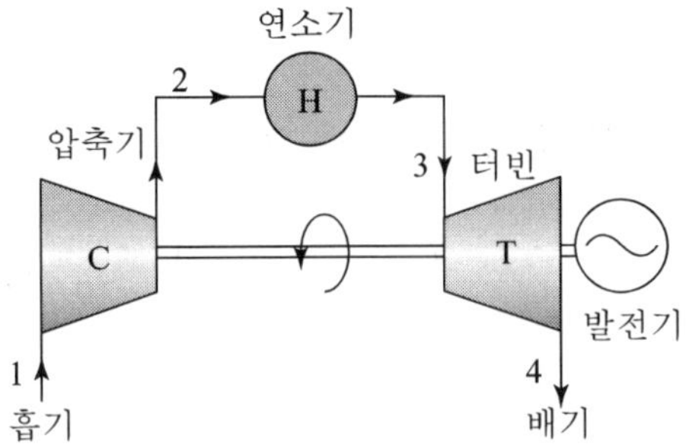

그림 6.16 개방형 가스터빈의 구성

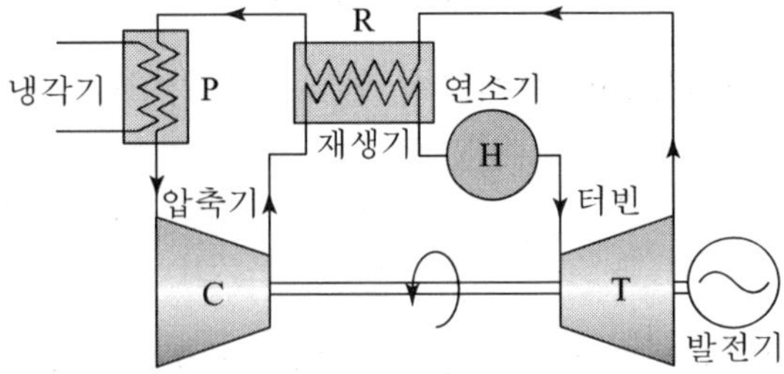

그림 6.17 밀폐형 가스터빈의 구성

(1) Brayton사이클

단순 가스터빈 사이클(simple gas turbine cycle)이라고도 하며, 전술한 개방 사이클의 이론 사이클이다. 이 사이클은 그림 6.18에 표시하는 바와 같이 두 개의 단열과정과 두 개의 정압과정으로 구성되며 **브레이턴 사이클**(Brayton cycle)이라 한다. 4개의 과정 모두 정상유동이므로 에너지 보존의 식으로부터 위치에너지와 운동에너지를 무시할 때 단위 질량에 대하여 표시하면 다음과 같다.

$$q - w = h_{out} - h_{in} \tag{6.53}$$

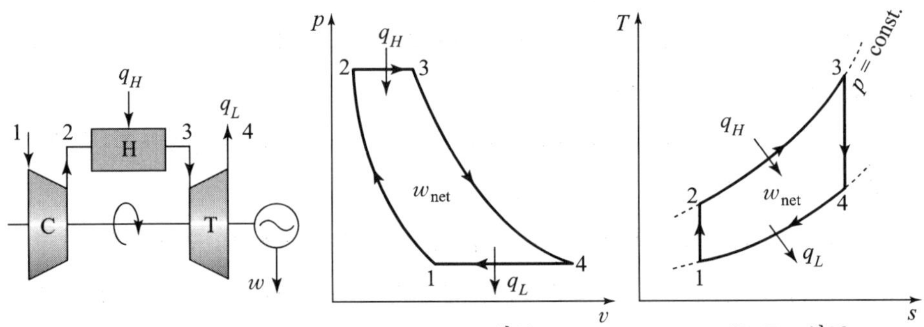

(a) $p-v$ 선도 (b) $T-s$ 선도

그림 6.18 Brayton사이클

여기서 **압력비** φ를 다음과 같이 정의한다.

$$\varphi = \frac{p_2}{p_1} \tag{6.54}$$

이 사이클은 다음의 4개의 과정으로 구성된다.

1 → 2 : 단열압축

2 → 3 : 정압가열(정압연소)

3 → 4 : 단열팽창

4 → 1 : 정압방열

이며 2 → 3과정에서 고열원으로부터의 가열량은

$$q_H = q_{23} = h_3 - h_2 = c_p(T_3 - T_2) \tag{6.55}$$

4 → 1과정에서 저열원으로의 방열량은

$$q_L = q_{41} = h_4 - h_1 = c_p(T_4 - T_1) \tag{6.56}$$

과정 1 → 2와 3 → 4는 단열과정이며, $p_1 = p_4$, $p_2 = p_3$이므로

$$\frac{T_2}{T_1} = \left(\frac{p_2}{p_1}\right)^{\frac{k-1}{k}} = \left(\frac{p_3}{p_4}\right)^{\frac{k-1}{k}} = \frac{T_3}{T_4} = \varphi^{\frac{k-1}{k}}$$

따라서 Brayton사이클의 이론 열효율은 다음과 같이 정리할 수 있다.

$$\eta_B = 1 - \frac{q_L}{q_H} = 1 - \frac{1}{\varphi^{(k-1)/k}} \tag{6.57}$$

압축기 소요일은 1 → 2과정이 단열과정이므로

$$\begin{aligned} w_c &= w_{12} = h_2 - h_1 = c_p(T_2 - T_1) = c_p T_1\left(\frac{T_2}{T_1} - 1\right) \\ &= c_p T_1[\varphi^{(k-1)/k} - 1] \end{aligned} \tag{6.58}$$

터빈일은 3 → 4과정이 역시 단열과정이므로 다음 식으로 표시된다.

$$\begin{aligned} w_t &= w_{34} = h_3 - h_4 = c_p(T_3 - T_4) = c_p T_3\left(1 - \frac{T_4}{T_3}\right) \\ &= c_p T_3\left[1 - \left(\frac{1}{\varphi}\right)^{(k-1)/k}\right] \end{aligned} \tag{6.59}$$

Brayton사이클의 열효율은 식 (6.57) 및 그림 6.19에 표시한 바와 같이 압력비가 증가할수록 증가한다.

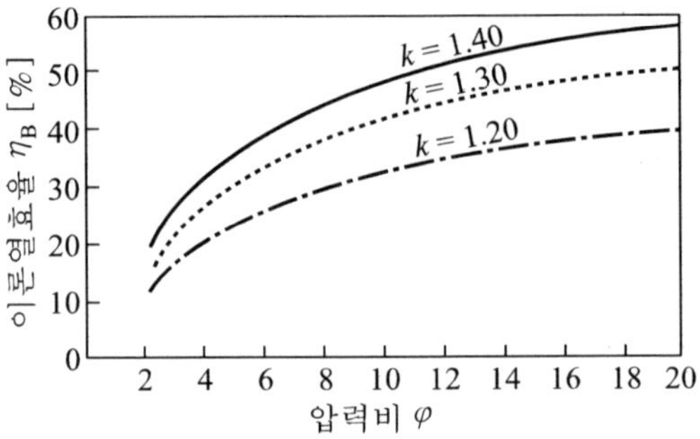

그림 6.19 가스터빈 사이클(단열압축)의 이론열효율과 압력비의 관계

그런데 실제의 가스터빈 사이클은 이상적인 Brayton사이클과 다른 점이 있다. 우선, 가열과정(2 → 3)과 방열과정(4 → 1) 동안 약간의 압력강하가 생긴다. 그리고 마찰손실이나 열손실로 인하여 유효출력이 감소한다. 이 경우 그림 6.20과 같이 실선으로 표시한 실제의 가스터빈 사이클에서는 마찰에 의해 열이 발생하므로 엔트로피가 증가하여 이상적인 Brayton사이클보다 압축기 소요일은 증가하고 터빈일은 감소한다. 실제 가스터빈 사이클에서 압축기 출구 및 터빈출구는 각각 2′, 4′로 표시하였다.

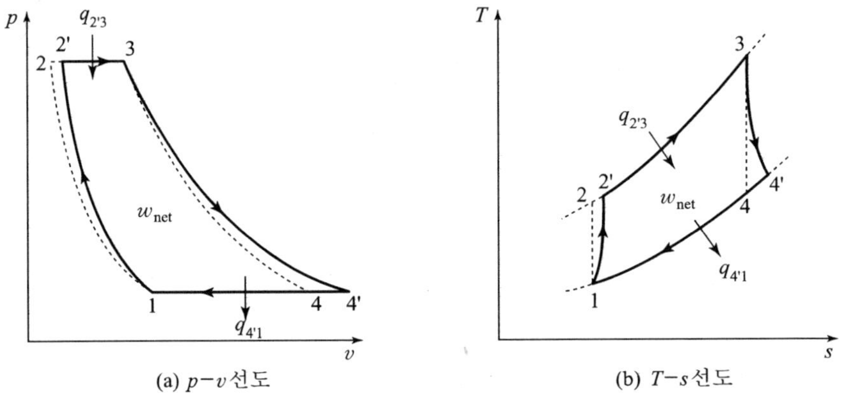

그림 6.20 비가역과정을 갖는 Brayton사이클

이 선도에서, 압축기와 터빈의 단열효율(adiabatic efficiency)은 비열이 일정하다고 할 때 각각 η_c, η_t로서 다음과 같다.

$$\eta_c = \frac{h_2 - h_1}{h_{2'} - h_1} = \frac{T_2 - T_1}{T_{2'} - T_1} < 1 \tag{6.60}$$

$$\eta_t = \frac{h_3 - h_{4'}}{h_3 - h_4} = \frac{T_3 - T_{4'}}{T_3 - T_4} < 1 \tag{6.61}$$

따라서 실제 압축기 소요일($w_c{}'$) 및 실제 터빈일($w_t{}'$)은 각각 다음과 같다.

$$w_c{}' = \frac{1}{\eta_c} c_p T_1 [\varphi^{(k-1)/k} - 1] \tag{6.62}$$

$$w_t{}' = \eta_t c_p T_3 [1 - (\frac{1}{\varphi})^{(k-1)/k}] \tag{6.63}$$

예제 6.5 공기를 작동유체로 하는 Brayton 사이클에서 압축초의 압력이 100kPa, 온도 20℃, 압축후의 압력이 600kPa, 가열량은 1kg당 500kJ일 때 (1) 각 과정의 최종온도 및 압력, (2) 압축기 구동동력, (3) 터빈출력, (4) 열효율을 각각 구하라. 단, 공기의 k=1.4, $c_p = 1.005$kJ/kgK, 공기유량은 800m^3/min이다.

해 그림 6.18에서

(1) $\varphi = \frac{p_2}{p_1} = 6$

1 → 2 $\frac{T_2}{T_1} = (\frac{p_2}{p_1})^{(k-1)/k}$, $\therefore T_2 = T_1 \varphi^{(k-1)/k} = 293.15 \times 6^{0.4/1.4}$ =489.12K

$p_2 = p_1 \varphi = 100 \times 6 = 600\text{kPa}$

2 → 3 $q_H = c_p(T_3 - T_2)$ $\therefore T_3 = T_2 + \frac{q_H}{c_p} = 489.12 + \frac{500}{1.005} = 986.63\text{K}$

$p_3 = p_2 = 600\text{kPa}$

3 → 4 $T_3 p_3^{(1-k)/k} = T_4 p_4^{(1-k)/k}$

$\therefore T_4 = T_3 (\frac{p_4}{p_3})^{(k-1)/k} = T_3 (\frac{p_1}{p_2})^{(k-1)/k} = 986.63 \times (\frac{1}{6})^{0.4/1.4} = 591.32\text{K}$

$p_4 = p_1 = 100\text{kPa}$

(2) $\dot{m} = \frac{p_1 \dot{V}_1}{RT_1} = \frac{100 \times 800/60}{0.2872 \times 293.15} = 15.837\text{kJ/s}$

$\dot{W}_c = \dot{m} c_p (T_2 - T_1) = 15.837 \times 1.005 \times (489.12 - 293.15) = 3119.1\text{kW}$

(3) $\dot{W}_t = \dot{m} c_p (T_3 - T_4) = 15.837 \times 1.005 \times (986.63 - 591.32) = 6291.83\text{kW}$

(4) $\dot{Q}_H = \dot{m} c_p (T_3 - T_2) = 15.837 \times 1.005 \times (986.63 - 489.12) = 7918.46\text{kW}$

$\eta_B = \frac{\dot{W}_{net}}{\dot{Q}_H} = \frac{\dot{W}_t - \dot{W}_c}{\dot{Q}_H} = \frac{6291.83 - 3119.1}{7918.46} = 0.4$ 또는 40%

또는 ($\eta_B = 1 - (\frac{1}{\varphi})^{(k-1)/k} = 1 - (\frac{1}{6})^{0..4/1.4} = 0.4$)

예제 6.6 한 발전소가 압력비 8인 Brayton사이클을 가동시키고 있다. 압축기의 입구온도는 300K, 터빈입구온도는 1300K일 때 작동유체가 공기인 경우, 압축기 및 터빈의 단열효율이 각각 80%, 85%이면 (1) 압축기 소요 일량, (2) 터빈일, (3) 실제의 열효율을 구하여 이론 열효율과 비교하라. 공기의 $c_p = 1.005\text{kJ/kgK}$이다.

해 그림 6.20에서 $T_2 = T_1\varphi^{(k-1)/k} = 300 \times 8^{0.4/1.4} = 543.434\text{K}$, $T_3 = 1300\text{K}$

$$T_4 = T_3\left(\frac{1}{\varphi}\right)^{(k-1)/k} = 1300 \times \left(\frac{1}{8}\right)^{0.4/1.4} = 717.66\text{K}$$

(1) $w_c = \dfrac{c_p(T_2 - T_1)}{\eta_c} = \dfrac{1.005 \times (543.434 - 300)}{0.8} = 305.814\text{kJ/kg}$

(2) $w_t = \eta_t c_p(T_3 - T_4) = 0.85 \times 1.005 \times (1300 - 717.66) = 497.464\text{kJ/kg}$

(3) 식 (6.60)에서 $T_{2'} = \dfrac{T_2 - T_1}{\eta_c} + T_1 = \dfrac{543.434 - 300}{0.8} + 300 = 604.2925\text{K}$

$\therefore q_{2'3} = c_p(T_3 - T_{2'}) = 1.005 \times (1300 - 604.2925) = 699.186\text{kJ/kg}$

실제 열효율 $\eta_{act} = \dfrac{w_t - w_c}{q_{2'3}} = \dfrac{497.464 - 305.814}{699.186} = 0.274$

이론 열효율 $\eta_{th} = 1 - \left(\dfrac{1}{\varphi}\right)^{(k-1)/k} = 1 - \left(\dfrac{1}{8}\right)^{0.4/1.4} = 0.448$

$\therefore$ 실제 열효율은 이론 열효율보다 17.4% 낮다.

(2) 재생식 가스터빈 사이클

Brayton사이클에서 터빈으로부터 나온 배기가스는 상당한 열에너지를 가지고 있으므로 재생기(regenerator) 또는 회수 열교환기(recuperator)를 이용하여 압축기를 나와 연소기로 들어가기 전의 공기를 배기가스의 열에너지로 예열하면 배기가스의 열에너지를 회수하게 되어 사이클의 열효율을 높일 수 있다.

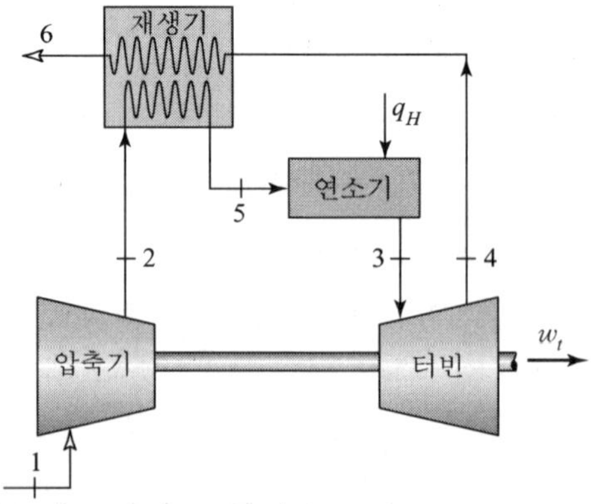

그림 6.21 재생식 가스터빈의 구성

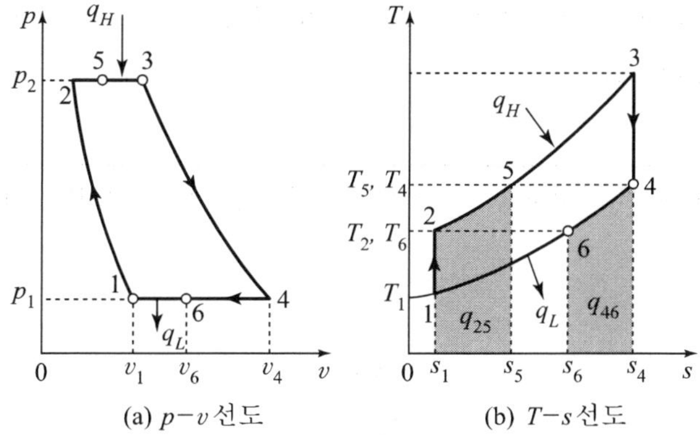

그림 6.22 재생사이클

이와 같은 사이클을 **재생사이클**(regeneration cycle)이라 하며, 그 구성도를 그림 6.21에 나타내었고 $p-v$선도 및 $T-s$선도는 그림 6.22에 표시하였다.

이 사이클은 1→2의 단열압축, 2→5→3의 정압가열, 3→4의 단열팽창, 4→6→1의 정압방열과정으로 구성되며, 재생기의 효율이 100%인 이상적인 경우에는 4→6의 과정에서 배기가스로부터의 방열량 q_{46}이 압축기를 나온 공기에 모두 전달되어 q_{25}와 같게 되며 $T_5 = T_4$, $T_2 = T_6$가 된다. 따라서 사이클의 가열량은 5→3과정의 q_H, 방출열량은 6→1과정에서의 q_L로서 압력비 $\varphi = p_2/p_1$을 이용하여 구하면 다음과 같다,

$$q_H = h_3 - h_5 = c_p(T_3 - T_5) = c_p(T_3 - T_4) \tag{6.64}$$

$$q_L = h_6 - h_1 = c_p(T_6 - T_1) = c_p(T_2 - T_1) \tag{6.65}$$

압축기 소요일 w_c 및 터빈일 w_t는 Brayton사이클의 경우와 같으며, 각각 식 (6.58)과 식 (6.59)와 같다. 그러나 재생기의 효율은 실제로 100%보다 낮으므로 q_{25}는 q_{46}보다 작아서 $T_4 > T_5$가 된다. 이때 다음 식으로 표시되는 열량의 비를 **재생률**(effectiveness) 또는 **온도효율**(thermal ratio)이라 한다.

$$\eta_e = \frac{h_5 - h_2}{h_4 - h_2} = \frac{T_5 - T_2}{T_4 - T_2} < 1 \tag{6.66}$$

재생사이클의 이론 열효율은

$$\eta_R = 1 - \frac{q_L}{q_H} = 1 - \frac{T_2 - T_1}{T_3 - T_4} = 1 - \left(\frac{T_1}{T_3}\right)\varphi^{\frac{k-1}{k}} \tag{6.67}$$

이 되며, T_1/T_3가 일정한 경우에는 압력비 φ가 작을수록, φ가 일정한 경우에는 T_1/T_3가 작을수록 열효율이 높다.

예제 6.7 예제 6.6에서 재생율이 80%라면 열효율은 얼마나 개선되겠는가?

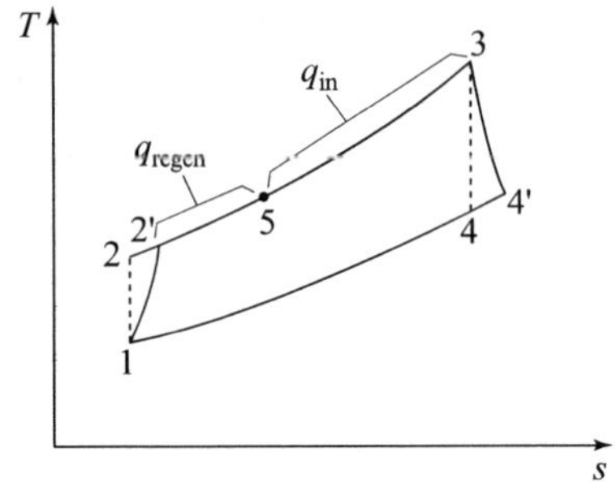

그림 (예제 6.7해)

해 재생율 $\eta_e = \dfrac{h_5 - h_{2'}}{h_{4'} - h_{2'}} = \dfrac{T_5 - T_{2'}}{T_{4'} - T_{2'}}$ (1)

터빈의 단열효율 $\eta_t = \dfrac{h_3 - h_{4'}}{h_3 - h_4} = \dfrac{T_3 - T_{4'}}{T_3 - T_4}$ $\quad \therefore 0.85 = \dfrac{1300 - T_{4'}}{1300 - 717.66}$

$\therefore T_{4'} = 805.01\text{K}$

$\therefore$ 식(1)은 $0.8 = \dfrac{T_5 - 604.2925}{805.01 - 604.2925}$ $\quad \therefore T_5 = 764.87\text{K}$

$q_{\in} = h_3 - h_5 = c_p(T_3 - T_5) = 1.005 \times (1300 - 764.87)] = 537.806\text{kJ/kg}$

$\therefore 699.186 - 537.806 = 161.38\text{kJ/kg}$ 의 가열량이 절약된다.

$\eta_R = \dfrac{w_{net}}{q_{in}} = \dfrac{w_t - w_c}{537.806} = \dfrac{497.464 - 305.814}{537.806} = 0.3564$ 또는 35.64%

따라서 $\eta_R - \eta_{act} = 0.3564 - 0.274 = 0.0824$ 즉 8.24% 개선

(3) 재열식 가스터빈 사이클

터빈으로 유입하는 연소 가스는 재료적인 문제로 인하여 온도의 제한을 받는다. 이 온도는 연소기 내에서 연료를 연소시키는 데 필요한 공기량 이상의 공기량을 공급함으로써 조정될 수 있다. 결과적으로 연소기로부터 유출하는 가스는 추가연료를 연소시킬 만큼의 충분한 공기를 포함하고 있다. 따라서 여러 단의 터빈을 사용하고 그 사이에 재열 연소기(reheat combustor)를 설치하여 과잉공기를 이용하는 경우가 있다. 이렇게 하면 단위 질량당 정미 일을 증가시킬 수 있게 되며, 공기표준 해석으로부터 재열을 생각해 보자.

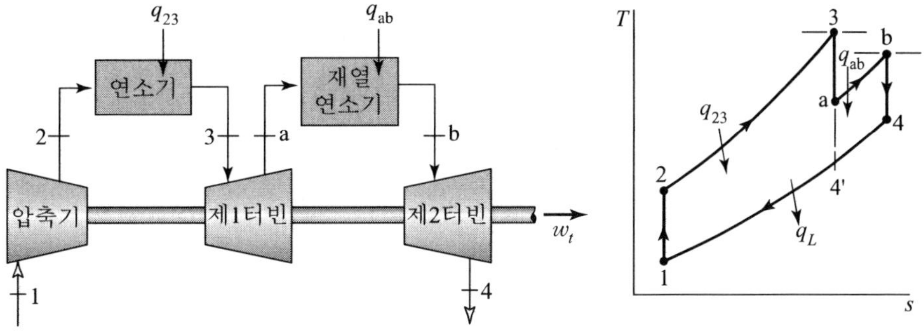

그림 6.23 재열식 가스터빈의 구성과 $T-s$선도

재열을 하는 2단 가스터빈은 그림 6.23에서 보는 바와 같이 공기표준의 Brayton사이클을 수정한 것이다.

제 1터빈에서 3→a과정을 통해 팽창한 후, 가스는 재열 연소기의 a→b과정을 통해 정압하에서 재열된다. 그리고 그 가스는 제2터빈의 b→4과정을 통해 팽창을 완료한다.

기본적인 Brayton사이클(재열하지 않음)은 $T-s$선도 상에 1→2→3→4′→1로 표시되어 재열사이클과 비교할 수 있다. $T-s$선도상에서 정압선은 엔트로피가 증가함에 따라 약간 확대되므로 단일 터빈의 팽창일(3→4′)보다 2단 터빈의 팽창일(3→a와 b→4과정의 팽창일의 합)이 더 크다. 따라서 **재열사이클**(reheat cycle)에 대한 정미일은 재열을 하지 않는 사이클보다 크다. 재열을 함으로써 정미일이 증가함에도 불구하고 사이클의 열효율이 반드시 증가하는 것은 아니다. 왜냐하면 필요한 열량이 더 많아지기 때문이다. 그러나 터빈 출구에서의 온도는 재열을 함으로써 더 높아지므로 재생을 위한 잠재력은 증대된다.

재열과 재생을 동시에 하게 되면 열효율을 상당히 향상시킬 수 있게 된다.

예제 6.8

그림 6.23과 같은 재열식 가스터빈 사이클에서 압축기 입구상태는 100kPa, 300K이고 압축 후 900kPa의 상태로 연소기에 들어가 1300K까지 가열된 후 제1터빈에서 300kPa까지 팽창한다. 그 후 재열기에 들어가 1300K까지 재열하여 제2터빈에서 100kPa까지 팽창한다. 재열기의 효율을 100%라 할 때 이 사이클의 열효율을 구하라.

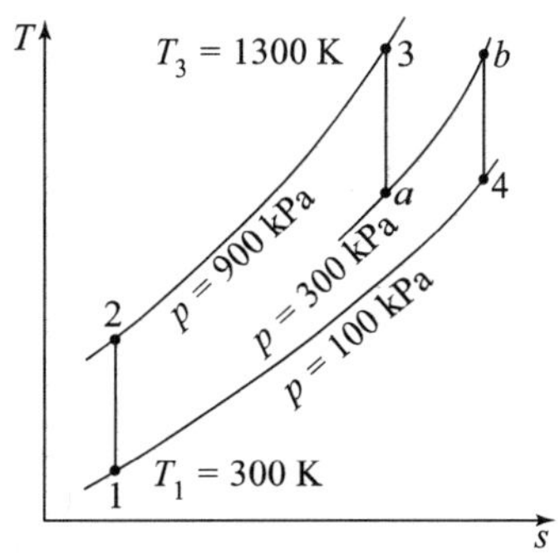

그림 (예제 6.8해)

해 $1 \rightarrow 2 \quad T_1 p_1^{(1-k)/k} = T_2 p_2^{(1-k)/k}$

$$\therefore T_2 = T_1 \left(\frac{p_2}{p_1}\right)^{(k-1)/k} = 300\left(\frac{900}{100}\right)^{0.4/1.4} = 562.03\text{K}$$

$3 \rightarrow \text{a} \quad T_3 p_3^{(1-k)/k} = T_a p_a^{(1-k)/k}$

$$\therefore T_a = T_3 \left(\frac{p_a}{p_3}\right)^{(k-1)/k} = 1300\left(\frac{300}{900}\right)^{0.4/1.4} = 949.78\text{K}$$

$\text{b} \rightarrow 4 \quad T_b p_b^{(1-k)/k} = T_4 p_4^{(1-k)/k}$

$$\therefore T_4 = T_b \left(\frac{p_4}{p_b}\right)^{(k-1)/k} = 1300\left(\frac{100}{300}\right)^{0.4/1.4} = 949.78\text{K}$$

$$\eta_{RG} = \frac{(h_3 - h_a) + (h_b - h_4) - (h_2 - h_1)}{(h_3 - h_2) + (h_b - h_a)} = \frac{(T_3 - T_a) + (T_b - T_4) - (T_2 - T_1)}{(T_3 - T_2) + (T_b - T_a)}$$

$$= \frac{(1300 - 949.78) + (1300 - 949.78) - (562.03 - 300)}{(1300 - 562.03) + (1300 - 949.78)} = 0.4028$$

$$= 40.28\%$$

---

(4) 중간냉각 가스터빈 사이클

가스터빈의 정미출력을 증가시키는 방법으로 압축기 입력을 줄이는 방법을 들 수 있으며, 그것은 여러 단의 압축기를 사용하고 그 사이에 중간냉각기를 설치하여 압축을 여러 단에 걸쳐 수행하는 방법이다.

정상상태의 압축기에 대한 입력을 생각하자. 이때 비가역성은 없으며 입구와 출구 사이에 운동에너지와 위치에너지는 무시한다.

그림 6.24는 상태 1로부터 최종압력 p_2까지 압축하는 두 가지 과정을 $p-v$ 선도 상에 나타내었다.

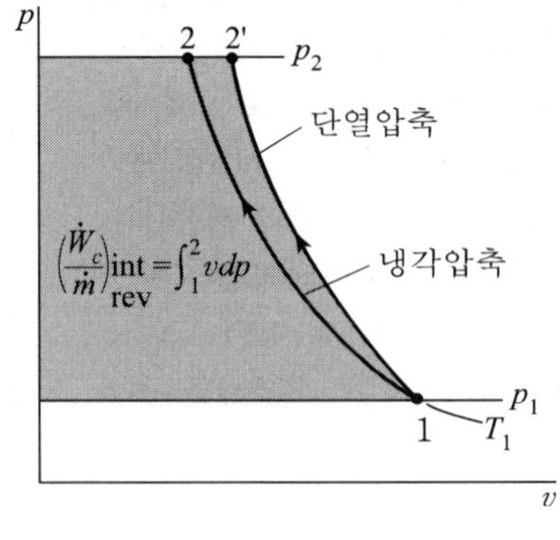

그림 6.24 단열압축과 냉각압축

경로 $1 \rightarrow 2'$는 단열압축, 경로 $1 \rightarrow 2$는 작동유체로부터 주위로 열전달(냉각)을 수행하는 경우의 압축과정이다. 각 곡선의 좌측면적은 단위 질량당 요구되는 일량을 나타낸다. 냉각압축$(1 \rightarrow 2)$의 경우가 단열압축$(1 \rightarrow 2')$의 경우보다 요구되는 일량이 작음을 알 수 있다. 압축하면서 가스를 중간 냉각하여 그 일량을 줄인다 하여도 감소시킨 일량의 효과만큼의 열량을 실제로 얻기는 어렵다.

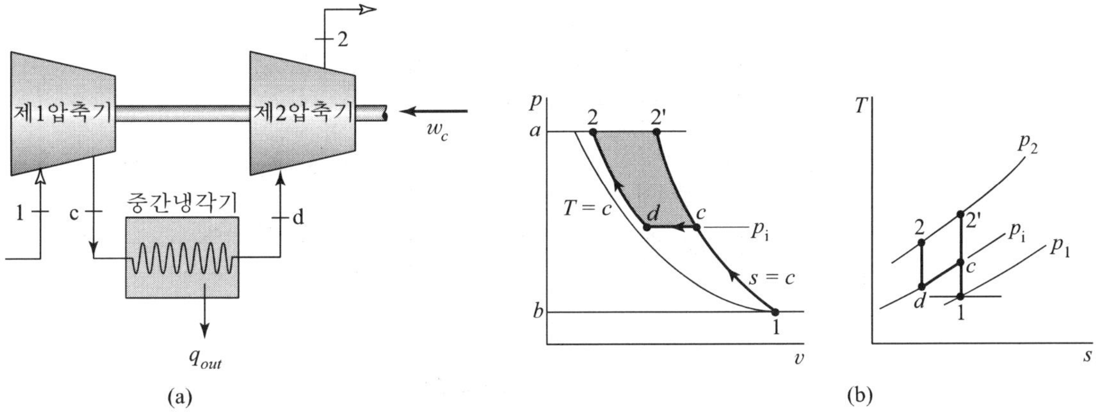

그림 6.25 중간냉각 가스터빈의 구성과 사이클

그림 6.25는 중간 냉각기를 갖는 2단 압축기의 구성도와 $p-v$선도 및 $T-s$선도를 나타낸다. 과정 1→c는 압력 p_1인 상태 1로부터 중간 냉각기 압력 p_i인 상태 c까지의 단열압축, 과정 c→d는 중간 냉각기 내에서 온도 T_c로부터 T_d까지의 정압냉각, 과정 d→2는 제2압축기에서 압력 p_2인 상태 2까지의 단열압축과정이다.

단위 질량당 요구되는 일량은 $p-v$선도상에서 1-c-d-2-a-b-1의 면적에 상당한다. 중간냉각을 하지 않으면서 단열압축을 하는 경우의 요구되는 일량은 1-2′-a-b-1의 면적에 해당하므로 중간냉각을 함으로써 c-d-2-2′의 면적(음영 부분)에 해당되는 일량을 감소시키게 된다. 그러나 중간냉각으로 인하여 요구되는 압축일은 감소시킬 수 있더라도 반드시 가스터빈의 열효율이 증대되는 것은 아니다. 왜냐하면 연소기로 들어가는 공기의 온도가 낮아지기 때문이다(그림 6.25의 $T-s$선도상에서 상태 2′로부터 상태 2로). 연소기 입구의 온도가 낮을수록 요구되는 터빈 입구온도가 되기 위해서는 더 많은 가열량이 필요하기 때문이다. 그러나 압축기 출구의 온도가 낮아지면 재생을 위한 잠재력이 증대된다. 따라서 중간냉각과 재생을 동시에 하게 되면 열효율을 증대시킬 수 있다.

예제 6.9 그림(예제 6.9)와 같이 중간냉각 사이클에서 제1압축기의 압축초의 상태는 100kPa, 300K이며 350kPa까지 압축한 후 중간냉각기에서 최초온도 300K까지 냉각시킨다. 그 후 제2압축기에서 900kPa까지 압축하고 터빈에는 1200K의 상태로 유입하여 팽창일을 100kPa까지 행한다. (1)압축기 일, (2)터빈일, (3)연소기의 가열량, (4)열효율을 구하라.

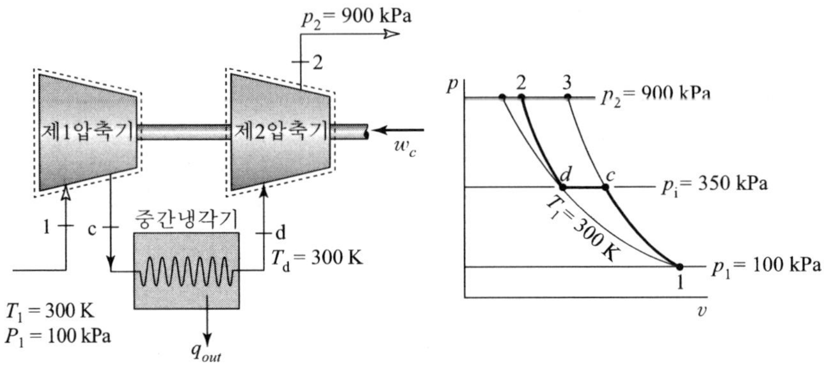

그림 (예제 6.9)

해 그림 6.25의 T-s선도에서 각 점의 온도를 구한다.

1 → c $\quad T_1 p_1^{(1-k)/k} = T_c p_c^{(1-k)/k}$

$$\therefore T_c = T_1\left(\frac{p_c}{p_1}\right)^{(k-1)/k} = 300\left(\frac{350}{100}\right)^{0.4/1.4} = 429.11K, \quad T_d = T_1 = 300\text{K}$$

d → 2 $\quad T_d p_d^{(1-k)/k} = T_2 p_2^{(1-k)/k}$

$$\therefore T_2 = T_d\left(\frac{p_2}{p_d}\right)^{(k-1)/k} = 300\left(\frac{900}{350}\right)^{0.4/1.4} = 392.93K, \quad T_3 = 1300\text{K}$$

터빈의 단열팽창(3→4) 과정에서

3 → 4 $\quad T_3 p_3^{(1-k)/k} = T_4 p_4^{(1-k)/k}$

$$\therefore T_4 = T_3\left(\frac{p_4}{p_3}\right)^{(k-1)/k} = 1200\left(\frac{100}{900}\right)^{0.4/1.4} = 640.53\text{K}$$

(1) $w_c = (h_c - h_1) + (h_2 - h_d) = c_p[(T_c - T_1) + (T_2 - T_d)]$

$\quad = 1.005[(429.11 - 300) + (392.93 - 300)] = 223.15\text{kJ/kg}$

(2) $w_t = h_3 - h_4 = c_p(T_3 - T_4) = 1.005 \times (1200 - 640.53) = 562.27\text{kJ/kg}$

(3) $q_H = h_3 - h_2 = c_p(T_3 - T_2) = 1.005 \times (1200 - 392.93) = 811.105\text{kJ/kg}$

(4) $\eta_{IC} = \dfrac{w_t - w_c}{q_H} = \dfrac{562.27 - 223.15}{811.105} = 0.418$ or 41.8%

(5) 중간냉각 · 재열 · 재생식 가스터빈 사이클

그림 6.26에는 두개의 압축기 사이에 중간냉각기, 두개의 터빈 사이에 재열기, 그리고 재생기를 설치한 중간냉각 · 재열 · 재생식 가스터빈의 구성도를 표시하였다. 즉 제1압축기에서 단열압축 도중에 작동가스를 중간냉각기에 보내 정압하에서 냉각한 후, 제2압축기에 보내 단열 압축한다. 그 작동가스는 제 2터빈에서의 배기가스로부터 재생기에서 열을 회수하여 연소기에 유입한다. 또 연소기에서 발생한 고온고압의 연소가스는 제1터빈에서 단열팽창 도중에 재열기로 보내 정압하에서 재열한 후 제2터빈에서 단열팽창을 하게 된다. 이것을 $p-v$선도 및 $T-s$선도에 표시하면 그림 6.27과 같이 된다.

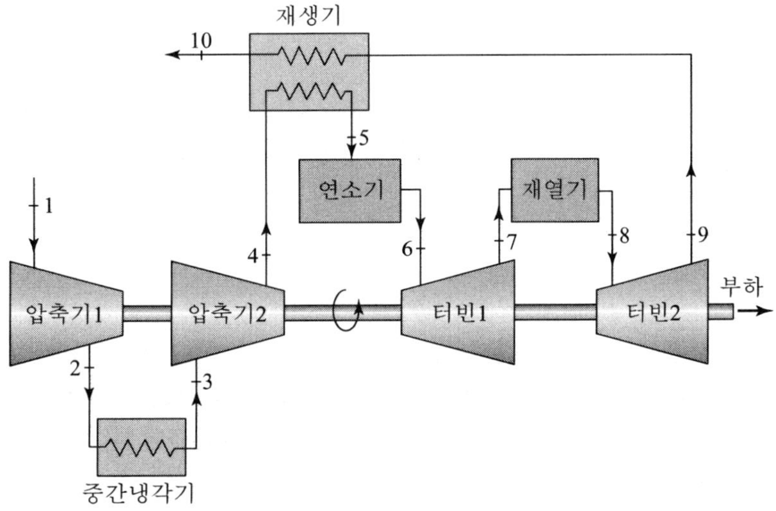

그림 6.26 중간냉각 · 재열 · 재생식 가스터빈의 구성도

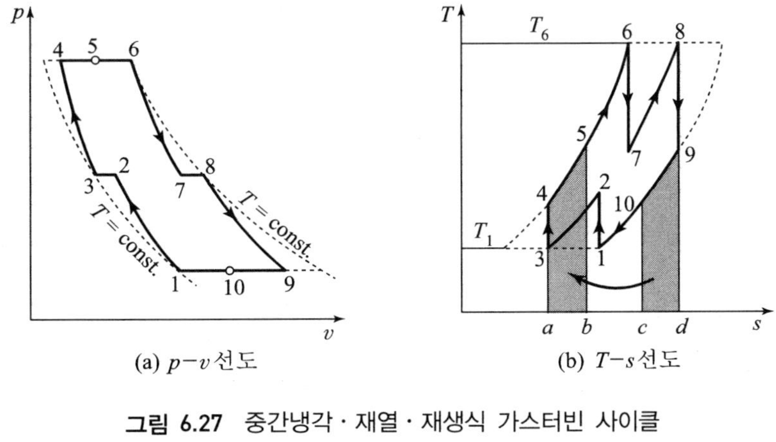

그림 6.27 중간냉각 · 재열 · 재생식 가스터빈 사이클

그림 6.27에서, 1-2 : 단열압축(제1압축기), 2-3 : 정압냉각(중간냉각기), 3-4 : 단열압축(제2압축기), 4-5 : 정압가열(재생기), 5-6 : 정압가열(연소기), 6-7 : 단열팽창(제1터빈), 7-8 : 정압가열(재열기), 8-9 : 단열팽창(제2터빈), 9-10 : 정압방열(재생기), 10-1 : 정압방열(대기)로 한 사이클이 이루어진다.

여기서 만일 압축기를 여러개로 하여 그 중간에 각각 중간냉각기를 설치하면, 그 압축기들에서의 단열압축과정과, 또 터빈을 여러개로 하여, 그 중간에 각각 재열기를 설치할 경우, 그들의 단열팽창과정은 점선으로 표시된 등온과정에 수렴하게 되어, 사이클 전체가 Ericsson사이클에 근접하게 된다. 또 재생을 함에 따라서 사이클은 효율이 향상된다. 중간냉각기와 재열의 단수를 증가시킬수록 사이클은 Ericsson사이클에 근접하여 사이클의 효율이 증대하지만, 실제로는 장치가 복잡해지고, 손실도 증가하므로 각각 2~3단의 정도가 이용되고 있다.

이때 압축기의 일을 최소화 시키고, 터빈 일을 최대화시키기 위해 각 단계의 압력은 다음과 같이 정한다.

$$\frac{p_2}{p_1}=\frac{p_4}{p_3},\quad \frac{p_6}{p_7}=\frac{p_8}{p_9} \tag{6.68}$$

예제 6.10 그림(예제 6.10)과 같은 재열·중간냉각 사이클에서 전 압력비는 8이며 제1압축기 입구상태는 100kPa, 300K이다. 각 터빈입구의 온도는 1200K일 때 (1) BWR(back work ratio : 압축일/터빈일), (2) 열효율을 구하라. (3) 만일 100%의 효율을 갖는 재생기가 있는 경우에는 열효율이 얼마나 개선되는가?

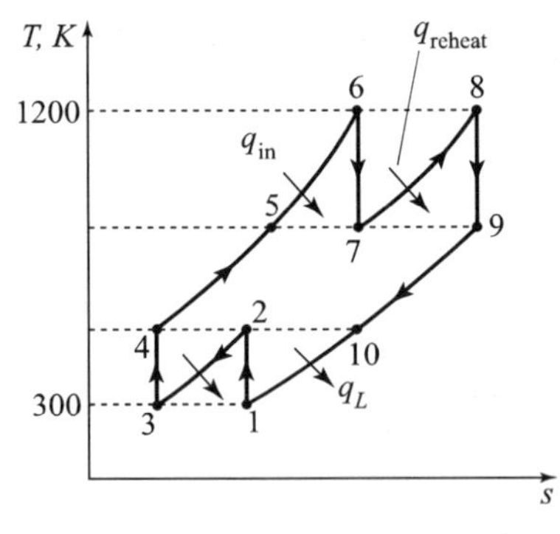

그림 (예제 6.10)

해 $p_2/p_1 = p_4/p_3 = \sqrt{8} = 2.83,\quad p_6/p_7 = p_8/p_9 = \sqrt{8} = 2.83$

$\therefore p_2 = 2.83p_1 = 2.83 \times 100 = 283\text{kPa},\ p_6 = 800\text{kPa},\ p_7 = \dfrac{800}{2.83} = 282.7\text{kPa}$

$1 \rightarrow 2\quad T_1 {p_1}^{(1-k)/k} = T_2 {p_2}^{(1-k)/k}$

$\therefore T_2 = T_1 (\dfrac{p_2}{p_1})^{(k-1)/k} = 300 \times 2.83^{0.4/1.4} = 403.83\text{K},\ T_3 = 300K$

$3 \rightarrow 4\quad T_3 {p_3}^{(1-k)/k} = T_4 {p_4}^{(1-k)/k}$

$\therefore T_4 = T_3 (\dfrac{p_4}{p_3})^{(k-1)/k} = 300 \times 2.83^{0.4/1.4} = 403.83\text{K},\ T_6 = T_8 = 1200K$

$6 \rightarrow 7\quad T_6 {p_6}^{(1-k)/k} = T_7 {p_7}^{(1-k)/k}$

$\therefore T_7 = T_6 (\dfrac{p_7}{p_6})^{(k-1)/k} = 1200 \times (\dfrac{1}{2.83})^{0.4/1.4} = 891.45\text{K},$

$T_5 = T_7 = T_9 = 891.45\text{K}$

(1) $w_c = (h_2 - h_1) + (h_4 - h_3) = c_p[(T_2 - T_1) + (T_4 - T_3)]$

$= 1.005 \times [(403.83 - 300) + (403.83 - 300)] = 208.698\text{kJ/kg}$

$w_t = (h_6 - h_7) + (h_8 - h_9) = c_p[(T_6 - T_7) + (T_8 - T_9)]$

$= 1.005 \times [(1200 - 891.45) + (1200 - 891.45)] = 620.19\text{kJ/kg}$

$\therefore BWR = \dfrac{w_c}{w_t} = \dfrac{208.698}{620.19} = 0.3365$ 또는 33.65%

(2) $q_{in} = (h_6 - h_4) + (h_8 - h_7) = c_p[(T_6 - T_4) + (T_8 - T_7)]$

$= 1.005 \times [(1200 - 403.83) + (1200 - 891.45)] = 1110.24\text{kJ/kg}$

$\therefore \eta_{RH,IC} = \dfrac{w_t - w_c}{q_{in}} = \dfrac{620.19 - 208.698}{1110.24} = 0.3706$ 또는 37.06%

(3) $q_{in} = (h_6 - h_5) + (h_8 - h_7) = c_p[(T_6 - T_5) + (T_8 - T_7)]$

$= 1.005 \times [(1200 - 891.45) + (1200 - 891.45)] = 620.19\text{kJ/kg}$

$\therefore \eta_{RH,IC,RG} = \dfrac{w_t - w_c}{q_{in}} = \dfrac{620.19 - 208.698}{620.19} = 0.6635$ 또는 66.35%

∴29.29%의 열효율이 개선됨

6.4 제트엔진 사이클

제트엔진(jet engine)에서는, 압축공기에 연료를 분사하여 연소시키고, 그 연소가스를 가속하여 그 운동에너지의 일부에 의해 추진을 한다. 따라서 연소에 의한 열에너지 중 몇%만큼

운동에너지로 변환할 수 있는가를 나타내는 **내부효율**(internal efficiency) η_i와, 얻어진 운동에너지를 실제로 추진일로 변환시킬 수 있는 비율을 표시하는 **추진효율**(thrust efficiency) 또는 **외부효율**(external efficiency) η_j를 정의할 수 있다.

제트엔진 전체로서는, 열 입력에 대하여 얻을 수 있는 추진동력을 표시하는 효율 η는 다음의 관계가 있다.

$$\eta = \eta_i \eta_j \tag{6.69}$$

제트엔진 중 **터보제트**(turbo jet)에 대해서 기술한다.

터보제트엔진은 소형으로 큰 출력을 내며, 아음속에서 초음속(마하수 0.9~3)의 범위에 걸쳐 고속항공기로서 성능이 우수하고, 고공에서의 사용이 가능한 특징을 갖는다. 그러나 역으로 저속에서는 항공기로서의 추진효율이 저하하고 연료소비율이 증가하며, 비교적 적은 유량의 배기가스를 고속으로 분출하기 때문에 배기소음이 큰 단점을 갖고 있다.

제트엔진의 구성은, 그림 6.28에 표시한 바와 같이, 1의 상태인 외기는 비행기의 속도에 의하여 유입하여, 디퓨저(diffuser)(1-1')에서 단열적으로 압력이 상승한다. 그 후 압축기(1'-2)에서 역시 단열적으로 가압되어 연소기(2-3)로 유도되며 연료를 분사하여 정압 연소시킴으로써 가열된다. 이 고온가스를 터빈(3-3')에서 단열 팽창시켜 그 일로 동일 축상의 압축기(1'-2)를 구동시킨다. 가스터빈의 배기압력은 대기압보다 높으므로, 추진노즐(3'-4)에서 단열 팽창하여 고속으로 분출함으로써 그 반동추력으로 비행기를 전방으로 추진시킨다.

이 사이클을 $p-V$선도 및 $T-S$선도에 표시하면 그림 6.29와 같다. 이 사이클은 기본적으로는 Brayton사이클과 같으며, 결국 개방사이클이다. 각 과정은 $1-1'-2$: 단열압축, $2-3$: 정압가열, $3-3'-4$: 단열팽창, $4-1$: 정압방열로 이루어진다. 위에서 언급한 바와 같이 압축기 소요일(W_C)은 터빈의 팽창일(W_T)로 충당하므로, 그림 6.29의 $p-V$선도에서, 압축기일(W_C)인 면적($1'bd2$)와 터빈일(W_T)인 면적($3'cd3$)은 같다. 제트노즐이 하는 공업일은 면적($4ac3'$)으로서 비행기의 추진을 위해 이용되며 면적(1234)와 같다.

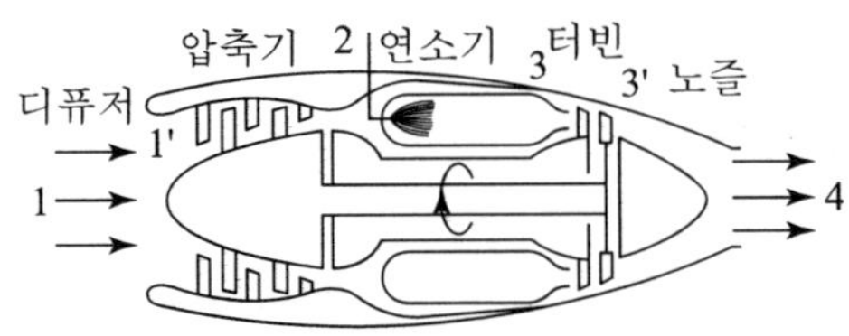

그림 6.28 제트엔진의 작동원리도

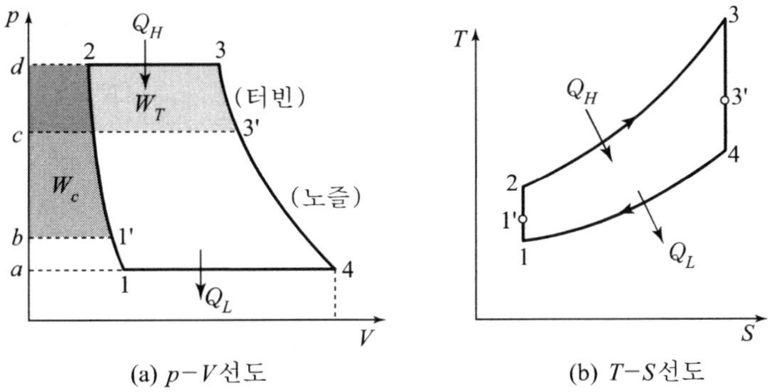

그림 6.29 제트엔진 사이클

제트엔진의 내부효율 η_i는, $2-3$의 연소기 가열량에 대한 $3'-4$의 노즐에서의 팽창에 의한 운동에너지의 증가량의 비로 정의하므로, 다음과 같이 표시할 수 있다.

$$\eta_i = \frac{m(V_{rj}^2 - V_r^2)/2}{Q_H} \tag{6.70}$$

여기서, V_{rj} : 분출속도, V_r : 비행기의 속도이다.

이 효율은 엔진 그 자체의 성능을 나타내는 데는 적합하지만, 비행기가 정지하고 있을 때는 실질적인 일을 하지 않으므로, 비행기의 추진 일을 포함한 효율에 대해서도 고려할 필요가 있다. 엔진이 발생하는 **추력**(thrust) F[N]는, 토출 가스량을 m[kg]이라 할 때, 운동량의 변화와 같으므로

$$F = m(V_{rj} - V_r) \tag{6.71}$$

이며, 단위시간에 토출하는 가스량을 $\dot{m}$[kg/s]라 할 때 **추진동력**은 $\dot{W}_j$[W]는 다음과 같다.

$$\dot{W}_j = FV_r = \dot{m}V_r(V_{rj} - V_r) \tag{6.72}$$

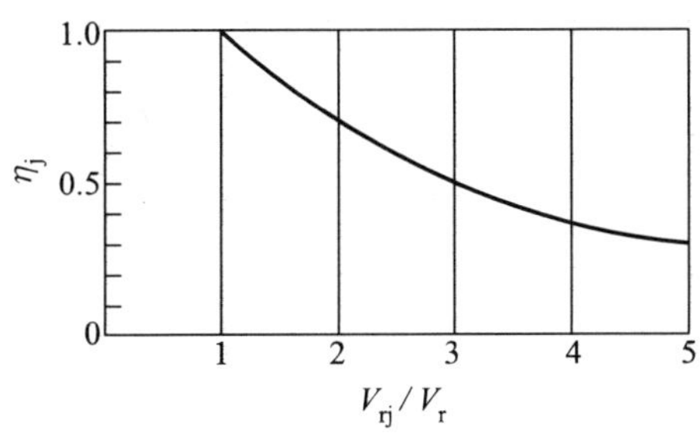

그림 6.30 추진효율의 변화

따라서 **추진효율** η_j는 운동에너지 증가량에 대한 추진일의 비로 정의되므로

$$\eta_j = \frac{\dot{W}_j}{\dot{m}(V_{rj}^2 - V_r^2)/2} = \frac{\dot{m} V_r (V_{rj} - V_r)}{\dot{m}(V_{rj}^2 - V_r^2)/2} = \frac{V_r}{(V_{rj} + V_r)/2} \tag{6.73}$$

가 되며, V_{rj}/V_r에 대한 추진효율의 변화는 그림 6.30과 같이, V_{rj}/V_r가 증가함에 따라 η_j는 감소한다.

제트엔진의 전 효율 η는 내부효율과 추진효율의 곱으로서

$$\eta = \eta_i \eta_j = \frac{\dot{m} V_r (V_{rj} - V_r)}{\dot{Q}_H} \tag{6.74}$$

이 된다. 따라서 전 효율 η를 최대로 하는 조건은

$$V_{rj} = 2V_r \tag{6.75}$$

으로서, 비행기속도가 분출속도의 1/2이 되는 조건이 된다.

예제 6.11 제트기가 공기상태 −40°C, 압력 30kPa인 고도에서 250m/s의 속도로 비행한다. 압축기는 압력비가 10, 터빈 입구 및 출구의 가스온도는 200°C, 840°C, 노즐출구의 온도는 340°C이다. 공기는 45kg/s의 질량유량으로 압축기에 유입한다.
단 공기의 c_p=1.005kJ/kgK이다. 다음을 구하라. (1)분출속도, (2)추진동력, (3)추진효율

해 (1) 그림 6.29의 3'-4과정에서 $h_3' = h_4 + \frac{V_{rj}^2}{2}$

$$\therefore V_{rj} = \sqrt{2c_p(T_{3'} - T_4)} = \sqrt{2 \times 1005 \times (840 - 340)} = 1002.5\text{m/s}$$

(2) 식 (6.72)로부터

$$\dot{W}_j = \dot{m} V_r (V_{rj} - V_r) = 45 \times 250 \times (1002.5 - 250)/1000 = 8465.6\text{kW}$$

(3) 식 (6.73)으로부터 $\eta_j = \frac{2V_r}{V_{rj} + V_r} = \frac{2 \times 250}{1002.5 + 250} = 0.3992$

Chapter 06 연 습 문 제

Otto사이클

문 6.1 압축 초에 101.3kPa, 20℃의 공기가 압축비 7로 Otto사이클에 의해 압축된다. 연소과정 중 900kJ/kg이 가해질 때 (1) 4개의 상태 점에 대한 비체적, 압력, 온도, (2) 열효율, (3) 평균유효압력, (4) 공기유량이 1.5kg/min인 경우 엔진의 출력을 구하라.

답 (1)생략, (2)54.08%, (3)683.27kPa, (4)12.17kW

문 6.2 공기에 의한 Otto사이클이 압축비 8, 압축초의 압력 101.3kPa, 온도 15°C, 최고압력 6MPa일 때, 공기 1kg당 가열량과 발생하는 이론일을 구하라. 단, 공기의 가스 상수는 0.287kJ/kgK, 비열비는 1.35이다.

답 1260.25kJ/kg, 651.6kJ/kg

문 6.3 Otto사이클의 압축비 6인 가솔린기관의 연료소비율을 10% 감소시키기 위해서는 압축비를 얼마로 올리면 되는가? 단, k=1.35이고 기관효율과 기계효율은 고려하지 않는다.

답 8.04

문 6.4 공기를 작동유체로 하는 Otto사이클에서 압축비 8, 최저온도 20°C, 최고온도 1600°C일 때 (1) 이것과 동일한 열효율을 갖는 Carnot사이클의 최고온도를 구하라. 단, 최저온도는 20°C로 한다. (2) Otto사이클의 팽창 후 온도를 구하라.

답 (1) 400.3°C, (2)542.19°C

Diesel사이클

문 6.5 압축비 16인 디젤 사이클의 열효율과, 공기 1kg당 이론일을 구하라. 압축초의 온도는 20°C, 최고온도는 2000°C, R=0.287kJ/kgK, c_p=1.006kJ/kgK, k=1.4이다.

답 0.588, 818.89kJ/kg

문 6.6 체절비 2, 압축비 15인 디젤 사이클의 단위 질량당 일량을 구하라. 단, 압축초의 상태는 101.3kPa, 21℃이다.

답 527.23kJ/kg

문 6.7 압축비 18인 디젤기관의 체절비를 1.5로부터 2.5로 변경할 때, (1) 사이클의 열효율 (2)공기 1kg당 일량을 각각 구하라. 압축초의 공기온도는 20°C, 정압비열은 1.006kJ/kgK, 가스 상수는 0.287kJ/kgK이다.

㉯ (1)0.6556, 0.6085, (2)306.25kJ/kg, 852.72kJ/kg

문 6.8 압축비 15, 체절비 2.1인 디젤 사이클에서, 압축초의 압력과 온도가 0.1MPa, 15°C이었다. (1)압축후의 압력과 온도, (2)엔진은 4사이클이며, 총배기량이 2000cm^3, 회전수가 3000rpm인 경우의 출력은 얼마인가? k=1.33이다.

㉯ (1)3.666MPa, 431.1°C, (2) 30.73kW

Sabathé 사이클

문 6.9 Sabathé사이클의 압축초의 상태는 100kPa, 25℃이며, 압축에 의해 체적이 0.07m^{3}로부터 0.004m^{3}로 감소하며 정압과정 중 온도는 1100℃로부터 1550℃로 증가하였다. (1) 압축비와 체절비, (2) 가열량과 방열량, (3) 열효율을 구하라.

㉯ (1)17.5, 1.328, (2)62.55kJ, 20.62kJ, (3)67.03%

문 6.10 공기를 작동유체로 하는 Sabathè사이클에서, 압축초의 압력이 0.1MPa, 온도 20°C, 압축전후의 체적이 각각 0.6l 및 0.04l, 정압과정의 초기온도 1100°C, 최고온도 1800°C일 때, (1)체절비, (2) 압축비, (3)압력상승비, (4)이론열효율을 구하라.

㉯ (1)4.51, (2)15, (3)1.5856, (4)64.07%

문 6.11 Otto사이클, Diesel사이클 및 Sabathé사이클의 이론 열효율을 각각 η_O, η_D, η_S라 하면 압축비가 동일한 경우에 $\eta_O \geq \eta_S \geq \eta_D$가 됨을 증명하라.

㉯ 생략

Stirling 사이클

문 6.12 Stirling사이클의 열효율을 압축비 $\varepsilon = V_1/V_2$, 최고 · 최저 온도비 $\tau = T_3/T_1$ $(T_3 > T_1)$, 비열비 k의 함수로 나타내어라.

㉯ 생략

Ericsson 사이클

문 6.13 Ericsson사이클의 열효율을 온도비 $\tau = T_3/T_1$, 압력상승비 $\alpha = p_2/p_1$의 함수로 유도하여라.

㉯ 생략

Brayton 사이클

문 6.14 Brayton사이클의 압축초의 상태는 25℃, 103kPa이다. 압력의 상한치는 520kPa, 온도의 상한치는 320℃라면 압축일, 터빈일, 사이클의 열효율을 각각 구하라.

(답) 176.35kJ/kg, 220.78kJ/kg, 37.14%

문 6.15 가스 상수 2.079kJ/kgK, 정압비열 5.197kJ/kgK인 헬륨을 작동가스로 하는 Brayton사이클이, 압력비 8, 최저온도 15°C, 최고온도 700°C에서 작동할 때의 1kg당 이론일과 이론열효율을 구하라.

(답) 912.905kJ/kg, 0.5648

문 6.16 공기를 작동유체로 하는 가스터빈에서, 압축기 입구의 공기압력이 0.1MPa, 온도는 38°C, 압축기의 압력이 0.34MPa, 연소기에서의 가열 후 온도가 650°C이다. 터빈을 나온 매체는 온도가 450°C이다. 매체 1kg당 다음을 구하라. (1)압축기에서 행해지는 일, (2)연소과정에서 주어지는 열량, (3)터빈이 하는 일, (4)열효율, 단, 고온부에서의 정압비열 c_p=1.86kJ/kgK, 비열비 k=1.4이다.

(답) (1)130.89kJ/kg, (2)896.07kJ/kg, (3)372kJ/kg, (4)0.2951

문 6.17 공기를 작동유체로 하는 압력비 2, 최저온도 20°C, 최고온도 800°C의 재생 Brayton사이클의 열효율을 구하라. 압축기의 단열효율은 85%, 터빈의 단열효율은 90%이며, 열교환기의 온도차 35°C, 공기의 가스 상수 0.287kJ/kgK, 정압비열 1.089kJ/kgK이다.

(답) 0.4695

문 6.18 이론 Brayton사이클(k=1.4)을 하는 단순 가스터빈에서, 흡입공기의 온도 15°C, 압력 101.3kPa, 터빈입구온도 800°C, 흡입공기유량 300m^3/min, 연료소비량 4kg/min일 때, 압축기의 압력비, 이론출력, 이론열효율을 구하라. 단, 연료의 발열량은 42000kJ/kg, 터빈 및 압축기의 단열효율은 모두 85%이다.

(답) 10.783, 738.26kW, 0.2637

중간냉각 가스터빈 사이클

문 6.19 그림(문 6.19)와 같이 압력비 4, 최저온도 20°C, 최고온도 800°C의 Brayton사이클에서, 압축기는 2단이며, 중간냉각기를 이용하여 20°C까지 냉각할 때 소요 동력이 최소가 되도록 한다. 공기를 작동유체로 하는 이 사이클의 열효율과 압축 및 팽창일을 구하라. R=0.287kJ/kgK, c_p=1.089kJ/kgK이다.

(답) $\eta = 0.2926$, $w_c = -127.97$kJ/kg, $w_t = 357.75$kJ/kg

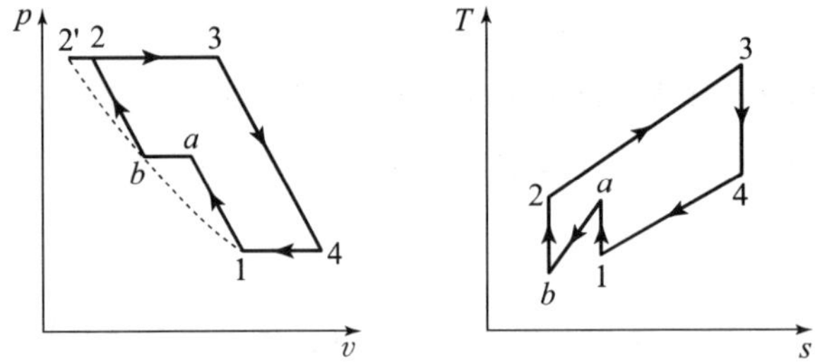

그림 [문 6.19]

■ 재생식 가스터빈 사이클 ■

문 6.20 압력비 5, 압축기 입구온도 300K, 터빈입구온도 1500K인 Brayton사이클의 작동가스 1kg당 일량과 이론 열효율을 구하라. 또 이상적인 열교환기에 의해서 재생사이클로 한 경우의 열효율을 구하라. 단, 작동유체는 공기로서 k=1.4이다.

Ⓓ 379.66kJ/kg, η_B=0.3686, η_R = 0.6832

Chapter 07

습공기의 성질

7.1 습공기의 성질

수분을 전혀 포함하지 않는 공기를 **건공기**(dry air, DA, 乾空氣)라 하는데, 자연계의 대기는 어느 정도(질량비율로서 1~3%정도)의 수증기를 함유하고 있으며, 그것을 **습공기**(moist air, 濕空氣)라 한다. 표준상태의 대기는 표 7.1과 같은 조성을 가지며 변동이 거의 없다. 그러나 대기 중의 수증기 농도는 지역이나 계절에 따라 변화가 크다.

표 7.1 표준대기의 체적 백분율

N_2	78
O_2	21
H_2O	1~2.8
Ar	0.93
CO_2	0.032
Ne	0.002

실내의 공기환경을 제어하는 것을 **공기조화**(air conditioning, 空氣調和)라 하며, 온도와 습도의 조정이 중요하므로 습공기의 성질을 잘 알아야 한다. 공기조화에서 취급되는 습공기의 압력은 그다지 높지 않으며 온도도 극히 낮지 않으므로 습공기는 이상기체로서의

건공기와 수증기의 혼합기체로서 취급된다. 그러나 보통 이상(理想) 혼합기체와는 달라서 수증기는 공기에 혼합할 수 있는 한계의 농도가 존재하고, 습공기는 냉각하면 공기 중의 수증기 농도가 한계를 넘게 되어 결로(結露)하게 된다. 그 이상 수증기가 공기에 함유될 수 없는 한계의 습공기를 **포화습공기**(saturated moist air)라 하며 포화습공기의 열물성을 부록 16에 나타내었다.

7.2 습 도

공기 중의 수증기량은 여러 가지 방법으로 표시할 수 있다. 즉 절대습도, 상대습도, 비교습도 등으로 정의하여 표시할 수 있다.

지금 그림 7.1과 같이 체적 V[m^3]의 용기 내에 온도 T[K], 질량 m_a[kg]의 건공기와 온도 T, 질량 m_w의 수증기가 공존하는 습공기 m[kg]이 들어 있다고 하자.

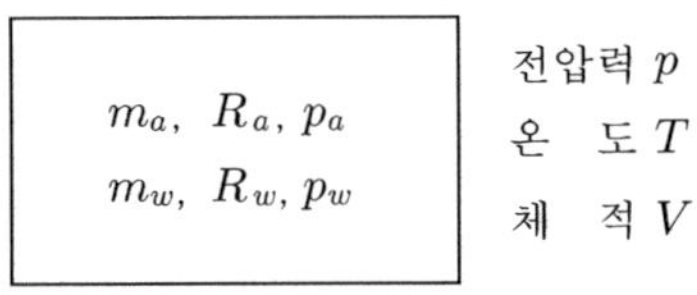

그림 7.1 습공기의 조성

그림 7.1에서 습공기의 전압을 p, 건공기의 분압 p_a, 수증기의 분압을 p_w라 할 때 Dalton의 법칙을 이용하면 다음 관계가 성립한다.

$$p = p_a + p_w \tag{7.1}$$

건공기, 수증기를 이상기체로 취급하면

$$p_a V = m_a R_a T \tag{7.2}$$

$$p_w V = m_w R_w T \tag{7.3}$$

$$m = m_a + m_w \tag{7.4}$$

이 되며, 건공기의 기체상수 $R_a = 0.2872$[kJ/kgK], 수증기의 기체상수 $R_w = 0.4616$[kJ/kgK]이다.

이때 건공기의 단위 질량당 수증기의 질량의 비를 **절대습도**(absolute humidity)라 하며

x로 표시한다.

$$x=\frac{m_w}{m_a}=\frac{p_w V/R_w T}{p_a V/R_a T}=\frac{p_w/R_w}{p_a/R_a}=0.622\frac{p_w}{p_a}\ \text{[kg/kgDA]} \tag{7.5}$$

즉, 건공기 1kg에 대한 수증기 x kg의 비율을 의미한다. 여기서 DA는 dry air(건공기)의 약자이다.

1kg의 건공기를 생각하면 수증기를 포함하지 않으므로 절대습도는 0이다. 여기에 수증기를 함유시키게 되면 절대습도는 점점 증가할 것이고 결국 공기가 더 이상의 수증기를 포함할 수 없게 되는 최대 수증기량을 함유하는 포화습공기 상태로 된다. 그 이상의 수분을 유입시키면 바로 응축하게 되는 것이다. 따라서 최대의 수증기량을 m_s[kg]이라 할 때 그 최대 수증기량에 대한 공기가 함유하는 수증기량 m_w[kg]의 비를 **상대습도**(relative humidity : RH) ω라 한다.

$$\omega\ =\ \frac{m_w}{m_s}=\frac{p_w V/R_w T}{p_s V/R_s T}=\frac{p_w}{p_s}=\left(\frac{x}{0.622+x}\right)\frac{p}{p_s} \tag{7.6}$$

여기서 p_s는 포화습공기의 수증기 분압이며 온도에 따라 변하므로 온도가 변하면 상대습도도 변화한다.

절대습도는 상대습도를 포함하는 식으로 나타내면 다음과 같다.

$$x=0.622\frac{p_w}{p-p_w}=0.622\frac{\omega p_s}{p-\omega p_s} \tag{7.7}$$

상대습도는 건공기의 경우 0으로부터 포화습공기의 경우 1까지의 범위에 있다. 공기가 함유할 수 있는 수증기량은 공기의 온도에 따라 좌우되므로 절대습도가 일정하더라도 공기의 상대습도는 온도에 따라 달라진다. 즉 공기가 함유할 수 있는 수증기량은 온도의 상승과 더불어 증가하며, 전압이 높을수록 감소한다. 포화습공기의 상대습도는 1이므로 식 (7.7)에서 ω=1의 값을 가지며 이때의 절대습도를 x_s라 하면 다음과 같이 표시된다.

$$x_s=0.622\,\frac{p_s}{p-p_s} \tag{7.8}$$

비포화상태인 습공기의 절대습도 x와 포화습공기의 절대습도 x_s의 비를 **비교습도**(percentage saturation) 또는 **포화도**(degree of saturation) φ라 한다.

$$\varphi = \frac{x}{x_s} = \omega \frac{p - p_s}{p - \omega p_s} \tag{7.9}$$

따라서 상대습도 ω와 비교습도 φ와의 관계는 포화상태 $p_w = p_s$에서 같으며, 비포화상태일 경우는 $\omega > \varphi$가 된다.

예제 7.1 대기압 101.325kPa, 기온 24℃, 상대습도 70%의 습공기에 대하여 수증기 분압, 절대습도, 비교습도를 각각 구하라.

해 포화습공기표(부록 16)로부터 24℃의 포화증기압 $p_s = 2.9852\text{kPa}$

∴수증기 분압 $p_w = \omega p_s = 0.7 \times 2.9852 = 2.08964\text{kPa}$

절대습도 $x = \dfrac{0.622 p_w}{p - p_w} = \dfrac{0.622 \times 2.08964}{101.325 - 2.08964} = 0.0131\text{kg/kgDA}$

비교습도 $\varphi = \omega \dfrac{p - p_s}{p - \omega p_s} = 0.7 \times \dfrac{101.325 - 2.9852}{101.325 - 2.08964} = 0.6937$ or 69.37%

7.3 습공기의 물성

7.3.1 습공기의 비체적과 비엔탈피

습공기에서는 비체적, 비열, 엔탈피 등의 상태량을, 건공기 1kg당의 량으로 표시하여 사용하므로 혼합기체의 취급법과는 다르다.

(1) 습공기의 비체적

식 (7.2)와 식 (7.3)을 조합하면

$$(p_a + p_w) V = (m_a R_a + m_w R_w) T \tag{7.10}$$

이 되며, 식 (7.1)과 $x = m_w / m_a$를 이용하면 식 (7.10)은 다음과 같이 표시할 수 있다.

$$p V = m_a (R_a + x R_w) T \tag{7.11}$$

습공기의 비체적 $v[\text{m}^3/\text{kgDA}]$는 건공기 질량 $m_a[\text{kgDA}]$에 대한 습공기의 체적 $V[\text{m}^3]$

이므로

$$v = \frac{V}{m_a} \tag{7.12}$$

이며, 위 식에 식 (7.11)을 대입하여 정리하면 다음과 같다.

$$v = \frac{V}{m_a} = (R_a + xR_w)\frac{T}{p} = R_w\left(\frac{R_a}{R_w} + x\right)\frac{T}{p}$$

$$= 461.6(0.622 + x)\frac{T}{p} \ [\mathrm{m^3/kgDA}] \tag{7.13}$$

즉 비체적도 습공기 중 건공기 1kg당 습공기가 차지하는 체적을 의미한다. p는 압력 [Pa], T는 건구온도를 절대온도[K]로 표시한 것이다.

(2) 습공기의 비엔탈피

절대습도 x인 습공기의 비엔탈피는 건공기 1kg당 건공기의 엔탈피와 수증기의 엔탈피의 합으로 구할 수 있으며, 온도 $T_o = 273.15\mathrm{K}$에서 건공기의 엔탈피와 포화수의 엔탈피를 0으로 하면 온도 T[K], 절대습도 x인 습공기의 비엔탈피 h[kJ/kg]은 다음과 같다.

$$h = h_a + xh_w = c_{pa}(T - T_o) + x[r_o + c_{pw}(T - T_o)]$$
$$= 1.005t + x(2501 + 1.846t) \ [\mathrm{kJ/kgDA}] \tag{7.14}$$

여기서 건공기의 정압비열 $c_{pa} = 1.005$[kJ/kgK], 수증기의 정압비열 $c_{pw} = 1.846$[kJ/kgK], r_o는 온도 T_o에서 수증기의 증발잠열로서 2501[kJ/kg], t는 섭씨온도 [℃]이다.

습공기의 정압비열은 다음과 같이 계산한다.

$$c_p = 1.005 + 1.846x \ [\mathrm{kJ/kgDA}] \tag{7.15}$$

예제 7.2 $5m \times 5m \times 4m$인 방의 공기온도는 25℃, 압력 100kPa, 상대습도 70%이다. 다음을 구하라. (1) 건공기의 분압 p_a, (2) 절대습도 x, (3) 습공기의 비엔탈피, (4) 건공기의 질량 m_a와 수증기 질량 m_w

해 포화습공기표(부록 16)로부터 25℃의 포화증기압은 3.1693kPa

(1) $p_a = p - p_w = p - \omega p_s = 100 - 0.70 \times 3.1693 = 97.78\mathrm{kPa}$

(2) $x = \dfrac{0.622p_w}{p-p_w} = \dfrac{0.622\omega p_s}{p-\omega p_s} = \dfrac{0.622\times0.7\times3.1693}{100-0.7\times3.1693} = 0.01411\text{kg/kgDA}$

(3) 식 (7.14)로부터

$$h = 1.005t + x(2501+1.846t)$$
$$= 1.005\times25 + 0.01411(2501-1.846\times25) = 59.763\text{kJ/kgDA}$$

(4) $m_a = \dfrac{p_a V_a}{R_a T} = \dfrac{97.78\times(5\times5\times4)}{0.2872\times298.15} = 114.19\text{kg}$

$$m_w = \frac{p_w V_w}{R_w T} = \frac{0.7\times3.1693\times(5\times5\times4)}{0.4615\times298.15} = 1.6123\text{kg}$$

7.3.2 노점온도, 건구온도, 습구온도, 단열포화온도

순수한 물질은 일반적으로 임의의 두 개의 상태량, 예를 들면 압력 p와 온도 T가 정해지면 나머지 상태량이 모두 정해진다. 그러나 습공기의 경우는 2성분의 혼합기체이므로 독립적으로 변화할 수 있는 상태량은 습도를 포함한 3개의 상태량이다. 예를 들면 압력 p, 온도 T, 절대습도 x가 결정되면 나머지 상태량을 구할 수 있다.

그러나 절대습도를 직접 측정하기는 어려우며, 그와 관련되는 상대습도 ω, 비교습도 φ, 수증기 분압 p_w도 측정이 쉽지 않다. 따라서 일반적으로 노점온도나 건구온도, 습구온도를 측정하여 절대습도를 구하는 방법이 이용되고 있다.

(1) 노점온도

여름철에는 대기 중에서 많은 량의 수분이 낮에 증발하고, 밤에 온도가 내려가면 공기의 수분 함유능력이 저하하여 공기가 함유할 수 있는 최대 수증기량이 저하한다. 이 상태에서는 공기가 포화상태로 되어 상대습도가 100%인 상태이며 온도가 더 하강하면 수분의 일부가 응축하여 이슬이 된다.

노점온도(dew point temperature : DP) t_d는 공기가 일정 압력하에서 냉각될 때 응축이 일어나는 온도를 말하며, 증기압 p_v에서의 물의 포화온도이다. 이 노점온도는 그 공기와 동일한 절대습도 또는 수증기 분압을 갖는 포화습공기의 온도를 말한다. 즉 $x_d = x$ 또는 $p_{wd} = p_w$이며 첨자 d는 노점 상태를 의미한다.

그림 7.2의 $T-s$선도에서 살펴보면, 공기가 일정압력하에서 냉각되면 증기압 p_v는 일정하다. 따라서 공기 중의 증기(상태1)는 정압냉각과정을 거쳐 건포화증기선(상태2)에 도

달한다. 이 점에서의 온도가 노점온도 t_d이며, 만일 이 온도가 더욱 강하하면 수증기의 일부가 응축된다. 결과적으로 공기 중의 수증기량은 감소하고, 따라서 증기압 p_v는 감소한다.

응축과정중인 공기는 포화상태이므로 100%상대습도라인(포화공기선)을 따라 이동한다 (그림 7.5참조). 포화습공기의 온도와 노점온도는 동일하다.

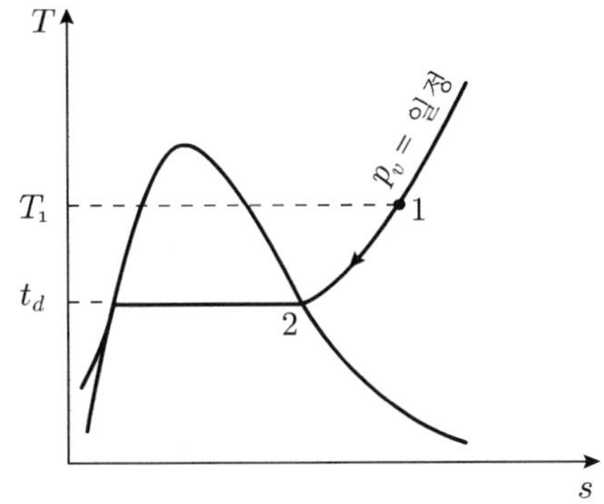

그림 7.2 정압냉각과 노점온도

이 노점온도를 측정하면 수증기 분압 p_w는 t_d에 대한 수증기의 포화압력으로서 수증기표로부터 구할 수 있으며, 식 (7.5)를 이용하여 절대습도 x를 계산할 수 있다.

(2) 건구온도와 습구온도

습공기의 습도를 구하는 방법으로서 건구온도와 습구온도를 측정하는 방법이 이용되는데, 습공기의 온도는 그림 7.3에 표시하는 건습계(乾濕計)에 의해 측정된다.

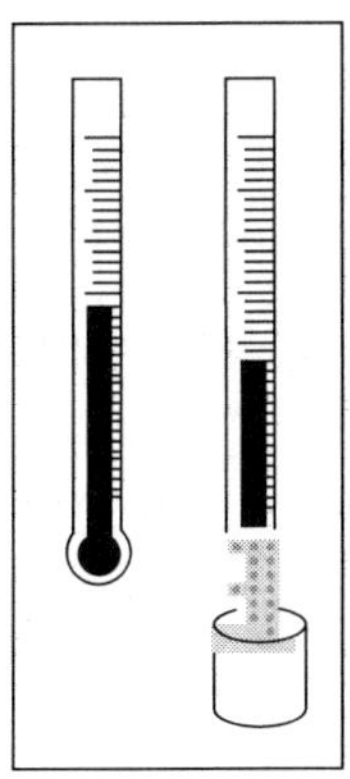

그림 7.3 건습계

그림의 좌측은 보통 감온부가 건조한 상태의 온도계이고, 측정되는 온도를 **건구온도**(dry-bulb temperature : DB, 乾球溫度) t 라 한다. 그림의 우측은 습구온도계로서 감온부에 물에 적신 헝겊을 감아 놓았을 때 포화습공기가 아니라면 감온부의 물이 공기로부터 열을 취득하여 포화증기압과 수증기 분압의 차에 상당하는 물이 증발하고 수온은 강하한다. 이 온도를 **습구온도**(wet bulb temperature : WB, 濕球溫度) t' 라 한다.

이와 같이 건구온도 t[℃] 와 습구온도 t'[℃] 를 측정하면 수증기 분압 p_w를 **Carrier의 반 이론식**인 다음 식에서 계산하여 식 (7.5), 식 (7.6)으로부터 각각 절대습도, 상대습도를 구할 수 있다.

$$p_w = p_s{}' - \frac{(p - p_s{}')(t - t')}{1508 - 1.28t'} \text{ [kPa]} \tag{7.16}$$

여기서 $p_s{}'$[kPa]는 습구온도 t'에 대한 수증기의 포화증기 압력이다.

(3) 단열포화온도

그림 7.4에 표시하듯이 물을 채운 긴 관로에 습공기 $(1 + x_1)$kg을 유동시키면 물이 증발하여 주위로부터 증발잠열을 흡수하므로 공기와 물의 온도가 낮아지며, 결국 어느 온도 t_{ad}에 도달하여 유입하는 습공기가 갖는 열량과 평형이 되며, 그 이후는 그 온도 t_{ad}의 포화습공기가 배출된다.

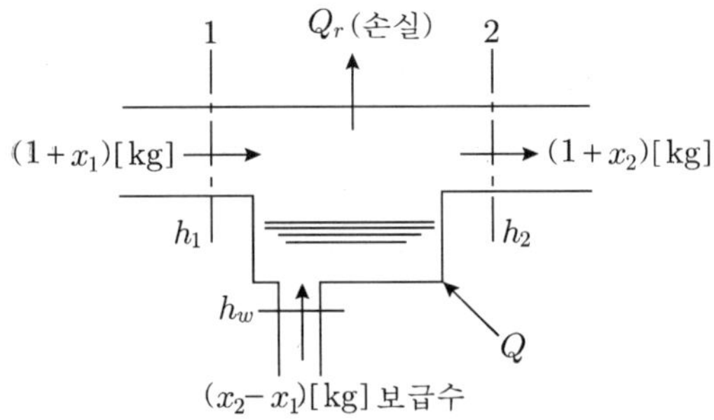

그림 7.4 습공기의 가열 및 냉각

이와 같이 흐름에 단열적으로 수분이 가해져 포화습공기가 되는 과정을 단열포화과정이라 하며, 습공기가 도달하는 최종온도 t_{ad}를 **단열포화온도**(adibatic saturation temperature)라 한다.

실험에 의하면 단열포화온도 t_{ad}는 습구온도 t' 과 같으므로 t' 으로 표시하기도 한다.

그림 7.4와 같이 건공기 1kg에 대하여 생각하면 이 계에서 에너지 식은 다음과 같다.

$$h_1 + (x_2 - x_1)h_w + Q = h_2 + Q_r \tag{7.17}$$

단열이면 $Q=0$, $Q_r=0$이므로 위식은

$$h_1 = h_2 - (x_2 - x_1)h_w \tag{7.18}$$

이 되며, 이때 출구(단면 2)에서 포화습공기가 되는 경우는 $x_2 = x_s'$, $h_2 = h_s'$, $h_w = h_w'$ 이 되므로 식 (7.18)은 다음과 같이 된다.

$$h_1 = h_s' - (x_s' - x_1)h_w' \tag{7.19}$$

여기서 h_w'은 물의 엔탈피이다. 단열포화과정이 진행되면 물의 온도는 습구온도 t' 과 같아지며, 물의 비열은 4.19kJ/kgK이므로 $h_w' = 4.19t'$이 된다. 또 x_s' 및 h_s'은 습구온도 t' 에서의 습포화공기의 절대습도 및 엔탈피를 나타낸다. 따라서 식 (7.14)로부터

$$h_1 = 1.005t + x_1(2501 + 1.846t) \tag{7.20}$$

$$h_s' = 1.005t' + x_s'(2501 + 1.846t') \tag{7.21}$$

이 되며, 이 두 식을 식 (7.19)에 대입하여 정리하면

$$\begin{aligned} x_1 &= \frac{x_s'(2501 + 1.846t' - 4.19t') - 1.005(t - t')}{2501 + 1.846t - 4.19t'} \\ &= \frac{x_s' r' - 1.005(t - t')}{r' + 1.846(t - t')} \end{aligned} \tag{7.22}$$

여기서 $r' = (2501 + 1.846t' - 4.19t')$[kJ/kg]는 습구온도 t'에서의 증기의 증발열이다. 이 식으로부터 습공기의 건구온도 t, 습구온도 t'를 측정하면 절대습도를 계산할 수 있다.

예제 7.3 건구온도 27℃, 습구온도 22℃인 습공기의 (1) 수증기 분압 p_w, (2) 절대습도 x, (3) 상대습도 ω, (4) 비교습도 φ, (5) 엔탈피 h, (6) 비체적 v를 각각 구하라.

해 포화습공기표(부록 16)로부터 27℃의 포화증기압은 $p_s = 3.5674\text{kPa}$, $t' = 22℃$의 포화증기압은 $p_s' = 2.6448\text{kPa}$

(1) 식 (7.16)으로부터

$$p_w = p_s' - \frac{(p-p_s')(t-t')}{1508-1.28t'} = 2.6448$$

$$- \frac{(101.325-2.6448)\times(27-22)}{1508-1.28\times 22} = 2.3114\text{kPa}$$

(2) $x = \frac{0.622p_w}{p-p_w} = \frac{0.622\times 2.3114}{101.325-2.3114} = 0.0145\text{kg/kgDA}$

(3) $\omega = \frac{p_w}{p_s} = \frac{2.3114}{3.5674} = 0.6479$ or 64.79%

(4) $\varphi = \omega\frac{p-p_s}{p-\omega p_s} = 0.6479\times\frac{101.325-3.5674}{101.325-0.6479\times 3.5674} = 0.6397$ or 63.97%

(5) 식 (7.14)로부터

$$h = 1.005t + x(2501+1.846t)$$

$$= 1.005\times 27 + 0.0145\times(2501+1.846\times 27) = 64.12\text{kJ/kgDA}$$

(6) 식 (7.13)으로부터

$$v = 461.6(0.662+x)\frac{T}{p} = 461.6(0.622+0.0145)\times\frac{27+273.15}{101325}$$

$$= 0.8703\text{m}^3\text{/kgDA}$$

예제 7.4 1기압인 공기의 건구온도와 습구온도를 측정하였더니 각각 25℃, 15℃이었다. (1) 절대습도, (2) 상대습도, (3) 공기의 엔탈피를 각각 구하라.

해 (1) 습구온도 $t' = 15$℃(포화압력 1.7055kPa)의 증발열은

$$r' = 2501 + 1.846t' - 4.19t' = 2501 + 1.846\times 15 - 4.19\times 15 = 2465.84\text{kJ/kg}$$

$$x_s' = 0.622\frac{p_s'}{p-p_s'} = 0.622\frac{1.7055}{101.325-1.7055} = 0.01065\text{kg/kgDA}$$

($t' = 15$℃의 포화압력은 1.7055kPa)

∴식 (7.22)로부터

$$x = \frac{x_s'r' - 1.005(t-t')}{r' + 1.846(t-t')} = \frac{0.01065\times 2465.84 - 1.005(25-15)}{2465.84 + 1.846(25-15)}$$

$$= 0.006525\text{kg/kgDA}$$

(2) t=25℃의 포화압력 $p_s = 3.1693\text{kPa}$

$$\omega = \left(\frac{x}{0.622+x}\right)\frac{p}{p_s} = \left(\frac{0.006525}{0.622+0.006525}\right)\times\frac{101.325}{3.1693} = 0.3319 \text{ or } 33.19\%$$

(3) $h = 1.005t + x(2501+1.846t)$

$$= 1.005\times 25 + 0.006525\times(2501+1.846\times 25) = 41.745\text{kJ/kgDA}$$

7.4 습공기선도

(1) 습공기선도($h-x$ 선도)

습공기의 각종 물성치 사이에는 서로 관련이 있다. 이들을 종합하여 도식화한 것을 **습공기선도**(psychrometric chart)라 하며 부록 17에 도시하였다.

부록 17에 수록한 습공기선도는 표준대기압(101.3kPa)에서의 $h-x$선도를 나타낸다. 이 $h-x$선도는, 건구온도 일정의 t선이 거의 수직이 되도록 경사좌표계인 h좌표와 x좌표의 관계가 결정되며, 원점($h=0, x=0$)은 0℃의 건공기이다.

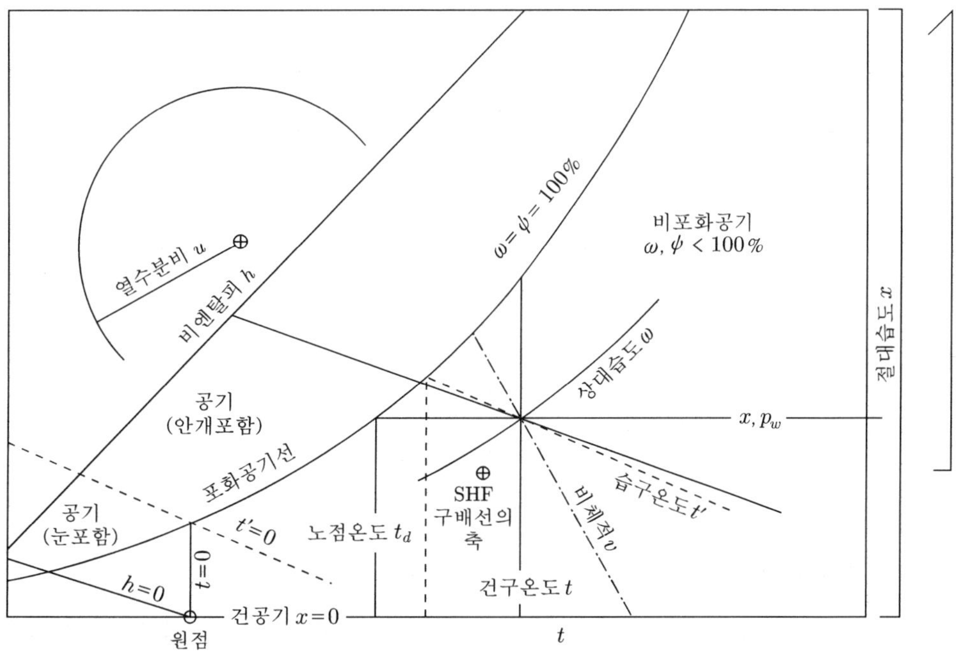

그림 7.5 습공기선도($h-x$선도)의 구성

단, h의 눈금은 경사선상에, x의 눈금은 우측 수직선상에 투영하여 기록되어 있다. 수평축에 t선의 값이 거의 등 간격으로 표기되어 있다.

그림 7.5에 습공기선도의 설명도를 도시하였으며, 포화공기선($\omega=\varphi=1$)은 온도 t에 대한 포화수증기압 p_s[mmHg]를 표시한다. 횡축은 건구온도 t[℃], 우측의 종축은 절대습도 x[kg/kgDA]이며, 포화선과 종축 및 횡축내의 영역은 비포화 영역으로서 수증기 분압은 $p_w < p_s$이다.

$h-x$선도에는 그림 7.5와 같이 $\omega=100\%$의 포화공기선, 그 하부의 비포화 공기의 영역에 습구온도 일정인 t'(℃)선(경사파선), 상대습도 일정인 ω(%)선(실선), 비체적 일정인 v[m^3/kg](일점쇄선) 등이 그려져 있다. 포화공기선의 상부는 이슬이 포함된 공기(포화공기에 수적이 혼재한 상태) 또는 눈이 포함된 공기(포화공기에 얼어있는 눈의 입자가 혼재한 상태)의 영역이다.

또, 선도 상에는 **열수분비**(enthalpy-humidity difference ratio) $u(=dh/ds)$ [kJ/kg], **현열비** SHF(sensible heat factor)의 방향을 나타내는 눈금과 원점이 표시되어 있다. 이들 지표는 실내의 흡·출 공기상태를 결정하는데 이용되며 다음 식으로 정의된다.

$$u=\frac{\text{비엔탈피의 변화}}{\text{절대습도의 변화}}=\frac{\Delta h}{\Delta x}=\frac{h_2-h_1}{x_2-x_1}=\frac{dh}{dx} \tag{7.23}$$

즉, **열수분비는 습공기의 상태변화에 따라 수분의 증가에 대한 엔탈피의 증가비율을 의미한다.**

또 **현열비는 습공기가 상태변화를 함에 따라 전 열량의 변화에 대한 현열량의 비**를 의미하며 다음 식으로 표시된다.

$$SHF=\frac{\text{현열량의 변화}}{\text{전열량의 변화}}=\frac{c_{pa}\Delta t}{\Delta h}=\frac{\Delta h-(x_2-x_1)\times 2500}{\Delta h} \tag{7.24}$$

따라서 SHF와 u 사이에는 다음 관계가 성립한다.

$$SHF=1-\frac{2500}{u} \tag{7.25}$$

(2) 습공기선도의 사용방법

부록 17의 습공기선도($h-x$)에서 건구온도 $t=26$℃, 습구온도 $t'=24$℃인 상태의 습공기 상태량을 구해보자.

그림 7.6과 같이 비엔탈피, 절대습도, 비체적을 차례로 구하기 위해 횡축의 온도눈금에서 건구온도 $t=26$℃인 점 A로부터 $t=$(일정)의 수직선을 긋고, 다음에 포화곡선의 온도눈금에서 습구온도 $t'=24$℃인 점 B에서 우측하향의 $t'=$(일정)인 선(점선으로 표시)과의 교점 C가 구하는 상태점이다. 점 C를 지나는 절대습도 $x=$(일정)의 수평선을 그어 종축과의 교점 D를 구하면 절대습도 $x=0.018$(kg/kgDA)을 구할 수 있다.

점 C에서 $x=$(일정)의 수평선을 포화곡선 방향으로 연장하여 포화곡선과의 교점 F를 구하고, 그 점으로부터 하향수직선을 그어 황축과의 교점 F′ 를 구하면 그 점의 온도가

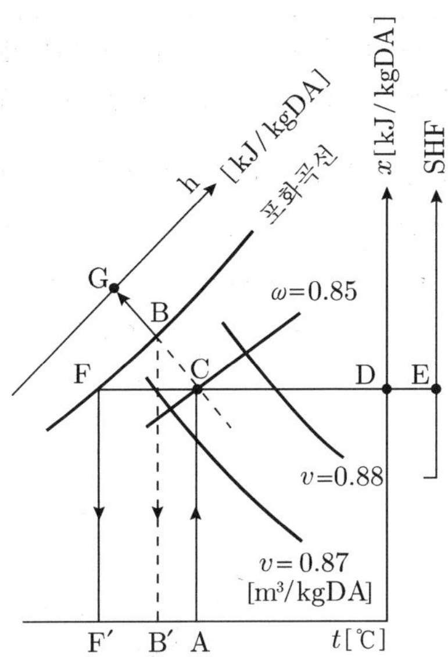

그림 7.6 습공기 선도상의 점과 상태량

노점온도 t_d ≒ 23℃가 된다.

또, 점 C로부터 좌상방향으로 등엔탈피의 선을 그어 비엔탈피를 나타내는 경사 축과의 교점 G의 비엔탈피 h ≒ 72.0kJ/kgDA가 된다. 점 C를 지나는 우상방향의 상대습도곡선의 값을 읽으면 상대습도 ω ≒ 0.85임을 읽을 수 있다. 그리고 우하방향의 비체적 곡선군에서 C를 지나는 곡선의 비체적은 $v = 0.88$과 $v = 0.87$ 사이에 그 간격을 비례 배분하여 v ≒ 0.873m^3/kgDA임을 알 수 있다. 이때 점 B, F에서 각각 수직선을 그어 횡축과의 교점 B′, F′의 온도눈금이 포화곡선상의 온도눈금과 각각 일치하고 있음을 확인할 수 있다.

예제 7.5 습공기선도를 이용하여 다음을 구하라.
(1) 대기온도 0℃ 및 20℃에서 상대습도가 모두 80%일 때의 수증기 함유량,
(2) 압력 101.325kPa, 기온 16℃, 상대습도 30%인 습증기의 엔탈피

해 (1) 0℃의 경우 : $x = 0.00301$kg/kgDA
20℃의 경우 : $x = 0.0117$kg/kgDA
(2) $h = 25$kJ/kgDA

예제 7.6 실내공기가 표준 대기압, 온도 35℃, 상대습도 40%이다. 습공기선도를 이용하여 (1) 절대습도, (2) 엔탈피 (3) 습구온도, (4) 노점온도, (5) 비체적을 각각 구하라.

해 (1) $x = 0.0142$kg/kgDA, (2) $h = 71.5$kJ/kgDA, (3) $t' = 24$℃, (4) $t_d = 19.4$℃ (35℃의 $p_s = 5.628$kPa, $\therefore p_w = \omega p_s = 0.4 \times 5.628 = 2.2512$kPa의 포화온도가 노점온도이므로), (5) $v = 0.893\text{m}^3$/kgDA, 이 값은 부록 17의 습공기선도를 이용하였으며, 그림(예제 7.6해)를 참고하기 바란다.

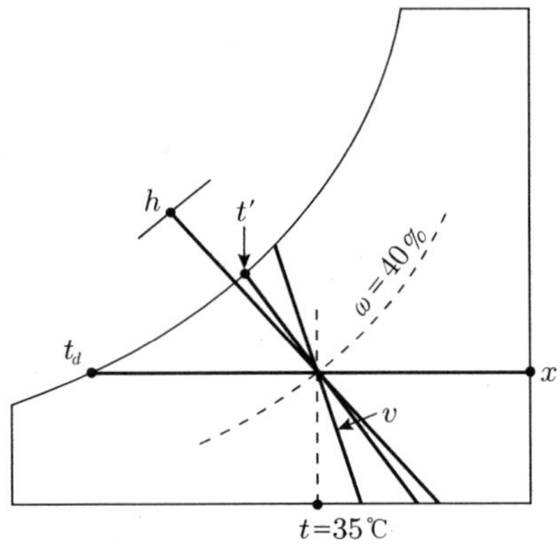

그림(예제 7.6해)

7.5 단열유동의 질량보존, 에너지 보존, 열평형

쾌적한 온도와 습도를 갖는 생활공간이나 산업설비를 유지하기 위하여 공기조화(air conditioning)라는 과정이 필요하다. 이 과정은 온도를 상승시키는 단순가열, 온도를 강하시키는 단순냉각, 수분을 가하는 **가습**(humidifying, 加濕), 수분을 감소시키는 **감습**(dehumidifying, 減濕)이 포함되며, 원하는 온도와 습도를 얻기 위해 이러한 과정 중 두 가지 이상의 과정이 필요한 경우도 있다.

그림 7.7에 여러 가지 공기조화의 과정을 습공기선도상에 표시하였다. 이 선도에서 단순가열이나 단순냉각과정은 수평선으로 표시되는데, 이것은 과정 중 수분의 양이 일정하기 때문이다.($dx = 0$). 일반적으로 겨울에는 가열과 가습이, 여름에는 냉각과 감습이 필요하다.

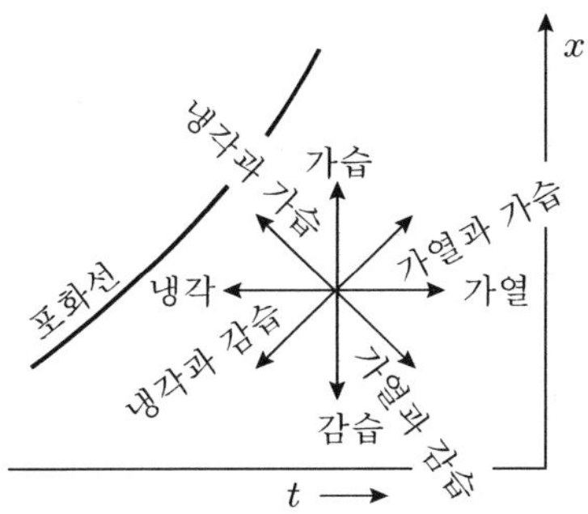

그림 7.7 공기조화의 진행방향

대부분의 공기조화 과정은 정상유동 과정으로 취급하므로 정상유동에서의 건공기 및 수증기에서 각각 질량보존과 그 전체(습공기)에서의 에너지 보존의 법칙을 적용한다.

$$\text{건공기 질량} : \sum \dot{m}_{a,i} = \sum \dot{m}_{a.e} \tag{7.26}$$

$$\text{수증기 질량} : \sum \dot{m}_{w,i} = \sum \dot{m}_{w,e} \text{ or } \sum \dot{m}_{a,i}\, x_i = \sum \dot{m}_{a,e}\, x_e \tag{7.27}$$

$$\text{에너지} : \dot{Q} - \dot{W} = \sum \dot{m}_e h_e - \sum \dot{m}_i h_i \tag{7.28}$$

첨자 i는 입구, e는 출구를 나타낸다. 운동에너지와 위치에너지는 무시하며, 일은 보통 홴(fan)의 축일을 일컫지만 다른 에너지 항에 비해 매우 작다.

다음에는 그림 7.8과 같이 단열된 유로의 공기흐름을 가정하여, 이것에 열량 $\dot{Q}$[kJ/s]와 수분 $\dot{m}_w$ [kg/s]를 가하는 경우의 변화를 생각하자.

공기유량을 $\dot{m}_a$[kg/s], 입구공기, 출구공기의 비엔탈피와 절대습도를 각각 h_1, h_2 [kJ/kgDA], x_1, x_2 [kg/kgDA], 수분의 비엔탈피를 h_w [kJ/kg]이라 한다.

입구공기, 출구공기에서의 열평형을 고려하면

(입구공기의 열량)+(가해진 열량)+(가해진 수분의 열량)=(출구공기의 열량)이므로

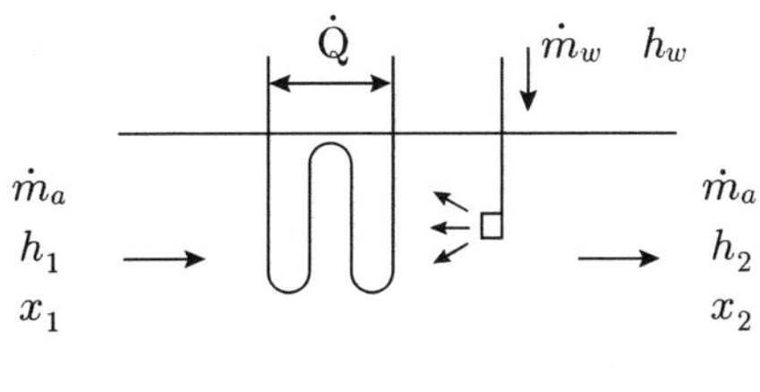

그림 7.8 공기의 온도 및 습도변화 과정

$$\dot{m}_a h_1 + \dot{Q} + \dot{m}_w h_w = \dot{m}_a h_2$$

마찬가지로 수분에 대한 질량보존을 고려하면

$$\dot{m}_a x_1 + \dot{m}_w = \dot{m}_a x_2$$

가 성립한다. 이들 식을 변형하여

$$\dot{m}_a (h_2 - h_1) = \dot{Q} + \dot{m}_w h_w \tag{7.29}$$

$$\dot{m}_a (x_2 - x_1) = \dot{m}_w \tag{7.30}$$

식 (7.29)를 식 (7.30)으로 나누면

$$\frac{h_2 - h_1}{x_2 - x_1} = \frac{\dot{Q} + \dot{m}_w h_w}{\dot{m}_w} = \frac{\dot{Q}}{\dot{m}_w} + h_w \tag{7.31}$$

이 식의 좌변은 $\Delta h / \Delta x$이므로 열수분비 u의 정의로부터 다음 식을 얻는다.

$$u = \frac{\dot{Q}}{\dot{m}_w} + h_w \tag{7.32}$$

7.6 습공기의 혼합

유량 $\dot{m}_{a1}$ [kgDA/s]의 공기 1(t_1, x_1, h_1)과 유량 $\dot{m}_{a2}$ [kgDA/s]의 공기 2(t_2, x_2, h_2)의 혼합을 생각하자. 혼합과정에서 열의 출입, 수분의 출입은 없다고 가정하면, 혼합 후의 공기 3의 상태(t_3, x_3, h_3)는 다음과 같이 구할 수 있다.

$$\dot{m}_{a3} = \dot{m}_{a1} + \dot{m}_{a2} \tag{7.33}$$

$$x_3 = \frac{\dot{m}_{a1} x_1 + \dot{m}_{a2} x_2}{\dot{m}_{a1} + \dot{m}_{a2}} \tag{7.34}$$

$$h_3 = \frac{\dot{m}_{a1} h_1 + \dot{m}_{a2} h_2}{\dot{m}_{a1} + \dot{m}_{a2}} \tag{7.35}$$

$$t_3 \fallingdotseq \frac{\dot{m}_{a1} t_1 + \dot{m}_{a2} t_2}{\dot{m}_{a1} + \dot{m}_{a2}} \tag{7.36}$$

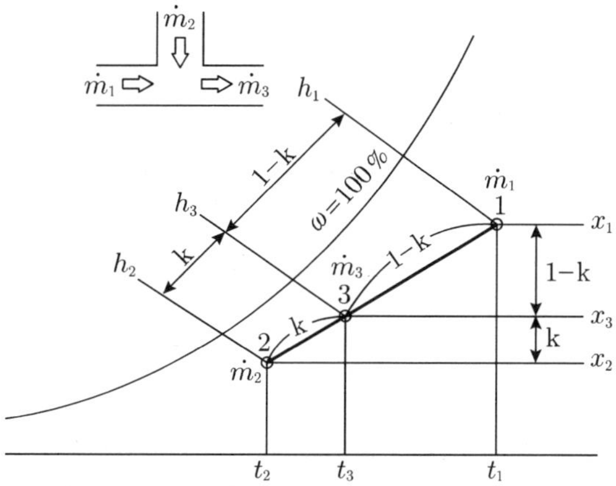

그림 **7.9** 혼합

식 (7.36)은 엄밀하게는 좌변과 우변이 같지 않지만 실용상은 같다고 하여도 상관없다.

여기서 혼합 후의 공기유량(공기1+공기2)에 대한 공기1의 유량비를 k라 하면

$$\frac{\dot{m}_{a1}}{\dot{m}_{a1}+\dot{m}_{a2}}=k \tag{7.37}$$

$$\frac{\dot{m}_{a2}}{\dot{m}_{a1}+\dot{m}_{a2}}=1-k \tag{7.38}$$

이들을 이용하면 식 (7.34)~(7.36)은 다음과 같이 표시할 수 있다.

$$x_3=kx_1+(1-k)x_2 \tag{7.34'}$$

$$h_3=kh_1+(1-k)h_2 \tag{7.35'}$$

$$t_3 \fallingdotseq kt_1+(1-k)t_2 \tag{7.36'}$$

공기선도상에서 혼합공기 3의 상태점의 위치는 그림 7.9에 나타낸 것처럼 공기 1의 상태점과 공기 2의 상태점을 연결하는 선분 1-2를 $(1-k):k=\dot{m}_2:\dot{m}_1$ 으로 내분하는 점 3이 된다.

예제 7.7 그림(예제 7.7)과 같이 상태 1인 14℃, $50\text{m}^3/\text{min}$의 포화습공기와 상태2의 32℃, 상대습도 60%인 외기 $20\text{m}^3/\text{min}$가 단열적으로 표준대기압하에서 혼합될 때, 이 혼합물의 (1)절대습도, (2)건구온도, (3)상대습도, (4)체적유량을 구하라.

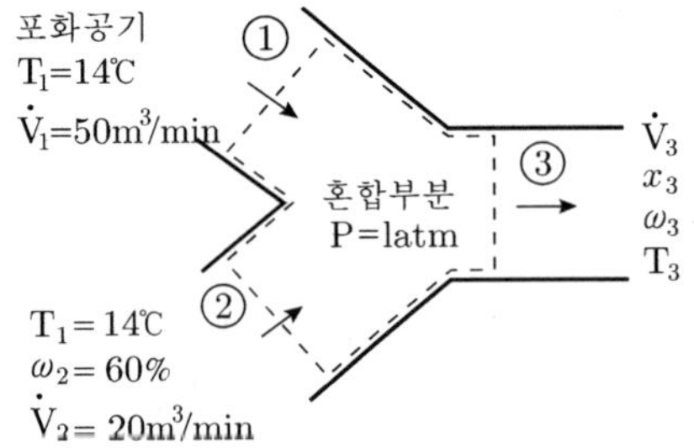

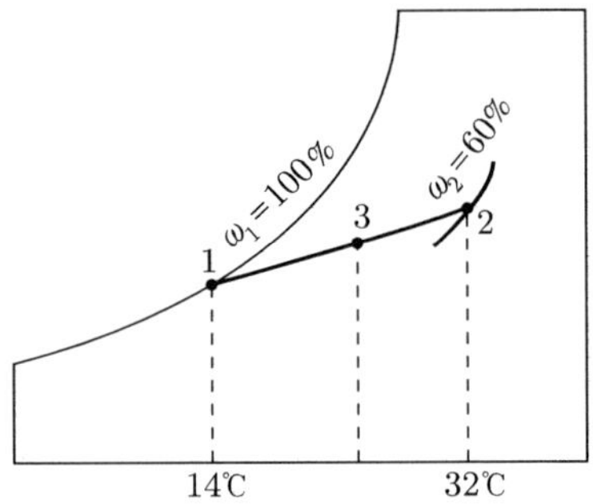

해 혼합 상태 점은 그림으로부터 점 3으로 표시된다.

(1) 포화습공기표(부록 16)에서 $t_1 = 14℃$의 포화증기압 $p_{s1} = 1.5987\text{kPa}$,

$\omega_1 = 1$

$t_2 = 32℃$의 포화증기압 $p_{s2} = 4.7586\text{kPa}$, $\omega_2 = 0.6$

∴ 수증기 분압 $p_{w1} = \omega_1 p_{s1} = 1 \times 1.5987 = 1.5987\text{kPa}$

$$p_{w2} = \omega_2 p_{s2} = 0.6 \times 4.7586 = 2.8552\text{kPa}$$

$$\therefore\ x_1 = \frac{0.622 p_{w1}}{p - p_{w1}} = \frac{0.622 \times 1.5987}{101.325 - 1.5987} = 0.00997\text{kg/kgDA}$$

$$x_2 = \frac{0.622 p_{w2}}{p - p_{w2}} = \frac{0.622 \times 2.8552}{101.325 - 2.8552} = 0.018\text{kg/kgDA}$$

식 (7.13)으로부터

$$v_1 = 461.6(0.622 + x_1)\frac{T_1}{p} = 461.6(0.622 + 0.00997) \times \frac{14 + 273.15}{101325}$$

$$= 0.8267\text{m}^3/\text{kgDA}$$

$$v_2 = 461.6(0.622 + x_2)\frac{T_2}{p} = 461.6(0.622 + 0.018) \times \frac{32 + 273.15}{101325}$$

$$= 0.8897\text{m}^3/\text{kgDA}$$

$$\therefore\ \dot{m}_{a1} = \frac{\dot{V}_1}{v_1} = \frac{50}{0.8267} = 60.48\text{kg/min}$$

$$\dot{m}_{a2} = \frac{\dot{V}_2}{v_2} = \frac{20}{0.8897} = 22.48\text{kg/min}$$

∴ 식 (7.34)로부터

$$x_3 = \frac{\dot{m}_{a1} x_1 + \dot{m}_{a2} x_2}{\dot{m}_{a1} + \dot{m}_{a2}} = \frac{60.48 \times 0.00997 + 22.48 \times 0.018}{60.48 + 22.48} = 0.012146\text{kg/kgDA}$$

(2) 식 (7.36)으로부터

$$t_3 \fallingdotseq \frac{\dot{m}_{a1} t_1 + \dot{m}_{a2} t_2}{\dot{m}_{a1} + \dot{m}_{a2}} = \frac{60.48 \times 14 + 22.48 \times 32}{60.48 + 22.48} = 18.88℃$$

(3) $t_3 = 18.88$℃의 포화증기압 $p_{s3} = 2.1819$kPa, 식 (7.6)으로부터

$$\therefore \omega_3 = \left(\frac{x_3}{0.622 + x_3}\right)\frac{p}{p_{s3}} = \left(\frac{0.012146}{0.622 + 0.012146}\right) \times \frac{101.325}{2.1819}$$

$$= 0.88946 \text{ or } 88.946\%$$

(4) 식 (7.13)으로부터

$$v_3 = 461.6(0.622 + x_3)\frac{T_3}{p} = 461.6(0.622 + 0.012146) \times \frac{18.88 + 273.15}{101325}$$

$$= 0.84366 \text{m}^3/\text{kgDA}$$

$$\therefore \dot{V}_3 = \dot{m}_{a3} v_3 = (\dot{m}_{a1} + \dot{m}_{a2}) v_3 = (60.48 + 22.48) \times 0.84366 = 69.99 m^3/\text{min}$$

7.7 공기조화의 과정

7.7.1 단순가열

증기나 온수의 휜(fin) 코일형 가열기 또는 전기히터 등으로 공기를 가열하는 경우는 공기 중의 수증기량은 변하지 않고 건구온도만 상승하므로 그림 7.10과 같이 절대습도가 일정한 수평선상의 변화가 된다.

따라서 식 (7.29)에서 $\dot{m}_w = 0$ 으로 하면 단위 시간당 가열열량은 다음과 같다.

$$\dot{Q} = \dot{m}_a (h_2 - h_1) \tag{7.39}$$

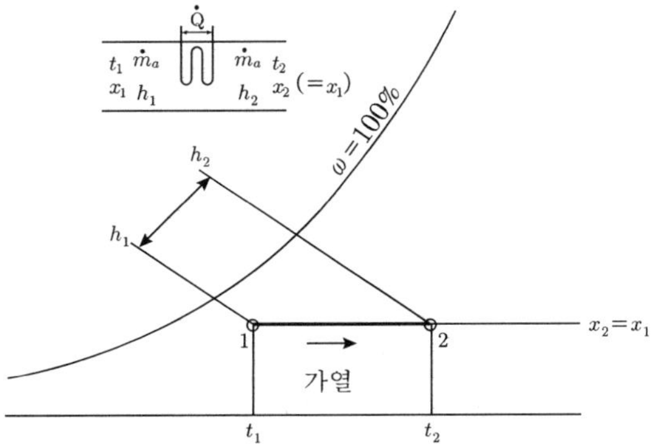

그림 7.10 가열

또 c_p [kJ/kgDA · K]를 습공기의 정압비열이라 하면 다음 식을 얻는다.

$$\dot{Q} = \dot{m}_a c_p (t_2 - t_1) \tag{7.40}$$

가열과정 중 습공기의 절대습도 x는 일정하더라도 상대습도 ω는 감소한다. 상대습도는 습공기가 함유할 수 있는 최대 수분량에 대한 실제 수분량의 비율이므로 온도가 증가하면 습공기의 수분 함유능력이 증가하기 때문이다. 따라서 가열된 습공기의 상대습도는 쾌적한 상태의 상대습도보다 낮을 수 있으며, 이 경우 피부건조, 호흡곤란, 정전기 발생 등이 일어날 수 있다.

7.7.2 단순냉각

냉각코일의 표면온도 t_s가 입구공기의 노점온도 t_{d1}보다 높은 경우는 그림 7.11과 같이 절대습도 일정인 수평선상에서 건구온도만이 변화한다(乾코일).

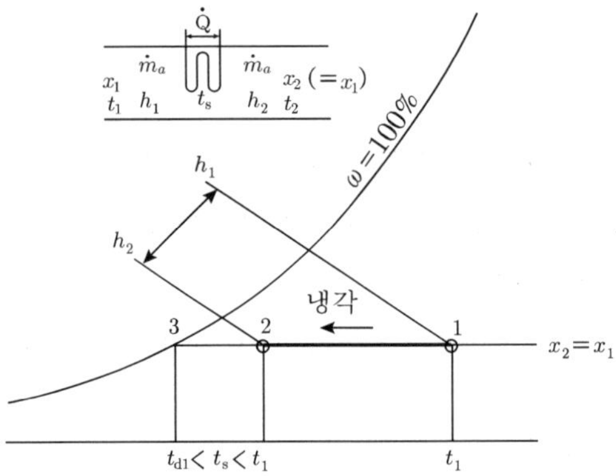

그림 7.11 냉각(건냉각)

이 경우의 냉각열량은 식 (7.39), 식 (7.40)과 같다. 단, $\dot{Q}$의 부호가 -(마이너스)로 되어 냉각을 의미한다.

단순 냉각과정에서는 전술한 단순 가열과정과 유사하지만, 건구온도가 낮아지고 상대습도는 높아진다. 냉각과정은 냉매나 냉각수가 들어있는 코일 주위로 공기를 순환시켜 행한다.

가습 또는 감습이 없는 가열, 냉각과정이라면 질량보존의 식은 건공기에 대하여 $\dot{m}_{a1} = \dot{m}_{a2} = \dot{m}_a$, 수증기에 대하여 $x_1 = x_2$가 되며 fan일을 무시하면 에너지 보존 식은

$$\dot{Q} = \dot{m}_a (h_2 - h_1) \text{ or } q = h_2 - h_1 \tag{7.41}$$

이 되며, 여기서 h_1, h_2는 건공기의 단위 질량당 엔탈피로서 각각 입구, 출구에서의 값이다.

예제 7.8 온도 30℃, 상대습도 60%인 공기를 매시 3000m^3 냉각하여 14℃의 포화습공기로 만들려고 한다. (1) 제거해야 할 열량, (2) 감습량을 구하라.

해 습공기선도(부록 17)로부터 $x_1 = 0.016\text{kg/kgDA}$, $h_1 = 70.76\text{kJ/kgDA}$,

$v_1 = 0.881\text{m}^3/\text{kg}$,

$x_2 = 0.00996\text{kg/kgDA}$, $h_2 = 39.23\text{kJ/kgDA}$

(1) 식 (7.41)로부터

$$\dot{Q} = \dot{m}_a(h_2 - h_1) = \frac{3000}{0.881} \times (39.23 - 70.76) = -107366.6\text{kJ/h} = -29.82\text{kJ/s}$$

(2) 감습량 $= \dot{m}_a(x_2 - x_1) = \dfrac{3000}{0.881} \times (0.00996 - 0.016) = -20.57\text{kg/h}$

$= -5.71 \times 10^{-3}\text{kg/s}$

7.7.3 가습을 동반하는 가열

그림 7.12와 같이 공기를 먼저 가열코일을 통과시킨 후(1 → 2), 가습기를 통과시키는 경우(2 → 3)에는 가열된 공기에 가습을 함으로써 단순가열의 문제점인 상대습도의 저하를 해결할 수 있다.

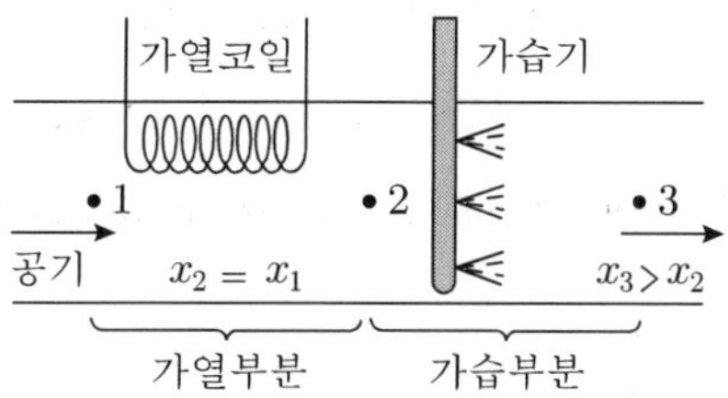

그림 7.12 가습을 동반하는 가열

상태 3의 상황은 가습이 어떻게 행해졌는가에 따라 달라진다. 만일 가습기로부터 뜨거운 증기를 이용하게 되면 가습과 아울러 가열효과도 있게 되어 $t_3 > t_2$이 될 것이다. 그러나 가습기에서 공기에 물을 분무시켰다면 물의 일부가 증발하면서 잠열의 일부를 공기로부터 흡수하므로 공기온도가 낮아져 $t_3 < t_2$가 될 것이다. 이 경우 가습기에서 냉각되는 만큼 가열기에서 보충해 주어야 한다.

이 과정을 $h-x$선도에 표시하면 그림 7.13과 같다.

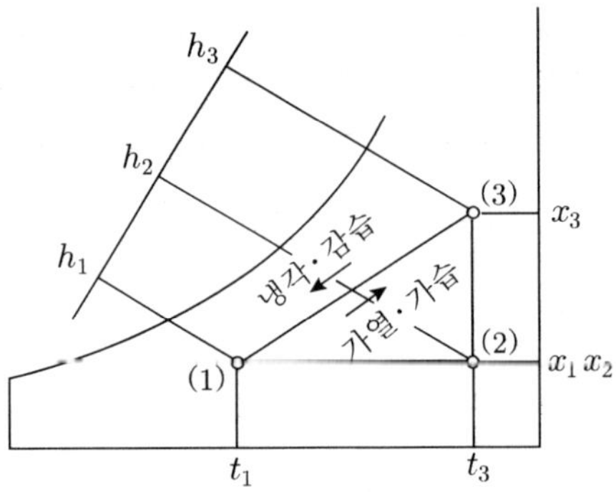

그림 7.13 가열가습

이 계에서 건공기 1kg당 가열코일로부터 열량 $q = \dot{Q}/\dot{m}_a$[kJ/kg]을 가하고 가습기에서 수분 $m_w = \dot{m}_w/\dot{m}_a$[kg/kg]을 가한다고 하면 수분 질량보존, 에너지 보존으로부터 다음의 식이 성립한다.

$$x_3 = x_1 + m_w \tag{7.42}$$

$$h_3 = h_1 + q + m_w h_w = h_1 + q + (x_3 - x_1)h_w \tag{7.43}$$

이 경우 습공기의 상태변화는 그림 7.13에서 1→3과 같이 표시된다. 여기서 가열량 $q(=h_3 - h_1)$는 습공기의 온도를 높이기 위해서 가하는 열량 $q_s = (h_2 - h_1)$과 가습에 의한 가열량 $q_L = (h_3 - h_2) = (x_3 - x_1)r$의 두 가지로 나눌 수 있다. 여기서 r[kJ/kg]은 증발잠열이다. 이때 점 1에서 3까지의 공급열량 q중에서 현열분 q_s는 현열이동만의 상태변화 1→2에 상당하는 부분이므로 **현열비**(SHF : sensible heat factor)는 다음과 같이 표시된다.

$$SHF = \frac{q_s}{q} = \frac{h_2 - h_1}{h_3 - h_1} \tag{7.44}$$

한편, 습공기의 엔탈피 증가량과 수분 증가량의 비를 **열수분비** u[kJ/kg]라 하며, 그 값은 다음과 같이 된다.

$$u = \frac{dh}{dx} = \frac{h_3 - h_1}{x_3 - x_1} = \frac{q + m_w h_w}{m_w} \tag{7.45}$$

계산된 SHF에서 중앙부의 +점을 통하는 직선과 최종상태의 건구온도 t_3인 수직선과의 교점이 상태 3이다. 마찬가지로 열수분비 u의 값에서 좌측 +점을 통하는 선과 t_3의 수직 선과의 교점이 상태 3이다.

예제 7.9 12℃, 상대습도 30%인 외기를 40$\mathrm{m^3/min}$로 유입하여 25℃, 상대습도 65%로 만드는 공기조화 시스템이 있다. 외기는 가열코일에 의해 22℃로 가열되고 가습기에 의해 수증기 분무방식으로 가습된다. 모든 과정이 100kPa의 압력하에서 수행될 때 다음을 구하라.(그림(예제 7.9)참조)

(1) 가열량, (2) 가습량(질량유량)

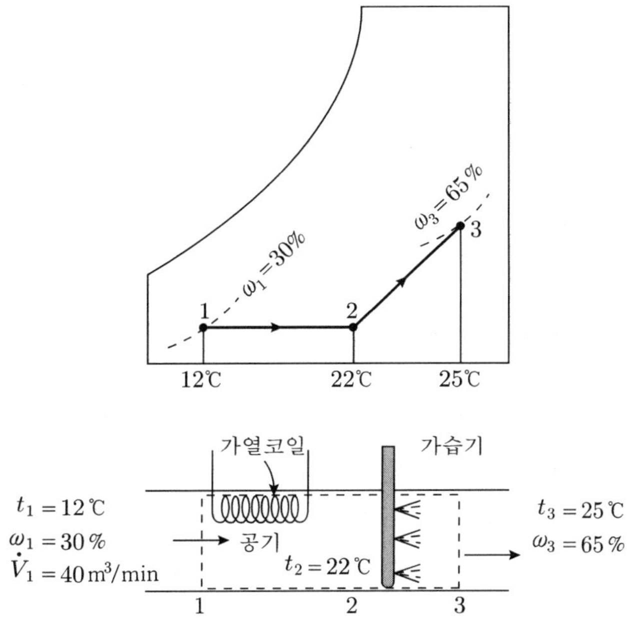

그림(예제 7.9)

해 (1) 12℃의 포화압력 $p_{s1}=1.4026\mathrm{kPa}$, 25℃의 포화압력 $p_{s3}=3.1693\mathrm{kPa}$

$$p_{w1}=\omega_1 p_{s1}=0.3\times1.4026=0.4208\mathrm{kPa}$$

$$p_{a1}=p_1-p_{w1}=100-0.4208=99.5792\mathrm{kPa}$$

$$v_1=\frac{R_{a1}T_1}{p_{a1}}=\frac{0.2872\times285.15}{99.5792}=0.8224\mathrm{m^3/kgDA}$$

$$\therefore \dot{m}_a=\frac{\dot{V}_1}{v_1}=\frac{40}{0.8224}=48.64\mathrm{kg/min}$$

$$x_1=\frac{0.622p_{w1}}{p-p_{w1}}=\frac{0.622\times0.4208}{100-0.4208}=0.00263\mathrm{kg/kgDA}=x_2$$

식 (7.20)으로부터

$$h_1 = 1.005t_1 + x_1(2501 + 1.846t_1)$$
$$= 1.005 \times 12 + 0.00263(2501 + 1.846 \times 12) = 18.696\text{kJ/kgDA}$$
$$h_2 = 1.005t_2 + x_2(2501 + 1.846t_2)$$
$$= 1.005 \times 22 + 0.00263(2501 + 1.846 \times 22) = 28.794\text{kJ/kgDA}$$
$$\therefore \dot{Q} = \dot{m}_a(h_2 - h_1) = 48.64 \times (28.794 - 18.696) = 491.167\text{kJ/min}$$

(2) 가습부에서의 물의 질량보존 식은

$$\dot{m}_{a2}x_2 + \dot{m}_w = \dot{m}_{a3}x_3$$

여기서 $\dot{m}_w = \dot{m}_a(x_3 - x_2)$

$$x_3 = \frac{0.622\omega_3 p_{s3}}{p_3 - \omega_3 p_{s3}} = \frac{0.622 \times 0.65 \times 3.1693}{100 - 0.65 \times 3.1693} = 0.01308\text{kg/kgDA}$$
$$\therefore \dot{m}_w = 48.64 \times (0.01308 - 0.00263) = 0.5083\text{kg/min}$$

7.7.4 감습을 동반하는 냉각

냉각, 감습을 하는 경우에는 그림 7.13에서 3 → 1의 과정이 된다. 이때 냉각코일을 설치하여 공기류를 냉각하는 경우, 코일의 표면온도가 유입하는 습공기의 노점온도보다 낮으면 습공기 중 수증기의 일부가 코일 표면상에서 응축하여 물이 되며, 따라서 습공기는 냉각, 감습된다. 이 경우에는 q와 m_w는 부(-)의 값으로 하면 된다.

단순 냉각과정에서는 절대습도가 일정하지만 상대습도가 증가한다. 상대습도가 너무 높아지면 공기 중 수분을 제거해야 하며, 따라서 공기를 노점온도 이하로 강하시킬 필요가 있다. 따라서 냉각코일을 통과하면 온도가 내려가고 이에 따라 일정한 절대습도 조건에서 상대습도가 높아지는데, 냉각부분이 긴 경우에는 공기가 노점(포화공기)에 도달하고 더 냉각하면 공기 중 수분의 일부가 응축한다. 응축과정 중에는 공기가 항상 포화상태, 즉 상대습도 100%인 라인을 따라 진행하여 온도가 강하하게 된다.

예제 7.10 창문형 에어컨에 1기압, 30℃, 상대습도 80%의 공기가 $10m^3/\text{min}$로 유입하여 14℃가 되어 유출된다. 그림(예제 7.10)과 같이 이 과정 중 공기 중의 일부 수분이 응축된다. 응축된 물의 온도는 14℃일 때 공기에서 냉각되는 열량과 제거되는 수분의 량을 구하라.

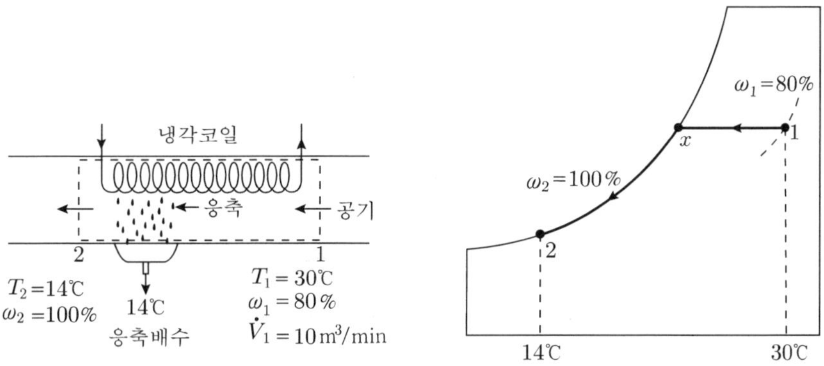

그림(예제 7.10)

해 습공기선도(부록 17)로부터

$h_1 = 85.4\text{kJ/kgDA},\ x_1 = 0.0216\text{kg/kgDA},\ v_1 = 0.889\text{m}^3\text{/kgDA}$

$h_2 = 39.3\text{kJ/kgDA},\ x_2 = 0.01\text{kg/kgDA},$

14℃의 응축수의 엔탈피 $h_w = h_1 - h_2 = 85.4 - 39.3 = 58.8\text{kJ/kg}$

$$\therefore \dot{m}_{a1} = \frac{\dot{V}_1}{v_1} = \frac{10}{0.889} = 11.25\text{kg/min}$$

$$\dot{m}_w = \dot{m}_{a1}(x_1 - x_2) = 11.25 \times (0.0216 - 0.01) = 0.131\text{kg/min}$$

$$\dot{Q} = \dot{m}_a(h_1 - h_2) - \dot{m}_w h_w = 11.25 \times (85.4 - 39.3) - 0.131 \times 58.8 = 510.9\text{kJ/min}$$

7.7.5 증발냉각(가습을 동반하는 냉각)

덥고 건조한 사막기후에서는 **증발냉각기**(evaporation cooler)를 이용하여 높은 냉각비용을 줄일 수 있다. 그 원리는 물이 증발하면 물 자체와 주위 공기로부터 증발잠열을 흡수하여 물과 공기를 냉각시킨다.

증발냉각기의 개략도와 습공기선도상의 상태변화를 그림 7.14에 나타내었다. 뜨겁고 건조한 공기가 상태 1에서 증발 냉각기에 들어가면 물이 분무된다. 이 과정 중 물의 일부가 공기로부터 증발잠열을 흡수하여 증발한다. 따라서 상태 2에서 공기의 온도는 강하하고 습도는 증가한다. 최종상태가 포화습공기 2′가 되는 경우도 있을 수 있으며, 이 경우는 그 과정에서 얻을 수 있는 최저온도가 된다.

증발냉각과정은 본질적으로 단열포화과정과 동일하다. 왜냐하면 공기의 흐름과 주위 사이의 열전달은 무시할 수 있기 때문이다.

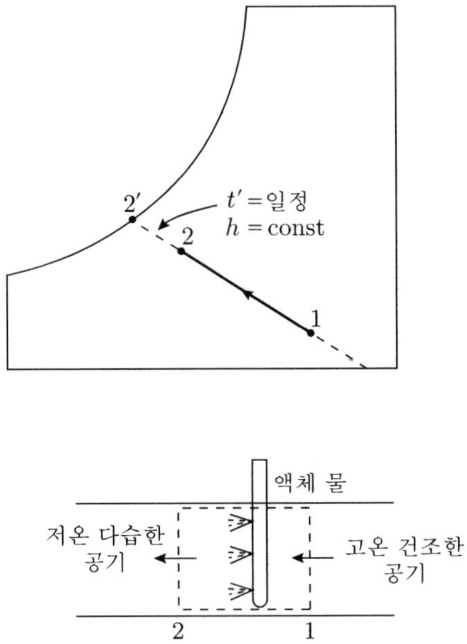

그림 7.14 가습을 동반하는 냉각(증발냉각)

따라서 증발냉각과정은 습공기선도상에서 일정 습구온도선을 따른다. 일정 습구온도선이 일정 엔탈피선과 거의 일치하므로 공기의 엔탈피도 일정하다고 가정한다. 따라서 다음과 같이 표시할 수 있다.

$$t' \cong \text{일정}, \ h \cong \text{일정} \tag{7.46}$$

예제 7.11

증발냉각기에 1atm, 35℃, 상대습도 20%의 습공기가 유입하여 상대습도 80%가 되어 유출한다. (1) 공기의 출구온도, (2) 증발냉각기에서 냉각될 수 있는 최저 공기온도를 구하라.(그림(예제 7.11)참조)

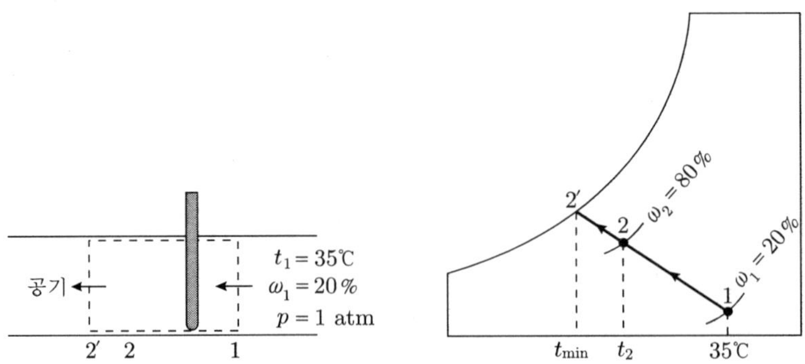

그림(예제 7.11)

해 (1) 공급되는 물의 온도가 출구 공기온도와 크게 다르지 않다고 가정하면 증발냉각과정은 습공기선도에서 일정 습구온도선을 따라 변화한다 . 즉, t' =일정

35℃, $\omega = 0.2$의 습구온도는 습공기선도(부록 17)에서 $t' = 18.9$℃이다. $t' = 18.9$℃선과 $\omega = 0.8$선의 교차점이 출구공기의 상태로서 그 점의 온도는 $t_2 = 21.3$℃이다.

(2) 극단적 경우로서 증발기를 떠나는 공기가 포화상태로 되면($\omega = 100\%$) 출구공기의 상태는 $t' = 18.9$℃선이 포화선과 만나는 점으로 결정된다.

$\therefore t_{\min} = t_{2'}{}' = 18.9$℃

7.7.6 에어워셔(air washer)에 의한 냉각

다량의 물을 공기 중에 분무시켜 공기를 냉각하는 **에어워셔**(air washer)의 경우는, 수적(水滴)과 공기가 직접 접촉하여 열전달과 물질이동이 동시에 일어나고 공기의 온도, 절대습도가 변화한다.

공기의 노점온도보다 낮은 온도의 냉수를 분무하는 경우, 공기 중의 수증기는 수적표면에서 응축하여 수적과 함께 낙하하며 그림 7.15의 직선 a와 같은 변화가 되어 공기는 냉각, 감습된다. 역으로 분무수의 수온이 공기의 노점온도보다 높은 경우는, 수적 표면으로부터 수분이 증발하여 공기의 절대습도가 상승하므로 냉각, 가습된다.(그림 7.15의 b,c,d)

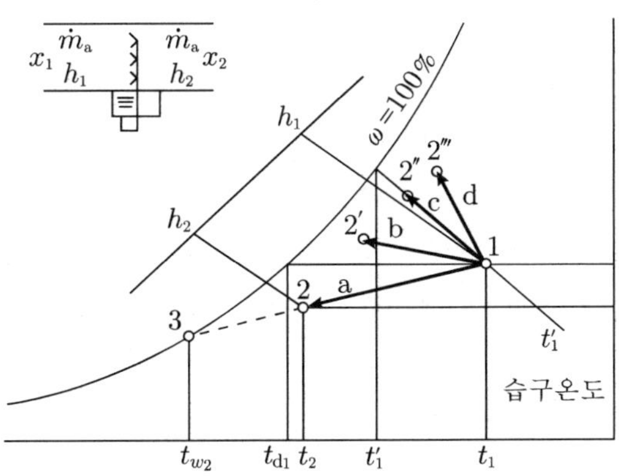

그림 7.15 에어워셔에 의한 상태변화

분무수를 냉각이나 가열하지 않으면서 순환하여 분무를 계속하면 공기온도와 수온과의 차에 의한 열전달과 증발에 의한 냉각이 평형을 유지하는 상태변화가 되며, 분무수온은 입구공기의 습구온도와 같게 되고, 출구공기는 습구온도 일정의 선상에 오게 된다.(그림 7.15의 c). 이것을 단열변화라 한다.

그림 7.15의 d는 분무수를 가열코일 등에서 가열하면서 분무수 온도를 공기의 건구온도 이하로 유지했을 때의 변화이다.

예제 7.12 그림(예제 7.12)와 같이 에어워셔용 물이 냉각탑으로 유입 시 온도는 34℃, 유량은 120kg/s이다. 냉각탑에서 물은 공기에 의해 23℃로 냉각된다. 그 공기는 1기압, 20℃, 상대습도 60%이며 30℃의 포화공기가 되어 나간다. (1) 냉각탑으로 들어가는 공기의 체적유량, (2) 소요되는 보충수의 질량유량을 구하라.

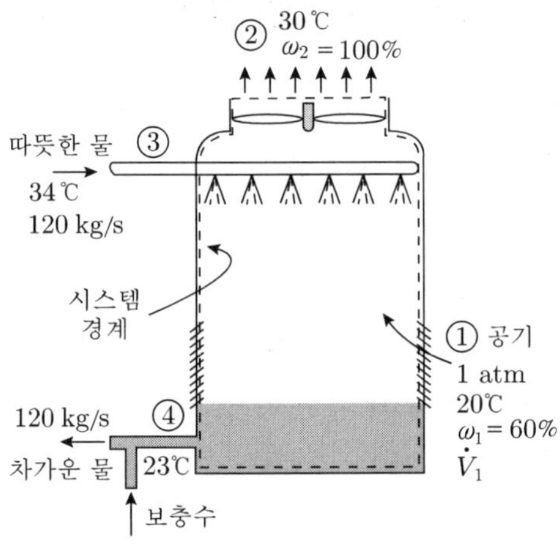

그림(예제 7.12)

해 (1) h_3는 34℃의 $h' = h_3 = 142.379\text{kJ/kg}$, h_4는 23℃의 $h' = h_4 = 96.406\text{kJ/kg}$

습공기선도(부록 17)에서 $x_1 = 0.0087$, $x_2 = 0.0273\text{kg/kgDA}$

$$\therefore h_1 = 1.005t_1 + x_1(2501 + 1.846t_1)$$

$$= 1.005 \times 20 + 0.0087(2501 + 1.846 \times 20) = 42.18\text{kJ/kgDA}$$

$$h_2 = 1.005t_2 + x_2(2501 + 1.846t_2)$$

$$= 1.005 \times 30 + 0.0273(2501 + 1.846 \times 30) = 99.94\text{kJ/kgDA}$$

건공기의 질량평형 : $\dot{m}_{a1} = \dot{m}_{a2} = \dot{m}_a$

물의 질량평형 : $\dot{m}_3 + \dot{m}_{a1}x_1 = \dot{m}_4 + \dot{m}_{a2}x_2$ or

$$\dot{m}_3 - \dot{m}_4 = \dot{m}_a(x_2 - x_1) = \dot{m}_{makeup}$$

에너지 평형 : $\sum_{in} \dot{m}h = \sum_{out} \dot{m}h$ or $\dot{m}_{a1}h_1 + \dot{m}_3 h_3 = \dot{m}_{a2}h_2 + \dot{m}_4 h_4$

or $\dot{m}_3 h_3 = \dot{m}_a(h_2 - h_1) + (\dot{m}_3 - \dot{m}_{makeup})h_4$

$$\therefore \dot{m}_a = \frac{\dot{m}_3(h_3 - h_4)}{(h_2 - h_1) - (x_2 - x_1)h_4}$$

$$= \frac{120 \times (142.379 - 96.406)}{(99.94 - 42.18) - (0.0273 - 0.0087) \times 96.406} = 98.57\text{kg/s}$$

∴ 식(7.13)으로부터

$$v_1 = 461.6(0.622 + x_1)\frac{T_1}{p_1} = 461.6(0.622 + 0.0087) \times \frac{293.15}{101325} = 0.8423\text{m}^3/\text{kg}$$

$$\therefore \dot{V}_1 = \dot{m}_a v_1 = 98.57 \times 0.8423 = 83.03\text{m}^3/\text{s}$$

(2) $\dot{m}_{makeup} = \dot{m}_a(x_2 - x_1) = 98.57 \times (0.0273 - 0.0087) = 1.8334\text{kg/s}$

7.7.7 가습의 방법

가습의 방법은 크게 물 가습과 증기가습으로 나눌 수 있다. 물 가습은 물을 무화상태로 하여 공기에 불어넣는 수분무식(水噴霧式)과 가습재를 통해 물을 기화(氣化)시키는 기화식으로 나눌 수 있다.

증기가습은 증기를 직접 공기에 불어넣어 가습하는 방식이며, 증기의 발생방법에 따라 직접식, 간접식, 전극식(電極式), 전열식(電熱式), 적외선식(赤外線式) 등이 있다.

그림 7.16에 각 가습방식에 의한 상태변화를 나타낸다. 유량 $\dot{m}_a$ [kgDA/s], 절대습도 x_1 (kg/kgDA)의 공기를 절대습도 x_2까지 가습하는 데 필요한 가습량 $\dot{m}_w$ [kg/s]는 다음 식으로 표시된다.

$$\dot{m}_w = \dot{m}_a(x_2 - x_1) \tag{7.47}$$

(1) 물 가습

에어워셔 이외의 보통의 물 가습의 경우, 공기량에 대한 분무산수량($\dot{m}_w/\dot{m}_a$, 噴霧散水量)이 극히 작고, 또 상온인 물의 현열은 잠열에 비해 작으므로 단열변화로 취급할 수 있다. 따라서 물 가습의 경우의 상태변화는 그림 7.16에 나타낸 것과 같이 습구온도 일정선(1 → 2)상의 변화이다.

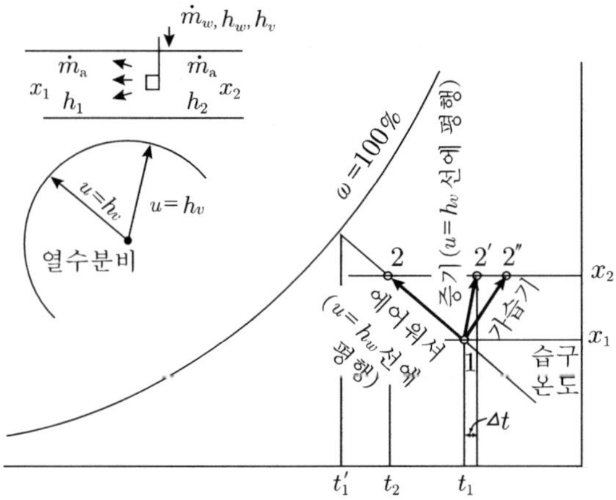

그림 7.16 가습

(2) 증기가습

증기가습의 상태변화는, 증기온도를 t_s [℃]라 하면 열수분비 u [kJ/kg]는

$$u = 2501 + 1.805t_s \tag{7.48}$$

에서 계산할 수 있으며, 일반적으로 공기조화에서 가습에 이용하는 증기온도는 약 100℃이므로 식 (7.48)에 의해 $u \fallingdotseq 2680\text{kJ/kg}=h_v$ 의 선상의 변화가 된다.

증기에 의한 공기온도의 상승 Δt [℃]는 다음 식으로 계산할 수 있다.

$$\Delta t = 1.805(t_s - t_1)(x_2 - x_1) \tag{7.49}$$

보통의 공기조건에서는 Δt는 1℃정도이므로 실무상에서는 무시하여 건구온도 일정선상의 변화로서 취급하는 경우도 있다. 팬(fan)형 가습기기에서 가습하는 경우, 고온의 수면으로부터 공기도 가열시키므로 그림 7.16의 1→2″의 변화가 된다.

예제 7.13 온도 30°C, 상대습도 60%인 공기를 매시 3000m^{3}냉각하여 14°C의 포화습공기로 만들려고 한다. (1) 제거해야 할 열량, (2) 감습량을 구하라.

해 습공기선도(부록 17)로부터 x_1=0.016kg/kgDA, h_1=70.76kJ/kgDA, x_2=0.00996kg/kgDA, h_2=39.23kJ/kgDA, v_1=0.8267m^3/kgDA

(1) $\dot{Q} = \dot{m}(h_1 - h_2) = \dfrac{3000}{0.8267} \times (70.76 - 39.23) = 114418.8\text{kJ/h} = 31.78\text{kJ/s}$

(2) 감습량 =

$$\dot{m}(x_1 - x_2) = \frac{3000}{0.8267} \times (0.016 - 0.00996) = 21.92\text{kg/h} = 6.09 \times 10^{-3}\text{kg/s}$$

예제 7.14 온도 36°C, 상대습도 60%인 습공기를 10°C의 많은 물로 세척하여 상대습도 80%의 공기로 만든 후, 이것을 다시 20°C까지 재열 할 때, (1) 상태변화를 $t-x$선도에 표시하라. (2) 필요한 냉각열량, (3) 재열량을 구하라.

해 (1) $t-x$선도는 다음과 같다.

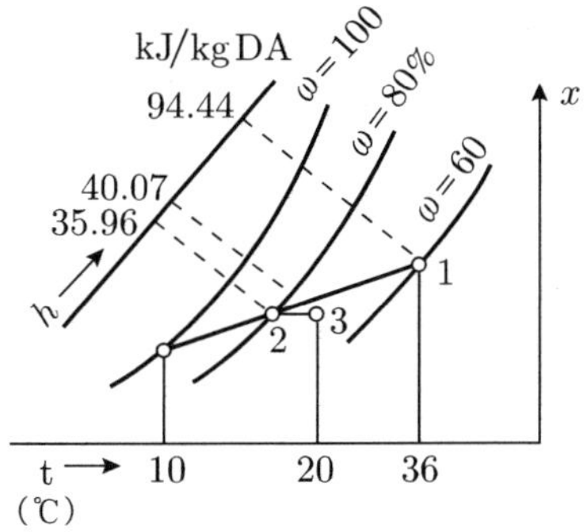

그림(예제 7.14해)

(2) $q = h_1 - h_2 = 94.44 - 35.96 = 58.48\text{kJ/kg}$

(3) $q_{RH} = h_3 - h_2 = 40.07 - 35.96 = 4.11\text{kJ/kg}$

7.8 공기조화 시스템에 대한 공기선도상의 변화

실제 공기조화 시스템에서의 공기선도상의 변화를 대표적인 정풍량(定風量) 단일덕트 방식의 경우를 예로서 설명한다.

(1) 냉방

그림 7.17에서 실내로부터의 환기(2)와 외기(1)이 혼합되어 냉각기에 들어가서 냉각·감습(3 → 4)된다. 냉각기를 나온 공기는 팬(fan)동력이나 덕트로부터의 열손실 등으로 온도가 상승하며(4 → 7) 실내에 유입된다. 실내 부하에 따라 공기는 상태변화(7→2)하여 공조기로 환원된다.

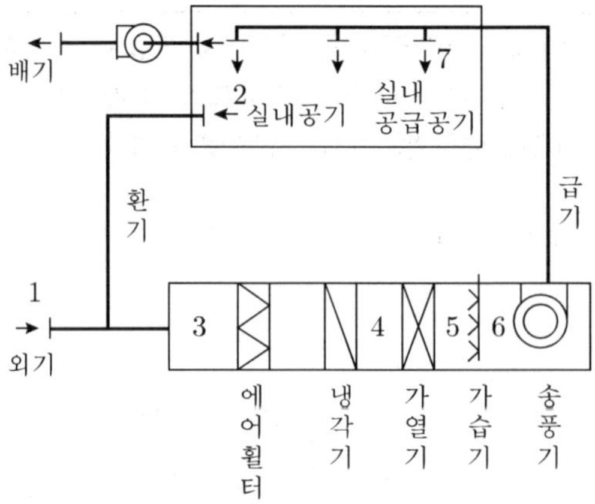

그림 7.17 덕트방식의 냉방

(2) 난방

실내로부터의 환기(2)와 외기(1)이 혼합(3)되어 가열기에 들어가서 가열(4 → 5, 5′)된다. 가열기의 출구 점, 즉 가습기 입구 점은 가습기의 종류(증기, 물)에 따라 다르다.

가습(5, 5′ → 7)된 공기는 실내로 유입되어 실내부하에 따라 상태변화(7 → 2)하여 공조기로 환원된다.

위의 냉방과 난방에 대한 변화를 공기선도에 표시하면 각각 그림 7.18과 그림 7.19와 같다.

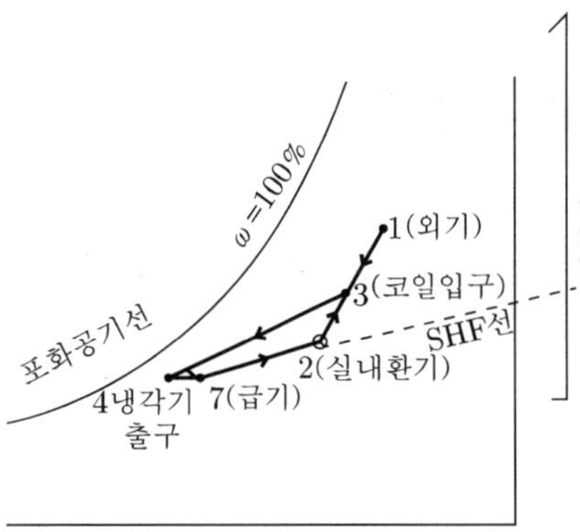

그림 7.18 냉방(단일덕트 방식)

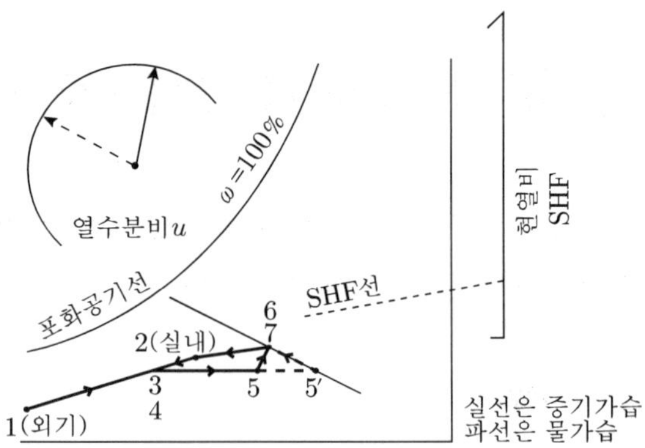

그림 7.19 난방 (단일덕트 방식)

Chapter 07 연 습 문 제

습도 및 습공기 상태량

문7.1 $80m^3$의 습공기가 0.1MPa, 30℃, 상대습도 65%의 상태에 있다. (1) 절대습도 x, (2) 노점온도 t_d, (3) 공기질량 m_a. (4) 수증기 질량 m_w을 각각 구하라.

답 (1) 0.0.1765kg/kgDA, (2) 22.7℃, (3) 89.35kg, (4) 1.577kg

문7.2 (문 7.1)의 습공기를 정압과정에 의해 8℃까지 냉각시킬 때 응축되는 수증기량을 구하라.

답 0.974kg

문7.3 표준대기압하에서 건구온도 34°C, 습구온도 24°C일 때, (1) 상대습도, (2) 절대습도, (3) 노점온도, (4) 비체적을 구하라.

답 (1) 43.56%, (2) 0.01457kg/kgDA, (3) 19.5°C, (4) $0.8907m^3$/kgDA

문7.4 기온 28°C의 밀폐된 실내에 수조로부터 실내의 공기가 포화할 때까지 증발시킬 때 물의 증발량과 최종압력을 구하라. 실내의 체적은 $150m^3$이며, 최초 공기의 상대습도는 70%, 압력은 101.325kPa, 28°C의 수증기의 포화증기압은 3.7823kPa이며, 건공기 및 수증기의 가스 상수는 각각 0.287, 0.4616kJ/kgK이다.

답 1.2243kg, 102.46kPa

습공기의 혼합

문7.5 온도 30°C, 상대습도 60%의 습공기 100kg과 온도 10°C, 상대습도 100%인 포화습공기를 혼합하여 온도 20°C의 습공기로 만들려고 한다. (1)온도 10°C의 습공기량, (2)온도 20°C의 습공기의 절대습도, 상대습도, 비체적을 구하라.

답 (1) 100kg, (2) 0.0118kg/kgDA, 80.7%, $0.8464m^3$/kgDA

문7.6 온도 12°C, 상대습도 100%인 포화습공기 $200m^3$와 온도 30°C, 상대습도 60%인 습공기 $400m^3$를 혼합하여 온도조절을 하려 한다. 혼합 후 공기의 상태, 즉 절대습도, 엔탈피, 온도, 상대습도, 비체적을 구하라.

답 0.01346kg/kgDA, 58.1kJ/kgDA, 24°C, 71.9%, $0.8602m^3$/kgDA

단순가열, 냉각

문7.7 표준대기압, 온도 20°C인 포화습공기가 있다. 이 공기를 일정압력하에서 가열하여 상대습도를 80%로 하기 위해서는 몇 도까지 가열해야 하는가? 또 가열에 필요한 열량은 얼마인가?

답 23.65°C, 3.76kJ/kgDA

문7.8 실내를 난방하기 위해 온도 10°C, 습구온도 6°C인 외기를 매시 1000m^{3}의 비율로 20°C까지 가열한다. 가열열량과 가열후의 상대습도를 구하라.

답 3.481kJ/s, 28.4%

가습 가열

문7.9 온도 0°C에서 포화상태에 있는 외기를 실내로 유입하여 온도 25°C, 상대습도 60%로 공기조화하기 위해 필요한 가열량과 물의 분사량은 얼마인가? 건공기 1kg당의 값으로 구하라.

답 46kJ/kg, 8.13g/kgDA

문7.10 온도 30°C, 상대습도 30%의 공기에, 온수 또는 수증기를 분사하여 습도를 조절하려 한다. 건공기 1kg당 (1) 80°C의 온수를 5g분사하는 경우, (2) 100°C의 포화증기를 5g분사하는 경우에 대해서, 조절후의 공기의 온도와 상대습도를 습공기선도로부터 구하라.

답 (1) 19.2°C, 92.62%, (2) 30.6°C, 47.55%

제습·냉각

문7.11 온도 30°C, 비교습도 70%의 공기 1000m^{3}를 냉각하여 10°C의 포화습공기로 하기 위해 방출하는 열량과 탈수량을 구하라.

답 55990.7kJ, 12.9kg

문7.12 그림(문 7.12)와 같이 30℃, 상대습도 60%의 습공기가 제습장치로 250m^3/min의 유량비율로 유입하여 냉각코일을 통과하면서 수증기가 응축된다. 제습장치에서 응축하는 물의 포화온도와 제습장치를 떠나는 습공기의 온도가 포화온도 10℃이다. 이 과정의 압력은 1.013bar일 때 (1) 건공기의 질량유량 $\dot{m}_a$[kg/min], (2) 건공기량에 대한 응축수량 $\dot{m}_w/\dot{m}_a$[kg/kgDA], (3) 요구되는 냉동능력 $\dot{Q}_{CV}$[kJ/min]을 구하라.

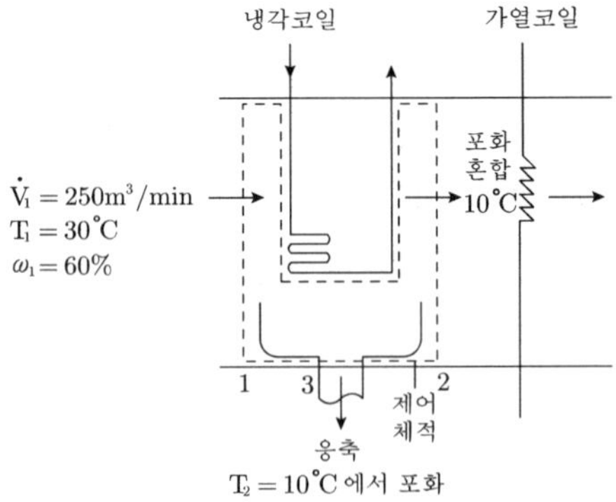

그림 (문 7.12)

답 (1) 283.77kg/min, (2) 0.0084kg/kgDA, (3) −11790.6kJ/min

Chapter 08

연 소

8.1 연 료

열기관의 고열원 또는 가열장치에서 필요한 열에너지의 대부분은 **연료**(fuel)의 연소(combustion)에 의해 공급되고 있다. 일반적으로 사용되고 있는 연료는 석탄 등의 고체연료, 석유 등의 액체연료, 천연가스 등의 기체연료로 대별된다. 이 연료는 산소와 급속한 산화반응을 일으켜 열에너지를 발생시킨다.

고체연료(solid fuel)는 석탄(coel)이 주를 이루며, 그 밖에 코크스(coke), 목재(wood)등이 있다. 석탄의 주성분은 탄소 C이며, 그 외 여러 가지 성분을 함유하고 있지만 생성되는 장소에 따라 조성(組成)이 다르다.

액체연료(liquid fuel)는 원유(crude oil)를 증류(蒸溜)에 의해 정제(精製)되어 얻어지는 휘발유(gasoline), 등유(icerosene), 경유(gas oil, diesel oil), 중유(heavy oil)가 주를 이루며 어느 것이나 탄화수소의 혼합물이다.

기체연료(gaseous oil)로서 대표적인 천연가스, 수소, 아세틸렌 등이 있다. 천연가스는 주성분이 메탄 CH_4이다. 수소 H_2는 1차 연료로서는 거의 존재하지 않으며 메탄의 개질(改質)등에 의해 생성된다. 보통 공기 중의 산소 O_2에 의해 연소반응이 일어나는데 공기의 주성분의 하나인 질소 N_2는 반응에 거의 직접적인 관련이 없다.

표 8.1에는 고체연료, 표 8.2에는 액체연료, 표 8.3에는 기체연료의 종류와 특성을 표시한다.

표 8.1 고체연료의 종류와 용도

연료의 종류	주성분	고발열량 H_h (MJ/m^3_N)	저발열량 CH_4 (MJ/m^3_N)	용도
석 탄	C, H, O. N. S	19-35	17-34	보일러, 가정용 코크스 제조
코코스	C, H, O, S	27-30	26-30	제철, 용선
목 탄	C, H, O	28-31	28-31	난방, 주방
목 제	C, H, O	12-21	12-15	난방, 주방
탄 소	C	33.91	33.91	
유 황	S	9.25	9.25	

표 8.2 액체연료의 종류와 용도

연료의 종류	주성분	고발열량 H_h (MJ/kg)	저발열량 H_l (MJ/kg)	용도
가솔린	C, H	약 48	약 47	가솔린기관
등 유	C, H	약 45	약 43	가정용
경 유	C, H	약 44	약 42	고속 Diesel 기관
중 유	C, H	약 44	약 42	저속 Diesel 기관, 보일러
메탄올	CH_3OH	22.68	19.92	
에탄올	C_2H_5OH	29.67	26.81	

표 8.3 기체연료의 종류와 용도

연료의 종류	주성분	고발열량 H_h (MJ/m^3_N)	고발열량 H_l (MJ/m^3_N)	용도
천연가스 (건성가스)	CH(98-99%):C_2H_6, CO_2	약 45	약 41	도시가스, 전력용, 엔진연료
액화석유가스	C_3H_8, C_4H_{10}, C_4H_8, C_3H_6 등	13~40	12~37	도시가스, 공업용, 엔진연료
석탄가스	H_2, C_nH_{2n+2}, CO 등	약 21	약 19	도시가스용, 보일러용
발생로가스 (고로)	CO, H_2, N_2 등	약 11	약 10	공업로용, 도시가스
수소		12.75	10.79	
일산화탄소		12.62	12.62	
프로판		99.03	91.18	

8.2 연소와 화학반응

이 장에서는 화학반응을 취급하기 위하여 mol단위를 도입한다. $1/\mathrm{mol}H_2$라 하면 수소 (H_2) 1mol당의 의미를 갖는다. 일반적으로 화학반응은 반응 전과 반응 후에 에너지의 형태가 변화하는 것을 목적으로 이용되는 경우로서 전기에너지 또는 열에너지로 변환하는 것과, 물질의 생성을 목적으로 이용되는 경우가 있다.

전기에너지로 변환하는 경우, 다음 식과 같이 수소 H_2의 화학반응이 일어난다.

$$H_2 + \frac{1}{2}O_2 \rightarrow H_2O \tag{8.1}$$

이 반응은 연료전지(燃料電池)를 이용하여 전기에너지로 변환할 수 있으며, 최대 $228.6\mathrm{kJ/mol}H_2$의 전기에너지를 얻을 수 있다.

한편 열에너지를 얻는 반응은 일반적으로 **연소**(combustion)라는 반응이다. 수소의 연소반응에 의해 발생하는 열에너지는 반응식이 식 (8.1)과 동일하지만 얻을 수 있는 전기에너지는 $241.8\mathrm{kJ/mol}H_2$로서, 연료전지의 경우보다 약간 크다. 열에너지는 우선 물질의 온도를 상승시키는데 이용되며, 더 나가서는 사이클을 이용하여 전기에너지나 일로 변환시키는 경우가 많다.

반응식은 완전히 동일함에도 불구하고 연료전지는 최대 $228.6\mathrm{kJ/mol}H_2$의 전기에너지를 발생시키고, 연소반응은 $241.8\mathrm{kJ/mol}H_2$의 열을 발생시키는 것에 주목하여 에너지를 얻는 화학반응을 다음의 두 가지로 분류할 수 있다.

(1) 전기에너지를 직접 얻는 반응

(2) 열에너지를 얻는 연소반응

후자의 연소반응은, 연료의 급속한 산화(oxidation, 酸化)반응에 의해 큰 열발생(heat generation)을 동반하는 것이 특징이며, 오늘날 필요한 에너지의 약 85%를 차지하는 중요한 화학반응이다. 그러나 그 이면에 지구온난화(global warming)와 산성비(acid rain)등의 지구환경문제로서 이들 화석연료(fossil fuel)의 연소가 주범이 되고 있다.

그런데 전기에너지 또는 열에너지를 얻기 위한 목적으로 식 (8.1)에서 수소의 화학반응은, 반응전의 H_2와 O_2가 반응 후 모두 H_2O로 변하는 것은 아니며, H_2와 O_2가 약간 남아있다. 처음에 화학반응은 물질의 생성과 에너지를 얻는 두 가지 이용법이 있다고 기술했지만, 반응이 어느 정도 진행하는가는 화학반응에서 물질의 생성에 이용하는 경우에

특히 중요하다.

반응에 의해 새로운 물질을 생성하는 것을 목적으로 하는 반응으로서, 1차 연료로서는 거의 존재하지 않는 수소 H_2를 천연가스의 주성분인 메탄 CH_4로부터 생성하는 다음의 반응을 생각할 수 있다.

$$CH_4 + H_2O \rightarrow 3H_2 + CO \tag{8.2}$$

이 반응이 어느 정도 진행할 것인가와 그 진행비율에 미치는 온도 및 압력의 영향을 검토하는 것은 화학평형(chemical equilibrium)의 분야이다. 이 반응은 반응 전보다 반응 후의 에너지가 높은 흡열반응을 보이지만 반응이 진행하는 비율은 흡열량인 206.2 $\mathrm{kJ/mol\,CH_4}$가 아니라 반응에 필요한 에너지인 142.2$\mathrm{kJ/mol\,CH_4}$와 직접 관련이 있다. 따라서 화학반응으로부터 얻는 에너지 변환과 물질생성의 진행을 파악하는데 필요한 화학평형 및 에너지를 얻는 수단으로서 연소에 대하여 이해하는 것이 필요하다.

8.3 발열량

단위질량의 연료를 완전 연소시켜 최초의 온도, 압력으로 환원시키는 동안에 계의 밖으로 방출하는 열량을 **발열량**(heating value)이라 한다. 연료에는 수소가 함유되어 있는 것이 많으며, 수소의 연소에 의해 발생하는 수증기는 응축할 때 다량의 잠열을 방출하므로 물의 응축잠열을 포함하는지 아닌지에 따라 발열량의 정의가 다르다.

연소에 의하여 발생한 수증기가 전부 물로 되는 경우에는 수증기의 응축잠열까지 포함한 열량이 계 외로 방출되는데, 이와 같이 하여 얻어지는 열량을 **고 발열량**(higher heating value, 高 發熱量)이라 하고 H_h로 표시한다.

실제의 연소장치에서는 배기가스온도를 충분히 낮추어 수증기의 응축잠열을 사용하는 경우가 거의 없으며, 그대로 수증기로서 배출된다. 이 때문에 실용상의 발열량으로서 수증기의 응축잠열이 포함되지 않는 열량으로 정의되고 있으며, 이것을 **저 발열량**(lower heating value, 低 發熱量)이라 하고 H_l로 표시한다.

저 발열량은, 연소에 의해서 발생하는 수증기량과 수증기의 응축잠열을 알면 고 발열량으로부터 계산할 수 있다. 25℃에서의 응축잠열 2443 kJ/kg을 사용하면, 수소의 질량비율을 h, 수분의 질량비율을 w라 할 때 고체 및 액체연료에서는

$$H_l = H_h - 2443(9h + w) \text{ (kJ/kg연료)} \tag{8.3}$$

기체연료에서는

$$H_l = H_h - 1963[(h_2) + \frac{1}{2}\Sigma n(c_m h_n)] \text{ (kJ/m}^3_N\text{ 연료)} \tag{8.4}$$

가 된다.

발열량의 값은 연료를 실제로 연소시켜 측정하지만 연료의 조성을 알면 계산에 의해서 근사적으로 구할 수 있다. 고체, 액체연료에서는 질량비율로 나타내는 탄소(c), 수소(h), 유황(s), 산소(o)의 발열량을 사용하여 다음 식으로부터 계산할 수 있다.

$$H_h = 33900c + 142000(h - \frac{o}{8}) + 9200s \text{ (kJ/kg 연료)} \tag{8.5}$$

기체연료의 경우는 연료에 함유되어 있는 각 기체의 체적비율을 알면 표 8.4의 값을 곱하여 합산하면 된다.

표 8.4 기체연료의 발열량

연료	분자량 M	물체적 (1atm 0°C) m^3_N/kmol	고발열량 H_h			저발열량 H_l			
			MJ/kmol	MJ/kg	MJ/m^3_N	MJ/kmol	MJ/kg	MJ/m^3_N	$\frac{H_h}{H_l}$
수소(H_2)	2.0156	22.43	286	142.0	12.77	241	119.6	10.76	0.84
일산화탄소(CO)	28	22.40	283	10.13	12.64	283	10.13	12.64	1
암모니아(NH_3)	17.031	22.08	381	22.4	17.25	313	18.42	14.19	0.82
유화수소(H_2S)	34.08	22.14	569	16.70	25.7	524	15.41	23.7	0.92
메탄(CH_4)	16.03	22.36	891	55.6	39.9	801	49.9	35.8	0.90
아세틸렌(C_2H_2)	26.02	22.22	1310	50.4	59.0	1265	48.7	56.9	0.96
에틸렌(C_2H_4)	28.03	22.24	1424	50.8	64.0	1333	47.6	60.0	0.94
에탄(C_2H_6)	30.05	22.16	1561	52.0	70.4	1426	47.4	64.4	0.91
프로필렌(C_3H_6)	42.05	21.96	2070	49.3	94.4	1937	46.1	88.2	0.93
프로판(C_3H_8)	44.06	21.82	2220	50.4	101.8	2040	46.3	93.6	0.92
부틸렌(C_4H_8)	56.06	22.4	2730	48.7	121.9	2550	45.5	113.8	0.93
부탄(C_4H_{10})	58.08	21.49	2880	49.6	134.0	2650	45.7	123.6	0.92
이소부탄(C_4H_{10})	58.08	21.77	2870	49.5	132.0	2650	45.6	121.6	0.92
벤졸(C_6H_6)	78.05	22.4	3310	42.4	147.8	3180	40.7	141.8	0.96

예제 8.1 질량비율 $C=0.72$, $H_2=0.044$, $S=0.016$, $O_2=0.036$, $N_2=0.014$, 수분 0.09, 회분 0.09인 석탄의 고 발열량과 저 발열량을 구하라.

해 식 (8.5)로부터

$$H_h=339000+142000(h-\frac{o}{8})+9200s$$

$$=33900\times0.72+142000(0.044-\frac{0.036}{8})+9200\times0.016$$

$$=30164.2\text{kJ/kg 연료}=30.164\text{MJ/kg 연료}$$

식 (8.3)으로부터

$$H_l=H_h-2443(9h+w)=30164.2-2443\times(9\times0.044+0.09)$$

$$=28976.9\text{kJ/kg 연료}=28.977\text{MJ/kg 연료}$$

예제 8.2 메탄(CH_4)과 수소(H_2)의 혼합가스에서 28MJ의 저 발열량을 얻으려면 체적비를 얼마로 해야 되는가? 또 이때 고 발열량을 구하라.

해 표 8.4로부터 $H_l(CH_4)=35.8\text{MJ/m}_N^3$, $H_l(H_2)=10.76\text{MJ/m}_N^3$

체적비율을 CH_4 : x, H_2 : $(1-x)$로 하면 혼합가스 1m_N^3당 발열량은

$$35.8x+10.76(1-x)=28 \qquad \therefore x=0.6885$$

∴ 체적비는

$$V_{CH_4}:V_{H_2}=0.6885:0.3115=1:0.4524$$

또 $H_h(CH_4)=39.9\text{MJ/m}_N^3$, $H_h(H_2)=12.77\text{MJ/m}_N^3$이므로

고 발열량은

$$39.9x+12.77(1-x)=39.9\times0.6885+12.77\times(1-0.6885)=31.45\text{MJ/m}_N^3$$

8.4 완전연소가스의 조성

화학반응에서 연소전후의 각 원자 수는 변화하지 않는다. 따라서 C_mH_n으로 표시되는 탄화수소가 과부족이 아닌 충분한 산소로 완전연소 할 때의 반응은

$$C_mH_n+(m+\frac{n}{4})O_2=mCO_2+(\frac{n}{2})H_2O \tag{8.6}$$

로 되어 **양론(量論)**관계가 확실하다. 따라서 이 연료 1kg의 완전연소에 필요한 O_2의 질량은 $(32m+8n)/(12m+n)$kg이며, 이 값을 **이론(양론)산소량**이라 한다.

다음에는 고체 및 액체연료와 기체연료에 대한 이론산소량과 이론 공기량에 대하여 기술한다.

8.4.1 고체 및 액체연료의 이론 산소량 및 이론공기량

연료에는 연소에 관여하는 탄소 C, 수소 H_2, 유황 S, 질소 N_2, 산소 O_2의 5원소와, 연소에 관여하지 않고 남게 되는 회분과 수분이 함유되어 있다. 연료가 완전 연소할 때 5원소에 대한 **연소반응식**은 다음과 같다.

탄소 :	C	+	O_2	=	CO_2	(8.7)
	12		32		44 (kg)	
			22.4		22.4 (m_N^3)	
수소 :	H_2	+	$\frac{1}{2}O_2$	=	H_2O	(8.8)
	2		16		18 (kg)	
			11.2		22.4 (m_N^3)	
유황 :	S	+	O_2	=	SO_2	(8.9)
	32		32		64 (kg)	
			22.4		22.4 (m_N^3)	
질소 :	N_2			=	N_2	(8.10)
	28				28 (kg)	
					22.4 (m_N^3)	
산소 :	O_2			=	O_2	(8.11)
	32				32 (kg)	
					22.4 (m_N^3)	

여기서 첨자 N은 표준상태, 즉 101.3kPa, 25℃의 상태를 의미한다.

연료에 함유되어 있는 5원소의 질량비율을 탄소는 c, 수소 h, 유황 s, 질소 n, 산소는 o라 하고 수분은 w, 회분은 a라 할 때 연료 1kg을 연소시키기 위하여 필요한 최소한의 산소량, 즉 **이론산소량**(theoretical amount of oxygen)은 질량과 체적 량으로 각각 다음 식으로부터 산출할 수 있다.

$$m_{O_2}=\frac{8}{3}c+8h+s-o \quad \text{kg/kg 연료} \tag{8.12}$$

$$\begin{aligned} V_{O_2} &= \frac{22.4}{12}c+\frac{11.2}{2}h+\frac{22.4}{32}s-\frac{22.4}{32}o \\ &= 1.867c+5.6h+0.7(s-o) \\ &= 1.867c+5.6\left(h-\frac{o}{8}\right)+0.7s \quad (\text{m}_\text{N}^3/\text{kg 연료}) \end{aligned} \tag{8.13}$$

실제 연소에는 공기 중의 산소가 이용되므로 연소에 필요한 공기량으로 계산한다. 건공기 중에 함유되어 있는 산소의 비율은 표 8.5와 같으며, 이것을 이용하여 다음과 같이 1kg의 연료를 연소시키는데 필요한 **이론공기량**(theoretical amount of air)을 질량과 체적으로 각각 다음과 같이 계산할 수 있다.

$$m_{ath}=\frac{m_{O_2}}{0.231}=11.54c+34.63h+4.33(s-o) \quad (\text{kg/kg 연료}) \tag{8.14.1}$$

$$V_{ath}=\frac{V_{O_2}}{0.21}=8.89c+26.7\left(h-\frac{o}{8}\right)+3.33s \quad (\text{m}_\text{N}^3/\text{kg 연료}) \tag{8.14.2}$$

표 8.5 건공기의 성분 (분자량 28.964)

	질소	산소	아르곤	이산화탄소
체적조성	0.7809	0.2095	0.0093	0.0003
질량조성	0.7553	0.2314	0.0128	0.0005

이론공기량은 연료를 연소시키기 위해 필요한 최소한의 공기량이지만, 연료와 더불어 공기 중의 산소를 전부 소비하는 것은 불가능하며 좀 더 많은 량의 공기를 공급하지 않으면 완전연소가 어렵다.

연소과정 중 연료에 대한 공기의 질량비를 **공연비**(air-fuel ratio. 空燃比)라고 하며 다음 식으로 표시한다.

$$A/F=\frac{m_{air}}{m_{fuel}} \tag{8.15.1}$$

또 공연비의 역수로서, 공기에 대한 연료의 질량비를 **연공비**(fuel-air ratio, 燃空比)라고 하며 다음 식으로 표시한다.

$$F/A = \frac{m_{fuel}}{m_{air}} \tag{8.15.2}$$

또한 이론 연공비에 대한 실제 연공비의 비를 **당량비**(equivalence ratio 當量比) ϕ라 하며 다음 식으로 표시된다. $\phi < 1$이면 불완전연소를 나타낸다.

$$\phi = \frac{(F/A)_a}{(F/A)_{th}} \tag{8.16}$$

실제로 공급하고 있는 공기량(V_a)이 이론공기량(V_{th})보다 어느 정도 많은가를 표시하는 데는 **공기비**(air ratio) 또는 **공기 과잉률**(excess air factor) λ를 사용하며, 실제의 공급 공기량을 V_a라 하면

$$\lambda = \frac{V_a}{V_{ath}} \tag{8.17.1}$$

이 된다. 또는 이론 공연비에 대한 실제 공연비의 비율을 공기비라 하며, 이것을 이용하기도 한다.

$$\lambda = \frac{(A/F)_a}{(A/F)_{th}} \tag{8.17.2}$$

연소에 의해서 발생하는 **연소 가스량** m_g(질량) 또는 V_g(체적 량) 는, 가연원소의 연소에 의하여 생성된 가스와 공기 중의 질소 및 과잉공기량을 합산한 것으로 다음과 같이 각각 연료 1kg당 질량 또는 체적 량으로 표시된다.

$$m_g = \lambda m_{ath} + 1 - a \quad (\text{kg/kg 연료}) \tag{8.18.1}$$

$$V_g = 0.79\lambda V_{ath} + 0.21(\lambda - 1)V_{ath} + \frac{22.4}{12}c + \frac{22.4}{2}h + \frac{22.4}{32}s + \frac{22.4}{28}n$$
$$= (\lambda - 0.21)V_{ath} + 1.867c + 11.2h + 0.7s + 0.8n \quad (\text{m}^3_\text{N}/\text{kg 연료}) \tag{8.18.2}$$

여기서 계산된 연소 가스량은 건공기로 연소시킨 경우이며 실제로는 습공기를 사용하므로 공기 중의 수분 량을 더할 필요가 있다. 식 (8.18.1)의 우변 제 1항은 공급한 공기량, 제2항은 연료, 제 3항은 회분을 표시한다. 또한 식 (8.18.2)의 첫식 우변의 제1항은 N_2(공기),

제2항은 O_2, 제3항은 CO_2, 제4항은 H_2O, 제5항은 SO_2, 제6항은 N_2(연료)의 연소체적을 표시한다.

연소가스 중에는 수소의 연소에 의해서 발생한 수분과 공기 중의 수분이 포함 되어 있지만, 연소가스의 조성을 분석할 때는 이들의 수분을 제외시키는 경우가 많다. 연소가스로부터 수분을 제외시킨 것을 **건연소가스**(乾燃燒가스) V_g'라 하며, 다음 식으로 표시한다.

$$V_g' = (\lambda - 0.21)V_{ath} + 1.867c + 0.7s + 0.8n \quad (\mathrm{m_N^3/kg}\text{ 연료}) \tag{8.19}$$

수분을 포함한 연소가스는 식 (8.18.2)로 표시하였으며, **습연소가스**(濕燃燒가스) V_g라 한다.

8.4.2 기체 연료의 이론산소량 및 이론공기량

기체연료는 일산화탄소 CO, 수소 H_2, 각종 탄화수소 C_mH_n의 혼합물인데, 이들의 연소 반응식은 다음과 같다.

$$CO + \frac{1}{2}O_2 = CO_2 \tag{8.20}$$

$$H_2 + \frac{1}{2}O_2 = H_2O \tag{8.21}$$

$$C_mH_n + (m + \frac{n}{4})O_2 = mCO_2 + \frac{n}{2}H_2O \tag{8.22}$$

기체연료의 조성은 일반적으로 체적비율로 표시되는데, CO, H_2, CO_2, O_2, N_2의 체적비율을 각각 (co), (h_2), (co_2), (o_2), (n_2)로 표기하고 각종 탄화수소의 비율을 (c_mh_n)으로 표기하면, 표준상태 단위체적(m_N^3)당의 체적비율로서 **이론공기량** V_{ath}, 연소가스량(**습연소가스량**) V_g 및 **건연소가스량** V_g'는 각각 다음 식으로 표시할 수 있다.

$$V_{ath} = \frac{1}{0.21}\left[\frac{1}{2}(co) + \frac{1}{2}(h_2) + \Sigma(m + \frac{n}{4})(c_mh_n) - (o_2)\right] \quad (\mathrm{m_N^3/m_N^3}\text{ 연료}) \tag{8.23}$$

$$\begin{aligned} V_g = &\underbrace{(co) + \Sigma m(c_mh_n) + (co_2)}_{(CO_2)} + \underbrace{(h_2) + \Sigma\frac{n}{2}(c_mh_n)}_{(H_2O)} \\ &+ \underbrace{0.21(\lambda - 1)V_{ath}}_{(O_2)} + \underbrace{(n_2) + 0.79\lambda V_{ath}}_{(N_2)} \end{aligned}$$

$$= 1 + \lambda V_{ath} - \frac{1}{2}(co) - \frac{1}{2}(h_2) + \Sigma(\frac{n}{4} - 1)(c_m h_n) \ \ (\mathrm{m_N^3/m_N^3}\ 연료) \tag{8.24}$$

$$V_g' = V_g - (h_2) - \Sigma\frac{n}{2}(c_m h_n) \ \ (\mathrm{m_N^3/m_N^3}\ 연료) \tag{8.25}$$

예제 8.3

옥탄(C_8H_{18}) 1kmol이 18kmol의 O_2를 포함하고 있는 공기와 연소한다(그림 예제 8.3참조). 생성물은 CO_2, H_2O, O_2, N_2만 있다고 가정하고 생성물에 포함된 각 가스의 몰수와 공기-연료비(공연비) A/F를 구하라.

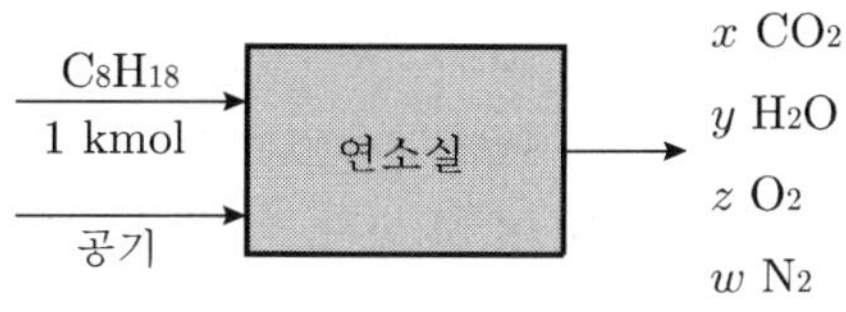

그림(예제 8.3)

해 이 연소과정에 대한 화학식은 산소 1mol에 대하여 질소는 0.79/0.21=3.76 mol의 질소를 동반하므로

$$C_8H_{18} + 18(O_2 + 3.76N_2) \rightarrow xCO_2 + yH_2O + zO_2 + wN_2$$

$\therefore$ C : $8 = x \rightarrow x = 8$

H : $18 = 2y \rightarrow y = 9$

O : $36 = 2x + y + 2z \rightarrow z = 5.5$

N_2 : $18 \times 3.76 = w \rightarrow w = 67.68$

$\therefore$이것들을 위 식에 대입하면 (공기는 몰비율 또는 체적비율로 O_2 : N_2 = 21 : 79이므로)

$$C_8H_{18} + 18(O_2 + 3.76N_2) \rightarrow 8CO_2 + 9H_2O + 5.5O_2 + 67.68N_2$$

이 식에서 공기의 몰수는 산소의 몰수 18, 질소의 몰수 18×3.76의 합이고 공기의 분자량은 28.97kg/kmol이므로 식 (8.15.1)로부터

$$A/F = \frac{m_{air}}{m_{fuel}} = \frac{m_{air}}{m_C + m_{H_2}} = \frac{18(1+3.76)\times 28.97}{8\times 12 + 9\times 2} = 21.77\mathrm{kg/kg}\ 연료$$

예제 8.4 옥탄(C_8H_{18})의 이론산소량과 이론 공기량을 각각 [kg/kg연료]와 [m_N^3/kg연료]의 단위로 구하라.

해 옥탄 1kg중 탄소질량 c 및 수소질량 h는 각각

$$c = \frac{12 \times 8}{12 \times 8 + 18} = 0.8421, \quad h = \frac{1 \times 18}{12 \times 8 + 18} = 0.1579$$

이론 산소량은 식 (8.12), (8.13)으로부터

$$m_{O_2} = \frac{8}{3}c + 8h + s - o = \frac{8}{3} \times 0.8421 + 8 \times 0.1579 = 3.5088\text{kg/kg 연료}$$

$$V_{O_2} = 1.867c + 5.6\left(h - \frac{0}{8}\right) + 0.7s$$
$$= 1.867 \times 0.8421 + 5.6(0.1579) = 2.4564\text{m}_N^3\text{/kg 연료}$$

이론공기량은 식 (8.14.1)과 식 (8.14.2)로부터

$$m_{ath} = 11.54c + 34.63h + 4.33(s - o) = 11.54 \times 0.8421 + 34.63 \times 0.1579$$
$$= 15.186\text{kg/kg 연료}$$

$$V_{ath} = 8.89c + 26.7\left(h - \frac{o}{8}\right) + 3.33s = 8.89 \times 0.8421 + 26.7 \times 0.1579$$
$$= 11.702\text{m}_N^3\text{/kg 연료}$$

예제 8.5 연료 중에 질량비율로 탄소 ; 0.8, 수소 : 0.12, 질소 : 0.04, 산소 : 0.04로 조성되어 있다. 이 연료 1kg을 공기비 1.25로 완전 연소시키는데 (1) 필요한 공기량, (2) 건연소가스량과 습연소가스량을 구하라..

해 (1) 이론 공기량은 식 (8.14.2)로부터

$$V_{ath} = 8.89c + 26.7\left(h - \frac{o}{8}\right) + 3.33s$$
$$= 8.89 \times 0.8 + 26.7\left(0.12 - \frac{0.04}{8}\right) = 10.1825\text{m}_N^3\text{/kg 연료}$$

∴실제 공기량은 식 (8.17.1)로부터

$$V_a = \lambda V_{ath} = 1.25 \times 10.1825 = 12.73\text{m}_N^3\text{/kg 연료}$$

(2) 건연소가스량은 식 (8.19)로부터

$$V_g' = (\lambda - 0.21)V_{ath} + 1.867c + 0.7s + 0.8n$$
$$= (1.25 - 0.21) \times 10.1825 + 1.867 \times 0.8 + 0.8 \times 0.04 = 12.115\text{m}_N^3\text{/kg 연료}$$

습연소가스량은 식 (8.18.2)로부터

$$V_g = (\lambda - 0.21)V_{ath} + 1.867c + 11.2h + 0.7s + 0.8n$$
$$= (1.25 - 0.21) \times 10.1825 + 1.867 \times 0.8 + 11.2 \times 0.12 + 0.8 \times 0.04$$
$$= 13.46\text{m}_N^3\text{/kg 연료}$$

8.4.3 연소가스의 조성

연소가스 성분의 체적비율은 건 연소가스 중의 임의가스의 체적비율(몰분율)로 표시한다. 예로서 단위질량의 연료가 발생하는 CO_2량 V_{CO_2}는 $1.867c$ (m_N^3/kg 연료)이므로 CO_2의 체적비율은 다음과 같으며

$$\frac{V_{CO_2}}{V_g'} = \frac{1.867c}{V_g'} \equiv (CO_2) \quad (m_N^3/m_N^3 \text{ 건연소가스}) \tag{8.26}$$

같은 방법으로 완전연소된 건 연소가스 성분의 체적비율에 대한 관계식을 표 8.6에 종합하여 표시하였다.

표 8.6 연소가스성분의 체적비율 m^3_N/m^3_N(건연소가스)

연소가스성분	액체·고체연료	기체연료
$CO_2 = \frac{V_{CO_2}}{V_g'}$	$\frac{1.867c}{V_g'}$	$\frac{co + co_2 + mc_m h_n}{V_g'}$
$(O_2) = \frac{V_{O_2}}{V_g'}$	$\frac{0.21(\lambda-1)V_{ath}}{V_g'}$	$\frac{0.21(\lambda-1)V_{ath}}{V_g'}$
$(N_2) = \frac{V_{N_2}}{V_g'}$	$\frac{0.8n + 0.79\lambda V_{ath}}{V_g'}$	$\frac{n_2 + 0.79\lambda V_{ath}}{V_g'}$
$(SO_2) = \frac{V_{SO_2}}{V_g'}$	$\frac{0.7s}{V_g'}$	–
$(CO_2) + (O_2) + (N_2) + (SO_2) = 1$		

예제 8.6 예제 8.5에서 탄소, 수소, 질소, 산소의 조성을 (1) 건연소가스의 체적비율, (2) 습연소가스의 체적비율로 각각 구하라.

해 (1) 표 8.6을 이용하여

$$(CO_2) = \frac{V_{CO_2}}{V_g'} = \frac{1.867c}{V_g'} = \frac{1.867 \times 0.8}{12.115} = 0.123 m_N^3/m_N^3 \text{ 건연소가스}$$

$$(O_2) = \frac{V_{O_2}}{V_g'} = \frac{0.21(\lambda-1)V_{ath}}{V_g'} = \frac{0.21(1.25-1) \times 10.1825}{12.115} = 0.044 m_N^3/m_N^3$$

건연소가스

$$(N_2) = \frac{0.8n + 0.79\lambda V_{ath}}{V_g'} = \frac{0.8 \times 0.04 + 0.79 \times 1.25 \times 10.1825}{12.115} = 0.8326 m_N^3/m_N^3$$

건연소가스

(2) $(CO_2) = \dfrac{V_{CO_2}}{V_g} = \dfrac{1.867c}{V_g} = \dfrac{1.867 \times 0.8}{13.46} = 0.111 m_N^3/m_N^3$ 습연소가스

$(O_2) = \dfrac{V_{O_2}}{V_g} = \dfrac{0.21(\lambda - 1)V_{ath}}{V_g} = \dfrac{0.21(1.25-1) \times 10.1825}{13.46} = 0.0397 m_N^3/m_N^3$
습연소가스

$(H_2O) = \dfrac{V_{H_2O}}{V_g} = \dfrac{11.2h}{V_g} = \dfrac{11.2 \times 0.12}{13.46} = 0.1 m_N^3/m_N^3$ 습연소가스

$(N_2) = \dfrac{0.8n + 0.79\lambda V_{ath}}{V_g} = \dfrac{0.8 \times 0.04 + 0.79 \times 1.25 \times 10.1825}{13.46} = 0.7494 m_N^3/m_N^3$
습연소가스

예제 8.7 메탄(CH_4)을 공기로 연소시킬 때 생성물을 건연소가스 기준으로 분석한 결과가 몰비율로서 다음과 같다.

CO_2 : 10%, O_2 : 2.37%, CO : 0.53%, N_2 : 87.1%

공연비와 이론 공기량을 계산하고 연소방정식을 구하라.

해 생성물을 100kmol의 건조생성물에 대한 방정식으로 표현하면

$$aCH_4 + b(O_2 + 3.76N_2) \rightarrow 10CO_2 + 0.53CO + 2.37O_2 + cH_2O + 87.1N_2$$

탄소 : a=10+0.53=10.53

질소 : 3.76b=87.1 ∴b=23.16

수소 : 4a=2c ∴c=2a=2×10.53=21.06

∴위 식은

$$10.53CH_4 + 23.16(O_2 + 3.76N_2)$$
$$\rightarrow 10CO_2 + 0.53CO + 2.37O_2 + 21.06H_2O + 87.1N_2$$

∴양변을 10.53으로 나누면 1kmol의 연료에 대한 연소방정식이 다음과 같이 얻어진다.

$$CH_4 + 2.2O_2 + 8.27N_2 \rightarrow 0.95CO_2 + 0.05CO + 0.225O_2 + 2H_2O + 8.27N_2$$

∴몰기준 공기연료비는 $2.2 + 8.27 = 10.47$kmol 공기/kmol 연료

질량기준으로 하면(분자량 도입) $A/F = \dfrac{10.47 \times 28.97}{16} = 18.97$kg 공기/kg 연료

이론 공연비는 이론 공기량으로 연소시키는 경우의 연소방정식으로부터 다음과 같이 구한다.

$$CH_4 + 2O_2 + 2(3.76)N_2 \rightarrow CO_2 + 2H_2O + 7.52N_2$$

$$\therefore (A/F)_{th} = \frac{(2+7.52) \times 28.97}{16} = 17.23\text{kg 공기/kg 연료}$$

8.5 반응엔탈피와 표준생성 엔탈피

화학반응에서 화학반응이 일어나기 전의 물질을 **반응물**(reactant, 反應物), 반응 후에 생기는 물질을 **생성물**(product, 生成物)이라 한다. 화학반응에 의해 반응물로부터 생성물이 생기면 화학조성이 변화하고 그 과정에서 발열 또는 흡열을 수반한다.

생성물과 반응물 사이의 엔탈피차를 **반응열**(heat of reation) 또는 **반응 엔탈피**라 하며, $\triangle_r H$(J/mol연료)로 표시한다. 반응열은 온도와 압력이 일정할 때 반응물로부터 생성물로 화학조성만 변화했을 때의 엔탈피차를 의미하며, 흡열반응에서는 $\triangle_r H$가 정(正)의 값, 발열반응에서는 부(負)의 값을 갖는다.

반응열을 구할 때, 반응물이 메탄 CH_4와 산소 O_2의 두 종류의 물질이라 해도 생성물이 CO_2, H_2O, CO, C등의 많은 물질로 이루어지는 경우가 많다. 이 경우에 대하여 생성물(CO_2, H_2O, CO, C)의 조성은 반응의 조건에 따라 여러 가지 비율을 갖게 되므로 그들 모두에 대하여 반응물과 생성물 사이의 엔탈피차를 미리 알아둘 필요가 있다. 즉 생성물의 조성을 변화시킨 경우에 대하여 엔탈피차를 알아둘 필요가 있다.

이와 같이 기준으로 되는 물질을 정해 놓고, 이 물질로부터 상대적인 엔탈피의 차를 구할 수 있게 정의한 것이 **생성엔탈피**(enthalpy of formation, 生成엔탈피) 또는 **생성열**이

표 8.7.1 표준생성엔탈피

온도(K)	CH_4	CO	CO_2	C_2H_2	H	H_2
298.15	-74.873	-110.527	-393.522	226.731	217.999	0
500	-80.802	-110.003	-393.666	226.227	219.254	0
1000	-89.849	-111.983	-394.623	223.669	222.248	0
1500	-92.553	-115.229	-395.668	221.507	224.836	0
2000	-92.709	-118.896	-396.784	219.933	226.898	0
2500	-92.174	-122.994	-398.222	218.528	228.518	0
3000	-91.705	-127.457	-400.111	217.032	229.790	0
온도(K)	$H_2O(g)$	NO	N_2	OH	O_2	C
298.15	-241.826	90.291	0	38.987	0	0
500	-243.826	90.352	0	38.995	0	0
1000	-247.857	90.437	0	38.230	0	0
1500	-250.265	90.518	0	37.381	0	0
2000	-251.575	90.494	0	36.685	0	0
2500	-252.379	90.295	0	35.992	0	0
3000	-253.024	89.899	0	35.194	0	0

* 출처: 熱力学, 日本機械学會, 2002

표 8.7.2 여러가지 물질의 열 물성치(1 atm, 298K)

물질	화학기호	분자량 M (kg/kmol)	표준생성엔탈피 $\Delta_f H^\circ$ (kJ/kmol)	표준생성 Gibbs 자유에너지 $\Delta_f G^\circ$ (kJ/kmol)	절대 엔트로피 S_0 (kJ/kmol·K)	발열량	
						고발열량 (kJ/kg)	저발열량 (kJ/kg)
Carbon	C(s)	12.01	0	0	5.74	32,770	32,770
Hydrogen	H_2(g)	2.016	0	0	130.57	141,790	119,950
Nitrogen	N_2(g)	28.01	0	0	191.50	-	-
Oxygen	O_2(g)	32.00	0	0	205.03	-	-
Carbon monoxide	CO(g)	28.01	-110,530	-137,150	197.54	-	-
Carbon dioxide	CO_2(g)	44.01	-393,520	-394,380	213.69	-	-
Water Vapar	H_2O(g)	18.02	-241,820	-228,590	188.72	-	-
Water	H_2O(l)	18.02	-285,830	-237,180	69.95	-	-
Hydrogen peroxide	H_2O_2(g)	34.02	-136,310	-105,600	232.63	-	-
Ammonia	NH_3(g)	17.03	-46,190	-16,590	192.33	-	-
Oxygen	O(g)	16.00	249,170	231,770	160.95	-	-
Hydrogen	H(g)	1.008	218,000	203,290	114.61	-	-
Nitrogen	N(g)	14.01	472,680	455,510	153.19	-	-
Hydroxyl	OH(g)	17.01	39,460	34,280	183.75	-	-
Methane	CH_4(g)	16.04	-74,850	-50,790	186.16	55,510	50,020
Acetylene	C_2H_2(g)	26.04	226,730	209,170	200.85	49,910	48,220
Ethylene	C_2H_2(g)	28.05	52,280	68,120	219.83	50,300	47,160
Ethane	C_2H_6(g)	30.07	-84,680	-32,890	229.49	51,870	47,480
Propylene	C_3H_6(g)	42.08	20,410	62,720	266.94	48,920	45,780
Propane	C_3H_8(g)	44.09	-103,850	-23,490	269.91	50,350	46,360
Butane	C_4H_{10}(g)	58.12	-126,150	-15,710	310.03	49,500	45,720
Pentane	C_5H_{12}(g)	72.15	-146,440	-8,200	348.40	49,010	45,350
Octane	C_8H_{18}(g)	114.22	-208,450	17,320	463.67	48,260	44,790
Octane	C_6H_{18}(l)	114.22	-249,910	6,610	360.79	47,900	44,430
Benzene	C_6H_6(g)	78.11	82,930	129,660	269.20	42,270	40,580
Methyl alcohol	CH_3OH(g)	32.04	-200,890	-162,140	239.70	23,850	21,110
Methyl alcohol	CH_3OH(l)	32.04	-238,810	-166,290	126.80	22,670	19,920
Ethyl alcohol	C_2H_5OH(g)	46.07	-235,310	-168,570	282.59	30,590	27,720
Ethyl alcohol	C_2H_5OH(l)	46.07	-277,690	174,890	160.70	29,670	26,800

* *source*: Based on JANAF Thermochemical Tables, NSRDS-NBS-37, 1971; *Selected Values of Chemical Thermodynamic Properties,* NBS Tech. Note 270-3, 1968; and *API Research Project 44*, Carnegie Press, 1953, Heating values calculated.

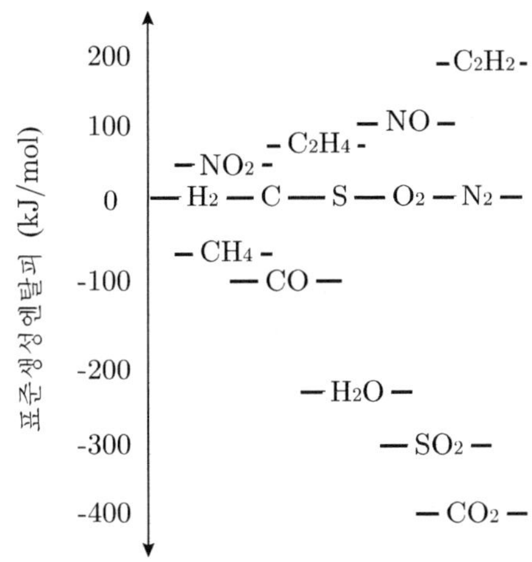

그림 8.1 298.15K 의 표준생성 엔탈피

라 하며 $\triangle_f H$라고 표시한다. 이 생성엔탈피를 이용하면 어떤 반응식에서도 반응열을 간단히 구할 수 있다.

기준이 되는 물질로서 단일원소를 25℃, 101.3kPa(1기압)에서 안정되는 물질을 이용하여, 이것을 **표준물질**(reference substance)이라 하며 표준물질로서는 H_2, N_2, O_2, C(그라파이트), S(유황) 등이 있다. 여기서 표준상태의 압력 101.3kPa에서 표준물질로부터 어떤 물질을 생성할 때의 엔탈피를 **표준생성엔탈피**(standard enthalpy of formation)라 하며 $\triangle_f H^0$라고 표기한다. 상 첨자 "0"는 표준상태인 압력 101.3kPa(1기압)의 상태를 뜻한다. 표준물질 H_2, N_2, O_2, C, S는 표준물질로부터 표준물질을 생성하므로 $\triangle_f H^0$는 0이다. 대표적인 표준생성엔탈피를 표 8.7.1(H_2O 액체의 경우는 285.83kJ/mol임)에 ,표 8.7.2에는 표준생성엔탈피 및 **표준생성** Gibbs function과 엔트로피를 나타내었으며, 또 그 대소 관계를 그림 8.1에 표시한다.

그림 8.2에서 설명하듯이 기준이 되는 물질을 정해 놓으면 생성물과 반응물간의 엔탈피차인 반응열 $\triangle_r H$를 구할 때 그 기준 물질로부터 생성물을 생성하는 엔탈피 $\triangle_f H_{prod}$와 그 기준 물질로부터 반응물을 생성하는 엔탈피 $\triangle_f H_{react}$의 차로서 구할 수 있다.

$$\triangle_r H = \triangle_f H_{prod} - \triangle_f H_{react} \tag{8.27}$$

다음에 나타내는 수소 1mol과 산소 $\frac{1}{2}$mol과의 반응에서 298.15K(25℃)에서의 반응열 $\triangle_r H^0$ 를 구해 보자.

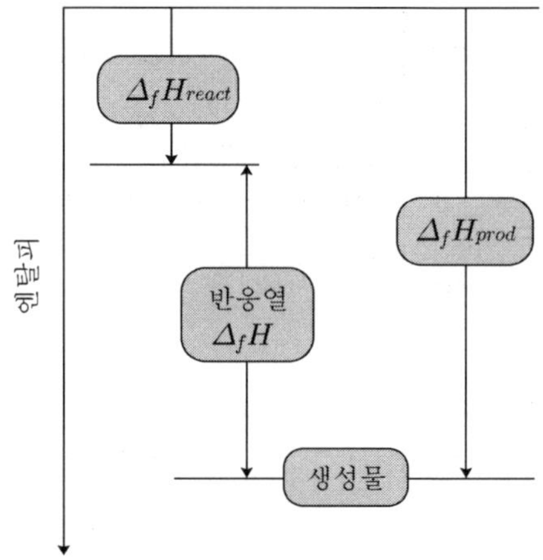

그림 8.2 반응물, 생성물의 표준생성엔탈피와 반응열의 관계

다음에 나타내는 수소 1mol과 산소 $\frac{1}{2}$mol과의 반응에서 298.15K(25℃)에서의 반응열 $\Delta_r \mathrm{H}^0$를 구해 보자.

$$H_2 + \frac{1}{2}O_2 \rightarrow H_2O \tag{8.28}$$

좌변과 우변에 있는 3개의 물질을 표준물질로부터 생성하는 반응을 생각할 수 있다. 좌변의 H_2는 표준물질로부터 표준물질을 생성하는 반응이며 $\Delta_f H^0_{H_2}$ 는 0이고, 좌변의 O_2도 마찬가지로 $\Delta_f H^0_{O_2}=0$이다. 우변의 $H_2O(g)$는 표준물질인 H_2O와 $\frac{1}{2}O_2$로 생성되어 $\Delta_f H^0_{H_2O} = -241.826$ kJ/mol이다.

$$H_2 \rightarrow H_2 \ : \ \Delta_f H^0_{H_2} = 0 \ \ \mathrm{kJ/mol} \tag{8.29}$$

$$O_2 \rightarrow O_2 \ : \ \Delta_f H^0_{O_2} = 0 \ \ \mathrm{kJ/mol} \tag{8.30}$$

$$H_2 + \frac{1}{2}O_2 \rightarrow H_2O \ \ : \ \Delta_f H^0_{H_2O} = -241.826 \ \ \mathrm{kJ/mol} \tag{8.31}$$

이와 같이 표 8.7.1 및 표 8.7.2로부터 반응물(H_2, O_2)도 생성물(H_2O)도 기준으로 되는 표준물질로부터의 표준생성엔탈피 $\Delta_f H^0_{H_2}$, $\Delta_f H^0_{O_2}$, $\Delta_f H^0_{H_2O}$ 를 구할 수 있으므로 물질 i의 **理論(量論)係數** n_i, 온도 $T_o(=298.15\mathrm{K},\ 25℃)$에서의 반응열 $\Delta_r H^0(T_o)$는, 반응식에서 우변의 생성물 i의 표준생성엔탈피는 다음과 같다.

$$\sum_{prod} n_i \Delta_f H_i^0 = \Delta_f H^0_{H_2O} \tag{8.32}$$

좌변의 반응물에 i에 대한 표준생성 엔탈피의 합은 다음 식으로 표시할 때

$$\sum_{react} n_i \Delta_f H_i^0 = \Delta_f H_{H_2}^0 + \frac{1}{2}\Delta_f H_{O_2}^0 \tag{8.33}$$

표준상태의 온도에서 반응열은 다음과 같이 그 온도에서 반응한 생성물과 반응물의 표준생성엔탈피의 차로서 구할 수 있다.

$$\Delta_r H^0(T_o) = \sum_{prod} n_i \Delta_f H_i^0 - \sum_{react} n_i \Delta_f H_i^0 = -241.826\ \text{kJ/molH}_2 \tag{8.34}$$

또, 표준생성엔탈피를 이용하면, 예로서 다음과 같은 흡열반응에서도 반응에 수반하는 반응열을 구할 수 있다.

$$CH_4 + H_2O \rightarrow CO + 3H_2$$

이 반응식의 좌변의 물질인 CH_4는 표준물질의 C와 H_2로부터 생성되는 반응에 대하여 298.15K(25℃)에서의 표준생성엔탈피 $\Delta_f H_{CH_4}^0$는 표 8.7.1로부터 −74.873kJ/mol이 됨을 미리 구할 수 있다.

$$C + 2H_2 \rightarrow CH_4,\quad \Delta_f H_{CH_4}^0 = -74.873\ \text{kJ/mol} \tag{8.35}$$

마찬가지로 H_2O, CO, H_2에 대해서도 298.15K의 표준생성엔탈피가 다음과 같이 구해지고 있다.

$$H_2 + \frac{1}{2}O_2 \rightarrow H_2O \quad \Delta_f H_{H_2O}^0 = -241.826\ \text{kJ/mol} \tag{8.36}$$

$$C + \frac{1}{2}O_2 \rightarrow CO \quad \Delta_f H_{CO}^0 = -110.527\ \text{kJ/mol} \tag{8,37}$$

$$H_2 \rightarrow H_2 \quad \Delta_f H_{H_2}^0 = 0\ \text{kJ/mol} \tag{8.38}$$

따라서 흡열반응으로서의 반응열이 298.15K에서는 다음과 같이 구해진다.

$$\begin{aligned}\Delta_r H^0(T_o) &= (\Delta_f H_{CO}^0 + 3\Delta_f H_{H_2}^0) - (\Delta_f H_{CH_4}^0 + \Delta_f H_{H_2O}^0) \\ &= (-110.527) - (-74.873 - 241.826) = 206.172\ \text{kJ/molCH}_4\end{aligned} \tag{8.39}$$

이와 같이 어떠한 화학반응에서도 그 반응에서 나타나는 반응열과 생성물의 표준생성엔탈피를 구할 수 있으며, 생성물의 표준생성엔탈피의 합으로부터 반응물의 표준생성엔탈피의 합을 뺌으로서 반응열이 이론적으로 산출된다.

예제 8.8 다음의 연소 반응에서 공기비 λ가 1.0, 1.2, 1.4인 각 경우에 대하여 반응열 $\triangle_r H^0$를 구하라.

$$CH_4 + \lambda \times 2(O_2 + 3.76N_2) \rightarrow CO_2 + 2H_2O + (2\lambda - 2)O_2 + \lambda \times 7.52N_2$$

해 식 (8.27)에 따라

$$\triangle_r H^0 = \triangle_f H^0_{prod} - \triangle_f H^0_{react}$$

반응식을 변형하면

$$CH_4 + 2O_2 + [(2\lambda - 2)O_2 + 7.52\lambda N_2] \rightarrow CO_2 + 2H_2O + [(2\lambda - 2)O_2 + 7.52\lambda N_2]$$

$$\therefore CH_4 + 2O_2 \rightarrow CO_2 + 2H_2O$$

$$\begin{aligned}\therefore \triangle_r H^0 &= [\triangle_f H^0_{CO_2} + 2\triangle_f H^0_{H_2O}] - [\triangle_f H^0_{CH_4} + 2\triangle_f H^0_{O_2}] \\ &= [-393.522 + 2\times(-241.826)] - [-74.873 + 2\times 0) \\ &= -802.301\text{kJ/mol} \quad \text{(표 8.7.1이용)}\end{aligned}$$

반응열은 공기비에 의존하지 않는다.

예제 8.9 25℃, 1atm의 상태에서 옥탄(C_8H_{18})가스의 반응열을 구하라. 단, 반응식은 다음과 같다.(여기서 a_{th}는 양론계수이다)

$$C_8H_{18} + a_{th}(O_2 + 3.76N_2) \rightarrow 8CO_2 + 9H_2O + 3.76a_{th}N_2$$

해 $C_8H_{18} + a_{th}(O_2 + 3.76N_2) \rightarrow 8CO_2 + 9H_2O + 3.76a_{th}N_2$

여기서 O_2와 N_2는 표준물질이므로 $\triangle_f H^0 = 0$이다.

$$\therefore \quad \triangle_r H^0 = \triangle_f H^0_{prod} - \triangle_f H^0_{react} = [8\triangle_f H^0_{CO_2} + 9\triangle_f H^0_{H_2O}] - [1\triangle_f H^0_{C_8H_{18}}]$$

$$\begin{aligned}\therefore \quad \triangle_r H^0 &= [8\times(-393.522) + 9(-241.826)] - [1\times(-208.45)] \\ &= -5116.16\text{kJ/mol}\end{aligned}$$

8.6 단열화염온도

연소에 의하여 고온의 연소가스가 발생할 때 연소가스의 온도는 연소 전후의 에너지의 평형으로부터 구할 수 있다. 연료의 저 발열량을 H_l, 연료의 비엔탈피 h_f, 공기의 비엔탈피 h_a, 공기의 질량 m_a, 연소가스 중의 각 기체의 질량 및 비엔탈피를 m_i, h_i, 외부로부터의 손실열량을 Q_l이라 하면 다음식이 성립한다.

$$H_l + h_f + m_a h_a = \Sigma m_i h_i + Q_l \tag{8.40}$$

위식에서 h_i만이 미지수이며 동시에 온도의 함수이므로 표 8.8에 표시한 각종 기체의 엔탈피를 이용하며 시행오차 법에 의하여 연소가스의 온도를 구한다.

표 8.8 101.325kPa에서 각종기체의 비엔탈피[MJ/kg] (25°C 기준)

온도 [K]	N_2	O_2	H_2O	CO_2	CO	H_2	SO_2	NO	공기	공기(산소를 제외)
298	0	0	0	0	0	0	0	0	0	0
300	0.0019	0.0017	0.0035	0.0015	0.0019	0.027	0.0012	0.0018	0.0019	0.0019
400	0.1060	0.0947	0.1917	0.0911	0.1063	1.468	0.0664	0.1014	0.1028	0.1055
500	1.2112	0.1904	0.3844	0.1890	0.2118	2.920	0.1368	0.2020	0.2051	0.2100
600	0.3176	0.2892	0.5831	0.2937	0.3194	4.374	0.2115	0.3050	0.3088	0.3154
700	0.4264	0.3910	0.7878	0.4038	0.4294	5.832	0.2897	0.4105	0.4151	0.4244
800	0.5374	0.4954	0.9993	0.5188	0.5421	7.298	0.3705	0.5185	0.5234	0.5331
900	0.6509	0.6019	1.218	0.6376	0.6572	8.776	0.4533	0.6288	0.6347	0.6462
1000	0.7666	0.7101	1.443	0.7595	0.8714	10.27	0.5378	0.7413	0.7478	0.7612
1100	0.7767	0.8199	1.676	0.8844	0.8943	11.78	0.6235	0.8554	0.8637	0.8792
1200	1.004	0.9308	1.915	1.011	1.016	13.30	0.7101	0.9711	0.9797	0.9970
1300	1.125	1.043	2.161	1.140	1.138	14.84	0.7977	1.088	1.098	1.117
1400	1.248	1.156	2.413	1.271	1.262	16.41	0.8859	1.206	1.216	1.237
1500	1.372	1.270	2.671	1.403	1.388	18.00	0.9747	1.325	1.337	1.361
1600	1.497	1.385	2.935	1.537	1.514	19.62	1.064	1.445	1.459	1.486
1700	1.623	1.500	3.204	1.671	1.641	21.25	1.154	1.565	1.582	1.611
1800	1.750	1.616	3.478	1.806	1.784	22.91	1.244	1.686	1.705	1.736
1900	1.877	1.734	3.755	1.942	1.898	24.58	1.334	1.808	1.829	1.863
2000	2.005	1.851	4.037	2.079	2.027	26.27	1.425	1.929	1.952	1.988
2100	2.134	1.970	4.323	2.217	2.157	27.98	1.516	2.052	2.079	2.117
2200	2.264	2.089	4.612	2.355	2.287	29.71	1.608	2.175	2.205	2.246
2300	2.394	2.209	4.904	2.494	2.418	31.45	1.699	2.298	2.334	2.377
2400	2.524	2.330	5.199	2.633	2.549	33.21	1.791	2.421	2.458	2.503
2500	2.655	2.451	5.497	2.772	2.680	34.99	1.883	2.545	2.585	2.632
2600	2.786	2.573	5.797	2.912	2.812	36.78	1.975	2.669	2.714	2.763
2700	2.917	2.696	6.100	3.053	2.944	38.58	2.068	2.793	2.842	2.895
2800	3.049	2.819	6.404	3.193	3.076	40.39	2.160	2.918	2.970	3.024
2900	3.180	2.943	6.710	3.334	3.209	42.21	2.253	3.042	3.099	3.154
3000	3.313	3.068	7.019	3.476	3.342	44.05	2.346	3.167	3.229	3.286

엔탈피 대신에 정압비열(표 8.9참조)을 이용하여 계산할 때는 다음 식을 이용한다.

$$H_l + \overline{c_{pf}}(T_f - T_o) + m_a\overline{c_{pa}}(T_a - T_o) = \Sigma m_i\overline{c_{pi}}(T_b - T_o) + Q_l \tag{8.41}$$

표 8.9 101.325kPa에서 각종기체의 정압비열[kJ/kg·K]

온도 [K]	N_2	O_2	CO_2	H_2O	CO	H_2	NO	SO_2	공기
298.15	1.040	0.9194	0.8442	1.865	1.043	14.31	0.9952	0.6228	1.004
300	1.040	0.9189	0.8463	1.865	1.041	14.32	0.9951	0.6239	1.004
400	1.045	0.9415	0.9396	1.902	1.048	14.49	0.9986	0.6793	1.013
500	1.057	0.9723	1.015	1.956	1.064	14.52	1.017	0.7275	1.030
600	1.075	1.004	1.076	2.016	1.088	14.56	1.042	0.7661	1.051
700	1.099	1.031	1.127	2.081	1.114	14.61	1.068	0.7960	1.075
800	1.123	1.055	1.169	2.149	1.140	14.72	1.093	0.8190	1.098
900	1.146	1.074	1.205	2.219	1.164	14.84	1.115	0.8369	1.121
1000	1.169	1.091	1.235	2.289	1.185	14.99	1.133	0.8510	1.141
1100	1.187	1.104	1.260	2.359	1.210	15.16	1.149	0.8622	1.159
1200	1.205	1.116	1.281	2.427	1.221	15.35	1.163	0.8715	1.174
1300	1.220	1.126	1.299	2.492	1.235	15.56	1.175	0.8790	1.189
1400	1.233	1.135	1.314	2.553	1.247	15.78	1.185	0.8854	1.200
1500	1.245	1.143	1.327	2.610	1.258	16.03	1.193	0.8909	1.211
1600	1.255	1.151	1.339	2.664	1.268	16.25	1.201	0.8956	1.220
1700	1.264	1.159	1.349	2.713	1.276	16.45	1.207	0.8997	1.229
1800	1.272	1.167	1.357	2.758	1.283	16.65	1.213	0.9033	1.237
1900	1.279	1.174	1.365	2.800	1.289	16.84	1.218	0.9066	1.244
2000	1.285	1.181	1.372	2.838	1.295	17.02	1.222	0.9095	1.250
2100	1.291	1.189	1.378	2.874	1.300	17.19	1.226	0.9122	1.256
2200	1.296	1.196	1.384	2.906	1.305	17.36	1.230	0.9146	1.261
2300	1.301	1.203	1.389	2.936	1.309	17.52	1.233	0.9169	1.267
2400	1.305	1.210	1.394	2.964	1.313	17.67	1.236	0.9190	1.271
2500	1.309	1.217	1.398	2.989	1.316	17.81	1.239	0.9210	1.276
2600	1.312	1.224	1.402	3.013	1.319	17.94	1.241	0.9227	1.280
2700	1.315	1.231	1.405	3.035	1.322	18.07	1.243	0.9247	1.284
2800	1.318	1.237	1.409	3.055	1.325	18.19	1.246	0.9264	1.288
2900	1.321	1.243	1.412	3.074	1.327	18.30	1.247	0.9280	1.292
3000	1.323	1.250	1.415	3.092	1.330	18.40	1.249	0.9296	1.295

여기서 $\overline{c_{pf}}$, $\overline{c_{pa}}$, $\overline{c_{pi}}$는 각각 연료, 공기, 연소가스 중의 각 성분의 평균정압비열, T_f, T_a는 각각 연료 및 공기의 온도, T_b, T_o는 각각 연료가스온도 및 기준온도이다. 식 (8.41)로부터 **연소가스온도** T_b는 다음과 같이 된다.

$$T_b = \frac{H_l + \overline{c_{pf}}(T_f - T_o) + m_a\overline{c_{pa}}(T_a - T_o) - Q_l}{\Sigma m_i \overline{c_{pi}}} + T_o \tag{8.42}$$

손실열량이 없는 상태, 즉 단열의 경우에 대하여 식 (8.42)에서 $Q_l = 0$으로 취하여 계산한 온도를 **단열화염온도**(adiabatic flame temperature)라 한다. 실제의 연소실에서는 노벽 등으로의 방열이 일어나며, 따라서 연소온도는 단열화염온도보다 상당히 낮아진다.

연소가 정적하에서 일어나는 경우는 외부에 일을 하지 않으므로, 연소열은 내부에너지의 변화가 된다. 연소가스온도 T_b는 $\lambda = 1$의 부근에서 최대가 된다.

예제 8.10 수소와 산소의 혼합기가 체적비율로서 1 : 9이다. 초기온도가 25℃인 경우 이 혼합기를 연소시킬 때 단열화염온도를 구하라.

해 반응식

$$H_2 + \frac{1}{2}O_2 = H_2O$$

∴수소 $1m_N^3$당 산소 $0.5m_N^3$가 소비되며 $8.5m_N^3$의 산소는 그대로 연소가스로 된다.

∴연소 전 H_2 : $1m_N^3/m_N^3$연료 $\times \frac{2}{22.4} = 0.08929kg/m_N^3$연료

O_2 : $9m_N^3/m_N^3$연료 $\times \frac{32}{22.4} = 12.86kg/m_N^3$연료

연소 후 H_2O : $1m_N^3/m_N^3$연료$\times \frac{18}{22.4} = 0.8036kg/m_N^3$연료

O_2 : $8.5m_N^3/m_N^3$연료$\times \frac{32}{22.4} = 12.14kg/m_N^3$연료

연소후의 엔탈피는 연소가스온도를 1000K로 가정하여 식 (8.40)의 우변을 표 8.8의 엔탈피를 이용하면

$$0.8036 \times 1.443 + 12.14 \times 0.7101 = 9.78MJ/m_N^3 \text{연료}$$

수소의 저발열량은 표 8.4로부터 $10.76MJ/m_N^3$이므로, 연소가스온도의 가정치를 변화시켜 1100K로 가정하면

$$0.8036 \times 1.676 + 12.14 \times 0.8199 = 11.3MJ/m_N^3 \text{연료}$$

∴보간법을 이용하여 단열화염온도를 구하면

$$T_b = 1000 + (100 \times \frac{10.76 - 9.78}{11.3 - 9.78}) = 1064.5K = 791.32℃$$

8.7 연소과정의 에너지 평형

그림 8.3과 같이 단열된 연소실에 메탄 CH_4와 산소 O_2가 유입하여 반응한 후 CO_2와 H_2O가 유출하는 정상유동계를 생각하자.

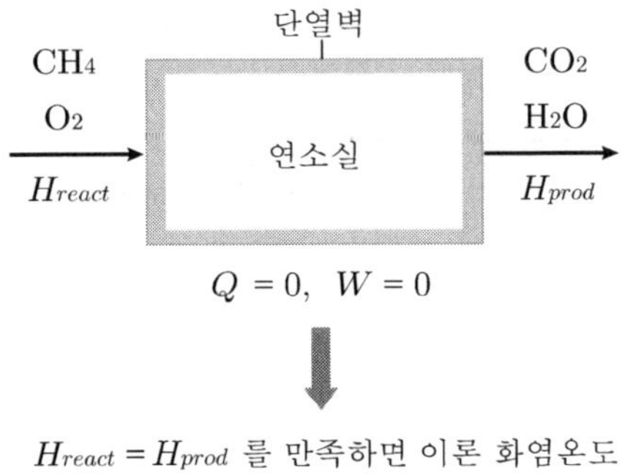

그림 8.3 이론 화염온도의 조건

계에 출입하는 열량과 일을 각각 Q, W, 반응물과 생성물의 엔탈피를 각각 H_{react}와 H_{prod} 라 하면 열역학 제 1법칙으로부터

$$Q - W = H_{prod} - H_{react} \tag{8.43}$$

외계와는 단열되어 열의 출입이 없으므로 $Q=0$(Q는 연소실과 외계 사이에 생기는 열의 출입이며, 연소실 내에서 연소에 의해 생기는 열은 Q 와는 관계가 없음), 또 이 유동계는 계 외에 대하여 일을 하지 않으므로 $W=0$이 된다. 따라서

$$H_{prod} = H_{react} \tag{8.44}$$

이 경우, 연소에 의해 생긴 열에너지는 밖으로 나가지 않으므로 연소생성물의 온도를 높이는데만 사용된다.

이와 같이 열손실이 없을 때의 온도를 **이론 화염온도**(theoretical flame temperature) 또는 **이론 연소온도**(theoretical combustion temperature) 라 한다. 이론 화염온도를 구하는 데는 반응열을 이용한다.

8.8 표준생성 Gibbs 자유에너지와 에너지 변환

화학반응에서 얻을 수 있는 최대일은 반응 전후에서의 Gibbs 자유에너지의 차 ΔG 이며, 이것을 구하는 방법에 대하여 알아보자.

표준물질로부터 어떤 물질을 생성할 때 요구되는 Gibbs 자유에너지를 **표준생성 Gibbs 자유에너지**(standard Gibbs free energy of formation)라고 한다. 이것은 $\triangle_f G^0$라고 표시하고, 다음 식으로 나타낸다.

$$\triangle_f G^0 = \triangle_f H^0 - T\triangle S^0 \tag{8.45}$$

$\triangle_f G^0$는 $\triangle_f H^0$와 마찬가지로 25℃, 1기압(101.3kpa)에서 안정된 표준물질(H_2, O_2, C, S, N_2등)을 기준으로서 $\triangle_f G^0 = 0$으로 하고 있다. 다른 화학물질에 대한 값은 이들 표준물질과의 차를 나타낸다.

표 8.10에 대표적인 물질의 표준생성 Gibbs 자유에너지($\triangle_f G^0$[kJ/mol]), 표 8.11에는 절대 엔트로피 S^0[J/mol · K]를 나타낸다.

표 8.10 표준생성 Gibbs 자유에너지 $\triangle_f G^0$(kJ/mol)

온도 K	CH_4	CO	CO_2	C_2H_2	H	H_2
298.15	-50.768	-137.163	-394.389	209.200	203.278	0
500	-32.741	-155.414	-394.939	197.453	192.957	0
1000	19.492	-200.275	-395.886	169.607	165.485	0
1500	74.918	-243.740	-396.288	143.080	136.522	0
2000	130.802	-286.034	-396.333	117.183	106.760	0
2500	186.622	-327.356	-396.062	91.661	76.530	0
3000	242.332	-367.816	-395.461	66.423	46.007	0
온도 K	H_2O(g)	NO	N_2	OH	O_2	C
298.15	-228.582	86.600	0	34.277	0	0
500	-219.051	84.079	0	31.070	0	0
1000	-192.590	77.775	0	23.391	0	0
1500	-164.376	71.425	0	16.163	0	0
2000	-135.528	65.060	0	9.197	0	0
2500	-106.416	58.720	0	2.404	0	0
3000	-77.163	52.439	0	-4.241	0	0

* 출처: 熱力学, 日本機械学會, 2002

표 8.11 절대엔트로피 S° (J/(mol·K))

온도 K	CH_4	CO	CO_2	C_2H_2	H	H_2
298.15	186.251	197.653	213.795	200.958	114.716	130.680
500	207.014	212.831	234.901	226.610	125.463	145.737
1000	247.549	234.538	269.299	269.192	139.871	166.216
1500	279.763	248.426	292.199	298.567	148.299	178.846
2000	305.853	258.714	309.293	321.335	154.278	188.418
2500	327.431	266.854	322.890	339.918	158.917	196.243
3000	345.690	273.605	334.169	355.600	162.706	202.891
온도 K	H_2O(g)	NO	N_2	OH	O_2	C
298.15	188.834	210.758	191.609	183.708	205.147	5.740
500	206.534	226.263	206.739	199.066	220.693	11.662
1000	232.738	248.536	228.170	219.736	243.578	24.457
1500	250.620	262.703	241.880	232.602	258.068	33.718
2000	264.769	273.128	252.074	242.327	268.748	40.771
2500	276.503	281.363	260.176	250.202	277.290	46.464
3000	286.504	288.165	266.891	256.824	284.466	51.253

* 출처: 熱力学, 日本機械学會, 2002

식 (8.45)에 표시한 관계는, $\Delta_f G^0$의 $\Delta_f H^0$와 ΔS^0의 관계를 나타내고 있으며, 보통 $\Delta_f G^0$는 표 8.10에 제시되어 있으므로 식 (8.45)를 이용하는 경우는 별로 없다.

298.15K에서 메탄 CH_4에 대하여 표준물질인 C와 H_2로부터 생성되는 CH_4($C + 2H_2 \rightarrow CH_4$)를 고려하면, 표 8.10, 표 8.7, 표 8.11로부터 $\Delta_f G^0 = -50.768$kJ/mol, $\Delta_f H^0 = -74.873$kJ/mol, $\Delta S^0 = S^0_{CH_4} - (S^0_C + 2S^0_{H_2}) = 186.251 - (5.74 + 2 \times 130.68) = -80.849$ J/molK이다. 따라서

$$\Delta_f H^0 - T\Delta S^0 = -74.873 - 298.15 \times (-80.849) \times 10^{-3} = -50.768 \text{ kJ/mol}$$

이 되어, 식 (8.45)의 좌변 $\Delta_f G^0$와 우변의 $\Delta_f H^0 - T\Delta S^0$는 같음을 알 수 있다. 절대 엔트로피 S^0는 절대 0도에서 $S^0 = 0$ 이라는 것으로부터 구해지고 있다. 8.5절에서 식 (8.46)과 같은 H_2의 화학반응에 대한 반응열을 구했는데, 마찬가지로 반응이 25℃, 1atm의 일정온도, 압력에서 진행하는 경우에 연료전지에 의해 어느 만큼의 전기에너지를 얻을 수 있는가를 생각한다.

$$H_2 + \frac{1}{2}O_2 \rightarrow H_2O \tag{8.46}$$

전기에너지는 100% 일로 변환할 수 있으므로 전기에너지와 일은 등가(等價)이다.

반응에 의한 Gibbs 자유에너지 변화 ΔG 는 일반적으로 얻을 수 있는 일량을 표시하는데, 이것은 전기에너지를 얻을 수 있다는 것과 같다.

여기서는 방열이 충분히 빨리 진행되어 일정한 온도에서 화학반응이 일어나는 경우를 생각하자. 이 반응식의 양변에 나타나는 물질 H_2, O_2, H_2O를 표준물질로부터 생성하는 다음의 반응은, 온도 T_o(298.15K)에서 H_2, O_2, H_2O의 표준생성 Gibbs 자유에너지 $\triangle_f G^0(T_o)$가 주어진 표 8.10으로부터 구할 수 있다.

H_2, O_2는 표준물질로부터 표준물질을 생성하는 반응이므로 $\triangle_f G^0(T_o)=0$ 이 된다.

$$H_2 \rightarrow H_2, \quad : \quad \triangle_f G^0_{H_2}(T_o)=0 \quad \text{kJ/mol} \tag{8.47}$$

$$O_2 \rightarrow O_2, \quad : \quad \triangle_f G^0_{O_2}(T_o)=0 \quad \text{kJ/mol} \tag{8.48}$$

$$H_2+\frac{1}{2}O_2 \rightarrow H_2O, \ : \ \triangle_f G^0_{H_2O}(T_o)=-228.582 \quad \text{kJ/mol} \tag{8.49}$$

이므로 반응 전후에 Gibbs 자유에너지 변화 ΔG 는

$$\begin{aligned} \triangle G(T_o) &= |\triangle_f G^0_{H_2O}(T_o)| - |\triangle_f G^0_{H_2}(T_o)+\frac{1}{2}\triangle_f G^0_{O_2}(T_o)| \\ &= -228.582 \text{ kJ/mol } H_2 \end{aligned} \tag{8.50}$$

가 된다. 즉 H_2 1mol당 최대 228.582kJ의 일을 얻을 수 있다.

예제 8.11 온도 $T=25℃$, 압력 $p=1\text{atm}$의 상태에서 탄소 C와 산소 O_2가 연소 반응하여 CO_2를 생성한다. 연소가 완전하다고 가정할 때 탄소 1mol당 최대일을 구하라.

해 $C+O_2 \rightarrow CO_2$

식 (8.45)로부터 표 8.7.1을 이용하면 $\triangle_f H^0_{CO_2}=-393.522\text{kJ/mol}$

표 8.11을 이용하여

$$\triangle S^0 = S^0_{CO_2}-(S^0_C+S^0_{O_2})=213.795-(5.740+205.147)=2.908\text{J/mol}$$

$$\begin{aligned} \therefore \triangle_f G^0 &= \triangle_f H^0 - T\triangle S^0 = -393.52-298.15\times(2.908\times10^{-3}) \\ &= -394.39\text{kJ/mol}\cdot C \end{aligned}$$

즉 C 1mol당 최대 394.39kJ의 일을 얻을 수 있다.

예제 8.12 그림(예제 8.12)와 같이 25℃, 0.1MPa상태의 기체 에텐(C_2H_4)을 25℃, 0.1MPa상태의 400% 이론 공기량으로 연소시킬 때 완전 연소하여 생성물이 그 조건의 온도, 압력상태로 배출된다고 한다. 이 과정에서 최대로 얻을 수 있는 가역일을 구하라. 화학반응식은 다음과 같다. 생성물 중 물은 기체 상태로 한다. 단, C_2H_4의 $\Delta_f H^0 =$ 52.467kJ/mol, $S^0 = 219.33$J/molK이다.

$$C_2H_4 + 3(4)O_2 + 3(4)(3.76)N_2 \rightarrow 2CO_2 + 2H_2O + 9O_2 + 45.1N_2$$

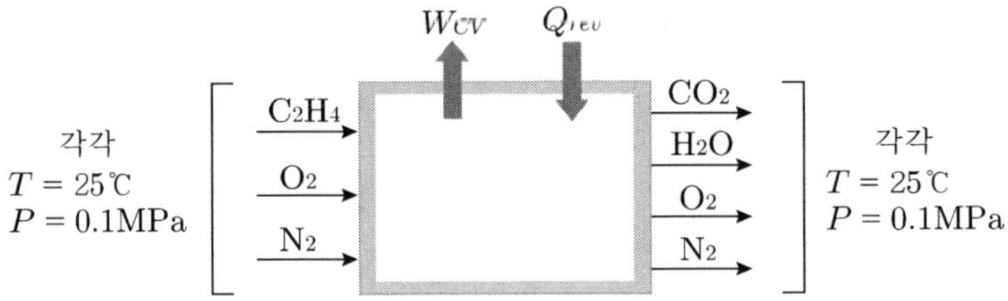

그림(예제 8.12)

해 $-\Delta_f G^0 = W_{rev}, \quad -\Delta_f G^0 = \Delta_f H^0 - T\Delta S^0,$ (1)

위 반응식에서 $45.1N_2$는 상쇄, $12O_2$중 $9O_2$가 상쇄된다.

표 8.7로부터 산소 및 질소는 $\Delta_f H^0 = 0$이므로

(C_2H_4의 $\Delta_f H^0 = 52.467$kJ/mol 임)

$$\Delta_f H^0 = 2\Delta_f H^0_{CO_2} + 2\Delta_f H^0_{H_2O} - \Delta_f H^0_{C_2H_4}$$
$$= 2\times(-393.522) + 2\times(-241.826) - 52.467 = -1323.163\text{kJ/mol}$$

표 8.11로부터 (C_2H_4의 $S^0 = 219.330$J/molK 임)

$$\Delta S^0 = 2S^0_{CO_2} + 2S^0_{H_2O} - S^0_{C_2H_4} - 3S^0_{O_2}$$
$$= 2(213.795) + 2(188.834) - (219.330) - 3(205.147) = -29.513\text{J/molK}$$

∴식 (1)은

$$-\Delta_f G^0 = -1323.163 - 298.15(-29.513\times10^{-3}) = -1314.36\text{kJ/molC}_2\text{H}_4$$
$$= -1314364\text{kJ/kmolC}_2\text{H}_4$$

$$\therefore W_{rev} = \frac{1314364}{28.054} = 46851\text{kJ/kg}$$

8.9 연소와 에너지 변환

본 절에서는 연료 H_2를 ① 직접 일로 변환하는 경우와 ② 연소시킨 후 일로 변환하는 경우에 대하여 비교한다.

$$H_2 + \frac{1}{2}O_2 \rightarrow H_2O \tag{8.51}$$

①의 경우에 대한 예로서 8.8절에서 언급한 바와 같이 연료전지를 이용하여 반응에 의해 직접 얻을 수 있는 일의 최대치는 $-\Delta G = 228.582\text{kJ/mol}H_2$이다.

②의 경우의 예로서 수소가 공기비 1.4에서 다음과 같은 연소반응을 한다.

$$H_2 + 1.4\times\frac{1}{2}\times(O_2 + 3.76\times N_2) \rightarrow H_2O + 0.2O_2 + 0.7\times3.76N_2 \tag{8.52}$$

이때의 이론 화염온도는 T_{bt} = 2061K이며 식 (8.51)의 우변으로 표시한 연소생성물을 일로 변환하는 경우를 생각하자. 간단히 하기 위해 T_{bt} = 2000K로 하고, 온도 T_{bt}의 가스가 환경온도 T_o 로 되기까지 얻을 수 있는 최대일은 표 8.12의 $H(T)-H(T_o)$와 표 8.11에 표시한 엔트로피 S^0를 이용하여 4장에서 기술한 엑서지 E를 다음과 같이 구할 수 있다.

표 8.12 298(T_0) K~T(K)의 온도범위에서 평균정압비열 C_P(J/mol·K)와 T(K)와 298(T_0) K의 엔탈피차 $H(T)-H(T_0)$ (kJ/mol)

T	C_P				$H(T)-H(T_0)$			
	CO_2	H_2O	N_2	O_2	CO_2	H_2O	N_2	O_2
1000	47.564	37.008	30.576	32.352	33.397	26.000	21.463	22.703
1200	49.324	38.232	31.164	32.992	44.473	34.506	28.109	29.761
1400	50.732	39.438	31.696	33.536	55.896	43.493	34.936	36.957
1600	51.876	40.608	32.172	34.016	67.569	52.908	41.904	44.266
1800	52.888	41.706	32.592	34.400	79.431	62.693	48.978	51.673
2000	53.724	42.732	32.984	34.784	91.439	72.790	56.137	59.175
2200	54.428	43.686	33.292	35.104	103.562	83.153	63.361	66.769
2400	55.088	44.568	33.600	35.424	115.779	93.741	70.640	74.453
2600	55.616	45.360	33.852	35.712	128.073	104.520	77.963	82.224
2800	56.100	46.116	34.076	36.000	140.433	115.464	85.323	90.079
3000	56.540	46.800	34.300	36.288	152.852	126.549	92.715	98.013

* 출처: 熱力学, 日本機械学會, 2002

$$E=\sum_{prod}[H(T_{bt})-H(T_o)]_{\mathrm{H_2O}}-T_o\sum_{prod}[S(T_{bt})-S(T_o)]$$

$$=[H(T_{bt})-H(T_o)]_{H_2O}-T_o[S(T_{bt})-S(T_o)]_{H_2O}+0.2[H(T_{bt})-H(T_o)]_{O_2}$$

$$-0.2T_o[S(T_{bt})-S(T_o)]_{O_2}+0.7\times 3.76[H(T_{bt})-H(T_o)]_{N_2}$$

$$-0.7\times 3.76T_o[S(T_{bt})-S(T_o)]_{N_2}$$

$$=72.79-298.15\times(0.264769-0.188834)+0.2\times(59.175)$$

$$-0.2\times 298.15\times(0.268748-0.205147)+0.7\times 3.76\times(56.137)$$

$$-0.7\times 3.76\times 298.15\times(0.252074-0.191609)=161.49\ \mathrm{kJ/molH_2} \tag{8.52}$$

따라서 Gibbs 자유에너지의 차 $-\Delta G$에 대한 연소생성물의 엑서지의 비는 연료 H_2로부터 직접 일을 얻는 경우에 비하여 연소를 시켜 일을 얻는 비율을 의미하므로

$$\frac{E}{-\Delta G}=\frac{161.49}{228.582}=0.707 \tag{8.53}$$

70.7%로 변화한 것을 알 수 있다.

여기서 ①의 경우는 $H_2+0.5O_2$이고, ②의 경우에 연료는 $H_2+0.7(O_2+3.76N_2)$로서 다르지만 표준생성엔탈피를 생각하면 어느 쪽도 0이며 엑서지의 관점에서 같다. 다른 관점에서 보면 연료전지의 반응물이 $H_2+0.5O_2$가 아니고, $H_2+0.7(O_2+3.76N_2)$이었다고 해도 생성물은 $H_2O+0.2O_2+0.7\times 3.76N_2$이며 $-\Delta G$는 228.582kJ/molH_2로 같게 된다.

수소 H_2로부터 에너지를 얻는 경우에 대하여 연소보다도 연료전지를 이용하는 편이 효율이 좋다는 것을 나타내고 있지만, 이것은 이론치를 나타낼 뿐이며, 실제 에너지의 유효이용을 생각하는 데는 각종 손실이나 에너지 수송까지 포함되는 전체의 시스템으로서 평가해야 한다.

예제 14.13 25℃, 1atm상태에서 공기비 1.3으로 메탄(CH_4)을 연소시켰을 때 화염온도는 1960K 이며 연소반응식은 다음과 같다.

$$CH_4 + 1.3 \times 2[O_2 + 3.76N_2] \rightarrow CO_2 + 2H_2O + 0.6O_2 + (2.6 \times 3.76)N_2$$

이 연소에 의한 엑서지(유효에너지)를 구하라.

해 표 8.11과 표 8.12를 이용하여

$$E = \sum_{prod}[H(T_{bt}) - H(T_o)] - T_o \sum_{prod}[S(T_{bt}) - S(T_o)]$$

$$= [H(T_{bt}) - H(T_o)]_{CO_2} - T_o[S(T_{bt}) - S(T_o)]_{CO_2}$$
$$+ 2[H(T_{bt}) - H(T_o)]_{H_2O} - 2T_o[S(T_{bt}) - S(T_o)]_{H_2O}$$
$$+ 0.6[H(T_{bt}) - H(T_o)]_{O_2} - 0.6T_o[S(T_{bt}) - S(T_o)]_{O_2}$$
$$+ 2.6 \times 3.76[H(T_{bt}) - H(T_o)]_{N_2} - 2 \times 3.76T_o[S(T_{bt}) - S(T_o)]_{N_2}$$

$$= 89.04 - 298.15(307.93 - 213.795) \times 10^{-3}$$
$$+ 2 \times 70.77 - 2 \times 298.15(263.64 - 188.834) \times 10^{-3}$$
$$+ 0.6 \times 57.67 - 0.6 \times 298.15(267.89 - 205.147) \times 10^{-3}$$
$$+ 2.6 \times 3.76 \times 54.71 - 2.6 \times 3.76 \times 298.15(251.26 - 191.609) \times 10^{-3}$$

$$= 542.264 \text{kJ/molCH}_4$$

8.10 연소효율

연료 중에 함유되어 있는 원소 중에서 탄소 C, 수소 H_2, 유황 S는 **가연원소**(combustible element)라 하며, 산소와의 연소반응에 의하여 **연소열**(heat of combustion) ΔH_c를 발생한다. 연소반응의 결과로서 반응물(reactants)은 연소생성물(products)로 변화한다.

가연원소의 연소반응이 완전연소의 경우에는 탄소, 수소, 유황에 대하여 각각 다음의 반응식으로 나타낼 수 있다.

$$C + O_2 = CO_2 + 393.8 \text{ MJ/kmol} \tag{8.54}$$

$$H_2 + \frac{1}{2}O_2 = H_2O + 286.0 \text{ MJ/kmol} \tag{8.55}$$

$$S + O_2 = SO_2 + 296.1 \text{ MJ/kmol} \tag{8.56}$$

위 식들 중 좌변 제 1항은 반응물 중의 연료, 제 2항은 산화제, 우변 제 1항은 연소생성물,

제 2항은 연소열 $\triangle H_c$ 를 나타낸다.

탄소의 연소반응식 (8.54)는 탄소 1kmol, 즉 12kg으로 393.8MJ의 열을 발생한다는 의미이다. 이와 같이 산화반응이 완전히 행해져 미연소분이 남지 않는 경우를 **완전연소**(complete combustion)라 한다.

만일 산소가 부족하게 되면 탄소는 다음의 반응에 의해 일산화탄소 CO가 된다.

$$C + \frac{1}{2}O_2 = CO + 110.6 \text{ MJ/kmol} \tag{8.57}$$

이와 같이 연료의 산화가 불완전한 상태로 연소반응이 끝나는 경우를 **불완전연소**(incomplete combustion)라 하며, CO는 다시 다음 식에 따라 완전 연소한다.

$$CO + \frac{1}{2}O_2 = CO_2 + 283.2\text{MJ/kmol} \tag{8.58}$$

그런데 탄소 C가 완전연소하에 CO_2로 되는 경우에 발생한 열량은 식 (8.54)로부터 393.8MJ/kmol이며, 불완전 연소에 따라 CO를 거쳐 CO_2로 되는 경우에는 식 (8.57)과 식 (8.58)에 따라 110.6+283.2=393.6MJ/kmol로서 발생한 연소열은 같다.

이와 같이 화학반응에 있어서 생성 또는 흡수되는 열은 반응의 경로에 무관하다. 이것을 **헤스(Hess)의 법칙**이라 한다.

불완전 연소로 인하여 연소가스 중에 CO, H_2, 미연(未燃)연료성분, 그을음(soot)등이 존재하는 경우에는 이들 미연성분이 함유하고 있는 연소열은 이용할 수 없게 된다. 그리고 연료의 단위량 당 실제로 발생하는 열량 Q_R과, 연료가 완전 연소한 경우의 발생열량(H_l)과의 비를 **연소효율**(combustion efficiency) η_{comb}이라 하며, 이것에 의해 연소의 정도를 판단한다.

$$\eta_{comb} = \frac{Q_R}{H_l} \tag{8.59}$$

$(1-\eta_{comb})$은 미연 손실비율이다. 열기관의 열효율을 높이기 위해서는 우선 연소효율이 높아야 한다. 그러나 불완전 연소성분은 어느 것이나 대기오염(air pollution)물질이며, 따라서 대기오염방지를 위해서도 연소효율을 높여야 한다.

Q_R의 값은 연소가스 분석을 하여 미연성분의 농도로부터 구한다. 일반적으로 연소효율이 98%이상이지만 공기량이 부족하든가, 연료와 공기의 혼합이 불충분하든가, 또 화염의 냉각이 현저한 경우는 연소효율이 저하한다.

예제 8.14 저발열량 24MJ/kg, 회분 13%인 석탄을 연소시켰더니 연소가스 중에 연료 1kg당 CO가 0.1kg이 함유되어 있고, 타고 남은 재에는 30%의 미연탄소가 남아 있었다. 이 때의 연소효율을 구하라.

해 연료 중 회분을 a[kg/kg 연료]라 하고, 타고 남은 재중의 탄소량을 m_c[kg/kg 연료]라 하면

$$m_c = \frac{0.3}{0.7} \times a = \frac{0.3}{0.7} \times 0.13 = 0.0557\text{kg/kg 연료}$$

가연성분의 발열량은 각각 식 (8.54), 식 (8.58)를 이용하면

$$\text{C} : H_{l,\text{C}} = \frac{393.8\text{MJ/kmol}}{12\text{kg/kmol}} = 32.82\text{MJ/kg}$$

$$\text{CO} : H_{l,\text{CO}} = \frac{283.2\text{MJ/kmol}}{28\text{kg/kmol}} = 10.11\text{MJ/kg}$$

연료 1kg 당 미연 손실열량을 Q_l이라 하면

$$Q_l = m_\text{C} H_{l,\text{C}} + m_\text{CO} H_{l,\text{CO}} = 0.0557 \times 32.82 + 0.1 \times 10.11 = 2.839\text{MJ/kg 연료}$$

∴ 식 (8.59)으로부터

$$\eta_{comb} = \frac{Q_R}{H_l} = \frac{H_l - Q_l}{H_l} = \frac{24 - 2.839}{24} = 0.8817$$

8.11 실용연소과정

8.11.1 연소장치

발전용 보일러나 대형 공업로로부터 가정용 소형 난방기에 이르기까지 연소기기는, 규모나 형식 그리고 사용연료의 종류도 다양하지만 공통의 과제로서 고효율 고부하(소형 고출력), 저공해(대기오염이나 소음의 저감), 제어성, 그리고 안전성의 향상 등을 들 수 있다. 이들 사이에는 양립이 곤란한 항목도 있으며, 장치에 따라서는 항목간의 상대적인 중요성도 서로 다르다.

(1) 기체연료

역화(逆火)가 일어나기 쉬운 예혼합기(豫混合氣)의 사용은 안전 상 위험하므로 1차 화염에 필요공기량의 $\frac{1}{2}$정도를 공급하는 부분 예혼합연소 또는 확산연소가 사용되어 왔지만

최근의 소형 기기에서는 고부하화를 위한 예혼합 연소방식도 출현하고 있다.

고부하화에는 유속의 증대가 불가피하므로 충분한 보염(保炎)대책이 필요한데, 기름에 선회를 줌으로서 연소가스를 재순환시킴에 따라 반응에 필요한 체류시간을 확보하는 방법이 널리 사용되고 있다. 고부하화와 더불어 진동연소가 일어나기 쉬워지고, 또 유속의 증대는 소음을 발생한다.

(2) 액체연료

액체연료의 미립화에는 압력분사방식, 2유체분사(압축공기나 수증기를 무화(霧化)매체로 사용)방식, 회전무화방식, 증발식 등 사용연료나 용도에 따라서 분류할 수 있는데, 어느 것도 난류확산화염이 주체를 이루어 화염구조는 단순하지 않다. 미립화된 연료액적의 입경이 작고 분사직후의 공간밀도가 크면 기체연료의 확산연소에 가까우며, 고부하화를 진척시킴에 따라 1차 연소영역은 교반연소적인 성격을 갖는다고 할 수 있다.

(3) 고체연료

미분탄연소 외에 고체의 고부하 연소법으로서 비교적 최근에 개발된 유동층연소가 있다. 그것은 직접 연소반응에는 관여하지 않는 석탄석 등의 미립체 속에 연료덩어리가 혼입되어 아래로부터 공기를 불어넣어 고온의 유동상태에서 연소가 행해지는 방식이며, 미립체의 격심한 운동이 연소를 촉진한다. 압력손실이 크고 송풍 동력에 문제는 있지만 폐염물이나 쓰레기의 소각에 실용화되고 있다.

8.11.2 내연기관

(1) 불꽃 점화기관

기체연료나 기화성(氣化性)이 좋은 액체연료가 이용되며, 예혼합기 중의 난류화염 전파에 의해서 연소가 행해진다. 불꽃점화에서는 일반적으로 난류세기가 클수록 화염전파속도가 촉진된다. 넓은 회전속도에 걸쳐서 거의 일정한 크랭크 각도 내에서 연소가 완결하는 것은 회전속도에 비례하여 흡입구로부터의 혼합기의 유입속도가 증가하고, 그에 따라 난류세기가 커지기 때문이다. 압축비나 흡기압력이 커지면 화염전파의 진행과 더불어 온도・압력이 높아진 미연(未煙)의 말단가스가 자기착화(自己着火)해 버린다. 이 현상을 **노크**(knock)라 하며 불꽃점화기관의 성능향상을 저해하고 있다.

(2) 압축점화기관(디젤기관)

피스톤으로 압축되어 고온고압이 된 공기 중에 경유나 중유를 분사하여, 그 자기착화에 의해 연소가 시작된다. 착화지연 기간 중에 분사된 연료의 일부가 혼합기를 형성하여 자기착화에 이르며 초기에는 예혼합연소가 행해지지만 대부분은 확산연소이고, 연료증기와 공기와의 급속혼합 및 미세한 혼합이 중요하다. 불꽃점화기관의 경우와는 반대로 자기착화하기 쉬운 연료가 사용되며, 특히 고속기관에서는 착화지연이 짧은 것이 불가결한 조건이 된다.

(3) 가스터빈

연소기 내에서 기체 또는 액체연료의 연속연소가 고압상태에서 행해지며, 일반적으로 연소부하율(연소기의 체적 당 열 발생율)이 높다. 터빈입구온도에 제약이 있기 때문에 사용목적이나 출력의 대소에 따라서 구조적으로 다르지만 2차 내지 3차 공기의 혼입에 의해 연소가스온도를 낮추어, 일정한 온도분포로 하는 것이 요구된다. 1차 연소영역에서는 광범위한 공연비(空燃比)에 대하여 확실한 보염(保炎)이 필요하다.

8.11.3 연소배기와 대기오염

연소배기중에 미연소화 수소, 그을음, CO, NO_x(NO와 NO_2), SO_x(SO_2가 대부분)등에 의한 **대기오염**이 심각한 사회문제로 되어, 거의 모든 연소장치나 연소기관에서 배기정화의 대책이 강구되고 있다. 대책에는 연소방법의 개선에 의한 오염물질발생의 억제와 잔존하는 유해성분의 촉매 등에 의한 무해화(無害化)의 방법이 있다.

NO_x는 공기 중의 N_2와 O_2가 고온에서 반응하여 생기는 외에, 중유나 석탄에 함유되어 있는 N분으로부터도 생성되는데, SO_x는 연료 중의 S분에 의한다.

중질유(重質油)의 연소에서는 그을음 외에 잔류 탄소형의 그을음, 석탄연소에서는 회분 등이 매진(煤塵)으로서 배출되므로 대형 연소설비에서는 집진장치의 설비가 필요하다.

발열량

문8.1 다음과 같은 체적조성을 갖는 혼합가스(도시가스)의 발열량[MJ/m^3_N]을 구하라. CO : 5%, H_2 : 46%, CH_4 : 22%, C_2H_4 : 5%, CO_2 : 10%, N_2 : 10%, O_2 : 2%.

답 H_h=18.484MJ/m^3_N, H_l=16.521MJ/m^3_N

문8.2 정상상태의 정상유동과정에 의해 다음과 같이 메탄(CH_4)이 산소와 연소 반응한다.

$$CH_4 + 2O_2 \rightarrow CO_2 + 2H_2O(l)$$

반응물과 생성물 모두 상태는 전압력 0.1MPa, 온도 25℃이다. 연소실로 들어가는 1kmol당 열전달량을 구하라.

답 −890309kJ/kmol

공기량, 공연비, 공기비

문8.3 부탄(C_4H_{10})과 공기를 체적비 1 : 40으로 혼합했을 때의 공기비를 구하라.

답 1.292

문8.4 분자식 C_nH_{2n}으로 표시되는 탄화수소 연료의 이론공기량을 구하라.

답 14.842kg/kg연료, 11.437m^3_N/kg연료

문8.5 옥탄(C_8H_{18}) 1kg을 공기비 1.3으로 연소시킬 때 공급해야 할 공기량(m^3_N)을 구하라.

답 15.213m^3_N/kg연료

문8.6 가솔린의 조성은 옥탄 C_8H_{18}로 대표할 수 있다. 옥탄의 이론공연비를 구하라.

답 15.12kg/kg연료

문8.7 어느 석탄을 건식기준으로 질량조성이 유황 : 0.6%, 수소 : 5.7%, 탄소 : 79.2%, 산소 : 10%, 질소 : 1.5%, 회분 : 3%이었다. 이 석탄에 30%의 과잉공기를 공급하여 완전연소 시킬 때 질량기준의 공기−연료비를 구하라.

답 13.92kg/kg연료

문8.8 다음과 같은 질량조성을 갖는 중유를 공기비 1.3으로 연소시킬 때 소요공기량(연료 1kg당

표준상태 체적)을 구하라. C : 85%, H : 13%, S : 2%.

답 14.422m^3_N/kg연료

문 8.9 프로판(C_3H_8)의 건연소가스 중에 CO_2가 10% 함유되어 있다. 완전연소 한다고 할 때 공기비를 구하라.

답 1.344

문 8.10 C : 84%, H : 15.6%, S : 0.15%, N : 0.25%인 질량조성을 갖는 액체연료를 건공기로 완전연소 시켰을 때 건연소가스 중 CO_2농도가 12.5%이었다. 이때의 공기비를 구하라. 또 SO_2농도는 몇 ppm인가?

답 공기비 1.153, 농도 : 83.7ppm

연소가스의 조성

문 8.11 [문 8.1]의 도시가스와 공기의 이론혼합기로부터 생기는 연소가스의 체적조성을 구하라.

답 CO_2=10.056%, H_2O=21.4%, N_2=68.55%

문 8.12 C : 86%, H : 12%, S : 2%의 질량비율을 갖는 중유를 과잉공기로 완전연소 시켜서 배기가스 분석을 하였더니 CO_2 : 10%이었다. 이때 O_2, N_2, SO_2의 농도는 각각 얼마인가?

답 7.603%, 82.31%, 0.0872%

문 8.13 메탄(CH_4)과 프로판(C_3H_8)의 혼합기로 70MJ/m^3_N의 고발열량을 얻기 위해서는 체적비를 얼마로 해야 하는가?

답 1.058 : 1

문 8.14 공기비 1.3으로 메탄(CH_4)을 연소시킬 때, 연소가스의 각 성분의 몰분율을 구하라.

답 CO_2 = 0.0748, H_2O = 0.1495, O_2 = 0.0449, N_2 = 0.7309

연소가스량

문 8.15 연료 중에 질량비율로 탄소 : 0.8, 수소 : 0.12, 질소 : 0.04, 산소 : 0.04로 조성되어 있다. 이 연료 1kg을 공기비 1.2로 완전연소 시키는데 (1)필요한 공기량, (2)건연소가스량과 습연소가스량을 구하라.

답 (1) 12.219m^3_N/kg연료, (2) 건연소가스량 : 11.574m^3_N/kg연료, 습연소가스량 : 12.5m^3_N/kg연료

반응열

문 8.16 프로판(C_3H_8)을 완전연소 시켰을 때 연소열을 구하라. 단, 반응식은 다음과 같다.

$$C_3H_8 + 5O_2 = 3CO_2 + 4H_2O \qquad (a)$$

답 2221.57MJ/kmol

문 8.17 CO_2 + C → 2CO가 되는 반응열을 구하라.

답 172.59MJ/kmol

단열화염온도

문 8.18 프로판(C3H8) · 공기 이론혼합기의 단열화염온도와 연소가스체적조성을 구하라. 반응식은 다음 식과 같다.

$$C_3H_8 + 5O_2 = 3CO_2 + 4H_2O$$

답 2168.7°C, $CO_2 : H_2O : N_2$ = 11.62% : 15.5% : 72.88%

연소효율

문 8.19 제트기가 평균추력 300kN, 1000km/h로 5시간 비행하기 위해 필요한 연료의 질량을 구하라. 단, 연료의 저발열량을 42MJ/kg, 엔진의 총합효율을 0.7로 한다.

답 51.02ton

문 8.20 어떤 증기원동소에서 12.5MPa, 200°C인 물이 보일러내로 시간당 325000kg공급된다. 보일러를 나오는 수증기의 상태는 9MPa, 500°C이며, 터빈의 출력은 81000kW이다. 석탄은 26700kg/h의 비율로 공급되며, 석탄의 고발열량은 33250kJ/kg이다. 보일러의 효율과 원동소의 총합효율을 구하라. 증기원동소에서 보일러 및 원동소의 총합효율은 모두 연료의 고발열량을 기준으로 한다.

답 92.6%, 32.8%

기계 중심의 열역학

부 록

부록 1 포화수(물)의 물성치

온도 T, °C	포화 압력 P_{sat}, kPa	밀도 ρ, kg/m³ Liquid	밀도 ρ, kg/m³ Vapor	증발잠열 h_{fg}, kJ/kg	정압비열 c_p, J/kg·K Liquid	정압비열 c_p, J/kg·K Vapor	열전도율 k, W/m·K Liquid	열전도율 k, W/m·K Vapor	점성계수 μ, kg/m·s Liquid	점성계수 μ, kg/m·s Vapor	프란틀수 Pr Liquid	프란틀수 Pr Vapor	체적팽창계수 β, 1/K Liquid
0.01	0.6113	999.8	0.0048	2501	4217	1854	0.561	0.0171	1.792×10^{-3}	0.922×10^{-5}	13.5	1.00	-0.068×10^{-3}
5	0.8721	999.9	0.0068	2490	4205	1857	0.571	0.0173	1.519×10^{-3}	0.934×10^{-5}	11.2	1.00	0.015×10^{-3}
10	1.2276	999.7	0.0094	2478	4194	1862	0.580	0.0176	1.307×10^{-3}	0.946×10^{-5}	9.45	1.00	0.733×10^{-3}
15	1.7051	999.1	0.0128	2466	4186	1863	0.589	0.0179	1.138×10^{-3}	0.959×10^{-5}	8.09	1.00	0.138×10^{-3}
20	2.339	998.0	0.0173	2454	4182	1867	0.598	0.0182	1.002×10^{-3}	0.973×10^{-5}	7.01	1.00	0.195×10^{-3}
25	3.169	997.0	0.0231	2442	4180	1870	0.607	0.0186	0.891×10^{-3}	0.987×10^{-5}	6.14	1.00	0.247×10^{-3}
30	4.246	996.0	0.0304	2431	4178	1875	0.615	0.0189	0.798×10^{-3}	1.001×10^{-5}	5.42	1.00	0.294×10^{-3}
35	5.628	994.0	0.0397	2419	4178	1880	0.623	0.0192	0.720×10^{-3}	1.016×10^{-5}	4.83	1.00	0.337×10^{-3}
40	7.384	992.1	0.0512	2407	4179	1885	0.631	0.0196	0.653×10^{-3}	1.031×10^{-5}	4.32	1.00	0.377×10^{-3}
45	9.593	990.1	0.0655	2395	4180	1892	0.637	0.0200	0.596×10^{-3}	1.046×10^{-5}	3.91	1.00	0.415×10^{-3}
50	12.35	988.1	0.0831	2383	4181	1900	0.644	0.0204	0.547×10^{-3}	1.062×10^{-5}	3.55	1.00	0.451×10^{-3}
55	15.76	985.2	0.1045	2371	4183	1908	0.649	0.0208	0.504×10^{-3}	1.077×10^{-5}	3.25	1.00	0.484×10^{-3}
60	19.94	983.3	0.1304	2359	4185	1916	0.654	0.0212	0.467×10^{-3}	1.093×10^{-5}	2.99	1.00	0.517×10^{-3}
65	25.03	980.4	0.1614	2346	4187	1926	0.659	0.0216	0.433×10^{-3}	1.110×10^{-5}	2.75	1.00	0.548×10^{-3}
70	31.19	977.5	0.1983	2334	4190	1936	0.663	0.0221	0.404×10^{-3}	1.126×10^{-5}	2.55	1.00	0.578×10^{-3}
75	38.58	974.7	0.2421	2321	4193	1948	0.667	0.0225	0.378×10^{-3}	1.142×10^{-5}	2.38	1.00	0.607×10^{-3}
80	47.39	971.8	0.2935	2309	4197	1962	0.670	0.0230	0.355×10^{-3}	1.159×10^{-5}	2.22	1.00	0.653×10^{-3}
85	57.83	968.1	0.3536	2296	4201	1977	0.673	0.0235	0.333×10^{-3}	1.176×10^{-5}	2.08	1.00	0.670×10^{-3}
90	70.14	965.3	0.4235	2283	4206	1993	0.675	0.0240	0.315×10^{-3}	1.193×10^{-5}	1.96	1.00	0.702×10^{-3}
95	84.55	961.5	0.5045	2270	4212	2010	0.677	0.0246	0.297×10^{-3}	1.210×10^{-5}	1.85	1.00	0.716×10^{-3}
100	101.33	957.9	0.5978	2257	4217	2029	0.679	0.0251	0.282×10^{-3}	1.227×10^{-5}	1.75	1.00	0.750×10^{-3}
110	143.27	950.6	0.8263	2230	4229	2071	0.682	0.0262	0.255×10^{-3}	1.261×10^{-5}	1.58	1.00	0.798×10^{-3}
120	198.53	943.4	1.121	2203	4244	2120	0.683	0.0275	0.232×10^{-3}	1.296×10^{-5}	1.44	1.00	0.858×10^{-3}
130	270.1	934.6	1.496	2174	4263	2177	0.684	0.0288	0.213×10^{-3}	1.330×10^{-5}	1.33	1.01	0.913×10^{-3}
140	361.3	921.7	1.965	2145	4286	2244	0.683	0.0301	0.197×10^{-3}	1.365×10^{-5}	1.24	1.02	0.970×10^{-3}
150	475.8	916.6	2.546	2114	4311	2314	0.682	0.0316	0.183×10^{-3}	1.399×10^{-5}	1.16	1.02	1.025×10^{-3}
160	617.8	907.4	3.256	2083	4340	2420	0.680	0.0331	0.170×10^{-3}	1.434×10^{-5}	1.09	1.05	1.145×10^{-3}
170	791.7	897.7	4.119	2050	4370	2490	0.677	0.0347	0.160×10^{-3}	1.468×10^{-5}	1.03	1.05	1.178×10^{-3}
180	1,002.1	887.3	5.153	2015	4410	2590	0.673	0.0364	0.150×10^{-3}	1.502×10^{-5}	0.983	1.07	1.210×10^{-3}
190	1,254.4	876.4	6.388	1979	4460	2710	0.669	0.0382	0.142×10^{-3}	1.537×10^{-5}	0.947	1.09	1.280×10^{-3}
200	1,553.8	864.3	7.852	1941	4500	2840	0.663	0.0401	0.134×10^{-3}	1.571×10^{-5}	0.910	1.11	1.350×10^{-3}
220	2,318	840.3	11.60	1859	4610	3110	0.650	0.0442	0.122×10^{-3}	1.641×10^{-5}	0.865	1.15	1.520×10^{-3}
240	3,344	813.7	16.73	1767	4760	3520	0.632	0.0487	0.111×10^{-3}	1.712×10^{-5}	0.836	1.24	1.720×10^{-3}
260	4,688	783.7	23.69	1663	4970	4070	0.609	0.0540	0.102×10^{-3}	1.788×10^{-5}	0.832	1.35	2.000×10^{-3}
280	6,412	750.8	33.15	1544	5280	4835	0.581	0.0605	0.094×10^{-3}	1.870×10^{-5}	0.854	1.49	2.380×10^{-3}
300	8,581	713.8	46.15	1405	5750	5980	0.548	0.0695	0.086×10^{-3}	1.965×10^{-5}	0.902	1.69	2.950×10^{-3}
320	11,274	667.1	64.57	1239	6540	7900	0.509	0.0836	0.078×10^{-3}	2.084×10^{-5}	1.00	1.97	
340	14,586	610.5	92.62	1028	8240	11,870	0.469	0.110	0.070×10^{-3}	2.255×10^{-5}	1.23	2.43	
360	18,651	528.3	144.0	720	14,690	25,800	0.427	0.178	0.060×10^{-3}	2.571×10^{-5}	2.06	3.73	
374.14	22.090	317.0	317.0	0	—	—	—	—	0.043×10^{-3}	4.313×10^{-5}			

Note 1: Kinematic viscosity ν and thermal diffusivity α can be calculated from their definitions, $\nu = \mu/\rho$ and $\alpha = k/\rho c_p = \nu/\text{Pr}$. The temperatures 0.01°C, 100°C, and 374.14°C are the triple-, boiling-, and critical-point temperatures of water, respectively. The properties listed above (except the vapor density) can be used at any pressure with negligible error except at temperatures near the critical-point value.

Note 2: The unit kJ/kg · °C for specific heat is equivalent to kJ/kg · K, and the unit W/m · °C for thermal conductivity is equivalent to W/m · K.

출처 : Fluid Mechanics Fundamentals and Applications, Yunus A, ÇENGEL, JOHN M. CIMBALA, McGRAW-HiLL. 2006.

부록 2 액체의 물성치

온도 T, °C	밀도 ρ, kg/m³	정압비열 c_p, J/kg·K	열전도율 k, W/m·K	열확산계수 α, m²/s	점성계수 μ, kg/m·s	동점성계수 ν, m²/s	프란틀수 Pr	체적팽창계수 β, 1/K
				메탄 (Methane, CH_4)				
−160	420.2	3492	0.1863	1.270×10^{-7}	1.133×10^{-4}	2.699×10^{-7}	2.126	0.00352
−150	405.0	3580	0.1703	1.174×10^{-7}	9.169×10^{-5}	2.264×10^{-7}	1.927	0.00391
−140	388.8	3700	0.1550	1.077×10^{-7}	7.551×10^{-5}	1.942×10^{-7}	1.803	0.00444
−130	371.1	3875	0.1402	9.749×10^{-8}	6.288×10^{-5}	1.694×10^{-7}	1.738	0.00520
−120	351.4	4146	0.1258	8.634×10^{-8}	5.257×10^{-5}	1.496×10^{-7}	1.732	0.00637
−110	328.8	4611	0.1115	7.356×10^{-8}	4.377×10^{-5}	1.331×10^{-7}	1.810	0.00841
−100	301.0	5578	0.0967	5.761×10^{-8}	3.577×10^{-5}	1.188×10^{-7}	2.063	0.01282
−90	261.7	8902	0.0797	3.423×10^{-8}	2.761×10^{-5}	1.055×10^{-7}	3.082	0.02922
				메타놀 (Methanol, $CH_3(OH)$)				
20	788.4	2515	0.1987	1.002×10^{-7}	5.857×10^{-4}	7.429×10^{-7}	7.414	0.00118
30	779.1	2577	0.1980	9.862×10^{-8}	5.088×10^{-4}	6.531×10^{-7}	6.622	0.00120
40	769.6	2644	0.1972	9.690×10^{-8}	4.460×10^{-4}	5.795×10^{-7}	5.980	0.00123
50	760.1	2718	0.1965	9.509×10^{-8}	3.942×10^{-4}	5.185×10^{-7}	5.453	0.00127
60	750.4	2798	0.1957	9.320×10^{-8}	3.510×10^{-4}	4.677×10^{-7}	5.018	0.00132
70	740.4	2885	0.1950	9.128×10^{-8}	3.146×10^{-4}	4.250×10^{-7}	4.655	0.00137
				이소부탄 (Isobutane, R600a)				
−100	683.8	1881	0.1383	1.075×10^{-7}	9.305×10^{-4}	1.360×10^{-6}	12.65	0.00142
−75	659.3	1970	0.1357	1.044×10^{-7}	5.624×10^{-4}	8.531×10^{-7}	8.167	0.00150
−50	634.3	2069	0.1283	9.773×10^{-8}	3.769×10^{-4}	5.942×10^{-7}	6.079	0.00161
−25	608.2	2180	0.1181	8.906×10^{-8}	2.688×10^{-4}	4.420×10^{-7}	4.963	0.00177
0	580.6	2306	0.1068	7.974×10^{-8}	1.993×10^{-4}	3.432×10^{-7}	4.304	0.00199
25	550.7	2455	0.0956	7.069×10^{-8}	1.510×10^{-4}	2.743×10^{-7}	3.880	0.00232
50	517.3	2640	0.0851	6.233×10^{-8}	1.155×10^{-4}	2.233×10^{-7}	3.582	0.00286
75	478.5	2896	0.0757	5.460×10^{-8}	8.785×10^{-5}	1.836×10^{-7}	3.363	0.00385
100	429.6	3361	0.0669	4.634×10^{-8}	6.483×10^{-5}	1.509×10^{-7}	3.256	0.00628
				글리세린 (Glycerin)				
0	1276	2262	0.2820	9.773×10^{-8}	10.49	8.219×10^{-3}	84,101	
5	1273	2288	0.2835	9.732×10^{-8}	6.730	5.287×10^{-3}	54,327	
10	1270	2320	0.2846	9.662×10^{-8}	4.241	3.339×10^{-3}	34,561	
15	1267	2354	0.2856	9.576×10^{-8}	2.496	1.970×10^{-3}	20,570	
20	1264	2386	0.2860	9.484×10^{-8}	1.519	1.201×10^{-3}	12,671	
25	1261	2416	0.2860	9.388×10^{-8}	0.9934	7.878×10^{-4}	8,392	
30	1258	2447	0.2860	9.291×10^{-8}	0.6582	5.232×10^{-4}	5,631	
35	1255	2478	0.2860	9.195×10^{-8}	0.4347	3.464×10^{-4}	3,767	
40	1252	2513	0.2863	9.101×10^{-8}	0.3073	2.455×10^{-4}	2,697	
				엔진오일 (Engine Oil, (unused))				
0	899.0	1797	0.1469	9.097×10^{-8}	3.814	4.242×10^{-3}	46,636	0.00070
20	888.1	1881	0.1450	8.680×10^{-8}	0.8374	9.429×10^{-4}	10,863	0.00070
40	876.0	1964	0.1444	8.391×10^{-8}	0.2177	2.485×10^{-4}	2,962	0.00070
60	863.9	2048	0.1404	7.934×10^{-8}	0.07399	8.565×10^{-5}	1,080	0.00070
80	852.0	2132	0.1380	7.599×10^{-8}	0.03232	3.794×10^{-5}	499.3	0.00070
100	840.0	2220	0.1367	7.330×10^{-8}	0.01718	2.046×10^{-5}	279.1	0.00070
120	828.9	2308	0.1347	7.042×10^{-8}	0.01029	1.241×10^{-5}	176.3	0.00070
140	816.8	2395	0.1330	6.798×10^{-8}	0.006558	8.029×10^{-6}	118.1	0.00070
150	810.3	2441	0.1327	6.708×10^{-8}	0.005344	6.595×10^{-6}	98.31	0.00070

출처 : 부록 1과 동일

부록 3 액체 및 고체의 밀도와 비열(1)

(a) 액체

물질	비등(1 atm)		응고		액체 물성치		
	비등점 (°C)	증발잠열 h_{fg} (kJ/kg)	응고점 (°C)	융해잠열 h_{if} (kJ/kg)	온도(°C)	밀도 ρ (kg/m^3)	비열 c_p (kJ/kg·°C)
Ammonia	−33.3	1357	−77.7	322.4	−33.3	682	4.43
					−20	665	4.52
					0	639	4.60
					25	602	4.80
Argon	−185.9	161.6	−189.3	28	−185.6	1394	1.14
Benzene	80.2	394	5.5	126	20	879	1.72
Brine (20% sodium chloride by mass)	103.9	—	−17.4	—	20	1150	3.11
n-Butane	−0.5	385.2	−138.5	80.3	−0.5	601	2.31
Carbon dioxide	−78.4*	230.5 (at 0°C)	−56.6		0	298	0.59
Ethanol	78.2	838.3	−114.2	109	25	783	2.46
Ethyl alcohol	78.6	855	−156	108	20	789	2.84
Ethylene glycol	198.1	800.1	−10.8	181.1	20	1109	2.84
Glycerine	179.9	974	18.9	200.6	20	1261	2.32
Helium	−268.9	22.8	—	—	−268.9	146.2	22.8
Hydrogen	−252.8	445.7	−259.2	59.5	−252.8	70.7	10.0
Isobutane	−11.7	367.1	−160	105.7	−11.7	593.8	2.28
Kerosene	204–293	251	−24.9	—	20	820	2.00
Mercury	356.7	294.7	−38.9	11.4	25	13560	0.139
Methane	−161.5	510.4	−182.2	58.4	−161.5	423	3.49
					−100	301	5.79
Methanol	64.5	1100	−97.7	99.2	25	787	2.55
Nitrogen	−195.8	198.6	−210	25.3	−195.8	809	2.06
					−160	596	2.97
Octane	124.8	306.3	−57.5	180.7	20	703	2.10
Oil (light)					25	910	1.80
Oxygen	−183	212.7	−218.8	13.7	−183	1141	1.71
Petroleum	—	230–384			20	640	2.0
Propane	−42.1	427.8	−187.7	80.0	−42.1	581	2.25
					0	529	2.53
					50	449	3.13
Refrigerant-134a	−26.1	216.8	−96.6	—	−50	1443	1.23
					−26.1	1374	1.27
					0	1294	1.34
					25	1206	1.42
Water	100	2257	0.0	333.7	0	1000	4.23
					25	997	4.18
					50	988	4.18
					75	975	4.19
					100	958	4.22

* 승화온도. (이산화탄소, 즉 Carbon dioxide는 3중점의 압력인 518 kPa 미만의 압력 하에서는 고체 또는 기체 상태로 존재한다. 또한 빙점은 3중점 온도인 −56.5°C이다.)

부록 3 액체 및 고체의 밀도와 비열(2)

(b) 고체

물질	밀도 ρ (kg/m^3)	비열 c_p (kJ/kg·°C)	물질	밀도 ρ (kg/m^3)	비열 c_p (kJ/kg·°C)
금속			비금속		
Aluminum			Asphalt	2110	0.920
200 K		0.797	Brick, common	1922	0.79
250 K		0.859	Brick, fireclay (500°C)	2300	0.960
300 K	2,700	0.902	Concrete	2300	0.653
350 K		0.929	Clay	1000	0.920
400 K		0.949	Diamond	2420	0.616
450 K		0.973	Glass, window	2700	0.800
500 K		0.997	Glass, pyrex	2230	0.840
Bronze (76% Cu, 2% Zn, 2% Al)	8,280	0.400	Graphite	2500	0.711
			Granite	2700	1.017
Brass, yellow (65% Cu, 35% Zn)	8,310	0.400	Gypsum or plaster board	800	1.09
			Ice		
Copper			200 K		1.56
−173°C		0.254	220 K		1.71
−100°C		0.342	240 K		1.86
−50°C		0.367	260 K		2.01
0°C		0.381	273 K	921	2.11
27°C	8,900	0.386	Limestone	1650	0.909
100°C		0.393	Marble	2600	0.880
200°C		0.403	Plywood (Douglas Fir)	545	1.21
Iron	7,840	0.45	Rubber (soft)	1100	1.840
Lead	11,310	0.128	Rubber (hard)	1150	2.009
Magnesium	1,730	1.000	Sand	1520	0.800
Nickel	8,890	0.440	Stone	1500	0.800
Silver	10,470	0.235	Woods, hard (maple, oak, etc.)	721	1.26
Steel, mild	7,830	0.500	Woods, soft (fir, pine, etc.)	513	1.38
Tungsten	19,400	0.130			

출처 : Fundamentals of Thermal-Fluid Sciences, Yunus A. Çengel, Robert H. Turner, McGraw Hill. 2001.

부록 4 공기(표준대기압)의 물성치

온도 T, °C	밀도 ρ, kg/m^3	정압비열 c_p, J/kg·K	열전도율 k, W/m·K	열확산계수 α, m^2/s	점성계수 μ, kg/m·s	동점성계수 ν, m^2/s	프란틀수 Pr
−150	2.866	983	0.01171	4.158×10^{-6}	8.636×10^{-6}	3.013×10^{-6}	0.7246
−100	2.038	966	0.01582	8.036×10^{-6}	1.189×10^{-6}	5.837×10^{-6}	0.7263
−50	1.582	999	0.01979	1.252×10^{-5}	1.474×10^{-5}	9.319×10^{-6}	0.7440
−40	1.514	1002	0.02057	1.356×10^{-5}	1.527×10^{-5}	1.008×10^{-5}	0.7436
−30	1.451	1004	0.02134	1.465×10^{-5}	1.579×10^{-5}	1.087×10^{-5}	0.7425
−20	1.394	1005	0.02211	1.578×10^{-5}	1.630×10^{-5}	1.169×10^{-5}	0.7408
−10	1.341	1006	0.02288	1.696×10^{-5}	1.680×10^{-5}	1.252×10^{-5}	0.7387
0	1.292	1006	0.02364	1.818×10^{-5}	1.729×10^{-5}	1.338×10^{-5}	0.7362
5	1.269	1006	0.02401	1.880×10^{-5}	1.754×10^{-5}	1.382×10^{-5}	0.7350
10	1.246	1006	0.02439	1.944×10^{-5}	1.778×10^{-5}	1.426×10^{-5}	0.7336
15	1.225	1007	0.02476	2.009×10^{-5}	1.802×10^{-5}	1.470×10^{-5}	0.7323
20	1.204	1007	0.02514	2.074×10^{-5}	1.825×10^{-5}	1.516×10^{-5}	0.7309
25	1.184	1007	0.02551	2.141×10^{-5}	1.849×10^{-5}	1.562×10^{-5}	0.7296
30	1.164	1007	0.02588	2.208×10^{-5}	1.872×10^{-5}	1.608×10^{-5}	0.7282
35	1.145	1007	0.02625	2.277×10^{-5}	1.895×10^{-5}	1.655×10^{-5}	0.7268
40	1.127	1007	0.02662	2.346×10^{-5}	1.918×10^{-5}	1.702×10^{-5}	0.7255
45	1.109	1007	0.02699	2.416×10^{-5}	1.941×10^{-5}	1.750×10^{-5}	0.7241
50	1.092	1007	0.02735	2.487×10^{-5}	1.963×10^{-5}	1.798×10^{-5}	0.7228
60	1.059	1007	0.02808	2.632×10^{-5}	2.008×10^{-5}	1.896×10^{-5}	0.7202
70	1.028	1007	0.02881	2.780×10^{-5}	2.052×10^{-5}	1.995×10^{-5}	0.7177
80	0.9994	1008	0.02953	2.931×10^{-5}	2.096×10^{-5}	2.097×10^{-5}	0.7154
90	0.9718	1008	0.03024	3.086×10^{-5}	2.139×10^{-5}	2.201×10^{-5}	0.7132
100	0.9458	1009	0.03095	3.243×10^{-5}	2.181×10^{-5}	2.306×10^{-5}	0.7111
120	0.8977	1011	0.03235	3.565×10^{-5}	2.264×10^{-5}	2.522×10^{-5}	0.7073
140	0.8542	1013	0.03374	3.898×10^{-5}	2.345×10^{-5}	2.745×10^{-5}	0.7041
160	0.8148	1016	0.03511	4.241×10^{-5}	2.420×10^{-5}	2.975×10^{-5}	0.7014
180	0.7788	1019	0.03646	4.593×10^{-5}	2.504×10^{-5}	3.212×10^{-5}	0.6992
200	0.7459	1023	0.03779	4.954×10^{-5}	2.577×10^{-5}	3.455×10^{-5}	0.6974
250	0.6746	1033	0.04104	5.890×10^{-5}	2.760×10^{-5}	4.091×10^{-5}	0.6946
300	0.6158	1044	0.04418	6.871×10^{-5}	2.934×10^{-5}	4.765×10^{-5}	0.6935
350	0.5664	1056	0.04721	7.892×10^{-5}	3.101×10^{-5}	5.475×10^{-5}	0.6937
400	0.5243	1069	0.05015	8.951×10^{-5}	3.261×10^{-5}	6.219×10^{-5}	0.6948
450	0.4880	1081	0.05298	1.004×10^{-4}	3.415×10^{-5}	6.997×10^{-5}	0.6965
500	0.4565	1093	0.05572	1.117×10^{-4}	3.563×10^{-5}	7.806×10^{-5}	0.6986
600	0.4042	1115	0.06093	1.352×10^{-4}	3.846×10^{-5}	9.515×10^{-5}	0.7037
700	0.3627	1135	0.06581	1.598×10^{-4}	4.111×10^{-5}	1.133×10^{-4}	0.7092
800	0.3289	1153	0.07037	1.855×10^{-4}	4.362×10^{-5}	1.326×10^{-4}	0.7149
900	0.3008	1169	0.07465	2.122×10^{-4}	4.600×10^{-5}	1.529×10^{-4}	0.7206
1000	0.2772	1184	0.07868	2.398×10^{-4}	4.826×10^{-5}	1.741×10^{-4}	0.7260
1500	0.1990	1234	0.09599	3.908×10^{-4}	5.817×10^{-5}	2.922×10^{-4}	0.7478
2000	0.1553	1264	0.11113	5.664×10^{-4}	6.630×10^{-5}	4.270×10^{-4}	0.7539

Note: For ideal gases, the properties c_p, k, μ, and Pr are independent of pressure. The properties ρ, ν, and α at a pressure P (in atm) other than 1 atm are determined by multiplying the values of ρ at the given temperature by P and by dividing ν and α by P.

출처 : 부록 1과 동일

부록 5 기체(표준대기압)의 물성치(1)

온도 T, °C	밀도 ρ, kg/m³	정압비열 c_p, J/kg·K	열전도율 k, W/m·K	열확산계수 α, m²/s	점성계수 μ, kg/m·s	동점성계수 ν, m²/s	프란틀수 Pr
			이산화탄소 (Carbon Dioxide, CO_2)				
−50	2.4035	746	0.01051	5.860×10^{-6}	1.129×10^{-5}	4.699×10^{-6}	0.8019
0	1.9635	811	0.01456	9.141×10^{-6}	1.375×10^{-5}	7.003×10^{-6}	0.7661
50	1.6597	866.6	0.01858	1.291×10^{-5}	1.612×10^{-5}	9.714×10^{-6}	0.7520
100	1.4373	914.8	0.02257	1.716×10^{-5}	1.841×10^{-5}	1.281×10^{-5}	0.7464
150	1.2675	957.4	0.02652	2.186×10^{-5}	2.063×10^{-5}	1.627×10^{-5}	0.7445
200	1.1336	995.2	0.03044	2.698×10^{-5}	2.276×10^{-5}	2.008×10^{-5}	0.7442
300	0.9358	1060	0.03814	3.847×10^{-5}	2.682×10^{-5}	2.866×10^{-5}	0.7450
400	0.7968	1112	0.04565	5.151×10^{-5}	3.061×10^{-5}	3.842×10^{-5}	0.7458
500	0.6937	1156	0.05293	6.600×10^{-5}	3.416×10^{-5}	4.924×10^{-5}	0.7460
1000	0.4213	1292	0.08491	1.560×10^{-4}	4.898×10^{-5}	1.162×10^{-4}	0.7455
1500	0.3025	1356	0.10688	2.606×10^{-4}	6.106×10^{-5}	2.019×10^{-4}	0.7745
2000	0.2359	1387	0.11522	3.521×10^{-4}	7.322×10^{-5}	3.103×10^{-4}	0.8815
			일산화탄소 (Carbon Monoxide, CO)				
−50	1.5297	1081	0.01901	1.149×10^{-5}	1.378×10^{-5}	9.012×10^{-6}	0.7840
0	1.2497	1048	0.02278	1.739×10^{-5}	1.629×10^{-5}	1.303×10^{-5}	0.7499
50	1.0563	1039	0.02641	2.407×10^{-5}	1.863×10^{-5}	1.764×10^{-5}	0.7328
100	0.9148	1041	0.02992	3.142×10^{-5}	2.080×10^{-5}	2.274×10^{-5}	0.7239
150	0.8067	1049	0.03330	3.936×10^{-5}	2.283×10^{-5}	2.830×10^{-5}	0.7191
200	0.7214	1060	0.03656	4.782×10^{-5}	2.472×10^{-5}	3.426×10^{-5}	0.7164
300	0.5956	1085	0.04277	6.619×10^{-5}	2.812×10^{-5}	4.722×10^{-5}	0.7134
400	0.5071	1111	0.04860	8.628×10^{-5}	3.111×10^{-5}	6.136×10^{-5}	0.7111
500	0.4415	1135	0.05412	1.079×10^{-4}	3.379×10^{-5}	7.653×10^{-5}	0.7087
1000	0.2681	1226	0.07894	2.401×10^{-4}	4.557×10^{-5}	1.700×10^{-4}	0.7080
1500	0.1925	1279	0.10458	4.246×10^{-4}	6.321×10^{-5}	3.284×10^{-4}	0.7733
2000	0.1502	1309	0.13833	7.034×10^{-4}	9.826×10^{-5}	6.543×10^{-4}	0.9302
			메탄 (Methane, CH_4)				
−50	0.8761	2243	0.02367	1.204×10^{-5}	8.564×10^{-6}	9.774×10^{-6}	0.8116
0	0.7158	2217	0.03042	1.917×10^{-5}	1.028×10^{-5}	1.436×10^{-5}	0.7494
50	0.6050	2302	0.03766	2.704×10^{-5}	1.191×10^{-5}	1.969×10^{-5}	0.7282
100	0.5240	2443	0.04534	3.543×10^{-5}	1.345×10^{-5}	2.567×10^{-5}	0.7247
150	0.4620	2611	0.05344	4.431×10^{-5}	1.491×10^{-5}	3.227×10^{-5}	0.7284
200	0.4132	2791	0.06194	5.370×10^{-5}	1.630×10^{-5}	3.944×10^{-5}	0.7344
300	0.3411	3158	0.07996	7.422×10^{-5}	1.886×10^{-5}	5.529×10^{-5}	0.7450
400	0.2904	3510	0.09918	9.727×10^{-5}	2.119×10^{-5}	7.297×10^{-5}	0.7501
500	0.2529	3836	0.11933	1.230×10^{-4}	2.334×10^{-5}	9.228×10^{-5}	0.7502
1000	0.1536	5042	0.22562	2.914×10^{-4}	3.281×10^{-5}	2.136×10^{-4}	0.7331
1500	0.1103	5701	0.31857	5.068×10^{-4}	4.434×10^{-5}	4.022×10^{-4}	0.7936
2000	0.0860	6001	0.36750	7.120×10^{-4}	6.360×10^{-5}	7.395×10^{-4}	1.0386
			수소 (Hydrogen, H_2)				
−50	0.11010	12635	0.1404	1.009×10^{-4}	7.293×10^{-6}	6.624×10^{-5}	0.6562
0	0.08995	13920	0.1652	1.319×10^{-4}	8.391×10^{-6}	9.329×10^{-5}	0.7071
50	0.07603	14349	0.1881	1.724×10^{-4}	9.427×10^{-6}	1.240×10^{-4}	0.7191
100	0.06584	14473	0.2095	2.199×10^{-4}	1.041×10^{-5}	1.582×10^{-4}	0.7196
150	0.05806	14492	0.2296	2.729×10^{-4}	1.136×10^{-5}	1.957×10^{-4}	0.7174
200	0.05193	14482	0.2486	3.306×10^{-4}	1.228×10^{-5}	2.365×10^{-4}	0.7155
300	0.04287	14481	0.2843	4.580×10^{-4}	1.403×10^{-5}	3.274×10^{-4}	0.7149
400	0.03650	14540	0.3180	5.992×10^{-4}	1.570×10^{-5}	4.302×10^{-4}	0.7179
500	0.03178	14653	0.3509	7.535×10^{-4}	1.730×10^{-5}	5.443×10^{-4}	0.7224
1000	0.01930	15577	0.5206	1.732×10^{-3}	2.455×10^{-5}	1.272×10^{-3}	0.7345
1500	0.01386	16553	0.6581	2.869×10^{-3}	3.099×10^{-5}	2.237×10^{-3}	0.7795
2000	0.01081	17400	0.5480	2.914×10^{-3}	3.690×10^{-5}	3.414×10^{-3}	1.1717

부록 5 기체(표준대기압)의 물성치(2)

온도 T, °C	밀도 ρ, kg/m³	정압비열 c_p, J/kg·K	열전도율 k, W/m·K	열확산계수 α, m²/s	점성계수 μ, kg/m·s	동점성계수 ν, m²/s	프란틀수 Pr
				질소 (Nitrogen, N_2)			
−50	1.5299	957.3	0.02001	1.366×10^{-5}	1.390×10^{-5}	9.091×10^{-6}	0.6655
0	1.2498	1035	0.02384	1.843×10^{-5}	1.640×10^{-5}	1.312×10^{-5}	0.7121
50	1.0564	1042	0.02746	2.494×10^{-5}	1.874×10^{-5}	1.774×10^{-5}	0.7114
100	0.9149	1041	0.03090	3.244×10^{-5}	2.094×10^{-5}	2.289×10^{-5}	0.7056
150	0.8068	1043	0.03416	4.058×10^{-5}	2.300×10^{-5}	2.851×10^{-5}	0.7025
200	0.7215	1050	0.03727	4.921×10^{-5}	2.494×10^{-5}	3.457×10^{-5}	0.7025
300	0.5956	1070	0.04309	6.758×10^{-5}	2.849×10^{-5}	4.783×10^{-5}	0.7078
400	0.5072	1095	0.04848	8.727×10^{-5}	3.166×10^{-5}	6.242×10^{-5}	0.7153
500	0.4416	1120	0.05358	1.083×10^{-4}	3.451×10^{-5}	7.816×10^{-5}	0.7215
1000	0.2681	1213	0.07938	2.440×10^{-4}	4.594×10^{-5}	1.713×10^{-4}	0.7022
1500	0.1925	1266	0.11793	4.839×10^{-4}	5.562×10^{-5}	2.889×10^{-4}	0.5969
2000	0.1502	1297	0.18590	9.543×10^{-4}	6.426×10^{-5}	4.278×10^{-4}	0.4483
				산소 (Oxygen, O_2)			
−50	1.7475	984.4	0.02067	1.201×10^{-5}	1.616×10^{-5}	9.246×10^{-6}	0.7694
0	1.4277	928.7	0.02472	1.865×10^{-5}	1.916×10^{-5}	1.342×10^{-5}	0.7198
50	1.2068	921.7	0.02867	2.577×10^{-5}	2.194×10^{-5}	1.818×10^{-5}	0.7053
100	1.0451	931.8	0.03254	3.342×10^{-5}	2.451×10^{-5}	2.346×10^{-5}	0.7019
150	0.9216	947.6	0.03637	4.164×10^{-5}	2.694×10^{-5}	2.923×10^{-5}	0.7019
200	0.8242	964.7	0.04014	5.048×10^{-5}	2.923×10^{-5}	3.546×10^{-5}	0.7025
300	0.6804	997.1	0.04751	7.003×10^{-5}	3.350×10^{-5}	4.923×10^{-5}	0.7030
400	0.5793	1025	0.05463	9.204×10^{-5}	3.744×10^{-5}	6.463×10^{-5}	0.7023
500	0.5044	1048	0.06148	1.163×10^{-4}	4.114×10^{-5}	8.156×10^{-5}	0.7010
1000	0.3063	1121	0.09198	2.678×10^{-4}	5.732×10^{-5}	1.871×10^{-4}	0.6986
1500	0.2199	1165	0.11901	4.643×10^{-4}	7.133×10^{-5}	3.243×10^{-4}	0.6985
2000	0.1716	1201	0.14705	7.139×10^{-4}	8.417×10^{-5}	4.907×10^{-4}	0.6873
				수증기 (Water Vapor, H_2O)			
−50	0.9839	1892	0.01353	7.271×10^{-6}	7.187×10^{-6}	7.305×10^{-6}	1.0047
0	0.8038	1874	0.01673	1.110×10^{-5}	8.956×10^{-6}	1.114×10^{-5}	1.0033
50	0.6794	1874	0.02032	1.596×10^{-5}	1.078×10^{-5}	1.587×10^{-5}	0.9944
100	0.5884	1887	0.02429	2.187×10^{-5}	1.265×10^{-5}	2.150×10^{-5}	0.9830
150	0.5189	1908	0.02861	2.890×10^{-5}	1.456×10^{-5}	2.806×10^{-5}	0.9712
200	0.4640	1935	0.03326	3.705×10^{-5}	1.650×10^{-5}	3.556×10^{-5}	0.9599
300	0.3831	1997	0.04345	5.680×10^{-5}	2.045×10^{-5}	5.340×10^{-5}	0.9401
400	0.3262	2066	0.05467	8.114×10^{-5}	2.446×10^{-5}	7.498×10^{-5}	0.9240
500	0.2840	2137	0.06677	1.100×10^{-4}	2.847×10^{-5}	1.002×10^{-4}	0.9108
1000	0.1725	2471	0.13623	3.196×10^{-4}	4.762×10^{-5}	2.761×10^{-4}	0.8639
1500	0.1238	2736	0.21301	6.288×10^{-4}	6.411×10^{-5}	5.177×10^{-4}	0.8233
2000	0.0966	2928	0.29183	1.032×10^{-3}	7.808×10^{-5}	8.084×10^{-4}	0.7833

Note: For ideal gases, the properties c_p, k, μ, and Pr are independent of pressure. The properties ρ, ν, and α at a pressure P (in atm) other than 1 atm are determined by multiplying the values of ρ at the given temperature by P and by dividing ν and α by P.

출처 : 부록 1과 동일

부록 6 기체의 가스상수 및 비열(25°C, 100kPa)

기체	화학식	분자량 M	가스상수 R kJ/kg·K	밀도 ρ kg/m^3	정압비열 c_{po} kJ/kg·K	정적비열 c_{vo} kJ/kg·K	비열비 k
수증기	H_2O	18.015	0.4615	0.0231	1.872	1.410	1.327
아세틸렌	C_2H_2	26.038	0.3193	1.05	1.699	1.380	1.231
공기	--	28.97	0.287	1.169	1.004	0.717	1.400
암모니아	NH_3	17.031	0.4882	0.694	2.130	1.642	1.297
알곤	Ar	39.948	0.2081	1.613	0.520	0.312	1.667
부탄	C_4H_{10}	58.124	0.1430	2.407	1.716	1.573	1.091
일산화탄소	CO	28.01	0.2968	1.13	1.041	0.744	1.399
이산화탄소	CO_2	44.01	0.1889	1.775	0.842	0.653	1.289
에탄	C_2H_6	30.07	0.2765	1.222	1.766	1.490	1.186
에탄올	C_2H_5OH	46.069	0.1805	1.883	1.427	1.246	1.145
에틸렌	C_2H_4	28.054	0.2964	1.138	1.548	1.252	1.237
헬륨	He	4.003	2.0771	0.1615	5.193	3.116	1.667
수소	H_2	2.016	4.1243	0.0813	14.209	10.085	1.409
메탄	CH_4	16.043	0.5183	0.648	2.254	1.736	1.299
메탄올	CH_3OH	32.042	0.2595	1.31	1.405	1.146	1.227
네온	Ne	20.183	0.4120	0.814	1.03	0.618	1.667
일산화질소	NO	30.006	0.2771	1.21	0.993	0.716	1.387
질소	N_2	28.013	0.2968	1.13	1.042	0.745	1.400
아산화질소	N_2O	44.013	0.1889	1.775	0.879	0.690	1.274
n-옥탄	C_8H_{18}	114.23	0.07279	0.092	1.711	1.638	1.044
산소	O_2	31.999	0.2598	1.292	0.922	0.662	1.393
프로판	C_3H_8	44.094	0.1886	1.808	1.679	1.490	1.126
R-12	CCl_2F_2	120.914	0.06876	4.98	0.616	0.547	1.126
R-22	$CHClF_2$	86.469	0.09616	3.54	0.658	0.562	1.171
R-134a	CF_3CH_2F	102.03	0.08149	4.20	0.852	0.771	1.106
이산화황	SO_2	64.059	0.1298	2.618	0.624	0.494	1.263
삼산화황	SO_3	80.053	0.10386	3.272	0.635	0.531	1.196

출처 : Fundamentals of Thermodynamics, 5th Edition, Richard E. Sonntag, Claus Borgnakke, Gordon J. Van Wylen, John Wiley & Sons, Inc. 1998.
박영무 외 3인 공역 (주)사이텍미디어, 2000.

부록 7 공기의 엔탈피, 내부에너지, 엔트로피(1)

T K	h kJ/kg	P_r	u kJ/kg	V_r	s^0 kJ/kg·K	T K	h kJ/kg	P_r	u kJ/kg	V_r	s^0 kJ/kg·K
200	199.97	0.3363	142.56	1707.0	1.29559	580	586.04	14.38	419.55	115.7	2.37348
210	209.97	0.3987	149.69	1512.0	1.34444	590	596.52	15.31	427.15	110.6	2.39140
220	219.97	0.4690	156.82	1346.0	1.39105	600	607.02	16.28	434.78	105.8	2.40902
230	230.02	0.5477	164.00	1205.0	1.43557	610	617.53	17.30	442.42	101.2	2.42644
240	240.02	0.6355	171.13	1084.0	1.47824	620	628.07	18.36	450.09	96.92	2.44356
250	250.05	0.7329	178.28	979.0	1.51917	630	638.63	19.84	457.78	92.84	2.46048
260	260.09	0.8405	185.45	887.8	1.55848	640	649.22	20.64	465.50	88.99	2.47716
270	270.11	0.9590	192.60	808.0	1.59634	650	659.84	21.86	473.25	85.34	2.49364
280	280.13	1.0889	199.75	738.0	1.63279	660	670.47	23.13	481.01	81.89	2.50985
285	285.14	1.1584	203.33	706.1	1.65055	670	681.14	24.46	488.81	78.61	2.52589
290	290.16	1.2311	206.91	676.1	1.66802	680	691.82	25.85	496.62	75.50	2.54175
295	295.17	1.3068	210.49	647.9	1.68515	690	702.52	27.29	504.45	72.56	2.55731
298	298.18	1.3543	212.64	631.9	1.69528	700	713.27	28.80	512.33	69.76	2.57277
300	300.19	1.3860	214.07	621.2	1.70203	710	724.04	30.38	520.23	67.07	2.58810
305	305.22	1.4686	217.67	596.0	1.71865	720	734.82	32.02	528.14	64.53	2.60319
310	310.24	1.5546	221.25	572.3	1.73498	730	745.62	33.72	536.07	62.13	2.61803
315	315.27	1.6442	224.85	549.8	1.75106	740	756.44	35.50	544.02	59.82	2.63280
320	320.29	1.7375	228.42	528.6	1.76690	750	767.29	37.35	551.99	57.63	2.64737
325	325.31	1.8345	232.02	508.4	1.78249	760	778.18	39.27	560.01	55.54	2.66176
330	330.34	1.9352	235.61	489.4	1.79783	780	800.03	43.35	576.12	51.64	2.69013
340	340.42	2.149	242.82	454.1	1.82790	800	821.95	47.75	592.30	48.08	2.71787
350	350.49	2.379	250.02	422.2	1.85708	820	843.98	52.59	608.59	44.84	2.74504
360	360.58	2.626	257.24	393.4	1.88543	840	866.08	57.60	624.95	41.85	2.77170
370	370.67	2.892	264.46	367.2	1.91313	860	888.27	63.09	641.40	39.12	2.79783
380	380.77	3.176	271.69	343.4	1.94001	880	910.56	68.98	657.95	36.61	2.82344
390	390.88	3.481	278.93	321.5	1.96633	900	932.93	75.29	674.58	34.31	2.84856
400	400.98	3.806	286.16	301.6	1.99194	920	955.38	82.05	691.28	32.18	2.87324
410	411.12	4.153	293.43	283.3	2.01699	940	977.92	89.28	708.08	30.22	2.89748
420	421.26	4.522	300.69	266.6	2.04142	960	1000.55	97.00	725.02	28.40	2.92128
430	431.43	4.915	307.99	251.1	2.06533	980	1023.25	105.2	741.98	26.73	2.94468
440	441.61	5.332	315.30	236.8	2.08870	1000	1046.04	114.0	758.94	25.17	2.96770
450	451.80	5.775	322.62	223.6	2.11161	1020	1068.89	123.4	776.10	23.72	2.99034
460	462.02	6.245	329.97	211.4	2.13407	1040	1091.85	133.3	793.36	23.29	3.01260
470	472.24	6.742	337.32	200.1	2.15604	1060	1114.86	143.9	810.62	21.14	3.03449
480	482.49	7.268	344.70	189.5	2.17760	1080	1137.89	155.2	827.88	19.98	3.05608
490	492.74	7.824	352.08	179.7	2.19876	1100	1161.07	167.1	845.33	18.896	3.07732
500	503.02	8.411	359.49	170.6	2.21952	1120	1184.28	179.7	862.79	17.886	3.09825
510	513.32	9.031	366.92	162.1	2.23993	1140	1207.57	193.1	880.35	16.946	3.11883
520	523.63	9.684	374.36	154.1	2.25997	1160	1230.92	207.2	897.91	16.064	3.13916
530	533.98	10.37	381.84	146.7	2.27967	1180	1254.34	222.2	915.57	15.241	3.15916
540	544.35	11.10	389.34	139.7	2.29906	1200	1277.79	238.0	933.33	14.470	3.17888
550	555.74	11.86	396.86	133.1	2.31809	1220	1301.31	254.7	951.09	13.747	3.19834
560	565.17	12.66	404.42	127.0	2.33685	1240	1324.93	272.3	968.95	13.069	3.21751
570	575.59	13.50	411.97	121.2	2.35531						

부록 7 공기의 엔탈피, 내부에너지, 엔트로피(2)

T K	h kJ/kg	P_r	u kJ/kg	V_r	s^0 kJ/kg·K	T K	h kJ/kg	P_r	u kJ/kg	V_r	s^0 kJ/kg·K
1260	1348.55	290.8	986.90	12.435	3.23638	1600	1757.57	791.2	1298.30	5.804	3.52364
1280	1372.24	310.4	1004.76	11.835	3.25510	1620	1782.00	834.1	1316.96	5.574	3.53879
1300	1395.97	330.9	1022.82	11.275	3.27345	1640	1806.46	878.9	1335.72	5.355	3.55381
1320	1419.76	352.5	1040.88	10.747	3.29160	1660	1830.96	925.6	1354.48	5.147	3.56867
1340	1443.60	375.3	1058.94	10.247	3.30959	1680	1855.50	974.2	1373.24	4.949	3.58335
1360	1467.49	399.1	1077.10	9.780	3.32724	1700	1880.1	1025	1392.7	4.761	3.5979
1380	1491.44	424.2	1095.26	9.337	3.34474	1750	1941.6	1161	1439.8	4.328	3.6336
1400	1515.42	450.5	1113.52	8.919	3.36200	1800	2003.3	1310	1487.2	3.994	3.6684
1420	1539.44	478.0	1131.77	8.526	3.37901	1850	2065.3	1475	1534.9	3.601	3.7023
1440	1563.51	506.9	1150.13	8.153	3.39586	1900	2127.4	1655	1582.6	3.295	3.7354
1460	1587.63	537.1	1168.49	7.801	3.41247	1950	2189.7	1852	1630.6	3.022	3.7677
1480	1611.79	568.8	1186.95	7.468	3.42892	2000	2252.1	2068	1678.7	2.776	3.7994
1500	1635.97	601.9	1205.41	7.152	3.44516	2050	2314.6	2303	1726.8	2.555	3.8303
1520	1660.23	636.5	1223.87	6.854	3.46120	2100	2377.7	2559	1775.3	2.356	3.8605
1540	1684.51	672.8	1242.43	6.569	3.47712	2150	2440.3	2837	1823.8	2.175	3.8901
1560	1708.82	710.5	1260.99	6.301	3.49276	2200	2503.2	3138	1872.4	2.012	3.9191
1580	1733.17	750.0	1279.65	6.046	3.50829	2250	2566.4	3464	1921.3	1.864	3.9474

Note: The properties P_r (relative pressure) and v_r (relative specific volume) are dimensionless quantities used in the analysis of isentropic processes, and should not be confused with the properties pressure and specific volume.

출처 : Thermodynamics, An Engineering Approach, 5th Edition in SI Units, YUNUS A. ÇENGEL, MICHAEL A. BOLES, McGRAW-HiLL. 2006.

부록 8 수증기의 포화증기표(온도기준)[I]

온도 [°C]	포화압력 [MPa]	[mmHg]	비체적 [m^3/kg]		비엔탈피 [kJ/kg]			비엔트로피 [kJ/(kg·K)]		온도 [°C]
t	P		v'	v''	h'	h''	r	s'	s''	t
*0	0.0006108	4.6	0.00100022	206.305	−0.042	2501.6	2501.6	−0.00015	9.15773	0
0.01	0.0006112	4.6	0.00100022	206.163	0.001	2501.6	2501.6	0.00000	9.15746	0.01
2	0.0007055	5.3	0.00100009	179.923	8.387	2505.2	2496.8	0.03059	9.10467	2
4	0.0008129	6.1	0.00100003	157.272	16.803	2508.9	2492.1	0.06106	9.05258	4
6	0.0009345	7.0	0.00100004	137.779	25.208	2512.6	2487.4	0.09128	9.00145	6
8	0.0010720	8.0	0.00100012	120.966	33.605	2516.2	2482.6	0.12126	8.95125	8
10	0.0012270	9.2	0.00100025	106.430	41.994	2519.9	2477.9	0.15099	8.90196	10
12	0.0014014	10.5	0.00100044	93.8354	50.377	2523.6	2473.2	0.18049	8.85355	12
14	0.0015973	12.0	0.00100069	82.8997	58.754	2527.2	2468.5	0.20976	8.80602	14
16	0.0018168	13.6	0.00100099	73.3842	67.127	2530.9	2463.8	0.23882	8.75933	16
18	0.0020624	15.5	0.00100133	65.0873	75.496	2534.5	2459.0	0.26766	8.71346	18
20	0.0023366	17.5	0.00100172	57.8383	83.862	2538.2	2454.3	0.29630	8.66840	20
22	0.0026422	19.8	0.00100216	51.4923	92.225	2541.8	2449.6	0.32473	8.62413	22
24	0.0029821	22.4	0.00100264	45.9260	100.587	2545.5	2444.9	0.35296	8.58062	24
26	0.0033597	25.2	0.00100316	41.0343	108.947	2549.1	2440.2	0.38100	8.53787	26
28	0.0037782	28.3	0.00100371	36.7276	117.305	2552.7	2435.4	0.40885	8.49586	28
30	0.0042415	31.8	0.00100431	32.9289	125.664	2556.4	2430.7	0.43651	8.45456	30
32	0.0047534	35.7	0.00100494	29.5724	134.021	2560.0	2425.9	0.46399	8.41396	32
34	0.0053180	39.9	0.00100561	26.6013	142.379	2563.6	2421.2	0.49128	8.37405	34
36	0.0059400	44.6	0.00100631	23.9671	150.736	2567.2	2416.4	0.51840	8.33480	36
38	0.0066240	49.7	0.00100704	21.6275	159.094	2570.8	2411.7	0.54535	8.29621	38
40	0.0073750	55.3	0.00100781	19.5461	167.452	2574.4	2406.9	0.57212	8.25826	40
42	0.0081985	61.5	0.00100861	17.6915	175.811	2577.9	2402.1	0.59873	8.22093	42
44	0.0091001	68.3	0.00100944	16.0365	184.171	2581.5	2397.3	0.62517	8.18421	44
46	0.010086	75.6	0.00101030	14.5572	192.531	2585.1	2392.5	0.65144	8.14809	46
48	0.011162	83.7	0.00101119	13.2329	200.893	2588.6	2387.7	0.67756	8.11255	48
50	0.012335	92.5	0.00101211	12.0457	209.256	2592.2	2382.9	0.70351	8.07757	50
52	0.013613	102.1	0.00101306	10.9798	217.620	2595.7	2378.1	0.72931	8.04316	52
54	0.015002	112.5	0.00101404	10.0215	225.985	2599.2	2373.2	0.75496	8.00929	54
56	0.016511	123.8	0.00101505	9.15871	234.352	2602.7	2368.4	0.78045	7.97595	56
58	0.018147	136.1	0.00101608	8.38082	242.721	2606.2	2363.5	0.80579	7.94312	58
60	0.019920	149.4	0.00101714	7.67853	251.091	2609.7	2358.6	0.83099	7.91081	60
62	0.021838	163.8	0.00101823	7.04368	259.463	2613.2	2353.7	0.85604	7.87899	62
64	0.023912	179.4	0.00101935	6.46904	267.837	2616.6	2348.8	0.88094	7.84766	64
66	0.026150	196.1	0.00102049	5.94824	276.213	2620.1	2343.9	0.90571	7.81680	66
68	0.028563	214.2	0.00102166	5.47564	284.592	2623.5	2338.9	0.93033	7.78641	68

부록 8 수증기의 포화증기표(온도기준)[II]

온도 [°C]	포화압력 [MPa]	[mmHg]	비체적 [m³/kg]		비엔탈피 [kJ/kg]			비엔트로피 [kJ/(kg·K)]		온도 [°C]
t	P		v'	v''	h'	h''	r	s'	s''	t
70	0.031162	233.7	0.00102285	5.04627	292.972	2626.9	2334.0	0.95482	7.75647	70
72	0.033958	254.7	0.00102407	4.65568	301.356	2630.3	2329.0	0.97917	7.72697	72
74	0.036964	277.3	0.00102531	4.29998	309.741	2633.7	2324.0	1.00338	7.69791	74
76	0.040191	301.5	0.00102658	3.97566	318.130	2637.1	2318.9	1.02747	7.66926	76
78	0.043652	327.4	0.00102787	3.67962	326.521	2640.4	2313.9	1.05142	7.64104	78
80	0.047360	355.2	0.00102919	3.40909	334.916	2643.8	2308.8	1.07525	7.61322	80
82	0.051329	385.0	0.00103053	3.16160	343.314	2647.1	2303.8	1.09895	7.58579	82
84	0.055573	416.8	0.00103190	2.93495	351.715	2650.4	2298.6	1.12253	7.55875	84
86	0.060108	450.8	0.00103329	2.72716	360.119	2653.6	2293.5	1.14598	7.53209	86
88	0.064948	487.1	0.00103471	2.53647	368.527	2656.9	2288.4	1.16932	7.50580	88
90	0.070109	525.9	0.00103615	2.36130	376.939	2660.1	2283.2	1.19253	7.47987	90
92	0.075607	567.1	0.00103761	2.20021	385.356	2663.4	2278.0	1.21562	7.45430	92
94	0.081461	611.0	0.00103910	2.05192	393.776	2666.5	2272.8	1.23861	7.42907	94
96	0.087686	657.7	0.00104061	1.91530	402.201	2669.7	2267.5	1.26147	7.40418	96
98	0.094301	707.3	0.00104215	1.78931	410.630	2672.9	2262.2	1.28423	7.37962	98
100	0.101325	760.0	0.00104371	1.67300	419.064	2676.0	2256.9	1.30687	7.35538	100
102	0.10878	815.9	0.00104529	1.56553	427.504	2679.1	2251.6	1.32940	7.33146	102
104	0.11668	875.1	0.00104690	1.46615	435.948	2682.2	2246.3	1.35183	7.30785	104
106	0.12504	937.9	0.00104853	1.37417	444.398	2685.3	2240.9	1.37416	7.28454	106
108	0.13390	1004.3	0.00105019	1.28895	452.854	2688.3	2235.4	1.39637	7.26152	108
110	0.14327	1074.6	0.00105187	1.20994	461.315	2691.3	2230.0	1.41849	7.23880	110
112	0.15316	1148.8	0.00105357	1.13661	469.783	2694.3	2224.5	1.44051	7.21636	112
114	0.16362	1227.2	0.00105530	1.06852	478.257	2697.2	2219.0	1.46242	7.19419	114
116	0.17465	1310.0	0.00105705	1.00522	486.738	2700.2	2213.4	1.48424	7.17229	116
118	0.18628	1397.2	0.00105883	0.946340	495.225	2703.1	2207.9	1.50596	7.15066	118
120	0.19854	1489.2	0.00106063	0.891524	503.719	2706.0	2202.2	1.52759	7.12928	120
122	0.21145	1586.0	0.00106246	0.840452	512.221	2708.8	2196.6	1.54913	7.10816	122
124	0.22504	1687.9	0.00106431	0.792833	520.730	2711.6	2190.9	1.57057	7.08728	124
126	0.23933	1795.1	0.00106619	0.748399	529.247	2714.4	2185.2	1.59192	7.06664	126
128	0.25435	1907.8	0.00106809	0.706908	537.772	2717.2	2179.4	1.61319	7.04624	128
130	0.27013	2026.2	0.00107002	0.668136	546.305	2719.9	2173.6	1.63436	7.02606	130
140	0.36138	2710.6	0.00108006	0.508493	589.104	2733.1	2144.0	1.73899	6.92844	140

부록 8 수증기의 포화증기표(온도기준)[III]

온도 [°C]	압력 [MPa]	비체적 [m³/kg]		비엔탈피 [kJ/kg]			비엔트로피 [kJ/(kg·K)]		온도 [°C]
t	P	v'	v''	h'	h''	r	s'	s''	t
150	0.47600	0.00109078	0.392447	632.149	2745.4	2113.2	1.84164	6.83578	150
160	0.61806	0.00110223	0.306756	675.474	2756.7	2081.3	1.94247	6.74749	160
170	0.79202	0.00111446	0.242553	719.116	2767.1	2047.9	2.04164	6.66303	170
180	1.0027	0.00112752	0.193800	763.116	2776.3	2013.1	2.13929	6.58189	180
190	1.2551	0.00114151	0.156316	807.517	2784.3	1976.7	2.23558	6.50361	190
200	1.5549	0.00115650	0.127160	852.371	2790.9	1938.6	2.33066	6.42776	200
210	1.9077	0.00117260	0.104239	897.734	2796.2	1898.5	2.42467	6.35393	210
220	2.3198	0.00118996	0.0860378	943.673	2799.9	1856.2	2.51779	6.28172	220
230	2.7976	0.00120872	0.0714498	990.265	2802.0	1811.7	2.61017	6.21074	230
240	3.3478	0.00122908	0.0596544	1037.60	2802.2	1764.6	2.70200	6.14059	240
250	3.9776	0.00125129	0.0500374	1085.78	2800.4	1714.7	2.79348	6.07083	250
260	4.6943	0.00127563	0.0421338	1134.94	2796.4	1661.5	2.88485	6.00097	260
270	5.5058	0.00130250	0.0355880	1185.23	2789.9	1604.6	2.97635	5.93045	270
280	6.4202	0.00133239	0.0301260	1236.84	2780.4	1543.6	3.06830	5.85863	280
290	7.4461	0.00136595	0.0255351	1290.01	2767.6	1477.6	3.16108	5.78478	290
300	8.5927	0.00140406	0.0216487	1345.05	2751.0	1406.0	3.25517	5.70812	300
310	9.8700	0.00144797	0.0183339	1402.39	2730.0	1327.6	3.35119	5.62776	310
320	11.289	0.00149950	0.0154798	1462.60	2703.7	1241.1	3.45000	5.54233	320
330	12.863	0.00156147	0.0129894	1526.52	2670.2	1143.6	3.55283	5.44901	330
340	14.605	0.00163872	0.0107804	1595.47	2626.2	1030.7	3.66162	5.34274	340
350	16.535	0.00174112	0.0087991	1671.94	2567.7	895.7	3.78004	5.21766	350
352	16.945	0.0017661	0.0084205	1689.3	2553.5	864.2	3.80707	5.18929	352
354	17.364	0.0017937	0.0080453	1707.5	2538.4	830.9	3.83487	5.15959	354
356	17.792	0.0018241	0.0076741	1725.9	2522.1	796.2	3.86295	5.12835	356
358	18.229	0.0018580	0.0073061	1744.7	2504.6	759.9	3.89155	5.09529	358
360	18.675	0.0018959	0.0069398	1764.2	2485.4	721.3	3.92102	5.06003	360
362	19.131	0.0019388	0.0065727	1784.6	2464.4	679.8	3.95182	5.02202	362
364	19.596	0.0019882	0.0062010	1806.4	2440.9	634.6	3.98462	4.98042	364
366	20.072	0.0020464	0.0058186	1830.2	2414.1	583.9	4.02048	4.93389	366
368	20.557	0.0021181	0.0054157	1857.3	2382.4	525.1	4.06127	4.88012	368
370	21.054	0.0022136	0.0049728	1890.2	2342.8	452.6	4.11080	4.81439	370
372	21.562	0.0023636	0.0044389	1935.6	2287.0	351.4	4.17942	4.72403	372
374	22.081	0.0028427	0.0034659	2046.7	2156.2	109.5	4.34934	4.51853	374
374.15	22.120	0.0031700	0.0031700	2107.4	2107.4	0.0	4.44286	4.44286	374.15

부록 9 수증기의 포화증기표(압력기준)[I]

압력 [MPa]	압력 [mmHg]	온도 [°C]	비체적 [m³/kg]		비엔탈피 [kJ/kg]			비엔트로피 [kJ/(kg·K)]		압력 [MPa]
P		t	v'	v''	h'	h''	r	s'	s''	P
0.001	7.5	6.983	0.00100007	129.209	29.335	2514.4	2485.0	0.10604	8.97667	0.001
0.002	15.0	17.513	0.00100124	67.0061	73.457	2533.6	2460.2	0.26065	8.72456	0.002
0.003	22.5	24.100	0.00100266	45.6673	101.003	2545.6	2444.6	0.35436	8.57848	0.003
0.004	30.0	28.983	0.00100400	34.8022	121.412	2554.5	2433.1	0.42246	8.47548	0.004
0.005	37.5	32.90	0.00100523	28.1944	137.772	2561.6	2423.8	0.47626	8.39596	0.005
0.006	45.0	36.18	0.00100637	23.7410	151.502	2567.5	2416.0	0.52088	8.33124	0.006
0.007	52.5	39.02	0.00100743	20.5310	163.376	2572.6	2409.2	0.55909	8.27669	0.007
0.008	60.0	41.53	0.00100842	18.1046	173.865	2577.1	2403.2	0.59255	8.22956	0.008
0.009	67.5	43.79	0.00100935	16.2043	183.279	2581.1	2397.9	0.62235	8.18810	0.009
0.010	75.0	45.83	0.00101023	14.6746	191.832	2584.8	2392.9	0.64925	8.15108	0.010
0.012	90.0	49.45	0.00101186	12.3619	206.938	2591.2	2384.3	0.69634	8.08721	0.012
0.014	105.0	52.57	0.00101334	10.6942	220.022	2596.7	2376.7	0.73669	8.03338	0.014
0.016	120.0	55.34	0.00101471	9.43314	231.595	2601.6	2370.0	0.77207	7.98687	0.016
0.018	135.0	57.83	0.00101599	8.44521	241.994	2605.9	2363.9	0.80360	7.94595	0.018
0.020	150.0	60.09	0.00101719	7.64977	251.453	2609.9	2358.4	0.83207	7.90943	0.020
0.022	165.0	62.16	0.00101832	6.99514	260.139	2613.5	2353.3	0.85805	7.87645	0.022
0.024	180.0	64.08	0.00101939	6.44669	268.180	2616.8	2348.6	0.88196	7.84639	0.024
0.026	195.0	65.87	0.00102041	5.98034	275.673	2619.9	2344.2	0.90411	7.81878	0.026
0.028	210.0	67.55	0.00102139	5.57879	282.693	2622.7	2340.0	0.92476	7.79326	0.020
0.030	225.0	69.12	0.00102232	5.22930	289.302	2625.4	2336.1	0.94411	7.76953	0.030
0.032	240.0	70.61	0.00102322	4.92227	295.549	2628.0	2332.4	0.96232	7.74736	0.032
0.034	255.0	72.03	0.00102408	4.65036	301.476	2630.4	2328.9	0.97952	7.72655	0.034
0.036	270.0	73.37	0.00102492	4.40779	307.116	2632.6	2325.5	0.99582	7.70696	0.035
0.038	285.0	74.66	0.00102573	4.19003	312.500	2634.8	2322.3	1.01132	7.68844	0.030
0.040	300.0	75.89	0.00102651	3.99342	317.650	2636.9	2319.2	1.02610	7.67089	0.040
0.042	315.0	77.06	0.00102726	3.81500	322.589	2638.9	2316.3	1.04022	7.65421	0.042
0.044	330.0	78.19	0.00102800	3.65232	327.335	2640.7	2313.4	1.05374	7.63832	0.044
0.046	345.0	79.28	0.00102872	3.50338	331.904	2642.6	2310.7	1.06672	7.62315	0.046
0.048	360.0	80.33	0.00102941	3.36649	336.309	2644.3	2308.0	1.07919	7.60864	0.048
0.050	375.0	81.35	0.00103009	3.24022	340.564	2646.0	2305.4	1.09121	7.59472	0.050
0.054	405.0	83.27	0.00103140	3.01494	348.665	2649.2	2300.5	1.11399	7.56852	0.054
0.058	435.0	85.09	0.00103266	2.81984	356.280	2652.1	2295.9	1.13529	7.54422	0.058

부록 9 수증기의 포화증기표(압력기준)[II]

압력 [MPa]	[mmHg]	온도 [°C]	비체적 [m^3/kg]		비엔탈피 [kJ/kg]			비엔트로피 [kJ/(kg·K)]		압력 [MPa]
P		t	v'	v''	h'	h''	r	s'	s''	P
0.060	450.0	85.95	0.00103326	2.73175	359.925	2653.6	2293.6	1.14544	7.53270	0.060
0.064	480.0	87.62	0.00103444	2.57162	366.923	2656.3	2289.4	1.16487	7.51079	0.064
0.068	510.0	89.20	0.00103557	2.42976	373.566	2658.8	2285.3	1.18324	7.49022	0.068
0.070	525.0	89.96	0.00103612	2.36473	376.768	2660.1	2283.3	1.19205	7.48040	0.070
0.074	555.0	91.43	0.00103719	2.24490	382.949	2662.4	2279.5	1.20903	7.46157	0.074
0.078	585.0	92.83	0.00103823	2.13699	388.860	2664.7	2275.8	1.22520	7.44375	0.078
0.080	600.0	93.51	0.00103874	2.08696	391.722	2665.8	2274.0	1.23301	7.43519	0.080
0.084	630.1	94.83	0.00103973	1.99383	397.274	2667.9	2270.6	1.24812	7.41869	0.084
0.088	660.1	96.10	0.00104069	1.90891	402.613	2669.9	2267.3	1.26259	7.40297	0.088
0.090	675.1	96.71	0.00104116	1.86919	405.207	2670.9	2265.6	1.26960	7.39538	0.090
0.094	705.1	97.91	0.00104208	1.79467	410.257	2672.7	2262.5	1.28322	7.38070	0.094
0.098	735.1	99.07	0.00104298	1.72605	415.133	2674.6	2259.4	1.29633	7.36663	0.098
0.100	750.1	99.63	0.00104342	1.69373	417.510	2675.4	2257.9	1.30271	7.35982	0.100
0.101325	760.0	100.00	0.00104371	1.67300	419.064	2676.0	2256.9	1.30687	7.35538	0.101325
0.110	825.1	102.32	0.00104554	1.54924	428.843	2679.6	2250.8	1.33297	7.32769	0.110
0.120	900.1	104.81	0.00104755	1.42813	439.362	2683.4	2244.1	1.36087	7.29839	0.120
0.130	975.1	107.13	0.00104947	1.32509	449.188	2687.0	2237.8	1.38676	7.27146	0.130
0.140	1050.1	109.32	0.00105129	1.23633	458.417	2690.3	2231.9	1.41093	7.24655	0.140
0.150	1125.1	111.37	0.00105303	1.15904	467.125	2693.4	2226.2	1.43361	7.22337	0.150
0.160	1200.1	113.32	0.00105471	1.09111	475.375	2696.2	2220.9	1.45498	7.20169	0.160
0.170	1275.1	115.17	0.00105632	1.03093	483.217	2699.0	2215.7	1.47520	7.18134	0.170
0.180	1350.1	116.93	0.00105788	0.977227	490.696	2701.5	2210.8	1.49439	7.16217	0.180
0.190	1425.1	118.62	0.00105938	0.928999	497.846	2704.0	2206.1	1.51265	7.14403	0.190
0.200	1500.1	120.23	0.00106084	0.885441	504.700	2706.3	2201.6	1.53008	7.12683	0.200
0.210	1575.1	121.78	0.00106226	0.845900	511.284	2708.5	2197.2	1.54676	7.11047	0.210
0.220	1650.1	123.27	0.00106363	0.809839	517.622	2710.6	2193.0	1.56275	7.09487	0.220
0.230	1725.1	124.71	0.00106497	0.776813	523.732	2712.6	2188.9	1.57811	7.07997	0.230
0.240	1800.1	126.09	0.00106628	0.746451	529.634	2714.5	2184.9	1.59289	7.06571	0.240
0.250	1875.1	127.43	0.00106755	0.718439	535.343	2716.4	2181.0	1.60714	7.05202	0.250
0.300	2250.2	133.54	0.00107350	0.605562	561.429	2724.7	2163.2	1.67164	6.99090	0.300
0.400	3000.2	143.62	0.00108387	0.462224	604.670	2737.6	2133.0	1.77640	6.89433	0.400
0.500	3750.3	151.84	0.00109284	0.374676	640.115	2747.5	2107.4	1.86036	6.81919	0.500
0.600	4500.4	158.84	0.00110086	0.315474	670.422	2755.5	2085.0	1.93083	6.75754	0.600

부록 9 수증기의 포화증기표(압력기준)[III]

압력 [MPa]	온도 [°C]	비체적 [m³/kg]		비엔탈피 [kJ/kg]			비엔트로피 [kJ/(kg·K)]		압력 [MPa]
P	t	v'	v''	h'	h''	r	s'	s''	P
0.700	164.96	0.00110819	0.272681	697.061	2762.0	2064.9	1.99181	6.70518	0.700
0.800	170.41	0.00111498	0.240257	720.935	2767.5	2046.5	2.04572	6.65960	0.800
1.000	179.88	0.00112737	0.194293	762.605	2776.2	2013.6	2.13817	6.58281	1.000
1.200	187.96	0.00113858	0.163200	798.430	2782.7	1984.3	2.21606	6.51936	1.200
1.400	195.04	0.00114893	0.140721	830.073	2787.8	1957.7	2.28366	6.46509	1.400
1.600	201.37	0.00115864	0.123686	858.561	2791.7	1933.2	2.34361	6.41753	1.600
1.800	207.11	0.00116783	0.110317	884.573	2794.8	1910.3	2.39762	6.37507	1.800
2.00	212.37	0.00117661	0.0995361	908.588	2797.2	1888.6	2.44686	6.33665	2.00
2.20	217.24	0.00118504	0.0906516	930.953	2799.1	1868.1	2.49221	6.30148	2.20
2.40	221.78	0.00119320	0.0831994	951.929	2800.4	1848.5	2.53430	6.26899	2.40
2.60	226.04	0.00120111	0.0768560	971.719	2801.4	1829.6	2.57364	6.23874	2.60
2.80	230.05	0.00120881	0.0713887	990.484	2802.0	1811.5	2.61060	6.21041	2.80
3.00	233.84	0.00121634	0.0666261	1008.35	2802.3	1793.9	2.64550	6.18372	3.00
3.50	242.54	0.00123454	0.0570255	1049.76	2802.0	1752.2	2.72527	6.12285	3.50
4.00	250.33	0.00125206	0.0497493	1087.40	2800.3	1712.9	2.79652	6.06851	4.00
4.50	257.41	0.00126911	0.0440371	1122.11	2797.7	1675.6	2.86119	6.01909	4.50
5.0	263.91	0.00128582	0.0394285	1154.47	2794.2	1639.7	2.92060	5.97349	5.0
6.0	275.55	0.00131868	0.0324378	1213.69	2785.0	1571.3	3.02730	5.89079	6.0
7.0	285.79	0.00135132	0.0273733	1267.41	2773.5	1506.0	3.12189	5.81616	7.0
8.0	294.97	0.00138424	0.0235253	1317.10	2759.9	1442.8	3.20762	5.74710	8.0
9.0	303.31	0.00141786	0.0204953	1363.73	2744.6	1380.9	3.28666	5.68201	9.0
10.0	310.96	0.00145256	0.0180413	1408.04	2727.7	1319.7	3.36055	5.61980	10.0
12.0	324.65	0.00152676	0.0142830	1491.77	2689.2	1197.4	3.49718	5.50022	12.0
14.0	336.64	0.00161063	0.0114950	1571.64	2642.4	1070.7	3.62424	5.38026	14.0
16.0	347.33	0.00171031	0.0093075	1650.54	2584.9	934.3	3.74710	5.25314	16.0
18.0	356.96	0.0018399	0.0074977	1734.8	2513.9	779.1	3.87654	5.11277	18.0
20.0	365.70	0.0020370	0.0058765	1826.5	2418.3	591.9	4.01487	4.94120	20.0
21.0	369.78	0.0022015	0.0050234	1886.2	2347.6	461.3	4.10483	4.82230	21.0
22.0	373.69	0.0026709	0.0037265	2011.0	2195.4	184.4	4.29451	4.57957	22.0
22.12	374.15	0.0031700	0.0031700	2107.4	2107.4	0.0	4.44286	4.44286	22.12

부록 10 압축수 및 과열증기표[I]

t °C	0.001 MPa(0.01 bar) $t_s = 6.983$°C			0.005 MPa(0.05 bar) $t_s = 32.90$°C			0.01 MPa(0.10 bar) $t_s = 45.83$°C		
	v (m^3/kg)	h (kJ/kg)	s (kJ/kg·K)	v (m^3/kg)	h (kJ/kg)	s (kJ/kg·K)	v (m^3/kg)	h (kJ/kg)	s (kJ/kg·K)
* 0	0.0010002	−0.0	−0.0002	0.0010002	−0.0	−0.0002	0.0010002	−0.0	−0.0002
10	130.604	2520.0	8.9966	0.0010003	42.0	0.1510	0.0010002	42.0	0.1510
20	135.228	2538.6	9.0611	0.0010017	83.9	0.2963	0.0010017	83.9	0.2963
40	144.472	2575.9	9.1842	28.854	2574.9	8.4390	0.0010078	167.5	0.5721
60	153.713	2613.3	9.3001	30.711	2612.6	8.5555	15.336	2611.6	8.2334
80	162.951	2650.9	9.4096	32.565	2650.3	8.6655	16.266	2649.5	8.3439
100	172.187	2688.6	9.5136	34.417	2688.1	8.7698	17.195	2687.5	8.4486
120	181.421	2726.5	9.6125	36.267	2726.1	8.8690	18.123	2725.6	8.5481
140	190.655	2764.6	9.7070	38.117	2764.3	8.9636	19.050	2763.9	8.6430
160	199.888	2802.9	9.7975	39.966	2802.6	9.0542	19.975	2802.3	8.7337
180	209.120	2841.4	9.8843	41.814	2841.2	9.1412	20.900	2840.9	8.8208
200	218.352	2880.1	9.9679	43.661	2879.9	9.2248	21.825	2879.6	8.9045
220	227.584	2919.0	10.0484	45.509	2918.8	9.3054	22.750	2918.6	8.9852
240	236.815	2958.1	10.1262	47.356	2957.9	9.3832	23.674	2957.8	9.0630
260	246.046	2997.4	10.2014	49.203	2997.3	9.4584	24.598	2997.2	9.1383
280	255.277	3037.0	10.2743	51.050	3036.9	9.5313	25.521	3036.8	9.2113
300	264.508	3076.8	10.3450	52.896	3076.7	9.6021	26.445	3076.6	9.2820
320	273.739	3116.9	10.4137	54.743	3116.8	9.6708	27.369	3116.7	9.3508
340	282.969	3157.2	10.4805	56.590	3157.1	9.7377	28.292	3157.0	9.4177
360	292.200	3197.8	10.5457	58.436	3197.7	9.8028	29.216	3197.6	9.4828
380	301.431	3238.6	10.6091	60.283	3238.6	9.8663	30.139	3238.5	9.5463
400	310.661	3279.7	10.6711	62.129	3279.7	9.9283	31.062	3279.6	9.6083
420	319.892	3321.1	10.7317	63.975	3321.0	9.9888	31.986	3321.0	9.6689
440	329.122	3362.7	10.7909	65.822	3362.7	10.0480	32.909	3362.6	9.7281
460	338.353	3404.6	10.8488	67.668	3404.6	10.1060	33.832	3404.5	9.7860
480	347.583	3446.8	10.9056	69.514	3446.7	10.1627	34.756	3446.7	9.8428
500	356.813	3489.2	10.9612	71.360	3489.2	10.2184	35.679	3489.1	9.8984
520	366.044	3531.9	11.0157	73.207	3531.9	10.2729	36.602	3531.9	9.9530
540	375.274	3574.9	11.0693	75.053	3574.9	10.3265	37.525	3574.9	10.0065
560	384.505	3618.2	11.1218	76.899	3618.2	10.3790	38.448	3618.1	10.0591
580	393.735	3661.8	11.1735	78.745	3661.7	10.4307	39.372	3661.7	10.1108
600	402.965	3705.6	11.2243	80.591	3705.6	10.4815	40.295	3705.5	10.1616
650	426.041	3816.4	11.3476	85.207	3816.3	10.6048	42.603	3816.3	10.2849
700	449.117	3928.9	11.4663	89.822	3928.8	10.7235	44.910	3928.8	10.4036
750	472.193	4043.0	11.5807	94.438	4043.0	10.8379	47.218	4042.9	10.5180
800	495.269	4158.7	11.6911	99.053	4158.7	10.9483	49.526	4158.7	10.6284

부록 10 압축수 및 과열증기표[II]

t °C	0.05 MPa(0.50 bar) $t_s=81.35$°C			0.10 MPa(1.00 bar) $t_s=99.63$°C			0.20 MPa(2.0 bar) $t_s=120.23$°C		
	v (m^3/kg)	h (kJ/kg)	s (kJ/kg·K)	v (m^3/kg)	h (kJ/kg)	s (kJ/kg·K)	v (m^3/kg)	h (kJ/kg)	s (kJ/kg·K)
0	0.0010002	0.0	−0.0002	0.0010002	0.1	−0.0001	0.0010001	0.2	−0.0001
10	0.0010002	42.0	0.1510	0.0010002	42.1	0.1510	0.0010002	42.2	0.1510
20	0.0010017	83.9	0.2963	0.0010017	84.0	0.2963	0.0010016	84.0	0.2963
40	0.0010078	167.5	0.5721	0.0010078	167.5	0.5721	0.0010077	167.6	0.5720
60	0.0010171	251.1	0.8310	0.0010171	251.2	0.8309	0.0010171	251.2	0.8309
80	0.0010292	334.9	1.0753	0.0010292	335.0	1.0752	0.0010291	335.0	1.0752
100	3.418	2682.6	7.6953	1.696	2676.2	7.3618	0.0010437	419.1	1.3068
120	3.607	2721.6	7.7972	1.793	2716.5	7.4670	0.0010606	503.7	1.5276
140	3.796	2760.6	7.8940	1.889	2756.4	7.5662	0.9349	2747.8	7.2298
160	3.983	2799.6	7.9861	1.984	2796.2	7.6601	0.9840	2789.1	7.3275
180	4.170	2838.6	8.0742	2.078	2835.8	7.7495	1.032	2830.0	7.4196
200	4.356	2877.7	8.1587	2.172	2875.4	7.8349	1.080	2870.5	7.5072
220	4.542	2917.0	8.2399	2.266	2915.0	7.9169	1.128	2910.8	7.5907
240	4.728	2956.4	8.3182	2.359	2954.6	7.9958	1.175	2951.1	7.6707
260	4.913	2995.9	8.3939	2.453	2994.4	8.0719	1.222	2991.4	7.7477
280	5.099	3035.7	8.4671	2.546	3034.4	8.1454	1.269	3031.7	7.8219
300	5.284	3075.7	8.5380	2.639	3074.5	8.2166	1.316	3072.1	7.8937
320	5.469	3115.9	8.6070	2.732	3114.8	8.2857	1.363	3112.6	7.9632
340	5.654	3156.3	8.6740	2.824	3155.3	8.3529	1.410	3153.3	8.0307
360	5.839	3196.9	8.7392	2.917	3196.0	8.4183	1.456	3194.2	8.0964
380	6.024	3237.8	8.8028	3.010	3237.0	8.4820	1.503	3235.4	8.1603
400	6.209	3279.0	8.8649	3.102	3278.2	8.5442	1.549	3276.7	8.2226
420	6.394	3320.4	8.9255	3.195	3319.7	8.6049	1.596	3318.3	8.2835
440	6.579	3362.1	8.9848	3.288	3361.4	8.6642	1.642	3360.1	8.3429
460	6.764	3404.0	9.0428	3.380	3403.4	8.7223	1.688	3402.1	8.4011
480	6.949	3446.2	9.0996	3.473	3445.6	8.7791	1.735	3444.5	8.4581
500	7.133	3488.7	9.1552	3.565	3488.1	8.8348	1.781	3487.0	8.5139
520	7.318	3531.4	9.2098	3.658	3530.9	8.8894	1.828	3529.9	8.5686
540	7.503	3574.5	9.2634	3.750	3574.0	8.9431	1.874	3573.0	8.6223
560	7.688	3617.8	9.3160	3.843	3617.3	8.9957	1.920	3616.4	8.6750
580	7.873	3661.3	9.3677	3.935	3660.9	9.0474	1.967	3660.0	8.7268
600	8.057	3705.2	9.4185	4.028	3704.8	9.0982	2.013	3704.0	8.7776
650	8.519	3816.0	9.5419	4.259	3815.7	9.2217	2.129	3815.0	8.9012
700	8.981	3928.5	9.6606	4.490	3928.2	9.3405	2.244	3927.6	9.0201
750	9.443	4042.7	9.7750	4.721	4042.5	9.4549	2.360	4041.9	9.1346
800	9.904	4158.5	9.8855	4.952	4158.3	9.5654	2.475	4157.8	9.2452

부록 10 압축수 및 과열증기표[III]

t °C	0.50 MPa(5.0 bar) $t_s = 151.84$°C			0.60 MPa(6.0 bar) $t_s = 158.84$°C			0.80 MPa(8.0 bar) $t_s = 170.41$°C		
	v (m^3/kg)	h (kJ/kg)	s (kJ/kg · K)	v (m^3/kg)	h (kJ/kg)	s (kJ/kg · K)	v (m^3/kg)	h (kJ/kg)	s (kJ/kg · K)
0	0.0010000	0.5	−0.0001	0.0009999	0.6	−0.0001	0.0009998	0.8	−0.0001
10	0.0010000	42.5	0.1509	0.0010000	42.6	0.1509	0.0009999	42.8	0.1509
20	0.0010015	84.3	0.2962	0.0010015	84.4	0.2962	0.0010014	84.6	0.2961
40	0.0010076	167.9	0.5719	0.0010075	168.0	0.5719	0.0010075	168.2	0.5718
60	0.0010169	251.5	0.8307	0.0010169	251.6	0.8307	0.0010168	251.7	0.8306
80	0.0010290	335.3	1.0750	0.0010289	335.4	1.0749	0.0010288	335.5	1.0748
100	0.0010435	419.4	1.3066	0.0010434	419.4	1.3065	0.0010433	419.6	1.3063
120	0.0010605	503.9	1.5273	0.0010604	504.0	1.5272	0.0010603	504.1	1.5270
140	0.0010800	589.2	1.7388	0.0010799	589.3	1.7387	0.0010798	589.4	1.7385
160	0.3835	2766.4	6.8631	0.3165	2758.2	6.7640	0.0011021	675.6	1.9423
180	0.4045	2811.4	6.9647	0.3346	2804.8	6.8691	0.2471	2791.1	6.7122
200	0.4250	2855.1	7.0592	0.3520	2849.7	6.9662	0.2608	2838.6	6.8148
220	0.4450	2898.0	7.1478	0.3690	2893.5	7.0567	0.2740	2884.2	6.9094
240	0.4647	2940.1	7.2317	0.3857	2936.4	7.1419	0.2869	2928.6	6.9976
260	0.4841	2981.9	7.3115	0.4021	2978.7	7.2228	0.2995	2972.0	7.0806
280	0.5034	3023.4	7.3879	0.4183	3020.6	7.3000	0.3119	3014.9	7.1595
300	0.5226	3064.8	7.4614	0.4344	3062.3	7.3740	0.3241	3057.3	7.2348
320	0.5416	3106.1	7.5322	0.4504	3103.9	7.4454	0.3363	3099.4	7.3070
340	0.5606	3147.4	7.6008	0.4663	3145.4	7.5143	0.3483	3141.4	7.3767
360	0.5795	3188.8	7.6673	0.4821	3187.0	7.5810	0.3603	3183.4	7.4441
380	0.5984	3230.4	7.7319	0.4979	3228.7	7.6459	0.3723	3225.4	7.5094
400	0.6172	3272.1	7.7948	0.5136	3270.6	7.7090	0.3842	3267.5	7.5729
420	0.6359	3314.0	7.8561	0.5293	3312.6	7.7705	0.3960	3309.7	7.6347
440	0.6547	3356.1	7.9160	0.5450	3354.8	7.8305	0.4078	3352.1	7.6950
460	0.6734	3398.4	7.9745	0.5606	3397.2	7.8891	0.4196	3394.7	7.7539
480	0.6921	3441.0	8.0318	0.5762	3439.8	7.9465	0.4314	3437.5	7.8115
500	0.7108	3483.8	8.0879	0.5918	3482.7	8.0027	0.4432	3480.5	7.8678
520	0.7294	3526.8	8.1428	0.6074	3525.8	8.0577	0.4549	3523.7	7.9230
540	0.7481	3570.1	8.1967	0.6230	3569.1	8.1117	0.4666	3567.2	7.9771
560	0.7667	3613.6	8.2496	0.6386	3612.7	8.1647	0.4783	3610.9	8.0302
580	0.7853	3657.4	8.3016	0.6541	3656.6	8.2167	0.4900	3654.8	8.0824
600	0.8039	3701.5	8.3526	0.6696	3700.7	8.2678	0.5017	3699.1	8.1336
650	0.8504	3812.8	8.4766	0.7084	3812.1	8.3919	0.5309	3810.7	8.2579
700	0.8968	3925.8	8.5957	0.7471	3925.1	8.5111	0.5600	3923.9	8.3773
750	0.9432	4040.3	8.7105	0.7858	4039.8	8.6259	0.5891	4038.7	8.4923
800	0.9896	4156.4	8.8213	0.8245	4155.9	8.7368	0.6181	4155.0	8.6033

부록 10 압축수 및 과열증기표[IV]

t °C	1.00 MPa(10.0 bar) $t_s = 179.88$°C			1.20 MPa(12.0 bar) $t_s = 187.96$°C			2.00 MPa(20.0 bar) $t_s = 212.37$°C		
	v (m^3/kg)	h (kJ/kg)	s (kJ/kg·K)	v (m^3/kg)	h (kJ/kg)	s (kJ/kg·K)	v (m^3/kg)	h (kJ/kg)	s (kJ/kg·K)
0	0.0009997	1.0	−0.0001	0.0009996	1.2	−0.0001	0.0009992	2.0	0.0000
10	0.0009998	43.0	0.1509	0.0009997	43.2	0.1509	0.0009993	43.9	0.1508
20	0.0010013	84.8	0.2961	0.0010012	85.0	0.2960	0.0010008	85.7	0.2959
40	0.0010074	168.3	0.5717	0.0010073	168.5	0.5717	0.0010069	169.2	0.5713
60	0.0010167	251.9	0.8305	0.0010166	252.1	0.8304	0.0010162	252.7	0.8299
80	0.0010287	335.7	1.0746	0.0010286	335.8	1.0745	0.0010282	336.5	1.0740
100	0.0010432	419.7	1.3062	0.0010431	419.9	1.3060	0.0010427	420.5	1.3054
120	0.0010602	504.3	1.5269	0.0010601	504.4	1.5267	0.0010596	505.0	1.5260
140	0.0010796	589.5	1.7383	0.0010795	589.6	1.7381	0.0010790	590.2	1.7373
160	0.0011019	675.7	1.9420	0.0011018	675.8	1.9418	0.0011012	676.3	1.9408
180	0.1944	2776.5	6.5835	0.0011273	763.2	2.1390	0.0011267	763.6	2.1379
200	0.2059	2826.8	6.6922	0.1692	2814.4	6.5872	0.0011560	852.6	2.3300
220	0.2169	2874.6	6.7911	0.1788	2864.5	6.6909	0.1021	2819.9	6.3829
240	0.2276	2920.6	6.8825	0.1879	2912.2	6.7858	0.1084	2875.9	6.4943
260	0.2379	2965.2	6.9680	0.1968	2958.2	6.8738	0.1144	2928.1	6.5941
280	0.2480	3009.0	7.0485	0.2054	3003.0	6.9562	0.1200	2977.5	6.6852
300	0.2580	3052.1	7.1251	0.2139	3046.9	7.0342	0.1255	3025.0	6.7696
320	0.2678	3094.9	7.1984	0.2222	3090.3	7.1085	0.1308	3071.2	6.8487
330	0.2776	3137.3	7.2689	0.2304	3133.2	7.1798	0.1360	3116.3	6.9235
360	0.2873	3179.7	7.3368	0.2386	3176.0	7.2484	0.1411	3160.8	6.9950
380	0.2969	3222.0	7.4027	0.2467	3218.7	7.3147	0.1461	3204.9	7.0635
400	0.3065	3264.4	7.4665	0.2547	3261.3	7.3790	0.1511	3248.7	7.1295
420	0.3160	3306.9	7.5287	0.2627	3304.0	7.4415	0.1561	3292.4	7.1935
440	0.3256	3349.5	7.5893	0.2707	3346.8	7.5024	0.1610	3336.0	7.2555
460	0.3350	3392.2	7.6484	0.2787	3389.7	7.5618	0.1659	3379.7	7.3159
480	0.3445	3435.1	7.7062	0.2866	3432.8	7.6198	0.1707	3423.4	7.3748
500	0.3540	3478.3	7.7627	0.2945	3476.1	7.6765	0.1756	3467.3	7.4323
520	0.3634	3521.6	7.8181	0.3024	3519.6	7.7320	0.1804	3511.3	7.4885
540	0.3728	3565.2	7.8724	0.3103	3563.3	7.7864	0.1852	3555.5	7.5435
560	0.3822	3609.0	7.9256	0.3181	3607.2	7.8398	0.1900	3599.8	7.5974
580	0.3916	3653.1	7.9779	0.3260	3651.4	7.8922	0.1947	3644.4	7.6503
600	0.4010	3697.4	8.0292	0.3338	3695.8	7.9436	0.1995	3689.2	7.7022
650	0.4244	3809.3	8.1537	0.3534	3807.8	8.0684	0.2114	3802.1	7.8279
700	0.4477	3922.7	8.2734	0.3729	3921.4	8.1882	0.2232	3916.5	7.9485
750	0.4710	4037.6	8.3885	0.3923	4036.5	8.3036	0.2349	4032.2	8.0645
800	0.4943	4154.1	8.4997	0.4118	4153.1	8.4148	0.2467	4149.4	8.1763

부록 10 압축수 및 과열증기표[V]

t °C	3.0 MPa(30 bar) $t_s = 233.84$°C			5.0 MPa(50 bar) $t_s = 263.91$°C			10 MPa(100 bar) $t_s = 310.96$°C		
	v (m^3/kg)	h (kJ/kg)	s (kJ/kg·K)	v (m^3/kg)	h (kJ/kg)	s (kJ/kg·K)	v (m^3/kg)	h (kJ/kg)	s (kJ/kg·K)
0	0.0009987	3.0	0.0001	0.0009977	5.1	0.0002	0.0009953	10.1	0.0005
10	0.0009988	44.9	0.1507	0.0009979	46.9	0.1505	0.0009956	51.7	0.1501
20	0.0010004	86.7	0.2957	0.0009995	88.6	0.2952	0.0009972	93.2	0.2942
40	0.0010065	170.1	0.5709	0.0010056	171.9	0.5702	0.0010034	176.3	0.5682
60	0.0010158	253.6	0.8294	0.0010149	255.3	0.8283	0.0010127	259.4	0.8257
80	0.0010278	337.3	1.0733	0.0010268	338.8	1.0720	0.0010245	342.8	1.0687
100	0.0010422	421.2	1.3046	0.0010412	422.7	1.3030	0.0010386	426.5	1.2992
120	0.0010590	505.7	1.5251	0.0010579	507.1	1.5233	0.0010551	510.6	1.5188
140	0.0010783	590.8	1.7362	0.0010771	592.1	1.7342	0.0010739	595.4	1.7291
160	0.0011005	676.9	1.9396	0.0010990	678.1	1.9373	0.0010954	681.0	1.9315
180	0.0011258	764.1	2.1366	0.0011241	765.2	2.1339	0.0011199	767.8	2.1272
200	0.0011550	853.0	2.3284	0.0011530	853.8	2.3253	0.0011480	855.9	2.3176
220	0.0011891	943.9	2.5165	0.0011866	944.4	2.5129	0.0011805	945.9	2.5039
240	0.06816	2822.9	6.2241	0.0012264	1037.8	2.6984	0.0012188	1038.4	2.6877
260	0.07283	2885.1	6.3432	0.0012750	1134.9	2.8840	0.0012648	1134.2	2.8709
280	0.07712	2942.0	6.4479	0.04222	2856.9	6.0886	0.0013221	1235.0	3.0563
300	0.08116	2995.1	6.5422	0.04530	2925.5	6.2105	0.0013979	1343.4	3.2488
320	0.08500	3045.4	6.6285	0.04810	2987.2	6.3163	0.01926	2783.5	5.7145
340	0.08871	3093.9	6.7088	0.05070	3044.1	6.4106	0.02147	2883.4	5.8803
360	0.09232	3140.9	6.7844	0.05316	3097.6	6.4966	0.02331	2964.8	6.0110
380	0.09584	3187.0	6.8561	0.05551	3148.8	6.5762	0.02493	3035.7	6.1213
400	0.09931	3232.5	6.9246	0.05779	3198.3	6.6508	0.02641	3099.9	6.2182
420	0.1027	3277.5	6.9906	0.06001	3246.5	6.7215	0.02779	3159.7	6.3056
440	0.1061	3322.3	7.0543	0.06218	3294.0	6.7890	0.02911	3216.2	6.3861
460	0.1095	3367.0	7.1160	0.06431	3340.9	6.8538	0.03036	3270.5	6.4612
480	0.1128	3411.6	7.1760	0.06642	3387.4	6.9164	0.03158	3323.2	6.5321
500	0.1161	3456.2	7.2345	0.06849	3433.7	6.9770	0.03276	3374.6	6.5994
520	0.1194	3500.9	7.2916	0.07055	3479.8	7.0360	0.03391	3425.1	6.6640
540	0.1226	3545.7	7.3474	0.07259	3525.9	7.0934	0.03504	3475.1	6.7261
560	0.1259	3590.6	7.4020	0.07461	3572.0	7.1494	0.03615	3524.5	6.7863
580	0.1291	3635.7	7.4554	0.07662	3618.2	7.2042	0.03724	3573.7	6.8446
600	0.1323	3681.0	7.5079	0.07862	3664.5	7.2578	0.03832	3622.7	6.9013
650	0.1404	3795.0	7.6349	0.08356	3780.7	7.3872	0.04096	3744.7	7.0373
700	0.1483	3910.3	7.7564	0.08845	3897.9	7.5108	0.04355	3866.8	7.1660
750	0.1562	4026.8	7.8732	0.09329	4016.1	7.6292	0.04608	3989.1	7.2886
800	0.1641	4144.7	7.9857	0.09809	4135.3	7.7431	0.04858	4112.0	7.4058

부록 10 압축수 및 과열증기표[VI]

t °C	15 MPa(150 bar) $t_s=342.13$°C			16 MPa(160 bar) $t_s=347.33$°C			18 MPa(180 bar) $t_s=356.96$°C		
	v (m^3/kg)	h (kJ/kg)	s (kJ/kg·K)	v (m^3/kg)	h (kJ/kg)	s (kJ/kg·K)	v (m^3/kg)	h (kJ/kg)	s (kJ/kg·K)
0	0.0009928	15.1	0.0007	0.0009923	16.1	0.0008	0.0009914	18.1	0.0008
10	0.0009933	56.5	0.1495	0.0009928	57.5	0.1494	0.0009919	59.4	0.1491
20	0.0009950	97.9	0.2931	0.0009946	98.8	0.2928	0.0009937	100.7	0.2924
40	0.0010013	180.7	0.5663	0.0010009	181.6	0.5659	0.0010000	183.3	0.5651
60	0.0010105	263.6	0.8230	0.0010100	264.5	0.8225	0.0010092	266.1	0.8215
80	0.0010221	346.8	1.0655	0.0010217	347.6	1.0648	0.0010208	349.2	1.0636
100	0.0010361	430.3	1.2954	0.0010356	431.0	1.2946	0.0010346	432.5	1.2931
120	0.0010523	514.2	1.5144	0.0010518	514.9	1.5136	0.0010507	516.3	1.5118
140	0.0010709	598.7	1.7241	0.0010703	599.4	1.7231	0.0010691	600.7	1.7212
160	0.0010919	684.0	1.9258	0.0010913	684.6	1.9247	0.0010899	685.9	1.9225
180	0.0011159	770.4	2.1208	0.0011151	771.0	2.1195	0.0011136	772.0	2.1170
200	0.0011433	858.1	2.3102	0.0011423	858.6	2.3087	0.0011405	859.5	2.3058
220	0.0011748	947.6	2.4953	0.0011736	947.9	2.4936	0.0011714	948.6	2.4903
240	0.0012115	1039.2	2.6775	0.0012102	1039.4	2.6755	0.0012074	1039.8	2.6716
260	0.0012553	1134.0	2.8585	0.0012535	1133.9	2.8561	0.0012500	1133.9	2.8514
280	0.0013090	1232.9	3.0407	0.0013065	1232.6	3.0377	0.0013018	1231.9	3.0319
300	0.0013779	1338.3	3.2278	0.0013743	1337.4	3.2238	0.0013673	1335.7	3.2162
320	0.0014736	1454.3	3.4267	0.0014674	1452.4	3.4210	0.0014558	1448.8	3.4101
340	0.0016324	1593.3	3.6571	0.0016176	1588.3	3.6462	0.0015920	1579.7	3.6269
360	0.01256	2770.8	5.5677	0.01104	2716.5	5.4634	0.008104	2569.1	5.2002
380	0.01428	2887.7	5.7497	0.01287	2851.1	5.0729	0.01040	2766.6	5.5079
400	0.01566	2979.1	5.8876	0.01427	2951.3	5.8240	0.01191	2890.3	5.6947
420	0.01686	3057.0	6.0016	0.01546	3034.2	5.9455	0.01311	2985.8	5.8345
440	0.01794	3126.9	6.1010	0.01653	3107.5	6.0497	0.01416	3066.8	5.9498
460	0.01895	3191.5	6.1904	0.01751	3174.5	6.1425	0.01510	3139.4	6.0502
480	0.01989	3252.4	6.2724	0.01842	3237.4	6.2270	0.01597	3206.5	6.1405
500	0.02080	3310.6	6.3487	0.01929	3297.1	6.3054	0.01678	3269.6	6.2232
520	0.02166	3366.8	6.4204	0.02013	3354.6	6.3787	0.01756	3329.8	6.3000
540	0.02250	3421.4	6.4885	0.02093	3410.3	6.4481	0.01831	3387.8	6.3722
560	0.02331	3475.0	6.5535	0.02171	3464.8	6.5143	0.01903	3444.1	6.4407
580	0.02411	3527.7	6.6160	0.02246	3518.3	6.5777	0.01972	3499.2	6.5061
600	0.02488	3579.8	6.6764	0.02320	3571.0	6.6389	0.02040	3553.4	6.5688
650	0.02677	3708.3	6.8195	0.02499	3700.9	6.7835	0.02204	3686.1	6.7166
700	0.02859	3835.4	6.9536	0.02672	3829.1	6.9188	0.02360	3816.5	6.8542
750	0.03036	3962.1	7.0806	0.02839	3956.7	7.0466	0.02512	3945.8	6.9838
800	0.03209	4088.6	7.2013	0.03002	4084.0	7.1681	0.02659	4074.6	7.1067

부록 10 압축수 및 과열증기표[VII]

t °C	20 MPa(200 bar) $t_s = 365.70$°C			22 MPa(220 bar) $t_s = 373.69$°C			22.5 MPa(225 bar)		
	v (m³/kg)	h (kJ/kg)	s (kJ/kg·K)	v (m³/kg)	h (kJ/kg)	s (kJ/kg·K)	v (m³/kg)	h (kJ/kg)	s (kJ/kg·K)
0	0.0009904	20.1	0.0008	0.0009895	22.1	0.0009	0.0009892	22.6	0.0009
10	0.0009910	61.3	0.1489	0.0009901	63.2	0.1486	0.0009899	63.7	0.1486
20	0.0009929	102.5	0.2919	0.0009920	104.4	0.2914	0.0009918	104.8	0.2913
40	0.0009992	185.1	0.5643	0.0009983	186.8	0.5635	0.0009981	187.3	0.5633
60	0.0010083	267.8	0.8204	0.0010075	269.5	0.8194	0.0010073	269.9	0.8191
80	0.0010199	350.8	1.0623	0.0010190	352.4	1.0610	0.0010188	352.8	1.0607
100	0.0010337	434.0	1.2916	0.0010327	435.6	1.2902	0.0010325	435.9	1.2898
120	0.0010497	517.7	1.5101	0.0010486	519.2	1.5084	0.0010483	519.5	1.5080
140	0.0010679	602.0	1.7192	0.0010667	603.4	1.7173	0.0010664	603.7	1.7168
160	0.0010886	687.1	1.9203	0.0010872	688.3	1.9181	0.0010869	688.6	1.9175
180	0.0011120	773.1	2.1145	0.0011105	774.2	2.1120	0.0011101	774.5	2.1114
200	0.0011387	860.4	2.3030	0.0011369	861.4	2.3001	0.0011365	861.6	2.2994
220	0.0011693	949.3	2.4869	0.0011671	950.0	2.4837	0.0011666	950.2	2.4829
240	0.0012047	1040.3	2.6677	0.0012021	1040.7	2.6639	0.0012015	1040.8	2.6630
260	0.0012466	1134.0	2.8468	0.0012432	1134.0	2.8423	0.0012424	1134.1	2.8412
280	0.0012971	1231.4	3.0262	0.0012927	1230.9	3.0207	0.0012916	1230.8	3.0193
300	0.0013606	1334.3	3.2089	0.0013543	1332.9	3.2018	0.0013527	1332.6	3.2000
320	0.0014451	1445.6	3.3998	0.0014351	1442.8	3.3901	0.0014328	1442.1	3.3877
340	0.0015704	1572.4	3.6100	0.0015516	1566.2	3.5947	0.0015473	1564.8	3.5911
360	0.001827	1742.9	3.8835	0.001762	1722.0	3.8449	0.001749	1717.9	3.8370
380	0.008246	2660.2	5.3165	0.006111	2504.4	5.0559	0.005492	2445.1	4.9606
400	0.009947	2820.5	5.5585	0.008251	2738.8	5.4102	0.007858	2716.0	5.3704
420	0.01120	2932.9	5.7232	0.009588	2874.6	5.6091	0.009224	2859.0	5.5799
440	0.01224	3023.7	5.8523	0.01064	2977.5	5.7556	0.01029	2965.4	5.7314
460	0.01315	3102.6	5.9616	0.01155	3064.0	5.8753	0.01119	3054.1	5.8539
480	0.01399	3174.4	6.0581	0.01237	3141.0	5.9789	0.01201	3132.5	5.9595
500	0.01477	3241.1	6.1456	0.01312	3211.7	6.0716	0.01275	3204.2	6.0535
520	0.01551	3304.2	6.2262	0.01382	3278.0	6.1563	0.01345	3271.4	6.1393
540	0.01621	3364.7	6.3015	0.01449	3341.0	6.2347	0.01411	3335.1	6.2186
560	0.01688	3423.0	6.3724	0.01512	3401.6	6.3083	0.01473	3396.2	6.2928
580	0.01753	3479.9	6.4398	0.01574	3460.2	6.3779	0.01534	3455.3	6.3630
600	0.01816	3535.5	6.5043	0.01633	3517.4	6.4441	0.01592	3512.9	6.4297
650	0.01967	3671.1	6.6554	0.01774	3656.1	6.5986	0.01731	3652.3	6.5850
700	0.02111	3803.8	6.7953	0.01907	3791.1	6.7410	0.01862	3787.9	6.7281
750	0.02250	3935.0	6.9267	0.02036	3924.1	6.8743	0.01988	3921.3	6.8618
800	0.02385	4065.3	7.0511	0.02160	4055.9	7.0001	0.02110	4053.6	6.9880

부록 10 압축수 및 과열증기표[VIII]

t °C	25 MPa(250 bar)			50 MPa(500 bar)			100 MPa(1000 bar)		
	v (m³/kg)	h (kJ/kg)	s (kJ/kg·K)	v (m³/kg)	h (kJ/kg)	s (kJ/kg·K)	v (m³/kg)	h (kJ/kg)	s (kJ/kg·K)
0	0.0009881	25.1	0.0009	0.0009767	49.3	−0.0002	0.0009565	95.9	−0.0067
10	0.0009888	66.1	0.1482	0.0009781	89.5	0.1441	0.0009586	134.5	0.1323
20	0.0009907	107.1	0.2907	0.0009804	129.9	0.2843	0.0009616	174.0	0.2692
40	0.0009971	189.4	0.5623	0.0009872	211.2	0.5525	0.0009690	253.8	0.5325
60	0.0010062	272.0	0.8178	0.0009961	292.8	0.8052	0.0009779	334.0	0.7808
80	0.0010177	354.8	1.0591	0.0010071	374.7	1.0438	0.0009882	414.4	1.0152
100	0.0010313	437.8	1.2879	0.0010200	456.8	1.2701	0.0009999	495.1	1.2373
120	0.0010470	521.3	1.5059	0.0010347	539.4	1.4856	0.0010132	576.0	1.4486
140	0.0010650	605.4	1.7144	0.0010514	622.4	1.6915	0.0010279	657.2	1.6502
160	0.0010853	690.2	1.9148	0.0010701	705.9	1.8890	0.0010443	738.9	1.8431
180	0.0011083	775.9	2.1083	0.0010910	790.2	2.0793	0.0010623	820.9	2.0283
200	0.0011343	862.8	2.2959	0.0011144	875.4	2.2632	0.0010821	903.5	2.2067
220	0.0011640	951.2	2.4789	0.0011407	961.6	2.4417	0.0011039	986.7	2.3789
240	0.0011983	1041.4	2.6583	0.0011703	1049.2	2.6158	0.0011279	1070.7	2.5458
260	0.0012384	1134.2	2.8357	0.0012040	1138.5	2.7864	0.0011543	1155.6	2.7081
280	0.0012863	1230.3	3.0126	0.0012426	1229.8	2.9545	0.0011833	1241.5	2.8663
300	0.0013453	1331.1	3.1916	0.0012874	1323.7	3.1213	0.0012155	1328.6	3.0210
320	0.0014214	1438.9	3.3764	0.0013406	1421.0	3.2882	0.0012514	1416.9	3.1723
340	0.0015273	1558.3	3.5743	0.0014055	1523.0	3.4572	0.0012921	1505.9	3.3200
360	0.001698	1701.1	3.8036	0.001486	1633.9	3.6355	0.001339	1603.4	3.4767
380	0.002240	1941.0	4.1757	0.001589	1746.8	3.8110	0.001390	1696.3	3.6211
400	0.006014	2582.0	5.1455	0.001729	1877.7	4.0083	0.001446	1797.6	3.7738
420	0.007580	2774.1	5.4271	0.001938	2026.6	4.2262	0.001511	1899.0	3.9223
440	0.008696	2901.7	5.6087	0.002269	2199.7	4.4723	0.001587	2000.3	4.0664
460	0.009609	3002.3	5.7479	0.002747	2387.2	4.7316	0.001675	2102.7	4.2079
480	0.01041	3088.5	5.8640	0.003308	2564.9	4.9709	0.001777	2207.7	4.3492
500	0.01113	3165.9	5.9655	0.003882	2723.0	5.1782	0.001893	2316.1	4.4913
520	0.01180	3237.4	6.0568	0.004408	2854.9	5.3466	0.002024	2427.2	4.6331
540	0.01242	3304.7	6.1405	0.004888	2968.9	5.4886	0.002168	2538.6	4.7719
560	0.01301	3368.7	6.2183	0.005328	3070.7	5.6124	0.002326	2648.2	4.9050
580	0.01358	3430.2	6.2913	0.005734	3163.2	5.7221	0.002493	2754.5	5.0311
600	0.01413	3489.9	6.3604	0.006111	3248.3	5.8207	0.002668	2857.5	5.1505
650	0.01542	3633.4	6.5203	0.006960	3438.9	6.0330	0.003106	3105.3	5.4267
700	0.01663	3771.9	6.6664	0.007720	3610.2	6.2138	0.003536	3324.4	5.6579
750	0.01779	3907.7	6.8025	0.008420	3770.9	6.3749	0.003952	3526.0	5.8600
800	0.01891	4041.9	6.9306	0.009076	3925.3	6.5222	0.004341	3714.3	6.0397

부록 11 R-134a의 포화증기표(온도기준)

t_s	P	ρ'	ρ''	h'	r	h''	s'	s''	c_p'	c_p''
°C	kPa	kg/m³		kJ/kg			kJ/kg·K		kJ/kg·K	
−103.30[a]	0.39	1591.1	0.0282	71.46	263.49	334.94	0.4126	1.9639	1.184	0.585
−102	0.45	1587.7	0.0323	72.99	262.70	335.69	0.4216	1.9565	1.184	0.588
−100	0.56	1582.4	0.0397	75.36	261.49	336.85	0.4354	1.9456	1.184	0.593
−98	0.69	1577.1	0.0485	77.73	260.29	338.02	0.4490	1.9351	1.185	0.598
−96	0.85	1571.8	0.0589	80.10	259.09	339.19	0.4625	1.9250	1.186	0.603
−94	1.04	1566.5	0.0712	82.47	257.90	340.38	0.4758	1.9154	1.187	0.608
−92	1.26	1561.2	0.0856	84.85	256.72	341.56	0.4890	1.9061	1.188	0.612
−90	1.52	1555.8	0.1024	87.23	255.53	342.76	0.5020	1.8972	1.189	0.617
−88	1.83	1550.5	0.1219	89.61	254.35	343.96	0.5149	1.8887	1.191	0.622
−86	2.20	1545.1	0.1444	91.99	253.18	345.17	0.5277	1.8805	1.192	0.627
−84	2.62	1539.8	0.1704	94.38	252.01	346.38	0.5404	1.8727	1.194	0.632
−82	3.11	1534.4	0.2002	96.77	250.83	347.60	0.5530	1.8652	1.196	0.637
−80	3.67	1529.0	0.2343	99.16	249.67	348.83	0.5654	1.8580	1.198	0.642
−78	4.32	1523.6	0.2731	101.56	248.50	350.06	0.5778	1.8512	1.200	0.647
−76	5.07	1518.2	0.3171	103.96	247.33	351.29	0.5900	1.8446	1.202	0.652
−74	5.92	1512.8	0.3668	106.37	246.16	352.53	0.6022	1.8382	1.205	0.656
−72	6.88	1507.3	0.4228	108.78	244.99	353.77	0.6142	1.8322	1.207	0.662
−70	7.98	1501.9	0.4857	111.20	243.82	355.02	0.6262	1.8264	1.210	0.667
−68	9.22	1496.4	0.5561	113.62	242.65	356.27	0.6381	1.8209	1.212	0.672
−66	10.62	1490.9	0.6347	116.05	241.48	357.53	0.6498	1.8155	1.215	0.677
−64	12.19	1485.4	0.7222	118.48	240.30	358.79	0.6615	1.8105	1.217	0.682
−62	13.94	1479.9	0.8193	120.92	239.13	360.05	0.6731	1.8056	1.220	0.687
−60	15.91	1474.3	0.9268	123.36	237.95	361.31	0.6846	1.8010	1.223	0.692
−58	18.09	1468.8	1.0454	125.81	236.76	362.58	0.6961	1.7965	1.226	0.698
−56	20.52	1463.2	1.1762	128.27	235.57	363.84	0.7074	1.7922	1.229	0.703
−54	23.21	1457.6	1.3198	130.73	234.38	365.11	0.7187	1.7882	1.232	0.709
−52	26.18	1452.0	1.4773	133.20	233.18	366.38	0.7299	1.7843	1.235	0.714
−50	29.45	1446.3	1.6496	135.67	231.98	367.65	0.7410	1.7806	1.238	0.720
−48	33.05	1440.6	1.8377	138.15	230.77	368.92	0.7521	1.7770	1.241	0.725
−46	37.00	1434.9	2.0427	140.64	229.55	370.19	0.7631	1.7736	1.245	0.731
−44	41.33	1429.2	2.2655	143.14	228.33	371.46	0.7740	1.7704	1.248	0.737
−42	46.06	1423.5	2.5074	145.64	227.10	372.73	0.7848	1.7673	1.251	0.743
−40	51.21	1417.7	2.7695	148.14	225.86	374.00	0.7956	1.7643	1.255	0.749
−38	56.82	1411.9	3.0529	150.66	224.61	375.27	0.8063	1.7615	1.258	0.755
−36	62.91	1406.1	3.3590	153.18	223.35	376.54	0.8170	1.7588	1.262	0.761
−34	69.51	1400.2	3.6890	155.71	222.09	377.80	0.8276	1.7563	1.265	0.768
−32	76.66	1394.3	4.0441	158.25	220.81	379.06	0.8381	1.7538	1.269	0.774
−30	84.38	1388.4	4.4259	160.79	219.53	380.32	0.8486	1.7515	1.273	0.781
−28	92.70	1382.4	4.8356	163.34	218.23	381.57	0.8591	1.7492	1.277	0.788
−26	101.67	1376.5	5.2748	165.90	216.92	382.82	0.8694	1.7471	1.281	0.794
−24	111.30	1370.4	5.7450	168.47	215.60	384.07	0.8798	1.7451	1.285	0.801
−22	121.65	1364.4	6.2477	171.05	214.27	385.32	0.8900	1.7432	1.289	0.809
−20	132.73	1358.3	6.7845	173.64	212.92	386.55	0.9002	1.7413	1.293	0.816
−18	144.60	1352.1	7.3571	176.23	211.56	387.79	0.9104	1.7396	1.297	0.823
−16	157.28	1345.9	7.9673	178.83	210.18	389.02	0.9205	1.7379	1.302	0.831
−14	170.82	1339.7	8.6168	181.44	208.79	390.24	0.9306	1.7363	1.306	0.838
−12	185.24	1333.4	9.3074	184.07	207.39	391.46	0.9407	1.7348	1.311	0.846
−10	200.60	1327.1	10.041	186.70	205.97	392.66	0.9506	1.7334	1.316	0.854
−8	216.93	1320.8	10.820	189.34	204.53	393.87	0.9606	1.7320	1.320	0.863
−6	234.28	1314.3	11.646	191.99	203.08	395.06	0.9705	1.7307	1.325	0.871
−4	252.68	1307.9	12.521	194.65	201.60	396.25	0.9804	1.7294	1.330	0.880
−2	272.17	1301.4	13.448	197.32	200.11	397.43	0.9902	1.7282	1.336	0.888
0	292.80	1294.8	14.428	200.00	198.60	398.60	1.0000	1.7271	1.341	0.897
2	314.62	1288.1	15.465	202.69	197.07	399.77	1.0098	1.7260	1.347	0.906
4	337.66	1281.4	16.560	205.40	195.52	400.92	1.0195	1.7250	1.352	0.916

a) 3중점 ′: 포화액, ″: 포화증기, $r = h'' - h'$(증발잠열)

부록 11 R-134a의 포화증기표(온도기준)(계속)

t_s	P	ρ'	ρ''	h'	r	h''	s'	s''	c_p'	c_p''
°C	kPa	kg/m^3		kJ/kg			kJ/kg·K		kJ/kg·K	
6	361.98	1274.7	17.717	208.11	193.95	402.06	1.0292	1.7240	1.358	0.925
8	387.61	1267.9	18.938	210.84	192.36	403.20	1.0388	1.7230	1.364	0.935
10	414.61	1261.0	20.226	213.58	190.74	404.32	1.0485	1.7221	1.370	0.945
12	443.01	1254.0	21.584	216.33	189.10	405.43	1.0581	1.7212	1.377	0.956
14	472.88	1246.9	23.015	219.09	187.43	406.53	1.0677	1.7204	1.383	0.967
16	504.25	1239.8	24.522	221.87	185.74	407.61	1.0772	1.7196	1.390	0.978
18	537.18	1232.6	26.109	224.66	184.03	408.69	1.0867	1.7188	1.397	0.989
20	571.71	1225.3	27.780	227.47	182.28	409.75	1.0962	1.7180	1.405	1.001
22	607.89	1218.0	29.539	230.29	180.51	410.79	1.1057	1.7173	1.413	1.013
24	645.78	1210.5	31.380	233.12	178.70	411.82	1.1152	1.7166	1.421	1.025
26	685.43	1202.9	33.335	235.97	176.87	412.84	1.1246	1.7159	1.429	1.038
28	726.88	1195.2	35.382	238.84	175.00	413.84	1.1341	1.7152	1.437	1.052
30	770.20	1187.5	37.535	241.72	173.10	414.82	1.1435	1.7145	1.446	1.065
32	815.43	1179.6	39.799	244.62	171.16	415.78	1.1529	1.7138	1.456	1.080
34	862.63	1171.6	42.180	247.54	169.18	416.72	1.1623	1.7131	1.466	1.095
36	911.85	1163.4	44.683	250.48	167.17	417.65	1.1717	1.7124	1.476	1.111
38	963.15	1155.1	47.316	253.43	165.12	418.55	1.1811	1.7118	1.487	1.127
40	1016.5	1146.7	50.085	256.41	163.02	419.43	1.1905	1.7111	1.498	1.145
42	1072.2	1138.2	52.998	259.41	160.88	420.28	1.1999	1.7103	1.510	1.163
44	1130.1	1129.5	56.064	262.43	158.69	421.11	1.2092	1.7096	1.523	1.182
46	1190.3	1120.6	59.292	265.47	156.45	421.92	1.2186	1.7089	1.537	1.202
48	1252.8	1111.5	62.690	268.53	154.16	422.69	1.2280	1.7081	1.551	1.223
50	1317.9	1102.3	66.272	271.62	151.81	423.44	1.2375	1.7072	1.566	1.246
52	1385.4	1092.9	70.047	274.74	149.41	424.15	1.2469	1.7064	1.582	1.270
54	1455.4	1083.2	74.030	277.89	146.94	424.83	1.2563	1.7055	1.600	1.296
56	1528.2	1073.4	78.235	281.06	144.41	425.47	1.2658	1.7045	1.618	1.324
58	1603.6	1063.2	82.679	284.27	141.80	426.07	1.2753	1.7035	1.638	1.354
60	1681.7	1052.9	87.379	287.50	139.12	426.63	1.2848	1.7024	1.660	1.387
62	1762.8	1042.2	92.358	290.78	136.36	427.14	1.2944	1.7013	1.684	1.422
64	1846.7	1031.2	97.637	294.09	133.52	427.61	1.3040	1.7000	1.710	1.461
66	1933.6	1020.0	103.24	297.44	130.57	428.02	1.3137	1.6987	1.738	1.504
68	2023.6	1008.3	109.21	300.84	127.53	428.36	1.3234	1.6972	1.769	1.552
70	2116.8	996.25	115.57	304.28	124.37	428.65	1.3332	1.6956	1.804	1.605
72	2213.2	983.76	122.37	307.78	121.09	428.86	1.3430	1.6939	1.843	1.665
74	2312.9	970.78	129.65	311.33	117.67	429.00	1.3530	1.6920	1.887	1.734
76	2416.1	957.25	137.48	314.94	114.10	429.04	1.3631	1.6899	1.938	1.812
78	2522.8	943.10	145.93	318.63	110.36	428.98	1.3733	1.6876	1.996	1.904
80	2633.2	928.24	155.08	322.39	106.42	428.81	1.3836	1.6850	2.065	2.012
82	2747.3	912.56	165.05	326.24	102.27	428.51	1.3942	1.6821	2.147	2.143
84	2865.3	895.91	175.97	330.20	97.85	428.05	1.4049	1.6789	2.247	2.303
86	2987.3	878.10	188.05	334.28	93.13	427.42	1.4159	1.6752	2.373	2.504
88	3113.5	858.86	201.52	338.51	88.04	426.55	1.4273	1.6710	2.536	2.766
90	3244.1	837.83	216.76	342.93	82.49	425.42	1.4390	1.6662	2.756	3.121
92	3379.3	814.43	234.31	347.59	76.33	423.92	1.4514	1.6604	3.072	3.630
94	3519.3	787.75	255.08	352.58	69.34	421.92	1.4645	1.6534	3.567	4.426
96	3664.4	756.09	280.73	358.07	61.11	419.18	1.4789	1.6445	4.460	5.848
98	3815.2	715.51	315.13	364.47	50.67	415.14	1.4957	1.6322	6.574	9.140
100	3972.3	651.18	373.01	373.30	34.39	407.68	1.5188	1.6109		
101.06[b]	4059.2	511.95	511.95	389.64	0.00	389.64	1.5621	1.5621		

[b] 임계점 ′: 포화액, ″: 포화증기, $r = h'' - h'$(증발잠열)

부록 11 R-134a의 포화증기표(압력기준)

P	t_s	ρ'	ρ''	h'	r	h''	s'	s''	c_p'	c_p''
kPa	°C	kg/m³		kJ/kg			kJ/kg·K		kJ/kg·K	
1.0	−94.37	1567.5	0.0687	82.04	258.12	340.16	0.4733	1.9171	1.186	0.607
1.1	−93.40	1564.9	0.0752	83.18	257.55	340.73	0.4797	1.9126	1.187	0.609
1.2	−92.51	1562.5	0.0816	84.24	257.02	341.26	0.4856	1.9084	1.188	0.611
1.3	−91.68	1560.3	0.0880	85.23	256.53	341.76	0.4911	1.9046	1.188	0.613
1.4	−90.90	1558.2	0.0944	86.15	256.07	342.22	0.4961	1.9012	1.189	0.615
1.6	−89.48	1554.5	0.1071	87.84	255.23	343.07	0.5054	1.8950	1.190	0.619
1.8	−88.20	1551.0	0.1197	89.36	254.47	343.84	0.5136	1.8896	1.191	0.622
2.0	−87.04	1547.9	0.1322	90.74	253.79	344.54	0.5211	1.8848	1.191	0.624
2.2	−85.98	1545.1	0.1446	92.01	253.17	345.18	0.5279	1.8805	1.192	0.627
2.4	−85.00	1542.5	0.1570	93.19	252.59	345.78	0.5341	1.8766	1.193	0.629
2.6	−84.08	1540.0	0.1693	94.28	252.05	346.33	0.5399	1.8730	1.194	0.632
2.8	−83.22	1537.7	0.1815	95.31	251.55	346.86	0.5453	1.8698	1.195	0.634
3.0	−82.41	1535.5	0.1937	96.27	251.08	347.35	0.5504	1.8667	1.196	0.636
3.2	−81.65	1533.5	0.2058	97.18	250.63	347.81	0.5552	1.8639	1.196	0.638
3.4	−80.93	1531.5	0.2179	98.05	250.21	348.26	0.5597	1.8613	1.197	0.639
3.6	−80.24	1529.7	0.2299	98.87	249.81	348.68	0.5640	1.8589	1.198	0.641
3.8	−79.58	1527.9	0.2419	99.66	249.42	349.08	0.5680	1.8566	1.199	0.643
4.0	−78.96	1526.2	0.2539	100.41	249.05	349.47	0.5719	1.8544	1.199	0.644
4.5	−77.50	1522.3	0.2836	102.16	248.20	350.37	0.5809	1.8495	1.201	0.648
5.0	−76.17	1518.7	0.3131	103.76	247.43	351.19	0.5890	1.8451	1.202	0.651
5.5	−74.95	1515.4	0.3424	105.23	246.71	351.94	0.5964	1.8412	1.204	0.654
6.0	−73.82	1512.3	0.3716	106.59	246.05	352.64	0.6033	1.8377	1.205	0.657
6.5	−72.76	1509.4	0.4006	107.86	245.44	353.30	0.6096	1.8345	1.206	0.660
7.0	−71.78	1506.7	0.4294	109.05	244.86	353.91	0.6156	1.8315	1.207	0.662
7.5	−70.85	1504.2	0.4581	110.17	244.32	354.49	0.6211	1.8288	1.209	0.664
8.0	−69.97	1501.8	0.4867	111.24	243.80	355.04	0.6264	1.8263	1.210	0.667
9.0	−68.34	1497.3	0.5435	113.21	242.85	356.06	0.6360	1.8218	1.212	0.671
10.0	−66.86	1493.3	0.6000	115.01	241.98	356.99	0.6448	1.8178	1.214	0.675
11.0	−65.49	1489.5	0.6560	116.67	241.18	357.85	0.6528	1.8142	1.215	0.678
12.0	−64.23	1486.0	0.7117	118.21	240.44	358.64	0.6602	1.8110	1.217	0.681
13.0	−63.05	1482.8	0.7671	119.64	239.74	359.39	0.6670	1.8081	1.219	0.684
14.0	−61.94	1479.7	0.8223	120.99	239.09	360.08	0.6735	1.8055	1.220	0.687
16.0	−59.91	1474.1	0.9318	123.47	237.89	361.37	0.6851	1.8007	1.223	0.693
18.0	−58.08	1469.0	1.0405	125.72	236.81	362.53	0.6956	1.7967	1.226	0.698
20.0	−56.41	1464.3	1.1484	127.77	235.82	363.58	0.7051	1.7931	1.228	0.702
22.0	−54.87	1460.0	1.2555	129.66	234.90	364.56	0.7138	1.7899	1.231	0.706
24.0	−53.45	1456.0	1.3620	131.41	234.05	365.46	0.7218	1.7871	1.233	0.710
26.0	−52.11	1452.3	1.4680	133.06	233.25	366.31	0.7293	1.7845	1.235	0.714
28.0	−50.86	1448.7	1.5735	134.61	232.50	367.10	0.7362	1.7822	1.237	0.717
30.0	−49.68	1445.4	1.6784	136.07	231.79	367.85	0.7428	1.7800	1.239	0.721
32.0	−48.56	1442.2	1.7830	137.45	231.11	368.56	0.7490	1.7780	1.240	0.724
34.0	−47.50	1439.2	1.8871	138.77	230.47	369.24	0.7548	1.7762	1.242	0.727
36.0	−46.49	1436.3	1.9908	140.03	229.85	369.88	0.7604	1.7744	1.244	0.730
38.0	−45.52	1433.6	2.0942	141.24	229.26	370.50	0.7657	1.7728	1.245	0.733
40.0	−44.60	1430.9	2.1973	142.39	228.69	371.09	0.7707	1.7713	1.247	0.735
45.0	−42.43	1424.7	2.4536	145.10	227.36	372.46	0.7825	1.7679	1.250	0.742
50.0	−40.45	1419.0	2.7082	147.57	226.14	373.72	0.7932	1.7650	1.254	0.748
55.0	−38.63	1413.7	2.9613	149.87	225.01	374.87	0.8030	1.7624	1.257	0.753
60.0	−36.93	1408.8	3.2131	152.00	223.94	375.94	0.8120	1.7601	1.260	0.758
65.0	−35.35	1404.2	3.4637	154.00	222.94	376.95	0.8205	1.7580	1.263	0.763
70.0	−33.86	1399.8	3.7133	155.89	222.00	377.89	0.8283	1.7561	1.266	0.768
75.0	−32.45	1395.7	3.9619	157.68	221.10	378.78	0.8358	1.7543	1.268	0.773
80.0	−31.12	1391.7	4.2096	159.37	220.25	379.62	0.8428	1.7528	1.271	0.777
90.0	−28.63	1384.3	4.7028	162.54	218.64	381.18	0.8558	1.7499	1.276	0.785
100.0	−26.36	1377.5	5.1932	165.44	217.16	382.60	0.8676	1.7475	1.280	0.793

$'$: 포화액, $''$: 포화증기, $r = h'' - h'$(증발잠열)

부록 11 R-134a의 포화증기표(압력기준) (계속)

P	t_s	ρ'	ρ''	h'	r	h''	s'	s''	c_p'	c_p''
kPa	°C	kg/m³		kJ/kg			kJ/kg·K		kJ/kg·K	
101.325[a]	−26.07	1376.7	5.2581	165.81	216.97	382.78	0.8690	1.7472	1.281	0.794
110.0	−24.26	1371.2	5.6814	168.14	215.77	383.91	0.8784	1.7454	1.284	0.800
120.0	−22.31	1365.3	6.1677	170.65	214.47	385.12	0.8884	1.7435	1.288	0.807
130.0	−20.48	1359.7	6.6522	173.01	213.24	386.26	0.8978	1.7418	1.292	0.814
140.0	−18.76	1354.5	7.1353	175.24	212.08	387.32	0.9066	1.7402	1.296	0.820
160.0	−15.59	1344.7	8.0979	179.37	209.90	389.27	0.9226	1.7376	1.303	0.832
180.0	−12.71	1335.7	9.0566	183.13	207.89	391.02	0.9371	1.7353	1.309	0.843
200.0	−10.08	1327.4	10.012	186.60	206.02	392.62	0.9503	1.7334	1.315	0.854
220.0	−7.64	1319.6	10.966	189.82	204.27	394.09	0.9624	1.7317	1.321	0.864
240.0	−5.37	1312.3	11.918	192.83	202.61	395.44	0.9736	1.7303	1.327	0.874
260.0	−3.24	1305.4	12.869	195.67	201.04	396.70	0.9841	1.7290	1.332	0.883
280.0	−1.23	1298.8	13.820	198.35	199.53	397.89	0.9940	1.7278	1.338	0.892
300.0	0.67	1292.6	14.770	200.90	198.09	399.00	1.0033	1.7267	1.343	0.900
320.0	2.48	1286.5	15.721	203.34	196.71	400.04	1.0121	1.7257	1.348	0.909
340.0	4.20	1280.8	16.671	205.66	195.37	401.03	1.0204	1.7249	1.353	0.917
360.0	5.84	1275.2	17.623	207.90	194.08	401.97	1.0284	1.7240	1.358	0.925
380.0	7.42	1269.9	18.575	210.04	192.82	402.87	1.0360	1.7233	1.362	0.932
400.0	8.93	1264.7	19.529	212.11	191.61	403.72	1.0433	1.7226	1.367	0.940
450.0	12.48	1252.3	21.918	216.99	188.71	405.69	1.0604	1.7210	1.378	0.958
500.0	15.73	1240.8	24.317	221.50	185.97	407.47	1.0759	1.7197	1.389	0.976
550.0	18.75	1229.9	26.729	225.72	183.37	409.09	1.0903	1.7185	1.400	0.993
600.0	21.57	1219.5	29.155	229.68	180.89	410.57	1.1037	1.7175	1.411	1.010
650.0	24.22	1209.7	31.596	233.43	178.50	411.94	1.1162	1.7165	1.421	1.027
700.0	26.71	1200.2	34.054	236.99	176.20	413.20	1.1280	1.7156	1.432	1.043
750.0	29.08	1191.1	36.530	240.39	173.98	414.37	1.1392	1.7148	1.442	1.059
800.0	31.33	1182.2	39.025	243.65	171.81	415.46	1.1497	1.7140	1.453	1.075
850.0	33.47	1173.7	41.541	246.77	169.71	416.48	1.1598	1.7133	1.463	1.091
900.0	35.53	1165.4	44.078	249.78	167.65	417.43	1.1695	1.7126	1.474	1.107
950.0	37.50	1157.2	46.638	252.69	165.64	418.32	1.1787	1.7119	1.484	1.123
1000.0	39.39	1149.3	49.222	255.50	163.67	419.16	1.1876	1.7113	1.495	1.139
1100.0	42.97	1134.0	54.465	260.87	159.82	420.69	1.2044	1.7100	1.517	1.172
1200.0	46.31	1119.2	59.815	265.95	156.09	422.04	1.2201	1.7087	1.539	1.205
1300.0	49.46	1104.8	65.280	270.78	152.46	423.24	1.2349	1.7075	1.562	1.240
1400.0	52.42	1090.9	70.870	275.40	148.89	424.30	1.2489	1.7062	1.586	1.276
1500.0	55.23	1077.2	76.595	279.84	145.39	425.23	1.2622	1.7049	1.611	1.313
1600.0	57.91	1063.7	82.464	284.11	141.93	426.04	1.2748	1.7036	1.637	1.353
1700.0	60.46	1050.5	88.489	288.25	138.50	426.75	1.2870	1.7022	1.665	1.395
1800.0	62.90	1037.3	94.682	292.26	135.10	427.36	1.2987	1.7007	1.695	1.439
1900.0	65.23	1024.3	101.06	296.15	131.71	427.87	1.3100	1.6992	1.727	1.487
2000.0	67.48	1011.4	107.63	299.95	128.33	428.28	1.3209	1.6976	1.761	1.539
2100.0	69.64	998.43	114.41	303.67	124.94	428.60	1.3314	1.6959	1.797	1.595
2200.0	71.73	985.47	121.42	307.30	121.54	428.84	1.3417	1.6941	1.837	1.657
2300.0	73.74	972.47	128.69	310.87	118.11	428.98	1.3517	1.6922	1.881	1.724
2400.0	75.69	959.38	136.24	314.38	114.66	429.04	1.3615	1.6902	1.929	1.799
2500.0	77.58	946.15	144.09	317.84	111.16	429.01	1.3711	1.6881	1.983	1.883
2600.0	79.41	932.74	152.28	321.26	107.61	428.88	1.3805	1.6858	2.043	1.978
2700.0	81.18	919.11	160.85	324.65	104.00	428.65	1.3898	1.6833	2.111	2.086
2800.0	82.90	905.19	169.84	328.01	100.31	428.33	1.3990	1.6807	2.190	2.210
3000.0	86.20	876.21	189.35	334.70	92.63	427.34	1.4171	1.6748	2.388	2.527
3200.0	89.33	845.09	211.44	341.43	84.40	425.83	1.4350	1.6679	2.674	2.989
3400.0	92.30	810.67	237.19	348.31	75.34	423.65	1.4533	1.6595	3.132	3.726
3600.0	95.12	770.79	268.69	355.58	64.93	420.50	1.4724	1.6487	3.992	5.105
3800.0	97.80	720.15	311.11	363.77	51.86	415.63	1.4939	1.6336	6.243	8.632
4000.0	100.34	632.87	390.23	375.57	29.81	405.38	1.5247	1.6046		
4059.2[b]	101.06	511.95	511.95	389.64	0.00	389.64	1.5621	1.5621		

a) 표준비등점, $r = h'' - h'$ (증발잠열)

b) 임계점

부록 12 R-134a의 압축액 및 과열증기표(1)

t	$P=60\,\mathrm{kPa}$			$P=100\,\mathrm{kPa}$			$P=101.325\,\mathrm{kPa}$		
°C	ρ $\frac{kg}{m^3}$	h $\frac{kJ}{kg}$	s $\frac{kJ}{kg\,K}$	ρ $\frac{kg}{m^3}$	h $\frac{kJ}{kg}$	s $\frac{kJ}{kg\,K}$	ρ $\frac{kg}{m^3}$	h $\frac{kJ}{kg}$	s $\frac{kJ}{kg\,K}$
−85	1542.6	93.21	0.5340	1542.6	93.22	0.5340	1542.6	93.23	0.5340
−80	1529.1	99.18	0.5654	1529.2	99.20	0.5653	1529.2	99.20	0.5653
−75	1515.6	105.19	0.5961	1515.6	105.21	0.5960	1515.6	105.21	0.5960
−70	1502.0	111.22	0.6261	1502.0	111.24	0.6261	1502.0	111.24	0.6261
−65	1488.2	117.28	0.6556	1488.3	117.30	0.6556	1488.3	117.30	0.6556
−60	1474.4	123.38	0.6846	1474.5	123.40	0.6845	1474.5	123.40	0.6845
−55	1460.5	129.51	0.7130	1460.5	129.53	0.7130	1460.5	129.53	0.7130
−50	1446.4	135.69	0.7410	1446.5	135.70	0.7409	1446.5	135.70	0.7409
−45	1432.1	141.90	0.7685	1432.2	141.91	0.7684	1432.2	141.91	0.7684
−40	1417.7	148.15	0.7956	1417.8	148.16	0.7955	1417.8	148.16	0.7955
−35	3.1836	377.41	1.7663	1403.2	154.46	0.8223	1403.2	154.46	0.8223
−30	3.1105	381.22	1.7821	1388.4	160.80	0.8486	1388.4	160.80	0.8486
−25	3.0412	385.05	1.7977	5.1594	383.68	1.7519	5.2310	383.63	1.7506
−20	2.9755	388.91	1.8131	5.0401	387.65	1.7677	5.1097	387.61	1.7665
−15	2.9129	392.80	1.8283	4.9275	391.63	1.7833	4.9953	391.59	1.7821
−10	2.8532	396.73	1.8434	4.8208	395.64	1.7986	4.8870	395.60	1.7975
−5	2.7961	400.69	1.8583	4.7196	399.67	1.8138	4.7842	399.63	1.8127
0	2.7415	404.69	1.8730	4.6232	403.73	1.8288	4.6863	403.70	1.8277
5	2.6892	408.73	1.8877	4.5312	407.82	1.8437	4.5929	407.79	1.8425
10	2.6390	412.81	1.9022	4.4433	411.95	1.8584	4.5037	411.92	1.8572
15	2.5907	416.92	1.9166	4.3591	416.11	1.8730	4.4183	416.09	1.8718
20	2.5444	421.08	1.9310	4.2784	420.31	1.8874	4.3364	420.29	1.8863
25	2.4997	425.28	1.9452	4.2010	424.55	1.9017	4.2578	424.53	1.9006
30	2.4567	429.52	1.9593	4.1265	428.82	1.9160	4.1823	428.80	1.9148
35	2.4152	433.80	1.9733	4.0549	433.14	1.9301	4.1097	433.11	1.9289
40	2.3752	438.12	1.9872	3.9860	437.49	1.9441	4.0397	437.47	1.9429
45	2.3365	442.48	2.0010	3.9195	441.88	1.9580	3.9723	441.86	1.9568
50	2.2991	446.88	2.0147	3.8554	446.30	1.9718	3.9073	446.28	1.9707
55	2.2630	451.33	2.0284	3.7935	450.77	1.9855	3.8445	450.75	1.9844
60	2.2280	455.81	2.0419	3.7336	455.28	1.9991	3.7838	455.26	1.9980
65	2.1941	460.33	2.0554	3.6758	459.82	2.0127	3.7251	459.81	2.0116
70	2.1613	464.90	2.0688	3.6198	464.41	2.0261	3.6683	464.39	2.0250
75	2.1294	469.50	2.0821	3.5655	469.03	2.0395	3.6133	469.02	2.0384
80	2.0986	474.15	2.0954	3.5130	473.70	2.0528	3.5601	473.68	2.0517
85	2.0686	478.84	2.1085	3.4621	478.40	2.0660	3.5084	478.38	2.0649
90	2.0395	483.56	2.1217	3.4126	483.14	2.0792	3.4583	483.13	2.0781
95	2.0112	488.33	2.1347	3.3647	487.92	2.0923	3.4097	487.91	2.0912
100	1.9837	493.14	2.1477	3.3181	492.74	2.1053	3.3624	492.73	2.1042
105	1.9570	497.98	2.1606	3.2728	497.60	2.1182	3.3165	497.59	2.1171
110	1.9310	502.87	2.1734	3.2288	502.50	2.1311	3.2719	502.49	2.1300
115	1.9057	507.80	2.1862	3.1860	507.44	2.1439	3.2286	507.43	2.1428
120	1.8811	512.76	2.1989	3.1444	512.42	2.1566	3.1863	512.41	2.1555
125	1.8571	517.77	2.2115	3.1038	517.43	2.1693	3.1453	517.42	2.1682
130	1.8337	522.81	2.2241	3.0644	522.49	2.1819	3.1053	522.48	2.1808
135	1.8109	527.89	2.2366	3.0259	527.58	2.1945	3.0663	527.57	2.1934
140	1.7887	533.02	2.2491	2.9885	532.71	2.2070	3.0283	532.70	2.2059
145	1.7670	538.18	2.2615	2.9519	537.88	2.2194	2.9913	537.87	2.2183
150	1.7459	543.38	2.2739	2.9163	543.09	2.2318	2.9552	543.08	2.2307
155	1.7252	548.61	2.2862	2.8816	548.33	2.2441	2.9199	548.32	2.2430
160	1.7051	553.89	2.2985	2.8476	553.62	2.2564	2.8856	553.61	2.2553

부록 12 R-134a의 압축액 및 과열증기표(2)

t °C	$P=140$ kPa ρ kg/m³	h kJ/kg	s kJ/kgK	$P=200$ kPa ρ kg/m³	h kJ/kg	s kJ/kgK	$P=240$ kPa ρ kg/m³	h kJ/kg	s kJ/kgK
−85	1542.7	93.24	0.5339	1542.7	93.27	0.5339	1542.8	93.29	0.5338
−80	1529.2	99.22	0.5653	1529.3	99.25	0.5652	1529.4	99.26	0.5652
−75	1515.7	105.22	0.5960	1515.8	105.25	0.5959	1515.9	105.27	0.5959
−70	1502.1	111.25	0.6260	1502.2	111.28	0.6260	1502.3	111.30	0.6259
−65	1488.4	117.32	0.6555	1488.5	117.34	0.6554	1488.6	117.36	0.6554
−60	1474.6	123.41	0.6845	1474.7	123.44	0.6844	1474.7	123.46	0.6843
−55	1460.6	129.55	0.7129	1460.7	129.57	0.7128	1460.8	129.59	0.7128
−50	1446.5	135.72	0.7409	1446.7	135.74	0.7408	1446.7	135.76	0.7407
−45	1432.3	141.93	0.7684	1432.4	141.95	0.7683	1432.5	141.96	0.7682
−40	1417.9	148.18	0.7955	1418.0	148.20	0.7954	1418.1	148.21	0.7953
−35	1403.3	154.47	0.8222	1403.5	154.49	0.8221	1403.6	154.51	0.8220
−30	1388.5	160.81	0.8485	1388.7	160.83	0.8484	1388.8	160.85	0.8484
−25	1373.5	167.20	0.8745	1373.7	167.22	0.8744	1373.8	167.23	0.8744
−20	1358.3	173.64	0.9002	1358.5	173.66	0.9001	1358.6	173.67	0.9001
−15	7.0075	390.40	1.7523	1342.9	180.15	0.9255	1343.1	180.16	0.9255
−10	6.8467	394.50	1.7680	10.009	392.68	1.7337	1327.3	186.71	0.9506
−5	6.6951	398.61	1.7835	9.7669	396.94	1.7497	11.896	395.76	1.7315
0	6.5517	402.74	1.7987	9.5410	401.20	1.7654	11.605	400.11	1.7475
5	6.4156	406.90	1.8138	9.3286	405.45	1.7808	11.334	404.45	1.7633
10	6.2861	411.08	1.8287	9.1281	409.73	1.7961	11.079	408.79	1.7787
15	6.1625	415.29	1.8434	8.9381	414.02	1.8111	10.839	413.14	1.7940
20	6.0445	419.53	1.8580	8.7577	418.33	1.8259	10.612	417.51	1.8090
25	5.9316	423.81	1.8725	8.5859	422.67	1.8406	10.397	421.89	1.8238
30	5.8234	428.12	1.8868	8.4220	427.04	1.8551	10.192	426.30	1.8385
35	5.7195	432.46	1.9010	8.2652	431.44	1.8695	9.9966	430.74	1.8530
40	5.6197	436.84	1.9151	8.1152	435.87	1.8838	9.8102	435.20	1.8674
45	5.5237	441.26	1.9291	7.9713	440.33	1.8979	9.6318	439.70	1.8816
50	5.4312	445.72	1.9430	7.8331	444.83	1.9120	9.4609	444.22	1.8957
55	5.3421	450.21	1.9568	7.7003	449.36	1.9259	9.2969	448.78	1.9097
60	5.2561	454.74	1.9705	7.5725	453.92	1.9397	9.1393	453.37	1.9236
65	5.1731	459.31	1.9841	7.4493	458.52	1.9534	8.9877	458.00	1.9374
70	5.0928	463.91	1.9977	7.3305	463.16	1.9670	8.8417	462.65	1.9511
75	5.0152	468.56	2.0111	7.2159	467.83	1.9805	8.7010	467.35	1.9646
80	4.9401	473.24	2.0244	7.1051	472.54	1.9939	8.5651	472.08	1.9781
85	4.8673	477.96	2.0377	6.9980	477.29	2.0073	8.4340	476.84	1.9915
90	4.7968	482.72	2.0509	6.8944	482.07	2.0206	8.3072	481.64	2.0048
95	4.7285	487.51	2.0640	6.7940	486.89	2.0337	8.1845	486.48	2.0181
100	4.6621	492.35	2.0771	6.6967	491.75	2.0468	8.0658	491.35	2.0312
105	4.5977	497.22	2.0900	6.6024	496.64	2.0599	7.9507	496.26	2.0443
110	4.5351	502.13	2.1029	6.5109	501.57	2.0728	7.8392	501.20	2.0573
115	4.4743	507.08	2.1158	6.4221	506.54	2.0857	7.7310	506.18	2.0702
120	4.4152	512.07	2.1286	6.3359	511.55	2.0985	7.6260	511.20	2.0830
125	4.3577	517.10	2.1413	6.2520	516.59	2.1113	7.5240	516.25	2.0958
130	4.3017	522.16	2.1539	6.1705	521.67	2.1239	7.4249	521.34	2.1085
135	4.2472	527.26	2.1665	6.0912	526.79	2.1366	7.3286	526.47	2.1211
140	4.1942	532.41	2.1790	6.0140	531.94	2.1491	7.2349	531.64	2.1337
145	4.1425	537.58	2.1915	5.9389	537.14	2.1616	7.1436	536.84	2.1462
150	4.0920	542.80	2.2039	5.8657	542.37	2.1740	7.0548	542.08	2.1587
155	4.0429	548.05	2.2162	5.7943	547.63	2.1864	6.9683	547.35	2.1711
160	3.9949	553.35	2.2285	5.7248	552.94	2.1987	6.8840	552.66	2.1834

부록 12 R−134a의 압축액 및 과열증기표(3)

t °C	$P=300$ kPa ρ $\frac{kg}{m^3}$	h $\frac{kJ}{kg}$	s $\frac{kJ}{kg K}$	$P=350$ kPa ρ $\frac{kg}{m^3}$	h $\frac{kJ}{kg}$	s $\frac{kJ}{kg K}$	$P=400$ kPa ρ $\frac{kg}{m^3}$	h $\frac{kJ}{kg}$	s $\frac{kJ}{kg K}$
−85	1542.9	93.31	0.5338	1543.0	93.33	0.5337	1543.0	93.36	0.5336
−80	1529.5	99.29	0.5651	1529.5	99.31	0.5650	1529.6	99.33	0.5650
−75	1516.0	105.29	0.5958	1516.0	105.31	0.5957	1516.1	105.33	0.5957
−70	1502.4	111.32	0.6258	1502.4	111.34	0.6258	1502.5	111.36	0.6257
−65	1488.7	117.38	0.6553	1488.8	117.40	0.6553	1488.8	117.43	0.6552
−60	1474.9	123.48	0.6843	1474.9	123.50	0.6842	1475.0	123.52	0.6841
−55	1460.9	129.61	0.7127	1461.0	129.63	0.7126	1461.1	129.65	0.7126
−50	1446.9	135.78	0.7406	1447.0	135.80	0.7406	1447.1	135.82	0.7405
−45	1432.7	141.99	0.7682	1432.8	142.01	0.7681	1432.9	142.02	0.7680
−40	1418.3	148.24	0.7953	1418.4	148.25	0.7952	1418.5	148.27	0.7951
−35	1403.7	154.53	0.8220	1403.8	154.55	0.8219	1404.0	154.56	0.8218
−30	1389.0	160.87	0.8483	1389.1	160.88	0.8482	1389.2	160.90	0.8481
−25	1374.0	167.25	0.8743	1374.1	167.27	0.8742	1374.3	167.29	0.8741
−20	1358.8	173.69	0.9000	1358.9	173.70	0.8999	1359.1	173.72	0.8998
−15	1343.3	180.18	0.9254	1343.4	180.19	0.9253	1343.6	180.21	0.9252
−10	1327.5	186.72	0.9505	1327.6	186.74	0.9504	1327.8	186.75	0.9503
−5	1311.3	193.33	0.9753	1311.5	193.34	0.9752	1311.7	193.36	0.9751
0	1294.8	200.00	1.0000	1295.0	200.01	0.9999	1295.2	200.02	0.9998
5	14.447	402.88	1.7408	1278.1	206.75	1.0243	1278.3	206.76	1.0242
10	14.098	407.34	1.7567	16.708	406.06	1.7407	19.415	404.72	1.7261
15	13.773	411.79	1.7722	16.300	410.61	1.7566	18.911	409.38	1.7425
20	13.467	416.24	1.7876	15.920	415.14	1.7722	18.446	414.01	1.7584
25	13.179	420.70	1.8027	15.564	419.67	1.7875	18.012	418.62	1.7740
30	12.907	425.17	1.8175	15.228	424.21	1.8026	17.607	423.22	1.7893
35	12.648	429.67	1.8323	14.911	428.76	1.8175	17.225	427.83	1.8044
40	12.402	434.19	1.8468	14.611	433.33	1.8322	16.865	432.45	1.8192
45	12.168	438.73	1.8612	14.325	437.92	1.8467	16.525	437.08	1.8339
50	11.944	443.31	1.8755	14.054	442.53	1.8611	16.201	441.74	1.8484
55	11.730	447.91	1.8896	13.794	447.16	1.8753	15.893	446.41	1.8628
60	11.525	452.53	1.9036	13.546	451.83	1.8895	15.600	451.11	1.8770
65	11.328	457.19	1.9175	13.309	456.52	1.9034	15.319	455.83	1.8911
70	11.138	461.89	1.9312	13.081	461.24	1.9173	15.050	460.58	1.9050
75	10.956	466.61	1.9449	12.862	465.99	1.9310	14.793	465.36	1.9188
80	10.781	471.37	1.9585	12.652	470.77	1.9447	14.546	470.17	1.9325
85	10.612	476.16	1.9719	12.450	475.59	1.9582	14.308	475.01	1.9461
90	10.449	480.99	1.9853	12.254	480.44	1.9717	14.080	479.88	1.9597
95	10.291	485.85	1.9986	12.066	485.32	1.9850	13.860	484.78	1.9731
100	10.139	490.74	2.0118	11.885	490.23	1.9983	13.647	489.72	1.9864
105	9.9914	495.67	2.0249	11.709	495.18	2.0114	13.442	494.68	1.9996
110	9.8486	500.63	2.0380	11.539	500.16	2.0245	13.244	499.68	2.0127
115	9.7103	505.63	2.0510	11.375	505.18	2.0375	13.053	504.71	2.0258
120	9.5762	510.67	2.0638	11.215	510.23	2.0505	12.867	509.78	2.0387
125	9.4460	515.74	2.0767	11.061	515.31	2.0633	12.688	514.88	2.0516
130	9.3197	520.85	2.0894	10.911	520.43	2.0761	12.513	520.02	2.0645
135	9.1970	525.99	2.1021	10.765	525.59	2.0888	12.345	525.19	2.0772
140	9.0777	531.17	2.1147	10.624	530.78	2.1014	12.181	530.39	2.0899
145	8.9617	536.39	2.1273	10.487	536.01	2.1140	12.022	535.63	2.1025
150	8.8489	541.64	2.1397	10.353	541.27	2.1265	11.867	540.91	2.1150
155	8.7391	546.93	2.1522	10.224	546.57	2.1390	11.717	546.21	2.1275
160	8.6321	552.25	2.1645	10.097	551.91	2.1514	11.570	551.56	2.1399

부록 12 R−134a의 압축액 및 과열증기표(4)

t	P = 500 kPa			P = 600 kPa			P = 700 kPa		
°C	ρ kg/m³	h kJ/kg	s kJ/kgK	ρ kg/m³	h kJ/kg	s kJ/kgK	ρ kg/m³	h kJ/kg	s kJ/kgK
−85	1543.2	93.40	0.5335	1543.3	93.44	0.5334	1543.5	93.49	0.5333
−80	1529.8	99.37	0.5649	1529.9	99.42	0.5648	1530.1	99.46	0.5646
−75	1516.3	105.38	0.5955	1516.4	105.42	0.5954	1516.6	105.46	0.5953
−70	1502.7	111.41	0.6256	1502.9	111.45	0.6255	1503.0	111.49	0.6254
−65	1489.0	117.47	0.6551	1489.2	117.51	0.6549	1489.4	117.55	0.6548
−60	1475.2	123.56	0.6840	1475.4	123.60	0.6839	1475.6	123.64	0.6837
−55	1461.3	129.69	0.7124	1461.5	129.73	0.7123	1461.7	129.77	0.7122
−50	1447.3	135.86	0.7404	1447.5	135.90	0.7402	1447.7	135.94	0.7401
−45	1433.1	142.06	0.7679	1433.3	142.10	0.7677	1433.5	142.14	0.7676
−40	1418.7	148.31	0.7950	1419.0	148.35	0.7948	1419.2	148.38	0.7947
−35	1404.2	154.60	0.8217	1404.5	154.64	0.8215	1404.7	154.67	0.8214
−30	1389.5	160.94	0.8480	1389.7	160.97	0.8478	1390.0	161.00	0.8477
−25	1374.5	167.32	0.8740	1374.8	167.35	0.8738	1375.1	167.38	0.8737
−20	1359.4	173.75	0.8996	1359.6	173.78	0.8995	1359.9	173.81	0.8993
−15	1343.9	180.24	0.9250	1344.2	180.27	0.9248	1344.5	180.30	0.9247
−10	1328.1	186.78	0.9501	1328.5	186.81	0.9499	1328.8	186.84	0.9497
−5	1312.1	193.38	0.9750	1312.4	193.41	0.9748	1312.8	193.43	0.9746
0	1295.6	200.05	0.9996	1296.0	200.07	0.9994	1296.4	200.09	0.9992
5	1278.7	206.78	1.0240	1279.1	206.80	1.0238	1279.6	206.82	1.0236
10	1261.4	213.59	1.0483	1261.8	213.61	1.0481	1262.3	213.62	1.0478
15	1243.5	220.48	1.0724	1244.0	220.49	1.0722	1244.5	220.51	1.0719
20	23.744	411.61	1.7339	1225.5	227.47	1.0962	1226.0	227.48	1.0959
25	23.125	416.40	1.7501	28.573	414.01	1.7291	1206.9	234.55	1.1198
30	22.554	421.16	1.7659	27.790	418.96	1.7455	33.371	416.60	1.7269
35	22.022	425.90	1.7814	27.073	423.86	1.7616	32.418	421.69	1.7436
40	21.526	430.63	1.7967	26.409	428.73	1.7772	31.549	426.72	1.7598
45	21.059	435.37	1.8117	25.792	433.58	1.7926	30.750	431.71	1.7756
50	20.619	440.11	1.8265	25.215	438.43	1.8077	30.010	436.67	1.7910
55	20.202	444.87	1.8411	24.672	443.28	1.8226	29.320	441.62	1.8062
60	19.808	449.64	1.8555	24.161	448.13	1.8373	28.674	446.57	1.8212
65	19.432	454.43	1.8698	23.677	453.00	1.8518	28.066	451.52	1.8359
70	19.074	459.25	1.8839	23.218	457.88	1.8661	27.493	456.47	1.8505
75	18.732	464.09	1.8979	22.782	462.78	1.8803	26.950	461.44	1.8649
80	18.406	468.95	1.9118	22.366	467.70	1.8943	26.435	466.42	1.8791
85	18.092	473.84	1.9256	21.969	472.64	1.9082	25.945	471.42	1.8931
90	17.792	478.76	1.9392	21.589	477.61	1.9220	25.478	476.44	1.9070
95	17.503	483.70	1.9527	21.226	482.60	1.9356	25.032	481.48	1.9208
100	17.225	488.68	1.9661	20.877	487.62	1.9492	24.605	486.54	1.9345
105	16.958	493.68	1.9795	20.541	492.66	1.9626	24.196	491.63	1.9480
110	16.700	498.72	1.9927	20.219	497.74	1.9759	23.804	496.74	1.9615
115	16.451	503.78	2.0058	19.908	502.84	1.9892	23.426	501.88	1.9748
120	16.211	508.88	2.0189	19.609	507.97	2.0023	23.064	507.05	1.9880
125	15.978	514.01	2.0318	19.320	513.13	2.0154	22.714	512.24	2.0011
130	15.753	519.18	2.0447	19.040	518.33	2.0283	22.377	517.47	2.0142
135	15.535	524.37	2.0575	18.770	523.55	2.0412	22.052	522.72	2.0271
140	15.324	529.60	2.0703	18.509	528.81	2.0540	21.737	528.01	2.0400
145	15.119	534.87	2.0829	18.256	534.10	2.0667	21.433	533.32	2.0528
150	14.921	540.17	2.0955	18.011	539.42	2.0794	21.139	538.67	2.0655
155	14.728	545.50	2.1081	17.773	544.77	2.0920	20.853	544.05	2.0781
160	14.540	550.86	2.1205	17.542	550.16	2.1045	20.577	549.45	2.0907

부록 12 R−134a의 압축액 및 과열증기표(5)

t	$P=800$ kPa			$P=1000$ kPa			$P=1200$ kPa		
°C	ρ $\frac{kg}{m^3}$	h $\frac{kJ}{kg}$	s $\frac{kJ}{kg\,K}$	ρ $\frac{kg}{m^3}$	h $\frac{kJ}{kg}$	s $\frac{kJ}{kg\,K}$	ρ $\frac{kg}{m^3}$	h $\frac{kJ}{kg}$	s $\frac{kJ}{kg\,K}$
−85	1543.6	93.53	0.5332	1543.9	93.62	0.5330	1544.2	93.70	0.5327
−80	1530.2	99.50	0.5645	1530.5	99.59	0.5643	1530.8	99.68	0.5641
−75	1516.7	105.50	0.5952	1517.1	105.59	0.5950	1517.4	105.67	0.5947
−70	1503.2	111.53	0.6252	1503.5	111.62	0.6250	1503.8	111.70	0.6248
−65	1489.5	117.59	0.6547	1489.9	117.67	0.6545	1490.2	117.76	0.6542
−60	1475.8	123.68	0.6836	1476.1	123.76	0.6834	1476.5	123.85	0.6831
−55	1461.9	129.81	0.7120	1462.3	129.89	0.7118	1462.7	129.97	0.7115
−50	1447.9	135.97	0.7400	1448.3	136.05	0.7397	1448.7	136.13	0.7394
−45	1433.7	142.18	0.7675	1434.2	142.25	0.7672	1434.6	142.33	0.7669
−40	1419.4	148.42	0.7945	1419.9	148.50	0.7942	1420.3	148.57	0.7940
−35	1404.9	154.71	0.8212	1405.4	154.78	0.8209	1405.9	154.85	0.8206
−30	1390.3	161.04	0.8475	1390.8	161.11	0.8472	1391.3	161.18	0.8469
−25	1375.4	167.42	0.8735	1375.9	167.48	0.8732	1376.5	167.55	0.8729
−20	1360.2	173.85	0.8991	1360.8	173.91	0.8988	1361.4	173.97	0.8985
−15	1344.8	180.33	0.9245	1345.5	180.39	0.9241	1346.1	180.45	0.9238
−10	1329.2	186.86	0.9496	1329.8	186.92	0.9492	1330.5	186.98	0.9489
−5	1313.1	193.46	0.9744	1313.9	193.51	0.9740	1314.6	193.56	0.9736
0	1296.8	200.12	0.9990	1297.5	200.16	0.9986	1298.3	200.21	0.9982
5	1280.0	206.84	1.0234	1280.8	206.88	1.0230	1281.6	206.93	1.0226
10	1262.7	213.64	1.0476	1263.6	213.68	1.0472	1264.5	213.71	1.0467
15	1245.0	220.52	1.0717	1246.0	220.55	1.0712	1246.9	220.57	1.0708
20	1226.6	227.49	1.0957	1227.7	227.50	1.0952	1228.8	227.52	1.0947
25	1207.5	234.55	1.1196	1208.7	234.56	1.1190	1209.9	234.57	1.1185
30	1187.7	241.72	1.1434	1189.0	241.72	1.1428	1190.3	241.71	1.1423
35	38.115	419.37	1.7268	1168.3	249.00	1.1667	1169.8	248.98	1.1660
40	36.988	424.59	1.7436	49.004	419.86	1.7135	1148.3	256.37	1.1899
45	35.966	429.74	1.7599	47.349	425.44	1.7312	1125.4	263.93	1.2138
50	35.030	434.84	1.7758	45.879	430.88	1.7482	58.136	426.41	1.7223
55	34.166	439.91	1.7914	44.556	436.24	1.7646	56.120	432.17	1.7400
60	33.363	444.95	1.8067	43.350	441.53	1.7806	54.335	437.79	1.7570
65	32.612	449.99	1.8217	42.243	446.78	1.7962	52.732	443.31	1.7735
70	31.908	455.03	1.8365	41.218	452.00	1.8116	51.276	448.76	1.7895
75	31.245	460.07	1.8510	40.264	457.21	1.8266	49.942	454.16	1.8051
80	30.619	465.12	1.8654	39.372	462.40	1.8414	48.710	459.53	1.8204
85	30.026	470.18	1.8797	38.535	467.59	1.8561	47.566	464.88	1.8354
90	29.462	475.25	1.8937	37.746	472.79	1.8705	46.499	470.22	1.8502
95	28.926	480.34	1.9076	37.001	477.99	1.8847	45.499	475.55	1.8648
100	28.414	485.45	1.9214	36.295	483.21	1.8988	44.558	480.87	1.8792
105	27.925	490.58	1.9351	35.624	488.43	1.9127	43.670	486.21	1.8934
110	27.457	495.74	1.9486	34.985	493.67	1.9264	42.830	491.54	1.9074
115	27.008	500.91	1.9621	34.375	498.93	1.9401	42.033	496.89	1.9213
120	26.578	506.12	1.9754	33.792	504.21	1.9536	41.275	502.25	1.9350
125	26.163	511.34	1.9886	33.234	509.51	1.9670	40.552	507.63	1.9486
130	25.764	516.60	2.0017	32.699	514.83	1.9803	39.862	513.03	1.9621
135	25.380	521.88	2.0147	32.186	520.18	1.9934	39.201	518.44	1.9754
140	25.009	527.20	2.0277	31.692	525.55	2.0065	38.569	523.87	1.9886
145	24.651	532.54	2.0405	31.216	530.95	2.0195	37.962	529.33	2.0018
150	24.305	537.91	2.0533	30.758	536.37	2.0324	37.379	534.81	2.0148
155	23.970	543.31	2.0660	30.316	541.82	2.0452	36.817	540.31	2.0277
160	23.646	548.74	2.0786	29.889	547.30	2.0579	36.277	545.84	2.0405

부록 12 R-134a의 압축액 및 과열증기표(6)

t (°C)	P = 1400 kPa ρ ($\frac{kg}{m^3}$)	h ($\frac{kJ}{kg}$)	s ($\frac{kJ}{kg\,K}$)	P = 1600 kPa ρ ($\frac{kg}{m^3}$)	h ($\frac{kJ}{kg}$)	s ($\frac{kJ}{kg\,K}$)	P = 2000 kPa ρ ($\frac{kg}{m^3}$)	h ($\frac{kJ}{kg}$)	s ($\frac{kJ}{kg\,K}$)
−85	1544.4	93.79	0.5325	1544.7	93.88	0.5323	1545.3	94.06	0.5319
−80	1531.1	99.76	0.5638	1531.4	99.85	0.5636	1532.0	100.02	0.5632
−75	1517.7	105.76	0.5945	1518.0	105.85	0.5943	1518.6	106.02	0.5938
−70	1504.2	111.78	0.6245	1504.5	111.87	0.6243	1505.1	112.04	0.6238
−65	1490.6	117.84	0.6540	1490.9	117.92	0.6537	1491.6	118.09	0.6532
−60	1476.9	123.93	0.6829	1477.2	124.01	0.6826	1478.0	124.17	0.6821
−55	1463.0	130.05	0.7113	1463.4	130.13	0.7110	1464.2	130.29	0.7105
−50	1449.1	136.21	0.7392	1449.5	136.29	0.7389	1450.3	136.44	0.7384
−45	1435.0	142.41	0.7666	1435.4	142.48	0.7664	1436.3	142.64	0.7658
−40	1420.8	148.64	0.7937	1421.2	148.72	0.7934	1422.1	148.87	0.7928
−35	1406.4	154.92	0.8203	1406.9	155.00	0.8200	1407.8	155.14	0.8195
−30	1391.8	161.25	0.8466	1392.3	161.32	0.8463	1393.3	161.46	0.8457
−25	1377.0	167.62	0.8725	1377.5	167.69	0.8722	1378.6	167.82	0.8716
−20	1362.0	174.04	0.8982	1362.6	174.10	0.8978	1363.7	174.23	0.8972
−15	1346.7	180.51	0.9235	1347.3	180.57	0.9231	1348.5	180.69	0.9225
−10	1331.1	187.03	0.9485	1331.8	187.09	0.9481	1333.1	187.21	0.9474
−5	1315.3	193.61	0.9733	1316.0	193.67	0.9729	1317.4	193.77	0.9722
0	1299.1	200.26	0.9978	1299.8	200.31	0.9974	1301.3	200.40	0.9967
5	1282.5	206.97	1.0222	1283.3	207.01	1.0218	1284.9	207.10	1.0209
10	1265.4	213.75	1.0463	1266.3	213.78	1.0459	1268.1	213.86	1.0450
15	1247.9	220.60	1.0703	1248.9	220.63	1.0699	1250.8	220.69	1.0690
20	1229.8	227.54	1.0942	1230.9	227.56	1.0937	1233.0	227.61	1.0928
25	1211.1	234.57	1.1180	1212.3	234.59	1.1175	1214.6	234.61	1.1164
30	1191.6	241.71	1.1417	1192.9	241.71	1.1412	1195.5	241.71	1.1401
35	1171.3	248.96	1.1654	1172.7	248.94	1.1648	1175.6	248.92	1.1636
40	1149.9	256.34	1.1892	1151.5	256.31	1.1885	1154.7	256.25	1.1872
45	1127.3	263.87	1.2131	1129.2	263.82	1.2123	1132.8	263.72	1.2109
50	1103.2	271.59	1.2371	1105.3	271.51	1.2363	1109.5	271.35	1.2347
55	69.314	427.54	1.7161	1079.7	279.41	1.2606	1084.5	279.18	1.2588
60	66.643	433.62	1.7345	80.824	428.84	1.7120	1057.5	287.26	1.2832
65	64.322	439.50	1.7520	77.387	435.25	1.7311	1027.6	295.64	1.3082
70	62.267	445.25	1.7689	74.458	441.40	1.7491	104.46	432.06	1.7086
75	60.421	450.90	1.7853	71.900	447.37	1.7664	99.207	439.12	1.7291
80	58.745	456.48	1.8012	69.628	453.22	1.7831	94.886	445.77	1.7481
85	57.210	462.02	1.8167	67.582	458.97	1.7993	91.208	452.17	1.7660
90	55.794	467.52	1.8320	65.722	464.66	1.8150	88.003	458.38	1.7833
95	54.480	472.99	1.8470	64.017	470.30	1.8305	85.163	464.47	1.7999
100	53.254	478.45	1.8617	62.443	475.91	1.8456	82.612	470.45	1.8160
105	52.107	483.90	1.8762	60.982	481.49	1.8605	80.298	476.36	1.8318
110	51.028	489.34	1.8905	59.619	487.06	1.8751	78.182	482.21	1.8471
115	50.011	494.79	1.9046	58.343	492.61	1.8895	76.232	488.02	1.8622
120	49.049	500.24	1.9186	57.143	498.16	1.9037	74.426	493.80	1.8770
125	48.136	505.70	1.9324	56.011	503.71	1.9177	72.744	499.56	1.8916
130	47.269	511.17	1.9460	54.941	509.27	1.9316	71.171	505.31	1.9059
135	46.442	516.66	1.9596	53.925	514.83	1.9453	69.695	511.04	1.9201
140	45.653	522.16	1.9730	52.960	520.40	1.9589	68.304	516.78	1.9340
145	44.899	527.68	1.9862	52.040	525.99	1.9723	66.990	522.51	1.9478
150	44.177	533.21	1.9994	51.162	531.59	1.9856	65.745	528.24	1.9614
155	43.483	538.77	2.0125	50.323	537.21	1.9988	64.563	533.99	1.9749
160	42.817	544.35	2.0254	49.519	542.84	2.0119	63.437	539.74	1.9883

출처 : Thermodynamic Properties of pure and Blended Hydrofluorocarbon(HFC) Refrigerants, R. Tillner-Roth, Jin Li, Akimichi Yokozeki, Haruki Sato, Koichi Watanabe, Japan Society of Refrigerating and Air Conditioning Engineers, Tokyo. 1998.

부록 13 R-134a의 $P-h$선도

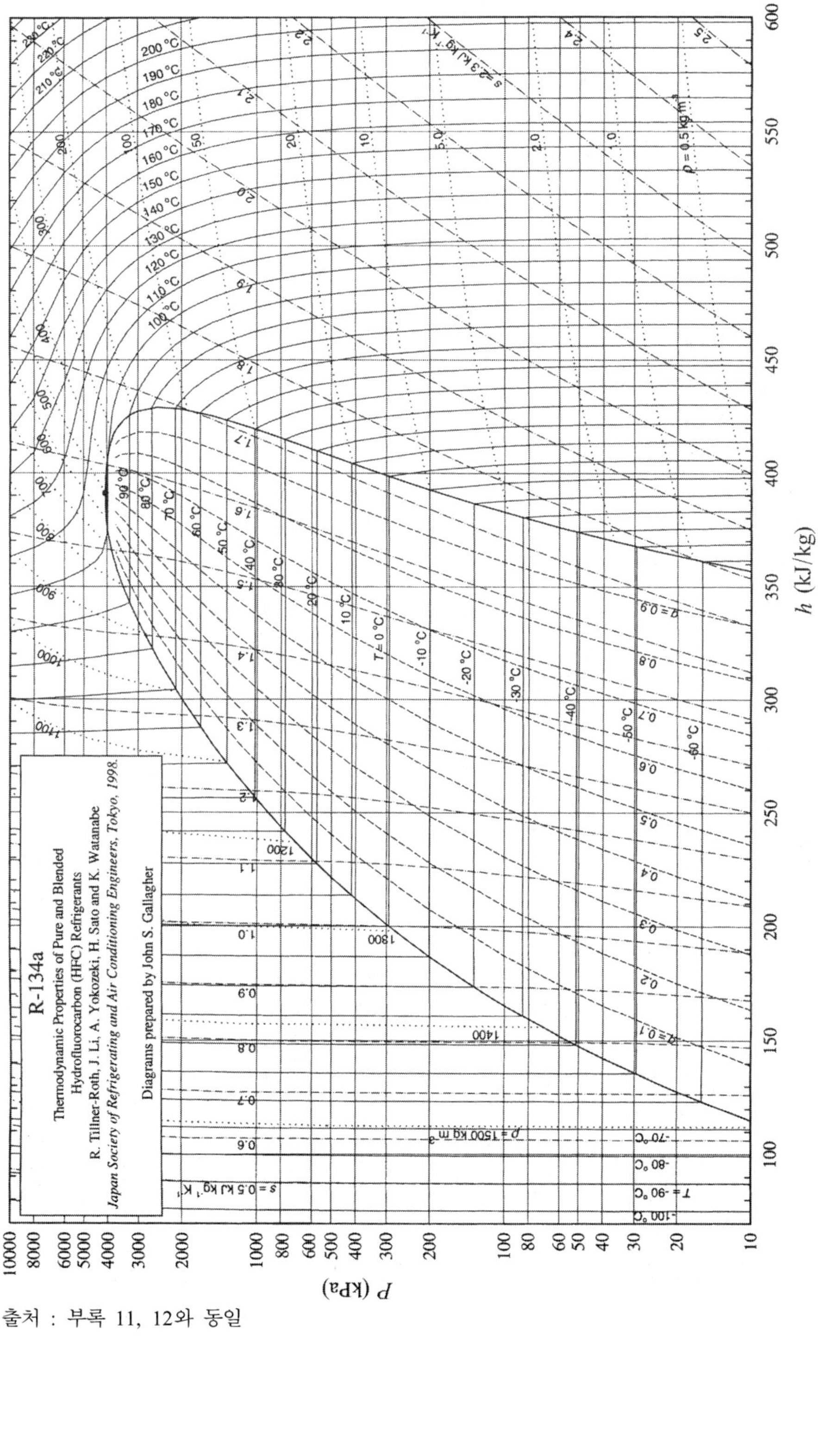

출처 : 부록 11, 12와 동일

부록 14 암모니아 포화증기표(온도기준)

온도	압력	비체적		밀도		비엔탈피			비엔트로피	
°C	MPa	m^3/kg		kg/m^3		kJ/kg			kJ/(kg·K)	
		액체	증기	액체	증기	액체	증기	잠열	액체	증기
t	P	v'	v''	ρ'	ρ''	h'	h''	$h''-h'$	s'	s''
-60	0.021894	0.0014013	4.7056	713.63	0.21251	-68.058	1373.7	1441.8	-0.1041	6.6602
-59	0.023372	0.0014035	4.4268	712.49	0.22590	-63.751	1375.5	1439.3	-0.0839	6.6370
-58	0.024933	0.0014058	4.1671	711.36	0.23997	-59.438	1377.3	1436.7	-0.0638	6.6140
-57	0.026580	0.0014080	3.9253	710.21	0.25476	-55.120	1379.1	1434.2	-0.0438	6.5913
-56	0.028316	0.0014103	3.6998	709.07	0.27028	-50.795	1380.8	1431.6	-0.0239	6.5689
-55	0.030146	0.0014126	3.4895	707.91	0.28657	-46.465	1382.6	1429.0	-0.00397	6.5467
-54	0.032073	0.0014149	3.2931	706.76	0.30366	-42.130	1384.3	1426.4	0.0158	6.5248
-53	0.034102	0.0014172	3.1097	705.60	0.32158	-37.788	1386.0	1423.8	0.0356	6.5032
-52	0.036236	0.0014196	2.9382	704.43	0.34034	-33.441	1387.8	1421.2	0.0553	6.4817
-51	0.038480	0.0014219	2.7778	703.20	0.35999	-29.088	1389.5	1418.6	0.0749	6.4606
-50	0.040837	0.0014243	2.6277	702.09	0.38056	-24.730	1391.2	1415.9	0.0945	6.4396
-49	0.043313	0.0014267	2.4871	700.92	0.40207	-20.366	1392.9	1413.3	0.1140	6.4189
-48	0.045912	0.0014291	2.3554	699.73	0.42456	-15.996	1394.6	1410.6	0.1334	6.3985
-47	0.048637	0.0014315	2.2318	698.55	0.44806	-11.621	1396.3	1407.9	0.1528	6.3782
-46	0.051495	0.0014340	2.1159	697.36	0.47261	-7.2397	1397.9	1405.2	0.1721	6.3582
-45	0.054490	0.0014364	2.0071	696.17	0.49824	-2.8533	1399.6	1402.5	0.1914	6.3384
-44	0.057627	0.0014389	1.9048	694.97	0.52498	1.5385	1401.3	1399.7	0.2105	6.3188
-43	0.060910	0.0014414	1.8087	693.77	0.55287	5.9359	1402.9	1397.0	0.2297	6.2994
-42	0.064345	0.0014439	1.7184	692.57	0.58194	10.339	1404.5	1394.2	0.2487	6.2803
-41	0.067937	0.0014464	1.6333	691.36	0.61224	14.747	1406.2	1391.4	0.2677	6.2613
-40	0.071692	0.0014490	1.5533	690.15	0.64380	19.160	1407.8	1388.6	0.2867	6.2425
-39	0.075615	0.0014515	1.4779	688.93	0.67665	23.579	1409.4	1385.8	0.3056	6.2240
-38	0.079711	0.0014541	1.4068	687.71	0.71084	28.004	1411.0	1383.0	0.3244	6.2056
-37	0.083986	0.0014567	1.3397	686.49	0.74642	32.433	1412.5	1380.1	0.3432	6.1874
-36	0.088447	0.0014593	1.2765	685.26	0.78340	36.868	1414.1	1377.2	0.3619	6.1694
-35	0.093098	0.0014619	1.2168	684.03	0.82184	41.309	1415.7	1374.4	0.3806	6.1516
-34	0.097946	0.0014646	1.1604	682.80	0.86178	45.754	1417.2	1371.5	0.3992	6.1339
-33.326	0.101325	0.0014664	1.1241	681.96	0.88957	48.753	1418.3	1369.5	0.4117	6.1221
-33	0.10300	0.0014672	1.1071	681.56	0.90326	50.205	1418.8	1368.6	0.4177	6.1164
-32	0.10826	0.0014699	1.0567	680.32	0.94633	54.661	1420.3	1365.6	0.4362	6.0992
-31	0.11373	0.0014726	1.0091	679.07	0.99102	59.122	1421.8	1362.7	0.4546	6.0820
-30	0.11943	0.0014753	0.96396	677.82	1.0374	63.589	1423.3	1359.7	0.4730	6.0651
-29	0.12535	0.0014780	0.92126	676.57	1.0855	68.060	1424.8	1356.7	0.4913	6.0483
-28	0.13151	0.0014808	0.88082	675.31	1.1353	72.537	1426.3	1353.7	0.5096	6.0316
-27	0.13792	0.0014836	0.84248	674.05	1.1870	77.019	1427.7	1350.7	0.5278	6.0152
-26	0.14457	0.0014864	0.80614	672.79	1.2405	81.506	1429.2	1347.7	0.5459	5.9989
-25	0.15147	0.0014892	0.77166	671.52	1.2959	85.999	1430.6	1344.6	0.5640	5.9827
-24	0.15864	0.0014920	0.73895	670.25	1.3533	90.496	1432.1	1341.6	0.5821	5.9667
-23	0.16608	0.0014948	0.70790	668.97	1.4126	94.999	1433.5	1338.5	0.6001	5.9508
-22	0.17379	0.0014977	0.67840	667.70	1.4741	99.506	1434.9	1335.4	0.6180	5.9351
-21	0.18179	0.0015006	0.65037	666.41	1.5376	104.02	1436.3	1332.3	0.6359	5.9195
-20	0.19008	0.0015035	0.62372	665.13	1.6033	108.54	1437.7	1329.1	0.6537	5.9041
-19	0.19867	0.0015064	0.59838	663.84	1.6712	113.06	1439.0	1326.0	0.6715	5.8888
-18	0.20756	0.0015093	0.57427	662.54	1.7413	117.59	1440.4	1322.8	0.6892	5.8736
-17	0.21677	0.0015123	0.55133	661.24	1.8138	122.12	1441.7	1319.6	0.7069	5.8586
-16	0.22630	0.0015153	0.52948	659.94	1.8886	126.66	1443.0	1316.4	0.7245	5.8437
-15	0.23617	0.0015183	0.50867	658.64	1.9659	131.20	1444.4	1313.1	0.7421	5.8289
-14	0.24637	0.0015213	0.48884	657.33	2.0457	135.75	1445.6	1309.9	0.7596	5.8142
-13	0.25691	0.0015244	0.46993	656.02	2.1280	140.31	1446.9	1306.6	0.7771	5.7997
-12	0.26781	0.0015274	0.45191	654.70	2.2128	144.87	1448.2	1303.3	0.7945	5.7853
-11	0.27908	0.0015305	0.43471	653.38	2.3004	149.43	1449.5	1300.0	0.8119	5.7710
-10	0.29071	0.0015336	0.41829	652.05	2.3907	154.00	1450.7	1296.7	0.8293	5.7568
-9	0.30273	0.0015368	0.40262	650.72	2.4837	158.58	1451.9	1293.3	0.8465	5.7427
-8	0.31513	0.0015399	0.38765	649.39	2.5796	163.16	1453.1	1290.0	0.8638	5.7288
-7	0.32793	0.0015431	0.37335	648.05	2.6784	167.74	1454.3	1286.6	0.8810	5.7150
-6	0.34114	0.0015463	0.35969	646.71	2.7802	172.34	1455.5	1283.2	0.8981	5.7012
-5	0.35476	0.0015495	0.34663	645.36	2.8850	176.93	1456.7	1279.7	0.9152	5.6876
-4	0.36880	0.0015528	0.33413	644.02	2.9929	181.53	1457.8	1276.3	0.9323	5.6741
-3	0.38327	0.0015560	0.32217	642.66	3.1039	186.14	1458.9	1272.8	0.9493	5.6607
-2	0.39819	0.0015593	0.31073	641.30	3.2182	190.76	1460.0	1269.3	0.9662	5.6473
-1	0.41356	0.0015626	0.29978	639.94	3.3358	195.38	1461.1	1265.8	0.9831	5.6341
0	0.42939	0.0015660	0.28929	638.57	3.4568	200.00	1462.2	1262.2	1.0000	5.6210
1	0.44568	0.0015694	0.27924	637.20	3.5812	204.63	1463.3	1258.7	1.0168	5.6080
2	0.46246	0.0015728	0.26961	635.82	3.7091	209.27	1464.3	1255.1	1.0336	5.5950
3	0.47972	0.0015762	0.26037	634.44	3.8406	213.91	1465.4	1251.5	1.0504	5.5822
4	0.49748	0.0015796	0.25152	633.06	3.9758	218.56	1466.4	1247.8	1.0671	5.5694
5	0.51575	0.0015831	0.24303	631.67	4.1147	223.21	1467.4	1244.2	1.0837	5.5567
6	0.53454	0.0015866	0.23488	630.27	4.2574	227.87	1468.4	1240.5	1.1003	5.5441
7	0.55385	0.0015901	0.22706	628.87	4.4041	232.54	1469.3	1236.8	1.1169	5.5316
8	0.57370	0.0015937	0.21955	627.47	4.5547	237.21	1470.3	1233.1	1.1335	5.5192
9	0.59409	0.0015973	0.21234	626.06	4.7093	241.89	1471.2	1229.3	1.1500	5.5069
10	0.61505	0.0016009	0.20542	624.65	4.8681	246.57	1472.1	1225.5	1.1664	5.4946

부록 14 암모니아 포화증기표(온도기준) (계속)

온도	압력	비체적		밀도		비엔탈피			비엔트로피	
°C	MPa	m^3/kg		kg/m^3		kJ/kg			kJ/(kg·K)	
		액체	증기	액체	증기	액체	증기	잠열	액체	증기
t	P	v'	v''	ρ'	ρ''	h'	h''	$h''-h'$	s'	s''
10	0.61505	0.0016009	0.20542	624.65	4.8681	246.57	1472.1	1225.5	1.1664	5.4946
11	0.63657	0.0016046	0.19876	623.23	5.0312	251.26	1473.0	1221.7	1.1828	5.4824
12	0.65867	0.0016082	0.19237	621.80	5.1984	255.96	1473.9	1217.9	1.1992	5.4703
13	0.68135	0.0016119	0.18621	620.37	5.3702	260.67	1474.7	1214.0	1.2155	5.4582
14	0.70463	0.0016157	0.18030	618.94	5.5463	265.38	1475.5	1210.2	1.2319	5.4463
15	0.72853	0.0016194	0.17461	617.50	5.7271	270.10	1476.4	1206.3	1.2481	5.4344
16	0.75304	0.0016232	0.16913	616.05	5.9125	274.82	1477.2	1202.3	1.2644	5.4225
17	0.77818	0.0016271	0.16386	614.60	6.1027	279.55	1477.9	1198.4	1.2805	5.4108
18	0.80395	0.0016309	0.15879	613.14	6.2977	284.29	1478.7	1194.4	1.2967	5.3991
19	0.83039	0.0016348	0.15390	611.68	6.4977	289.04	1479.4	1190.4	1.3128	5.3874
20	0.85748	0.0016388	0.14919	610.21	6.7028	293.79	1480.1	1186.4	1.3289	5.3759
21	0.88524	0.0016427	0.14466	608.74	6.9129	298.55	1480.8	1182.3	1.3450	5.3643
22	0.91369	0.0016468	0.14029	607.26	7.1283	303.32	1481.5	1178.2	1.3610	5.3529
23	0.94283	0.0016508	0.13607	605.77	7.3491	308.10	1482.2	1174.1	1.3770	5.3415
24	0.97268	0.0016549	0.13201	604.28	7.5753	312.88	1482.8	1169.9	1.3930	5.3301
25	1.0032	0.0016590	0.12809	602.78	7.8071	317.68	1483.4	1165.8	1.4089	5.3189
26	1.0345	0.0016631	0.12431	601.27	8.0446	322.48	1484.0	1161.5	1.4248	5.3076
27	1.0666	0.0016673	0.12066	599.76	8.2877	327.29	1484.6	1157.3	1.4407	5.2964
28	1.0993	0.0016716	0.11714	598.24	8.5369	332.10	1485.1	1153.0	1.4565	5.2853
29	1.1329	0.0016758	0.11374	596.71	8.7921	336.93	1485.7	1148.7	1.4723	5.2742
30	1.1672	0.0016802	0.11046	595.18	9.0534	341.76	1486.2	1144.4	1.4881	5.2632
31	1.2023	0.0016845	0.10728	593.64	9.3210	346.61	1486.7	1140.0	1.5039	5.2522
32	1.2382	0.0016889	0.10422	592.09	9.5951	351.46	1487.1	1135.7	1.5196	5.2412
33	1.2749	0.0016934	0.10126	590.54	9.8755	356.32	1487.5	1131.2	1.5353	5.2303
34	1.3124	0.0016979	0.098399	588.98	10.163	361.20	1488.0	1126.8	1.5510	5.2194
35	1.3508	0.0017024	0.095632	587.41	10.457	366.08	1488.3	1122.3	1.5666	5.2086
36	1.3900	0.0017070	0.092958	585.83	10.758	370.97	1488.7	1117.7	1.5823	5.1978
37	1.4300	0.0017116	0.090370	584.25	11.066	375.87	1489.1	1113.2	1.5979	5.1871
38	1.4709	0.0017163	0.087868	582.66	11.381	380.78	1489.4	1108.6	1.6135	5.1763
39	1.5127	0.0017210	0.085446	581.06	11.703	385.70	1489.7	1104.0	1.6290	5.1657
40	1.5554	0.0017258	0.083102	579.45	12.033	390.64	1489.9	1099.3	1.6446	5.1550
41	1.5990	0.0017306	0.080833	577.83	12.371	395.58	1490.2	1094.6	1.6601	5.1444
42	1.6435	0.0017355	0.078637	576.20	12.717	400.54	1490.4	1089.8	1.6756	5.1338
43	1.6890	0.0017404	0.076509	574.57	13.070	405.50	1490.6	1085.1	1.6911	5.1232
44	1.7353	0.0017454	0.074449	572.92	13.432	410.48	1490.7	1080.2	1.7066	5.1127
45	1.7827	0.0017505	0.072452	571.27	13.802	415.47	1490.9	1075.4	1.7220	5.1021
46	1.8309	0.0017556	0.070518	569.61	14.181	420.48	1491.0	1070.5	1.7374	5.0916
47	1.8802	0.0017608	0.068643	567.93	14.568	425.49	1491.0	1065.6	1.7529	5.0812
48	1.9305	0.0017660	0.066826	566.25	14.964	430.52	1491.1	1060.6	1.7683	5.0707
49	1.9817	0.0017713	0.065063	564.56	15.370	435.56	1491.1	1055.6	1.7837	5.0602
50	2.0340	0.0017766	0.063354	562.86	15.784	440.61	1491.1	1050.5	1.7990	5.0498
51	2.0873	0.0017821	0.061696	561.15	16.208	445.68	1491.1	1045.4	1.8144	5.0394
52	2.1417	0.0017876	0.060088	559.42	16.642	450.76	1491.0	1040.2	1.8297	5.0290
53	2.1971	0.0017931	0.058527	557.69	17.086	455.86	1490.9	1035.0	1.8451	5.0186
54	2.2536	0.0017987	0.057013	555.94	17.540	460.97	1490.8	1029.8	1.8604	5.0082
55	2.3111	0.0018044	0.055542	554.19	18.004	466.09	1490.6	1024.5	1.8758	4.9978
56	2.3698	0.0018102	0.054115	552.42	18.479	471.24	1490.4	1019.2	1.8911	4.9875
57	2.4295	0.0018161	0.052728	550.64	18.965	476.39	1490.2	1013.8	1.9064	4.9771
58	2.4904	0.0018220	0.051382	548.85	19.462	481.56	1489.9	1008.4	1.9217	4.9667
59	2.5524	0.0018280	0.050074	547.04	19.971	486.75	1489.6	1002.9	1.9370	4.9564
60	2.6156	0.0018341	0.048803	545.22	20.491	491.96	1489.3	997.35	1.9523	4.9460
61	2.6799	0.0018403	0.047568	543.39	21.023	497.18	1488.9	991.77	1.9676	4.9356
62	2.7454	0.0018465	0.046367	541.55	21.567	502.42	1488.6	986.13	1.9829	4.9252
63	2.8121	0.0018529	0.045200	539.69	22.124	507.68	1488.1	980.43	1.9982	4.9148
64	2.8800	0.0018594	0.044065	537.82	22.694	512.96	1487.6	974.69	2.0135	4.9045
65	2.9491	0.0018659	0.042961	535.94	23.277	518.25	1487.1	968.88	2.0288	4.8940
66	3.0195	0.0018725	0.041887	534.04	23.874	523.57	1486.6	963.02	2.0441	4.8836
67	3.0911	0.0018793	0.040843	532.12	24.484	528.90	1486.0	957.09	2.0594	4.8732
68	3.1639	0.0018861	0.039827	530.19	25.109	534.26	1485.4	951.11	2.0747	4.8627
69	3.2381	0.0018931	0.038837	528.24	25.749	539.64	1484.7	945.06	2.0901	4.8522
70	3.3135	0.0019001	0.037874	526.28	26.403	545.04	1484.0	938.95	2.1054	4.8417
71	3.3902	0.0019073	0.036936	524.30	27.074	550.46	1483.2	932.78	2.1207	4.8311
72	3.4683	0.0019146	0.036024	522.30	27.760	555.90	1482.4	926.53	2.1361	4.8205
73	3.5476	0.0019220	0.035134	520.29	28.462	561.37	1481.6	920.22	2.1515	4.8099
74	3.6284	0.0019295	0.034268	518.26	29.182	566.86	1480.7	913.84	2.1669	4.7993
75	3.7105	0.0019372	0.033424	516.20	29.919	572.37	1479.8	907.39	2.1823	4.7886
76	3.7939	0.0019450	0.032602	514.13	30.673	577.91	1478.8	900.87	2.1977	4.7779
77	3.8788	0.0019530	0.031800	512.04	31.446	583.48	1477.7	894.27	2.2132	4.7671
78	3.9651	0.0019610	0.031019	509.93	32.239	589.07	1476.7	887.59	2.2286	4.7563
79	4.0528	0.0019693	0.030257	507.80	33.051	594.70	1475.5	880.83	2.2441	4.7454
80	4.1420	0.0019777	0.029514	505.65	33.883	600.35	1474.3	873.99	2.2596	4.7345

출처 : 冷凍, vol.71, No.826. 1996.

부록 15 암모니아 $P-h$ 선도

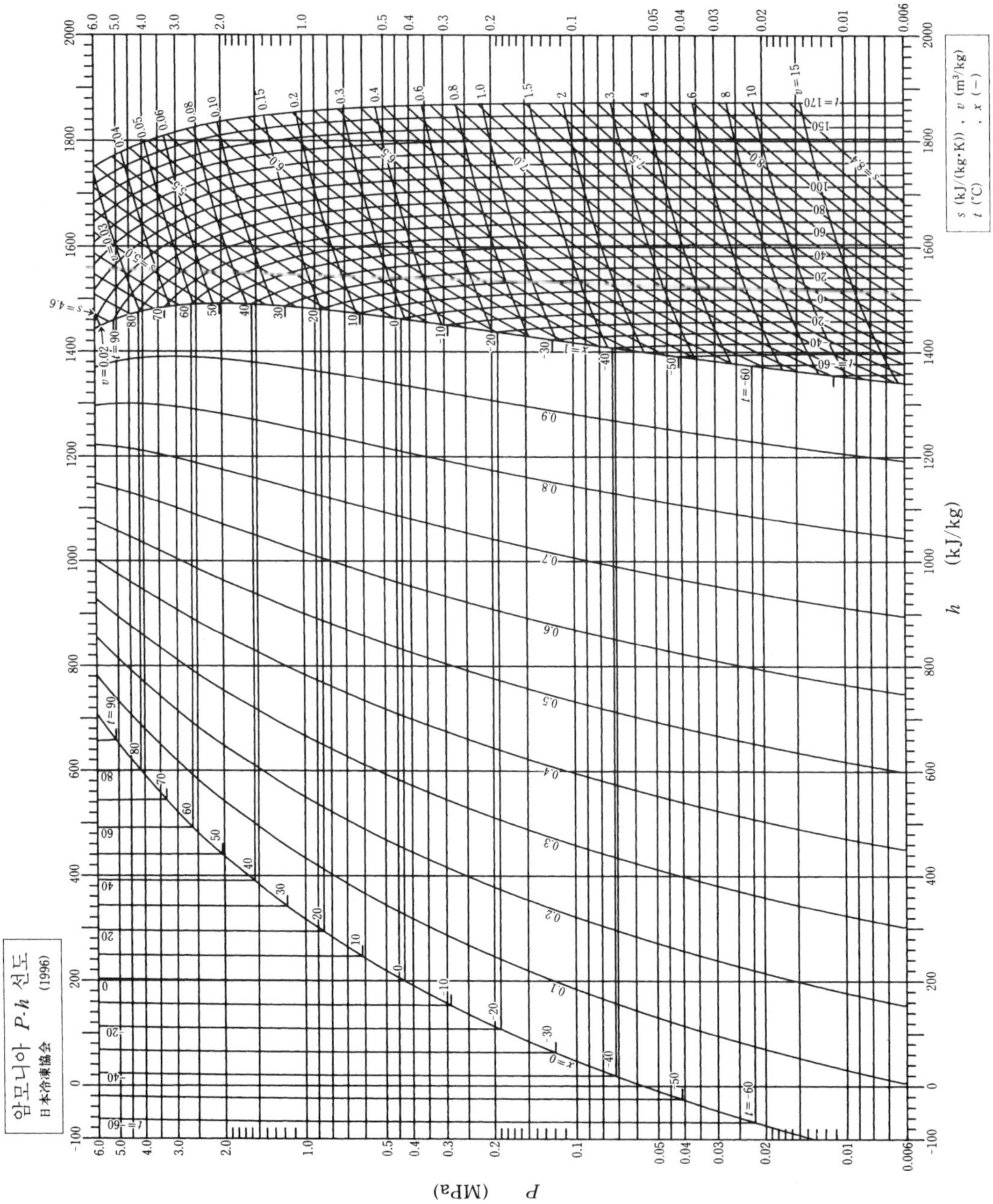

출처 : 冷凍, vol.71, No.826. 1996.

부록 16 포화습공기표(1 atm, 0°C)

온도	절대습도	체적	엔탈피	엔트로피	압력
°C	kg/kg′	m^3/kg′	kJ/kg′	kJ/(kg′·K)	kPa
-30	0.0002346	0.6884	-29.597	-0.1145	0.03802
-29	0.0002602	0.6912	-28.529	-0.1101	0.04217
-28	0.0002883	0.6941	-27.454	-0.1057	0.04673
-27	0.0003193	0.6970	-26.372	-0.1013	0.05175
-26	0.0003533	0.6999	-25.282	-0.0969	0.05725
-25	0.0003905	0.7028	-24.184	-0.0924	0.06329
-24	0.0004314	0.7057	-23.078	-0.0880	0.06991
-23	0.0004762	0.7086	-21.961	-0.0835	0.07716
-22	0.0005251	0.7115	-20.834	-0.0790	0.08510
-21	0.0005787	0.7144	-19.695	-0.0745	0.09378
-20	0.0006373	0.7173	-18.545	-0.0699	0.10326
-19	0.0007013	0.7202	-17.380	-0.0653	0.11362
-18	0.0007711	0.7231	-16.201	-0.0607	0.12492
-17	0.0008473	0.7261	-15.006	-0.0560	0.13725
-16	0.0009303	0.7290	-13.793	-0.0513	0.15068
-15	0.0010207	0.7320	-12.562	-0.0465	0.16530
-14	0.0011191	0.7349	-11.311	-0.0416	0.18122
-13	0.0012262	0.7379	-10.039	-0.0367	0.19852
-12	0.0013425	0.7409	-8.742	-0.0318	0.21732
-11	0.0014690	0.7439	-7.421	-0.0267	0.23775
-10	0.0016062	0.7469	-6.072	-0.0215	0.25991
-9	0.0017551	0.7499	-4.693	-0.0163	0.28395
-8	0.0019166	0.7530	-3.283	-0.0110	0.30999
-7	0.0020916	0.7560	-1.838	-0.0055	0.33821
-6	0.0022811	0.7591	-0.357	-0.0000	0.36874
-5	0.0024862	0.7622	1.164	-0.0057	0.40178
-4	0.0027081	0.7653	2.728	-0.0115	0.43748
-3	0.0029480	0.7685	4.336	-0.0175	0.47606
-2	0.0032074	0.7717	5.995	-0.0236	0.51773
-1	0.0034874	0.7749	7.706	-0.0299	0.56268
0	0.0037895	0.7781	9.473	0.0364	0.61117
0*	0.003789	0.7781	9.473	0.0364	0.6112
1	0.004076	0.7813	11.203	0.0427	0.6571
2	0.004381	0.7845	12.982	0.0492	0.7060
3	0.004707	0.7878	14.811	0.0559	0.7581
4	0.005054	0.7911	16.696	0.0627	0.8135
5	0.005424	0.7944	18.639	0.0697	0.8725
6	0.005818	0.7978	20.644	0.0769	0.9353
7	0.006237	0.8012	22.713	0.0843	1.0020
8	0.006683	0.8046	24.852	0.0919	1.0729
9	0.007157	0.8081	27.064	0.0997	1.1481
10	0.007661	0.8116	29.352	0.1078	1.2280
11	0.008197	0.8152	31.724	0.1162	1.3128
12	0.008766	0.8188	34.179	0.1248	1.4026
13	0.009370	0.8225	36.726	0.1337	1.4979
14	0.010012	0.8262	39.370	0.1430	1.5987
15	0.010692	0.8300	42.113	0.1525	1.7055
16	0.011413	0.8338	44.963	0.1624	1.8185
17	0.012178	0.8377	47.926	0.1726	1.9380
18	0.012989	0.8417	51.008	0.1832	2.0643
19	0.013848	0.8457	54.216	0.1942	2.1979
20	0.014758	0.8498	57.555	0.2057	2.3389
21	0.015721	0.8540	61.035	0.2175	2.4878
22	0.016741	0.8583	64.660	0.2298	2.6448
23	0.017821	0.8627	68.440	0.2426	2.8105
24	0.018963	0.8671	72.385	0.2559	2.9852
25	0.020170	0.8717	76.500	0.2698	3.1693
26	0.021448	0.8764	80.798	0.2842	3.3633
27	0.022798	0.8811	85.285	0.2992	3.5674
28	0.024226	0.8860	89.976	0.3148	3.7823
29	0.025735	0.8910	94.878	0.3311	4.0084
30	0.027329	0.8962	100.006	0.3481	4.2462

온도	절대습도	체적	엔탈피	엔트로피	압력
°C	kg/kg′	m^3/kg′	kJ/kg′	kJ/(kg′·K)	kPa
31	0.029014	0.9015	105.369	0.3658	4.4961
32	0.030793	0.9069	110.979	0.3842	4.7586
33	0.032674	0.9125	116.857	0.4035	5.0345
34	0.034660	0.9183	123.011	0.4236	5.3245
35	0.036756	0.9242	129.455	0.4446	5.6280
36	0.038971	0.9303	136.209	0.4666	5.9468
37	0.041309	0.9366	143.290	0.4895	6.2812
38	0.043778	0.9431	150.713	0.5135	6.6315
39	0.046386	0.9498	158.504	0.5386	6.9988
40	0.049141	0.9568	166.683	0.5649	7.3838
41	0.052049	0.9640	175.265	0.5923	7.7866
42	0.055119	0.9714	184.275	0.6211	8.2081
43	0.058365	0.9792	193.749	0.6512	8.6495
44	0.061791	0.9872	203.699	0.6828	9.1110
45	0.065411	0.9955	214.164	0.7159	9.5935
46	0.069239	1.0042	225.179	0.7507	10.0982
47	0.073282	1.0132	236.759	0.7871	10.6250
48	0.077556	1.0226	248.955	0.8253	11.1754
49	0.082077	1.0323	261.803	0.8655	11.7502
50	0.086858	1.0425	275.345	0.9077	12.3503
51	0.091918	1.0532	289.624	0.9521	12.9764
52	0.097272	1.0643	304.682	0.9988	13.6293
53	0.102948	1.0760	320.596	1.0480	14.3108
54	0.108954	1.0882	337.388	1.0998	15.0205
55	0.115321	1.1009	355.137	1.1544	15.7601
56	0.122077	1.1143	373.922	1.2120	16.5311
57	0.129243	1.1284	393.798	1.2728	17.3337
58	0.136851	1.1432	414.850	1.3370	18.1691
59	0.144942	1.1588	437.185	1.4050	19.0393
60	0.15354	1.1752	460.863	1.4768	19.9439
61	0.16269	1.1926	486.036	1.5530	20.8858
62	0.17244	1.2109	512.798	1.6337	21.8651
63	0.18284	1.2303	541.266	1.7194	22.8826
64	0.19393	1.2508	571.615	1.8105	23.9405
65	0.20579	1.2726	603.995	1.9074	25.0397
66	0.21848	1.2958	638.571	2.0106	26.1810
67	0.23207	1.3204	675.566	2.1208	27.3664
68	0.24664	1.3467	715.196	2.2385	28.5967
69	0.26231	1.3749	757.742	2.3646	29.8741
70	0.27916	1.4049	803.448	2.4996	31.1986
71	0.29734	1.4372	852.706	2.6448	32.5734
72	0.31698	1.4719	905.842	2.8010	33.9983
73	0.33824	1.5093	963.323	2.9696	35.4759
74	0.36130	1.5497	1025.603	3.1518	37.0063
75	0.38641	1.5935	1093.375	3.3496	38.5940
76	0.41377	1.6411	1167.172	3.5644	40.2369
77	0.44372	1.6930	1247.881	3.7987	41.9388
78	0.47663	1.7498	1336.483	4.0553	43.7020
79	0.51284	1.8121	1433.918	4.3368	45.5248
80	0.55295	1.8810	1541.781	4.6477	47.4135
81	0.59751	1.9572	1661.552	4.9921	49.3670
82	0.64724	2.0422	1795.148	5.3753	51.3680
83	0.70311	2.1373	1945.158	5.8045	53.4746
84	0.76624	2.2446	2114.603	6.2882	55.6337
85	0.83812	2.3666	2307.436	6.8373	57.8658
86	0.92062	2.5062	2528.677	7.4658	60.1727
87	1.01611	2.6676	2784.666	8.1914	62.5544
88	1.12800	2.8565	3084.551	9.0393	65.0166
89	1.26064	3.0800	3439.925	10.0419	67.5581
90	1.42031	3.3488	3867.599	11.2455	70.1817

* 준평형의 과냉각액

출처 : 熱力學, 日本機械學會, JSME Textbook Series. 2003.

부록 17 습공기선도

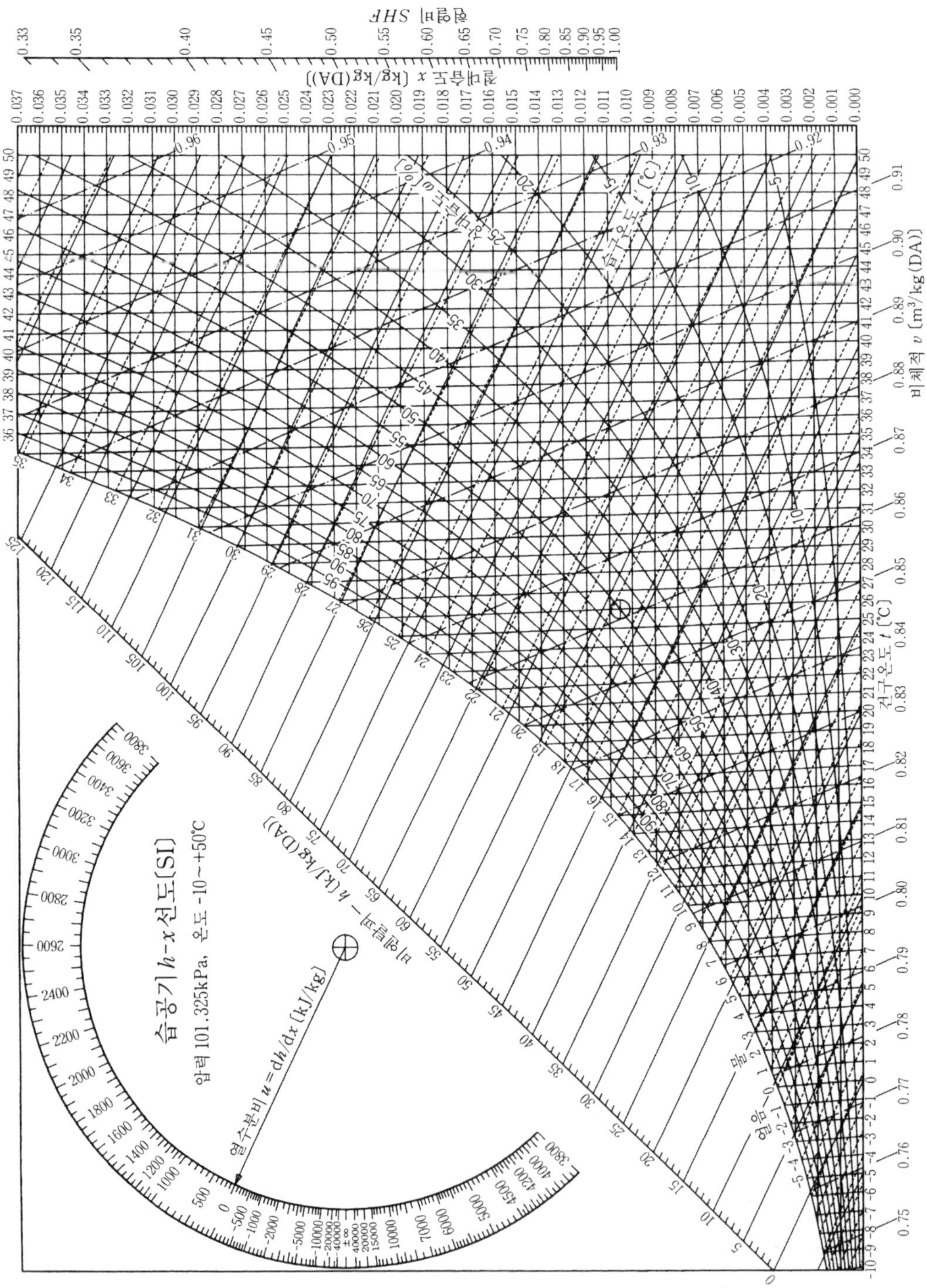

출처 : 부록 16과 동일

부록 18 기체의 비열 및 비열비

Temperature, K	c_p kJ/kg · K	c_v kJ/kg · K	k	c_p kJ/kg · K	c_v kJ/kg · K	k	c_p kJ/kg · K	c_v kJ/kg · K	k
	Air			Carbon dioxide, CO_2			Carbon monoxide, CO		
250	1.003	0.716	1.401	0.791	0.602	1.314	1.039	0.743	1.400
300	1.005	0.718	1.400	0.846	0.657	1.288	1.040	0.744	1.399
350	1.008	0.721	1.398	0.895	0.706	1.268	1.043	0.746	1.398
400	1.013	0.726	1.395	0.939	0.750	1.252	1.047	0.751	1.395
450	1.020	0.733	1.391	0.978	0.790	1.239	1.054	0.757	1.392
500	1.029	0.742	1.387	1.014	0.825	1.229	1.063	0.767	1.387
550	1.040	0.753	1.381	1.046	0.857	1.220	1.075	0.778	1.382
600	1.051	0.764	1.376	1.075	0.886	1.213	1.087	0.790	1.376
650	1.063	0.776	1.370	1.102	0.913	1.207	1.100	0.803	1.370
700	1.075	0.788	1.364	1.126	0.937	1.202	1.113	0.816	1.364
750	1.087	0.800	1.359	1.148	0.959	1.197	1.126	0.829	1.358
800	1.099	0.812	1.354	1.169	0.980	1.193	1.139	0.842	1.353
900	1.121	0.834	1.344	1.204	1.015	1.186	1.163	0.866	1.343
1000	1.142	0.855	1.336	1.234	1.045	1.181	1.185	0.888	1.335
	Hydrogen, H_2			Nitrogen, N_2			Oxygen, O_2		
250	14.051	9.927	1.416	1.039	0.742	1.400	0.913	0.653	1.398
300	14.307	10.183	1.405	1.039	0.743	1.400	0.918	0.658	1.395
350	14.427	10.302	1.400	1.041	0.744	1.399	0.928	0.668	1.389
400	14.476	10.352	1.398	1.044	0.747	1.397	0.941	0.681	1.382
450	14.501	10.377	1.398	1.049	0.752	1.395	0.956	0.696	1.373
500	14.513	10.389	1.397	1.056	0.759	1.391	0.972	0.712	1.365
550	14.530	10.405	1.396	1.065	0.768	1.387	0.988	0.728	1.358
600	14.546	10.422	1.396	1.075	0.778	1.382	1.003	0.743	1.350
650	14.571	10.447	1.395	1.086	0.789	1.376	1.017	0.758	1.343
700	14.604	10.480	1.394	1.098	0.801	1.371	1.031	0.771	1.337
750	14.645	10.521	1.392	1.110	0.813	1.365	1.043	0.783	1.332
800	14.695	10.570	1.390	1.121	0.825	1.360	1.054	0.794	1.327
900	14.822	10.698	1.385	1.145	0.849	1.349	1.074	0.814	1.319
1000	14.983	10.859	1.380	1.167	0.870	1.341	1.090	0.830	1.313

Source: Kenneth Wark, *Thermodynamics*, 4th ed. (New York: McGraw-Hill, 1993), P. 783, Table A-4M, Originally published in *Tables of Thermal Properties of Gases*, NBS Circular 564, 1955.

부록 19 증기선도(h-s선도)

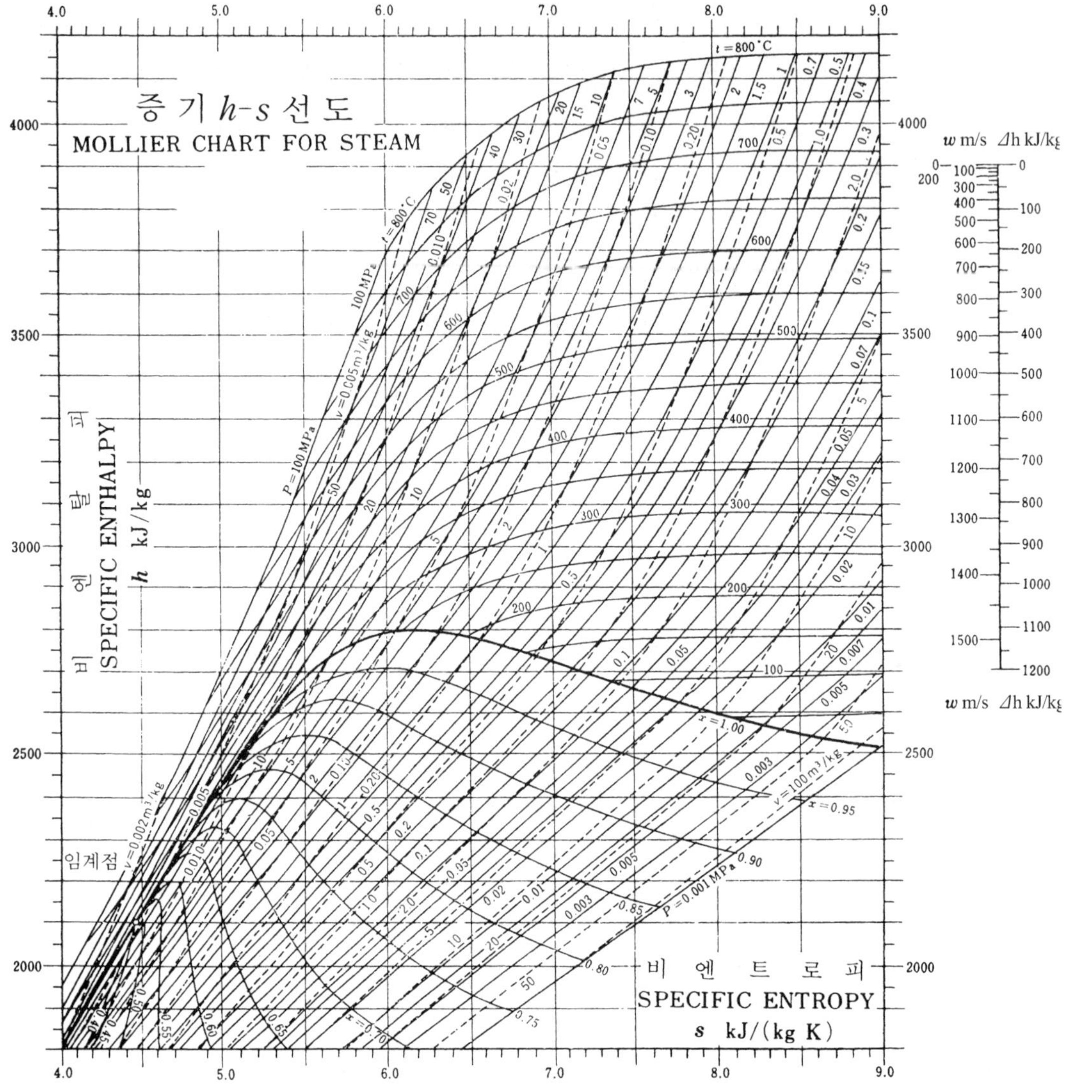

찾아보기

기계 중심의 열역학 (개정증보판)

초판 발행 | 2011년 8월 25일
개정증보판 발행 | 2013년 8월 10일
개정증보 5쇄 발행 | 2024년 9월 05일

지은이 | 엄 기 찬
펴낸이 | 조 승 식
펴낸곳 | (주)도서출판 북스힐

등 록 | 1998년 7월 28일 제 22-457호
주 소 | 서울시 강북구 한천로 153길 17
전 화 | (02) 994-0071
팩 스 | (02) 994-0073

홈페이지 | www.bookshill.com
이메일 | bookshill@bookshill.com

정가 17,000원

ISBN 978-89-5526-656-6

Published by bookshill, Inc. Printed in Korea.